5-7, rue de l'Ecole-Polytechnique, 75005 Paris

http://www.harmattan.fr
diffusion.harmattan@wanadoo.fr
harmattan1@wanadoo.fr

ISBN : 978-2-343-08759-7
EAN : 9782343087597

OVNIS,
les oubliés de la science

Robert ROUSSEL

OVNIS, les oubliés de la science

L'Harmattan

LA SCIENCE

« Les dogmes scientifiques engendrent des tabous. Il en résulte que des domaines entiers de recherche et d'enquêtes sont exclus de la science officielle et des financements qu'elle prodigue. Ils appartiennent à la science marginale, maintenue hors de l'orthodoxie par un scepticisme automatique. »

Réenchanter la Science
Rupert Sheldrake, Editions Albin Michel

A Bérénice, ma Grande
A Océane, pour ses 7 ans
A Francine Fouéré pour son courage et sa bienveillance.

SOMMAIRE

PREFACE

J'ai coutume de dire que ce qui différencie l'espèce humaine des autres espèces est la curiosité. Or, la curiosité ne suffit pas à celui qui s'intéresse à l'humanité, et *« si rien de grand dans le monde ne s'est fait sans passion »*[1], il faut aussi aux hommes une certaine forme de maîtrise de leurs peurs pour aller plus loin dans la quête du sens à donner à ce qu'ils vivent. Robert Roussel cumule ces qualités.

C'est en tant que reporter de guerre que je l'ai rencontré et à ce titre que je l'ai emmené, en 1977, lors de plusieurs missions, à bord de jaguars de l'Armée de l'Air. Par ailleurs, en tant que journaliste, qu'elles qu'aient été les circonstances de ces missions – difficiles pour un civil – il n'a jamais failli à la sienne.

Dès cette époque, je l'ai toujours entendu parler des OVNIS, d'une manière extrêmement documentée et toujours avec des accents passionnés. J'ai alors suivi avec beaucoup d'intérêt ses recherches exigeantes et intrigantes pour le commun des mortels, fut-il Cosmonaute et Astronaute. Le journaliste aujourd'hui ne s'inquiète plus guère du fond et ne s'attache plus qu'à la forme. Dans l'immédiateté pure et la quête incessante, bien qu'éphémère de sensationnel, il ne remplit plus – ou mal – sa mission. Robert Roussel a toujours traité ses sujets à l'exact opposé de ces pratiques.

Dans cet ouvrage, il remet sur le devant de la scène, sous un nouvel éclairage, complémentaire de son précédent ouvrage[2], la grande interrogation que constitue l'existence – hautement probable pronostiquent les exobiologistes – de sociétés élaborées, au sein de l'Univers observable. Personnellement, et Robert Roussel, le sait – voir notre entretien – je doute que d'autres civilisations soient parvenues sur Terre après un long voyage, sans se manifester de manière claire. Ce qui n'est nullement contradictoire avec le fait que je crois, que nous ne sommes pas seuls et que DES êtres de nature différente, peuplent cet infini noir et coloré dont j'ai pu observer l'extraordinaire beauté, lorsque j'étais entre ciel et terre.

---

[1] Hegel Georg Wilhelm Friedrich, philosophe allemand, 1770/1831

[2] « Ovnis : les vérités cachées de l'enquête officielle » – Edts Albin Michel 1994

Le livre de Robert Roussel a le grand mérite d'aider ses semblables à aller plus avant dans la perception de cette formidable énigme symbolisée par le sigle OVNI, en les conduisant à appréhender le monde, dans sa globalité. En repoussant les frontières de ce qui est considéré aujourd'hui la réalité, en permettant à la conscience humaine de transcender sa condition, il aide le lecteur à repenser avec plus d'acuité la planisphère, à agrandir la mappemonde, autant qu'à se poser la question du pourquoi, de sa propre existence.

En tant qu'Astronaute, responsable et solidaire, habitant une Terre surpeuplée qui ne comprend toujours pas dans quel équilibre précaire elle se trouve – écologique, économique, démographique – sans cesse refaçonnée par de nouveaux antagonismes et défis, qui font d'elle un morcellement perpétuel de colonisations cernées de barbelés, je salue cet ouvrage qui nous permet de ressortir de cette lecture, plus riches et plus ouverts sur l'Univers et son devenir, au travers des nombreuses questions qu'il nous oblige à nous poser.

La Lune, Mars, sont à quelques jours, quelques mois de nous. Les entités supposées ou réelles et les diverses matérialisations qu'on leur prête dont nous entretient la grande enquête de Robert Roussel – avec le souci de la rigueur qu'on lui connait – nous incite à aller plus loin dans cette recherche et pourquoi pas, à nous porter à leur… rencontre !

Merci à toi, Robert, pour ce beau voyage dont les pages qui suivent nous font franchir les impressionnantes distances nous séparant des autres Mondes, dont certains énigmatiques OVNIS pourraient être issus, ainsi que le pensent certains de tes intervenants.

Sache que mon rêve à te lire, est bien plus de partir à leur recherche, que de les attendre sagement sur Terre.

Patrick Baudry
Pilote de chasse – Cosmonaute – Astronaute – Conférencier

INTRODUCTION

Ils sont là ! La Base 51 est leur quartier général. Ils échangent depuis des décennies des technologies avec le gouvernement américain. Un crash a révélé au monde leur présence : Roswell. Une conspiration du silence s'est abattue sur ces événements. Les Crop circles, les abductés, les enlèvements, les mutilations de bétail, sont les manifestations tangibles de la présence des Etrangers de l'espace. Les OVNIS qui s'offrent quotidiennement en spectacle depuis la fin des années 40, voire depuis l'aube des temps, sont le fil d'Ariane de cette interférence interstellaire. Au point que, fondue dans le décor et les activités de la planète bleue, elle est parvenue à se soustraire à l'interrogation qu'elle devrait susciter.

Les OVNIS et leur cortège de rumeurs ne sont que divagations dont font leurs choux gras les fausses sciences. Rien n'appuie les théories développées autour de ces prétendus mystères dont les conséquences devraient se faire sentir à tous les niveaux de la société. Sur le plan militaire, étatique, technologique. La presse ne s'y trompe pas, elle qui ne prend plus la peine de publier les témoignages dont les bizarreries, la plupart élucidées, ne sauraient représenter un réel intérêt informatif. Le mystère des OVNIS se meurt dans l'indifférence générale, faute de constituer un thème scientifiquement porteur.

D'un côté, les clameurs et l'agitation des initiés qui réclament haut et fort la reconnaissance et la prise en compte de l'énigme. De l'autre l'expectative sceptique de la communauté scientifique et la neutralité attentiste des politiques qui refusent de s'impliquer dans ce dossier incertain. Au milieu, l'opinion, qui ignore la guerre qui oppose les parties antagonistes. Une guerre où ne se livre aucune bataille, l'un des adversaires tenant l'autre dans le plus profond mépris, refusant de croiser le fer avec un débatteur auquel il ne reconnaît pas la capacité d'argumenter.

« *Et pourtant elles tournent, les Soucoupes Volantes !!* »

C'est ce que soutiennent ceux qui ne désarment pas d'en savoir plus sur une anomalie qui, depuis sept décennies, se dissimule sous les sigles OVNI, UFO, PAN. « Elles tournent », mais nous ne savons toujours pas pourquoi, pour qui, comment, reconnaissent les « croyants » ainsi que désignent les psycho sociaux, les personnes qui sont convaincues de leur existence.

Le « phénomène OVNI », comme le nomment les débatteurs prudents, s'est enkysté dans les sociétés, a intégré les schémas médiatico-culturels. Au point, soutiennent certains, qu'il est possible que, dans l'indifférence générale, cohabite avec le genre humain un état de conscience dont, de manière furtive et discrète, nous percevrions les sporadiques et indéchiffrables manifestations.

Comment se satisfaire de l'assourdissant « No comment !» des officiels, sur une question qui pourrait signifier des bouleversements planétaires susceptibles de remettre en cause jusqu'aux fondements de l'humanité ?

On connaît celle invoquée par les opposants aux thèses soucoupistes qui parlent ici de phénomènes naturels inconnus, de dérèglements psycho-sociaux, de productions secrètes de l'armement.

L'incursion extraterrestre, chez les pro-OVNIS, occupe la place royale sur laquelle toutefois, pas plus que les précédents, ils ne détiennent d'arguments décisifs. Pourquoi ce black-out – sous-entendu des pouvoirs en place – accusent les plus vindicatifs ? Le curieux trouvera sur Google une foultitude de sites, d'associations, de forums qui débattent sans fin autour des théories du complot et des rumeurs qui fleurissent de manière exponentielle sur le sujet. Un univers comme nous verrons, de tous les possibles.

Le déni de la science, sur un questionnement qui n'a de cesse de rebondir depuis 1947, est recopié par la presse généraliste qui ne participe plus, ou si peu, à la transmission des informations. Les journalistes, c'est bien connu, s'enthousiasment, se passionnent pour un sujet et finissent par s'en désintéresser sans crier gare. D'où un sentiment de frustration chronique chez le lecteur, en attente des développements d'une histoire, sur laquelle on l'avait tenu en haleine. Le comportement traduit surtout les réactions épidermiques des sociétés portées par le réflexe boulimique de consommations sans frein de l'information telle que le propose aujourd'hui en temps réel Internet[3]. Ne percevant de ce côté rien de nouveau, si ce n'est la répétitivité d'observations qui revêtent toujours le même schéma, les journaux considèrent qu'il n'y a plus rien à gagner à occuper des espaces sur un sujet rabattu et sans avenir. Le serpent se mord la queue et les lecteurs ont fini par se lasser. L'analyse vaut pour les radios, les télés, ce qui ne signifie pas que les programmes de ces médias ne traitent pas du sujet. J'aurai l'occasion de décrire les réactions que déclenche au sein d'une rédaction, l'annonce d'une observation parvenue à franchir le filtre de l'indifférence et la manière dont elle sera exploitée par les journalistes.

---

[3] Internet : On en a eu la dramatique démonstration lors des attentats du 11 janvier 2015 et plus encore, lors de l'épisode sanglant du vendredi 13 novembre 2015, au cours duquel on a assisté à un processus d'hystérie collective, embrasant l'ensemble des réseaux sociaux.

Pour sa part, lorsque la presse de vulgarisation fait mention du phénomène, c'est pour présenter des analyses qui le marginalisent, le décrédibilisent.

Les revues ayant pignon sur rue, reconnues par les pairs de la science, affichent, pour les moins virulentes, un dédain poli.

En mars 2011, le magazine « Philosophie » consacre un numéro hors-série intitulé « Le Cosmos des Philosophes » où se retrouvent les impressionnantes signatures de Michel Serres, Roger Penrose, Etienne Klein, Hubert Reeves. Les chapitres s'intitulent : « D'autres Mondes sont-ils possibles ? », « Kant et les Extraterrestres », « La place de l'homme dans l'Univers ». Précisément, le chapitre illustré des images du film « Le jour où la terre s'arrêta » fait mention des OVNIS.

Quatre lignes définitives consacrées à Roswell !

« *En 1947, un village du Nouveau-Mexique est en émoi. Ses habitants pensent avoir découvert des débris d'une « soucoupe volante » écrasée dans une zone désertique. Pas plus de navette extraterrestre que de petits hommes verts en réalité, mais les OVNIS depuis lors planent dans l'imaginaire collectif.* »

Quatre lignes sans appel, sur 75 pages !

Nous croiserons au cours de cette enquête des scientifiques viscéralement opposés à l'étude du phénomène, dont on découvrira la logique de rejet. L'AFIS, l'« Association Française pour l'Information Scientifique », forte d'un parrainage de personnalités scientifiques dignes de la Royal Society, est le porte-drapeau de cette politique de l'exclusion.

« *Dénoncer sans réserve les marchands de fausses ou pseudo-sciences (astrologie, soucoupes volantes, sectes « paranormal », médecines fantaisistes) etc...* »

Elle consacrera un des numéros de « SCIENCE & pseudo –sciences », la revue qu'elle édite, à démolir le travail du CNES, ainsi qu'on le verra, refusant de s'interroger sur la question de fond que constituent les cas insolubles recensés par ses enquêteurs.

Et pourtant « il tourne ! », le GEIPAN, l'exception planétaire française qui depuis 1977 poursuit contre vent et marée, non pas l'étude du Phénomène, mais l'analyse et l'archivage des observations ! Sa position lui vaut, dit-on, la curiosité intéressée des états confrontés épisodiquement au problème. Entre le silence abyssal d'une science en retrait et le tapage assourdissant du communicant planétaire Internet où déferlent les théories les plus extravagantes, la cellule du CNES surnage tant bien que mal !

L'organisme est si modeste en termes de moyens que personne n'est dupe sur sa capacité à provoquer un basculement des esprits. Tant et si bien que, depuis une dizaine d'années, devant la modicité de ses résultats, des GEIPANS bis, se sont constitués. Sautant l'étape CNES, des associations savantes communiquent aux ministères concernés ou directement à l'Académie des Sciences, à l'Elysée, leurs analyses et conclusions.

En 1999, le COMETA constitué d'anciens auditeurs de l'IHEDN publie un rapport intitulé « Les OVNIS et la Défense », qui aura en France, mais plus encore à l'étranger, un retentissement certain.

En 2008, l'association aéronautique 3AF, regroupant anciens pilotes et ex-responsables des programmes spatiaux, ajoute sa voix au concert de sensibilisation des pouvoirs publics en créant la commission SIGMA.

Il sera intéressant d'entendre les avis et commentaires des responsables de ces initiatives et de s'interroger sur ce qu'elles ont apporté au débat en déterminant l'impact qu'elles ont eu sur le fond. Le flou des objectifs du GEIPAN – exception faite de la diffusion sur Internet de ses archives, l'entité se limitant à l'archivage des témoignages – donne à ces associations leur légitimité à tenter de répondre aux questions que se pose l'opinion. Ainsi, que signifie le chiffre des archives officielles de 2 à 3000 observations recensées ? A quoi correspond celui des 22% d'Inconnus de la catégorie « D », c'est-à-dire les « vrais » OVNIS que retiennent certains ? Pourquoi ces milliers de pages Internet illustrées de photos, de vidéos dont certaines fort troublantes, ne donnent-elles pas lieu à investigations ? Il devient urgent de faire l'état des lieux et de tenter de comprendre comment, malgré les espoirs et les bonnes volontés qui ont présidé à la création du GEPAN en 1977, on en est arrivé, en 2O16, à cette indifférence quasi générale des pouvoirs publics. Comment expliquer que l'entité n'est toujours pas parvenue à convaincre la communauté scientifique d'inscrire dans ses programmes la singularité OVNI ? Et ce, malgré la présence d'une hiérarchie de coordination et de surveillance du GEIPAN, « le Comité de Pilotage », regroupant Police, Gendarmerie, Protection Civile, Armée de l'air, Aviation Civile, des administrations garantes du sérieux des investigations entreprises. Et de noter, ici, que les chercheurs de génie qui ont mis leur talent dans les théories sur la matière sombre, les Trous Noirs, le Multivers, la théorie des cordes, etc, ne se sentent nullement interpelés par un phénomène dont certains analystes subodorent que les étrangetés décrites pourraient concerner les travaux de pointe des physiciens.

Confronté au constat d'immobilisme, il revient au journaliste spécialisé, de mettre en perspective, les incohérences, les renoncements, les rejets, qui brouillent les données du problème. Et de dénoncer par la même occasion la neutralité des décideurs, en prenant bien garde de ne pas se laisser séduire par les sirènes des théories du complot.

Ceux qui ont suivi mes interventions, dans cette enquête sans fin sur les OVNIS qui m'a permis de publier deux ouvrages, je suis comme on dit un spécialiste, pas au sens ufologique du terme, car je ne me rallie à aucune hypothèse en cours, sans pour autant m'interdire quelques extrapolations sur le fond. Pour l'essentiel, je poursuis l'investigation au cœur de l'évènement. Avec ce que cela signifie de relations entretenues avec les personnalités qui ont marqué l'histoire de l'énigme, m'autorisant à présenter des informations documentées et de première source. Le tout conduit avec un souci de rigueur, une attitude qui a toujours guidé ma démarche professionnelle durant mes années d'activité de reporter et qui va me permettre de réunir les confidences, les commentaires des représentants des diverses causes qui débattent, ou s'affrontent sur la question.

Après la diffusion de ma seconde enquête, où j'entreprenais l'analyse des travaux du GEPAN en 1994, je reprends en 2009 mon calepin, mon enregistreur et parcours la France, à la recherche des hommes et des femmes qui ont marqué de leur empreinte les bases de l'étude. La question de fond qui justifie ma présence auprès d'eux est la même qui se pose depuis toutes ces décennies. Lancinante, répétitive à l'image du désespéré attendant Police Secours : *« Mais que fait la Science ? »*

Vaste programme dont je ne prétends pas avoir approché tous les aspects. Mais la somme des entretiens, réalisés avec des personnalités d'avis opposés ou complémentaires, offre je pense un éclairage intéressant sur les causes qui précisément nous portent à nous interroger sur cette situation paradoxale. Paradoxale, car il semble dans l'ordre des choses que la dite science, sans ostracisme, sans a priori, consacre son temps et ses moyens à répondre aux questionnements qui ponctuent la marche de l'Univers. Cette enquête va montrer que l'institution n'obéit pas forcément aux réflexes basiques qu'on lui prête. Qu'elle peut ignorer des controverses qui ne cadrent pas avec l'état des connaissances, les priorités des sociétés, ou qui ne débouchent pas, à court et moyen terme, sur des apports concrets.

RENCONTRES DE TOUS TYPES

Les entretiens qui constituent l'ossature de l'ouvrage dessinent le large éventail des avis émis autour du phénomène OVNI. Mes interlocuteurs abordent en détail la genèse de leurs participations et nous font entrer dans la logique des actions que leur a inspirées la question. Des positions, qui parfois se télescopent, soulignant la difficulté à édifier, sur le thème, une cohérence susceptible de fédérer des projets de recherche. Le constat vaut pour les intervenants du GE(I)PAN, où ceux-ci se démarquent, au sein de la cellule, sur ce que leur inspire la nature des événements auxquels ils furent confrontés. Ce qui ajoute, on le conçoit, à la complexité du débat et, à n'en pas douter, justifie une part de la frilosité de la communauté scientifique envers une question dont le bruit de fond – la composante passionnelle – l'emporte souvent sur toute autre considération.

LES INTERVENANTS

Francine Fouéré – Phénomènes Spatiaux/GEPA

Cette personnalité de premier plan de l'ufologie peut être considérée comme la mémoire du Phénomène OVNI en France. Les observations, les témoignages des décennies 50/70, firent l'objet, de la part du GEPA – Groupement d'Etude de Phénomènes Aériens – qu'avec René Fouéré elle animait, d'enquêtes scrupuleuses. Elle nous replonge dans les cas emblématiques de l'énigme, dont certains eurent un fort retentissement dans l'opinion.

François Louange – Responsable de l'Audit SEPRA 2001

Cet expert du traitement d'images en provenance des satellites de surveillance militaires et civils, collabora à diverses enquêtes au cours de la période Alain Esterle dans les années 8O et produisit l'audit sur le SEPRA à l'origine de la restructuration en profondeur du groupe d'étude. C'est lui qui accompagna le chef du SEPRA, Jean-Jacques Vélasco, à Pocantico aux Etats-Unis à la Fondation Rockefeller lors du rassemblement Sturrock, en 1997. Une personnalité centrale de l'étude, la mieux placée pour nous instruire du processus de déni dans lequel s'est enfermée la communauté scientifique.

Yves Sillard – Président du Comité de Pilotage : 2006/2013

Il prit une part déterminante dans la création du GEPAN et dans la relance de l'enquête en 2006, après le temps mort qui suivit la période SEPRA et la production de l'Audit. C'est sur lui que reposera, avec la création du Comité de Pilotage qu'il a présidé, la crédibilité des enquêtes du GEIPAN et la sensibilisation de la science au phénomène. C'est l'homme qui, dans une carrière par ailleurs très riche au titre de président et directeur de sociétés nationales, a le plus contribué à chercher à impliquer la communauté scientifique, dans la prise en compte de l'énigme.

Claude Poher – Chef du GEPAN / mai 1977 – juin 1979

L'histoire rappelle qu'il fut l'initiateur de la création du GEPAN. Insensible aux sirènes médiatiques, il a contribué à inscrire, dans une authentique approche scientifique, les paramètres du phénomène. Il est, le seul des chefs qui se sont succédés à la tête du groupe, à avoir soumis à une revue à referees, une hypothèse sur la propulsion des OVNIS en cohérence avec les théories sur lesquelles investissent, de nos jours, les physiciens. Son intervention est constituée d'un échange de correspondances mails.

Alain Esterle – Chef du GEPAN /juillet 1979-février 1983

Ce polytechnicien hissa avec la diffusion de notes techniques et les enquêtes du pool de chercheurs qu'il anima au cours des années 80 –une dizaine de personnes – le travail de trois années d'investigations, au niveau de la démarche scientifique. Les publications produites à l'époque par son groupe – 18 Notes techniques et Notes d'information – constituent le référent incontournable de l'étude du Phénomène.

Jacques Patenet – Chef du GEIPAN / juillet 2005 – décembre 2008

Il lui revient d'avoir créé le nouveau GEIPAN, tel que l'Audit de François Louange le préconisait et dont il cherchera à mettre en application les avis et suggestions. Au cours de l'entretien, il remet avec lucidité les pendules à l'heure et ne mâche pas ses mots sur ce que lui inspirent les théories prisées par l'Ufologie spectacle. Le sérieux et la rigueur qu'il apporte à sa mission contribueront à remettre l'enquête sur les rails.

Yvan Blanc – Chef du GEIPAN / janvier 2009-juin 2011

Ce spécialiste de l'observation satellitaire, va entreprendre des opérations de communication auprès de la presse et des associations ufologiques, avec la mise en ligne sur le site du GEIPAN des témoignages centralisés par les services officiels, Police, Gendarmerie, Armée de l'air. Après son entretien j'assiste à sa prestation au Repas Ufologique de Toulouse où il fera face avec flegme aux questions les plus débridées des ufologues locaux.

Xavier Passot – Chef du GEIPAN / juillet 2011 –février 2016

Poursuivant la mission de recueil des témoignages et d'information du public, il s'attache à sa nomination en 2011 à prendre contact avec l'ensemble des intervenants de l'Ufologie. Sans ostracisme, il s'ouvre à tous les avis, fussent-ils comme ceux de la Zététique, fort peu amènes envers la la cellule du CNES. Il gèrera avec beaucoup d'intelligence la position inconfortable qu'il occupera, entre les négateurs obstinés et les enthousiastes délirants, attitude qui lui vaudra de pouvoir échanger avec l'ensemble des personnes.

Jacques Zlotnicki – Physicien CNRS

Ce directeur de Recherches du CNRS va conduire une étude internationale, sur l'apparition récurrente, depuis une vingtaine d'années, des mystérieuses lumières d'Hessdalen, en Norvège. On peut considérer qu'il s'agit d'une grande première de la science, intervenant sur un évènement catalogué OVNI, donnant lieu par ailleurs à développement de rumeurs qui se sont avérées, sans lien avec l'origine des manifestations lumineuses.

Gilles Schneider – Gendarme

Il est, avec son collègue, le gendarme qui recueille le témoignage emblématique de l'étude du GEPAN, dit de l'Amarante. Ses commentaires et informations vont permettre d'éclairer les extraordinaires circonstances d'une observation hors norme, qui constitue toujours au sein des forums, ainsi que le précisera le GEIPAN, le cas le plus débattu en la matière. On lira pour la première fois la pièce essentielle que constitue l'enregistrement du témoin, effectué sur le terrain par les enquêteurs du GEPAN.

Alain Boudier – Président SIGMA 1

Le spécialiste OVNI de la 3 AF dirigera en 2008 un groupe de travail regroupant experts du Spatial et de l'Aéronautique, qui se consacrera à l'analyse des informations détenues par les services officiels, avec pour objectif de débusquer en France et à l'étranger – le dossier américain est l'objet de toutes les attentions de Sigma 1 –l'existence d'éventuelles officines étudiant discrètement le phénomène.

En 2013, sous l'impulsion de Luc Dini, Sigma 2 recentrera les objectifs de la commission de la 3 AF, et fixera des objectifs communs avec le GEIPAN.

Général Denis Letty : le COMETA

Le rapport COMETA, « LES OVNIS ET LA DEFENSE », va relancer en France le débat. La création du comité contribuera au maintien de l'enquête du CNES menacée alors de disparaitre. L'entretien que m'accorde le général Denis Letty nous renvoie aux évènements et observations qui vont entrainer cet officier supérieur et le groupe d'ex-officiers auteurs de l'étude, à alerter la tête de l'état, sur le risque ethnocidaire que ferait courir à la planète, l'intrusion d'une civilisation de l'espace.

Jean-Pierre Fartek – Pilote de chasse

Pilote de chasse, instructeur à la FATAC, sa remarquable observation faite conjointement avec son épouse, est l'un des points forts du rapport COMETA. Le GEPAN ne pourra à l'époque entendre les témoins, son action se limitant à adresser un formulaire. La seule approche à connotation scientifique sera le fait de la Zététique. Approche qui n'en n'a que le mot, ainsi que mon enquête auprès des témoins le montre. Un témoignage de militaire, dont il va être intéressant de tirer des enseignements sur la prétendue récupération du dossier OVNI par certains Services.

Patrick Baudry – Spationaute

Pilote de chasse et d'essai, spationaute, il va faire entendre la voix de l'expert qui met à mal les théories du complot. Au moment de l'entretien, il rentre de la base Edwards où il a été à même de constater l'immense décalage entre nos technologies et celles du grand frère américain, qui bénéficie de budgets lui autorisant toutes les innovations technologiques. Sans avoir à invoquer le coup de pouce de Visiteurs de l'espace pour justifier les plus en marges ! Une analyse décapante, qui a le mérite de réduire la composante passionnelle attachée à la question.

Jean-François Clervoy – Spationaute

Directeur de Novespace – Société française des vols en microgravité –, spationaute de l'ESA, il a effectué trois missions spatiales dont l'une en 1999 la mission Discovery, au cours de laquelle il entreprend de corriger de sa myopie, le télescope spatial Hubble. Intéressants échanges sur les témoignages des Astronautes dont on raconte qu'ils observèrent, durant leur vol, des OVNIS. Jean-François Clervoy apporte ici l'expérience de ses trois vols et commente sans se défausser ces informations. Il reconnaît être interpellé par l'énigme des OVNIS et développe ses idées en la matière.

Jean-Pierre Rospars – Chercheur – Statisticien INRA

Comme Claude Poher, avec qui il collabora, il fit ses premières armes au GEPA des Fouéré et bouscule la règle qui semblait interdire aux chercheurs de mêler leurs noms à ceux des ufologues ! La rareté de la chose rend l'intervention d'autant plus précieuse que la compétence du personnage le place haut dans la hiérarchie scientifique. J'aurai l'occasion de dire quelques mots sur la simplicité de l'homme, qui confirme que le talent n'a pas besoin des lumières de la médiatisation pour s'exprimer.

Alain Cirou – Rédacteur en Chef – « Ciel et Espace »

Rédacteur en chef de revue astronomique, il était l'interlocuteur indiqué pour être le porte-parole des professionnels de l'observation du ciel. Il va décrire comment ceux-ci perçoivent les données du problème. Parmi eux, les exobiologistes concernés par la recherche de la vie dans l'espace. La revue « Ciel et Espace », est le rendez-vous des personnalités de l'astrophysique et du spatial dont Alain Cirou connaît la plupart. C'est dire l'opportunité de ce regard sur une communauté dont il est, pour le moins, difficile, de recueillir les avis sur le thème.

Pierre Lagrange – Sociologue des Sciences

Le Sociologue des sciences, qui a fait entrer les OVNIS à l'Université, a également appartenu à la mouvance du GEPA et est aujourd'hui la personnalité qui cherche à dégager une cohérence de faits, qui se soustraient la plupart du temps à l'analyse. Notre entretien va surprendre ceux qui voient en Pierre Lagrange un adepte du compromis, ménageant ufologues et chercheurs officiels. Son immersion dans le monde universitaire, lui permet d'introduire un intéressant débat sur le positionnement de la science, en butte à des schémas sur lesquels, elle n'a pas prise.

LA PRESSE

Elle est indissociable de la question des OVNIS. J'apporte ici le regard du journaliste. L'expérience du professionnel fera entrer le lecteur dans les cheminements de la naissance d'une info jusqu'à sa diffusion publique.

En matière d'OVNIS, plus que nulle part ailleurs, l'objectivité paraît aussi difficile à approcher que le moment ultime de la création de l'univers.

C'est par la Presse que tout a commencé. C'est par elle que nous ouvrirons ce questionnement sur les OVNIS.

OVNIS ET MEDIAS

CHAPITRE 1

L'ère des « *flying saucers* »

Selon un recensement établi par des enquêteurs d'associations d'investigation sur le phénomène OVNI, entre 2005 et 2008, il aurait été dénombré près de 900 témoignages. Les lecteurs de la presse généraliste n'en ont jamais eu connaissance. Aussi l'opinion s'en tient désormais au cliché du phénomène de rumeur alimentant essentiellement la rubrique des faits divers, durant la période estivale.

Le désintérêt des médias est profond. Se souvenir des décennies couvrant la période 1950 à 1990, où le surgissement de la plus insignifiante lueur donnait lieu à mention dans les journaux. Il y avait des périodes où un cas ressortait du lot, sur lequel se fixaient les journalistes.

Tels les œnologues se remémorant les années millésimées, les Ufologues font référence à 1947 pour l'exception de son cru, la qualité de ses observations, qui ouvrit avec l'observation Kenneth Arnold et celle du présumé crash de Roswell, l'ère des « soucoupes volantes » – « Flying Saucers » pour les Américains. Les exceptionnelles années 1952/ 1954 en France, véritable vendange céleste, talonnées par les années 1973 et 199O.

Les spécialistes du phénomène qui donnent leur temps à défaire les fils de l'énigme, méritent mieux que ces raccourcis aux antipodes de la démarche scientifique. C'est le drame de cette question que la science consent tout au plus à déléguer à la sociologie, à la psychologie, et que le traitement médiatique condamne à demeurer aux portes des centres de recherche, des labos, des universités.

La sensibilisation de l'opinion au phénomène OVNI a connu son apogée en 1992, lors de la tentative de médiatisation du cas Roswell. Les théories développées autour de l'affaire vont jusqu'à évoquer alors une collaboration qu'entretiendrait l'armée américaine avec les Visiteurs de l'espace. Mais les grandes agences, les grands networks, ne trouvant pas ici matière à développements, abandonnèrent le filon, qui disparut des colonnes des journaux. Un état qui perdure, avec la contrepartie pour ce type d'informations, d'avoir trouvé refuge sur Internet.

La publication à jet continu dans les médias des témoignages OVNIS avait l'avantage de rendre sensible à l'opinion la permanence du phénomène, comme le confirme précisément le recensement des 900 observations, effectué dans la plus totale indifférence par les groupes d'enquête privés. Avec l'avantage, sous la pression populaire, de maintenir la mobilisation des administrations sur les procédures d'enquête. Et de convaincre les observateurs en puissance, que nous sommes tous, à braver le réflexe premier, consistant à conserver pour soi le témoignage, par peur du ridicule. Et par voie de conséquence, inciter des hommes de science à s'investir dans la question, comme certains à titre privé en ont fait état. Discrètement bien sûr !

Il n'en n'a pas toujours été ainsi. Le déroulé de l'historique qu'en donnent les journaux, après 1947, témoigne d'une prise en compte par les civilisations occidentales d'un évènement hors norme. Militaires, spécialistes de l'aéronautique, astronomes auxquels ont fit appel, vont non pas expliquer ce que sont les OVNIS, mais dire ce qu'ils ne sont pas.

L'énigme alors va coller à la peau des sociétés, comme le papier bonbon aux doigts. 70 ans plus tard, elles ne sont toujours pas parvenues à s'en défaire !!

REVUE DE PRESSE

Après l'observation de Kenneth Arnold de juin 1947 aux Etats-Unis, les revues américaines grand public et la presse française des années 50, publient des papiers sur les « Disques volants » débouchant sur les premières hypothèses extraterrestres. Quelques organes prennent le contre-pied, s'appliquant à décrire l'émergence d'armes attribuables, selon leurs explications, à la guerre froide qui sévit -alors. Sept ans plus tard en 1954, dans l'hexagone, les journaux débordent de centaines de récits rapportant le survol d'objets plus bizarres les uns que les autres, d'atterrissages avec traces, repris par l'ensemble des radios et des magazines.

Parallèlement, la gendarmerie enregistre un nombre important de témoignages sur l'ensemble du territoire, officialisant l'émergence d'une vague d'observations à l'échelon national. De nombreux rapports mentionnent des rencontres rapprochées, ainsi que j'ai pu le découvrir en parcourant les documents d'époque archivés rue St Dominique à la Direction de la Gendarmerie Nationale, à Paris. Pendant une vingtaine d'années, ces dépositions seront interdites à la diffusion, par respect de l'anonymat des personnes, mais surtout parce que relevant du « Confidentiel Défense », ainsi que l'indiquait le sigle « secret » barrant les pages de ces textes. Pendant cette période de guerre froide, la logique militaire leur attribuait une origine terrestre, celle d'avions espions en provenance des pays de l'Est, comme effectivement ce fut le cas pour bon nombre d'entre elles. Au milieu des années 60 le sigle disparaît, dès lors que l'analyse des témoignages rend évident que les évolutions de ces structures non identifiables ne correspondent en rien aux performances aéronautiques de l'époque.

J'ai réuni les principaux commentaires de journaux et hebdos français depuis les années 1950 jusqu'à 1984. L'intérêt ici concerne les titres des Unes, qui traduisent bien l'inquiétude des sociétés face à l'émergence du Phénomène OVNI.

C'est Paris Match qui va faire prendre conscience à l'opinion française, dans les années 50, que l'affaire est sérieuse, en révélant la surprise, puis l'inquiétude que provoquent aux Etats-Unis la présence de ces « Flying Saucers » sur lesquelles sont incapables de s'expliquer militaires et scientifiques. Des « Soucoupes Volantes » dont on commence également à signaler en France les apparitions dans les campagnes.

Si Match en parle, ce doit être vrai !

Paris Match était alors le faiseur de Buzz, comme on dirait aujourd'hui.

A part les actualités cinématographiques, il n'y avait pas d'autre diffuseur d'images réalistes des grands évènements du monde. Match publiait des documents exceptionnels et possédait les meilleures plumes de la place de Paris pour les commenter. Un papier du chef du service politique, Raymond Cartier, était lu et commenté par le monde politique et constituait toujours un évènement donnant lieu à exégèse ou à citation dans les radios.

Dès 1953, Paris Match dans le N° 24O de novembre, titre sous sa signature :

« Deux Américains sur trois croient que le Pentagone cache la vérité sur les Soucoupes volantes ». On serait tenté de dater de cet instant la théorie du complot qui n'a pas cessé de se développer autour de l'énigme. L'année suivante, dans son N°291 d'octobre 1954, Raymond Cartier, qui s'investit de plus en plus dans le dossier, pose 5 questions.

Question 1 : Existe-t-il un nombre de témoignages suffisant pour que le phénomène dit des « soucoupes volantes » mérite d'être pris au sérieux ?

Réponse : Oui

Question 2 : Les témoignages de bonne foi concordent-ils pour donner une description satisfaisante des « soucoupes volantes » ?

Réponse : Non

Question 3 : Existe-t-il une ou plusieurs explications des « soucoupes volantes » ?

Réponse : Non

Question 4 : Existe-t-il des raisons de croire à l'impossibilité des « soucoupes volantes » ?

Réponse : Oui

Question 5 : Est-il possible que les « soucoupes volantes » viennent d'un autre monde ?

Réponse : ?

Des questions, qui laisseront certainement les lecteurs sur leur faim.

On peut considérer que l'intervention de Raymond Cartier va donner ses lettres de noblesse au phénomène OVNI et contribuer au processus de prise en compte des pouvoirs publics. Trois ans plus tard, aucun progrès ne s'étant produit, Raymond Cartier, infatigable, se repositionne sur le dossier, faisant mentir l'assertion que les journalistes sont incapables de porter jusqu'au bout une enquête.

Le 14 janvier 1956, il consacre deux pages pleines de la revue aux « Soucoupes Volantes », comme il continue à les appeler, avec ce titre qui clôt son questionnaire de 1954 : « Viennent-elles d'un autre monde ? ». Désormais le débat se situe pour lui, ainsi que pour de nombreuses personnes, au-dessus de la simple croyance, assimilant les faits à des évènements concrets, indiscutables, dont il convenait d'analyser toutes les conséquences. On n'ira jamais aussi loin dans la Presse dans la reconnaissance de la version extraterrestre de l'origine desdites « soucoupes volantes ». Il est impensable d'imaginer aujourd'hui un équivalent médiatique au papier de Raymond Cartier. Ce serait TF1 qui jouerait ici le rôle, avec un commentateur politique de l'audience d'un Claude Imbert, d'un Jean-Pierre Elkabbach, d'un Alain Duhamel ou d'un Serge July. Match, version 2016 ne serait plus crédible pour alerter l'opinion sur l'urgence d'intervenir en la matière.

Match n'est pas le seul à s'investir sur le sujet. Il est abordé par l'ensemble des confrères, avec moins d'éclat et de hauteur de ton. La motivation n'en n'est pas moins présente, à en juger les titres qu'ils offrent aux lecteurs.

Le « Tout Savoir » de novembre 1958, qui était le concurrent direct de « Sciences et Vie », adopte une grande ouverture d'esprit sur la question, ainsi que le résume son titre « Les soucoupes volantes n'ont pas fini d'intriguer notre ciel », qui s'apparente à une prise en compte du phénomène, proche de l'attitude de Match.

Il est un hebdo dont on pourra être surpris de son intérêt pour le sujet, d'autant qu'il lui accorde dans son N° 314 du 27 décembre 1962, deux pages centrales – les pages faisaient le double de surface de celles d'aujourd'hui – avec d'impressionnantes illustrations couleurs, mélange de dessins et de photos ; il s'agit de l'Auto-Journal. Le titre à lui seul est éloquent et promet à la revue un auditoire bien au-delà de l'acheteur ou revendeur de voitures : « Le dossier secret US » propose en toute modestie la rédaction de l'Auto-Journal !!!

Le quotidien Paris Jour du 25 juillet 1963, nous réexpédie en Europe et se fait l'écho d'un début de panique à la chambre des communes.

« Deux députés interpellent le gouvernement britannique : des hommes d'un autre Monde sont-ils venus chez nous ? »

Noir et Blanc du 21 juillet 1965 en est convaincu « Mais si, les Soucoupes Volantes existent !! » affirme l'hebdo en première page.

Paris Jour, quelques semaines plus tard dans son numéro du 12 septembre 1965, passe la vitesse supérieure en parlant de « La « Chose » que les Martiens nous envoient ». L'histoire se rapporte au témoignage de Valensole, au cours duquel le témoin Maurice Masse décrira, posée dans son champ de lavande, une structure inconnue près de laquelle se tenaient deux êtres de petite taille, et dira avoir assisté à son envol. Sur place la gendarmerie enregistrera la présence de traces qui viendront accréditer le récit du témoin. Le témoignage on le verra avec Francine Fouéré, eut un très fort retentissement à l'époque.

En octobre 1966, l'Express, dans le N° 801, publie dans sa rubrique « Document », un long intitulé : « Controverse aux USA. Un sceptique décrit l'ampleur du phénomène qui a eu raison de son scepticisme et de celui du Président » (Lyndon Johnson). Y est rapporté le contexte qui entraînera la création de la commission Condon à l'Université du Colorado. Dans l'édition 802 de la semaine suivante, l'Express enfonce le clou avec un titre en forme de conclusion : « Personne ne met plus en doute l'existence des boules de feu et d'OVNIS dans le ciel des USA. » L'emblématique revue, Les Nouvelles Littéraires, entrent à son tour dans le débat le 16 Février 1967, avec cette question : « Pour qui sont ces soucoupes volantes aux USA ? »

C'est dire que le sujet, dans toutes les couches de la population, constitue un sujet d'intérêt, voire d'inquiétude.

Précisément, l'année 1967 sera celle de la relance de la controverse, avec une observation qui, le 17 juillet, comptera des centaines de témoins, et pour laquelle s'enflamment les médias. Paris Jour le 19 juillet sur 8 colonnes titre en Une : « Les soucoupes ? Cette fois c'est sérieux ! » Le même jour, Le Parisien Libéré en Une également sur toute la largeur de la page : « Des soucoupes volantes vues par des millions de personnes ! » Le 2O juillet France Soir, sur 7 colonnes, résume l'état du dossier à la faveur de la manifestation céleste répercutée par l'ensemble des médias : « Soucoupes volantes : 10000 cas étudiés par les savants ».

Les spécialistes de l'observation, compte tenu du nombre de témoins, pouvaient spéculer sur une très probable origine naturelle du phénomène.

En effet, l'étude de la trajectoire très haute dans le ciel du bolide céleste, suivi d'une traînée multicolore avec prépondérance de couleurs jaune et verte, de laquelle émergeaient des éléments incandescents, correspondait à la rentrée atmosphérique de la fusée qui porta en orbite, Cosmos 169.

A l'époque, polarisés par la question, les médias jouent la surenchère, sans aucune précaution ni analyse contradictoire et intègrent toute observation insolite, dans le débat sur les Soucoupes Volantes. Le 2 août 1967, la revue Noir et Blanc opère l'indispensable réflexion, et interroge :

« Les Français ont-ils vu des Soucoupes ? », relayé quelques années plus tard en 1972 par le Reader's Digest, « Des soucoupes volantes en France ? »

Le début des années 7O plonge les ufologues français dans le doute.

La Presse, avec la publication du rapport Condon en 1969, annonce le refus des USA de pousser plus loin les investigations sur un sujet « dont l'étude ne constitue pas une avancée pour les sciences ». Elle adopte alors un profil critique, voire franchement sceptique, sur l'ensemble du dossier. En février 1974, Le Nouvel Observateur illustre tout à fait la tendance : « La vraie mission des petits hommes verts : les soucoupistes voient ce qu'ils veulent voir. C'est un bon remède à l'angoisse » écrit le psy de service.

Au mois de mars suivant le journal de la 2, ouvre sur une exclusivité. L'image d'un objet non identifié se déplaçant lentement au-dessus du massif vosgien. François de Closets présente le document en duo, avec l'astrophysicien Pierre Guérin. Celui-ci est longuement commenté devant des millions de téléspectateurs, avec d'autant d'intérêt, qu'il a été réalisé par un professionnel de la télévision. Il s'avérera être un habile montage, ainsi que je le démontre, lors de l'enquête que j'effectue sur place pour le compte du GEPA. Et me vaudra plusieurs années ensuite, d'échanger une passionnante correspondance avec Pierre Guérin, qui s'achèvera à sa mort.

Quant à François de Closets, ainsi que je l'ai compris au cours d'une brève rencontre, plus jamais il ne s'intéressera à l'énigme…

« Pas si vite ! » prévient une administration d'état qui va provoquer la surprise en ces moments de scepticisme naissant. En septembre 1975, « Armées d'Aujourd'hui », l'organe de presse par lequel les militaires communiquent à la nation, publie sous la signature du Capitaine de gendarmerie G. Kervandal une analyse des témoignages centralisés depuis

les années 5O par les brigades de gendarmerie, sobrement intitulée « Problèmes militaires : OVNI ». La lecture du dossier, appuyé sur une somme de faits recensés lors d'enquêtes officielles, relance le débat dont s'empare alors, en février 1976, la revue Nostra. Elle annonce dans son mensuel N° 2O2 : « Gérald Ford, président des USA, déclare le 27 Mars 1966 *« Il est temps que ce mystère soit définitivement éclairci »*. La revue, dans la même période, édite un numéro spécial de 48 pages où interviennent les spécialistes des sciences en marge : Jacques Bergier, Lucien Barnier, Robert Charroux, Michel Lancelot, Jean Pierre Chapel et l'incontournable Jean-Claude Bourret.

En avril 1976, Armées d'Aujourd'hui, dans la continuité de sa campagne d'information, donne la parole cette fois à l'Armée de l'Air dont le représentant, le Lt-Colonel Alexis, révèle le contenu du dossier détenu depuis plus de 2O ans, Bd Victor, par l'Etat-Major de l'Armée de l'Air.

Sans fausse modestie, je pense qu'avec Francine Buchi, ma consœur, nous avons précipité l'évènement. Lors de la réalisation, à l'époque, d'un reportage sur le sujet pour France Trois « Lorraine Champagne Ardennes », je fais connaître mon intention de filmer un rapport de pilote provenant des archives de la gendarmerie, dont je possède une copie, si l'armée de l'air persiste à prétendre qu'aucune observation de ses personnels navigants n'existe. L'intimidation produit son effet. Celle-ci collabore en autorisant le Lt-Colonel Alexis à commenter le dossier constitué par cette arme, et quelques temps plus tard à aborder officiellement la question dans la revue militaire. Nous n'avons pu nous empêcher avec Francine, de penser que nous étions un peu pour quelque chose dans l'ouverture des vannes.

Effectivement, la révélation de l'existence du dossier donne alors des ailes aux confrères. Nostra, sous la plume de Lucien Barnier dans son N°248 de janvier 1977, reprend le flambeau : « OVNIS : les rapports de l'Armée de l'Air ». Des confrères de la revue recueillent en septembre 1977 aux USA, au plus haut niveau, les informations et titre : « Allen Hynek parle », lui qui fut durant 20 ans le responsable du Project Blue Book, l'organisme chargé de l'étude des OVNIS au sein de l'US Air force. En avril 1979 le N°329 d'Historama, entreprend à son tour de faire « Le point sur les OVNIS » avec une personnalité de renom, Rémy Chauvin.

En août 1979 l'Express reprend à son tour le dossier dans son numéro 1466, et tente de faire la part qui revient aux rumeurs et celle relevant des faits. « OVNI : mythe et réalité » son titre d'accroche est également celui du livre que vient de publier alors, chez P. Belfond, Allen Hynek.

L'année 1979 sera celle de la fameuse affaire Franck Fontaine, le « héros » du faux enlèvement de Cergy-Pontoise. Ce fait divers connaîtra une très large médiatisation dans la presse généraliste qui s'en fera l'écho durant les 8 jours que dura la prétendue disparition. L'épisode fera l'objet d'une analyse suivie de la part du GEPAN, sous l'autorité d'Alain Esterle.

Ayant interviewé Franck Fontaine, lors d'un entretien le chef du GEPAN, sollicitera mon avis sur la personnalité du témoin.

La presse adoptera par la suite une attitude en retrait par rapport à ce type de témoignage. Le dossier qu'élabore l'hebdo VSD en décembre 1979, intervient en pleine période de ce fait divers hors norme et traduit l'expectative des confrères qui ont beaucoup de mal à en extraire la part de vérité. La manchette d'ouverture joue l'ambiguïté « OVNI : de surprises en surprises ».

La période est propice, pour les négateurs du phénomène, à se faire entendre. Science et Vie se charge de la contre-attaque et, en avril 198O dans son N°751, opère une tentative de torpillage du GEPAN. La mise en page concourt à l'opération de déstabilisation qui s'abat sur l'unité. La couverture du mensuel marque derechef la distance : « OVNI : la foi qui vient du vide ». La table des matières résume ainsi le contenu du propos : « Le Gepan ou la fonction qui crée l'OVNI ». L'annonce est précédée de celle d'un papier traitant des illusions optiques où on nous explique « Pourquoi nos yeux nous trompent ». En lisant cette table des matières, on retrouve les signatures de MM. Gérard Barthel, Jacques Brucker, qui s'étaient fait un nom en pulvérisant les témoignages de la vague 1954 et Michel Monnerie auteur du célèbre pamphlet « Et si les OVNIS n'existaient pas ? ». Ce qu'ignoraient bien entendu les lecteurs de Sciences et Vie, nullement conscients d'être informés par les négationnistes du phénomène.

Enfin le corps de l'article, lui, est titré « GEPAN, donc je suis ». Et si l'on n'a pas pigé que l'on aborde, l'évanescent, l'insondable, l'à-peu-près, la rédaction de S. et V. a choisi de placer le papier sous la rubrique « Parapsychologie ». A l'encre rouge, de peur probablement que l'Union rationaliste ne se désabonne en découvrant sa revue favorite donner un écho fût-il négatif aux travaux de la maudite commission du CNES dans laquelle la Science pure et dure ne saurait se compromettre.

Il en faut plus au phénomène pour atteindre ses fondements. En décembre 1981 Historia dans son N° 421, sous la signature du journaliste-écrivain Charles Garreau qui a publié plusieurs livres sur l'énigme, se fait l'écho à son tour des témoignages de pilotes, complétant son travail au cours duquel il avait révélé l'existence d'un bureau chargé d'enregistrer dans les années 5O, les témoignages des militaires. Le sous-titre ne laisse aucun doute sur la nature de sa conviction : « Les OVNIS sont parmi nous !! » affirme Charles Garreau.

Ce cheminement dans la mémoire de la Presse s'achève par l'interrogation « Où sont passées les soucoupes volantes ? » que lance, en octobre 1984, Marie-Thérèse Debrosse dans un papier de Match, à la rédaction duquel elle appartient à l'époque. Le papier est illustré d'une photo de Jean-Pierre Petit, directeur de recherche au CNRS, un des rares scientifiques à s'impliquer dans la controverse. C'est l'occasion pour lui de dénoncer les non-dits de l'enquête du GEPAN à laquelle il a été partie prenante dans le domaine de la Magnétohydrodynamique, dont il pense qu'elle pourrait constituer un des moyens de transfert des OVNIS dans notre atmosphère.

La question que pose en titre Marie-Thérèse Debrosse revient par épisode, ainsi qu'on l'a vu, et semble conforter l'idée d'apparition de vagues d'observations. C'est Match qui ouvrait le bal des étrangetés, c'est lui qui clôt cette revue de Presse sans pouvoir conclure sur la nature et l'origine de la manifestation qui, durant toutes ces décennies, a intrigué, passionné, inquiété, des millions de lecteurs.

SUR LE TERRAIN, QUE VOYAIT-ON ?

Francine et René Fouéré, qui animaient le Groupement d'Etudes des Phénomènes Aériens – GEPA –, sont intervenus sur les observations majeures de l'époque. Les enquêtes et analyses du GEPA représentent la mémoire du phénomène OVNI. L'Association mettait fin à ses activités en 1972, cinq ans avant la création de la commission d'enquête dont ils eurent la légitime fierté de noter, que le CNES s'était inspirée du sigle.

Le GEPA attira à lui intellectuels, scientifiques, techniciens qui déploraient qu'aucun organisme officiel n'ait pris en charge le phénomène. On retiendra le plus célèbre des intervenants, Claude Poher, qui mit en place le GEPAN et qui signa plusieurs rubriques dans la revue. La qualité des enquêtes des bénévoles du GEPA contribua à alerter les autorités sur la nécessité d'intervenir. Comme le montre l'historique du phénomène tel que reproduit par les journaux, il se réalise, entre 1950 et 1990, une forte sensibilisation de l'opinion, correspondant à un déferlement des observations. Les archives du GEPA, commentées par Francine Fouéré, qui aux côtés de René Fouéré rencontra les témoins-clés de cette période, nous font entrer dans la phase active des manifestations, où les témoins déclarent avoir joué un rôle dans le déroulement de l'observation. Un contexte très particulier qui ne se représentera plus et que reproduit le positionnement des médias d'alors. Les titres des papiers ne font pas que traduire la surenchère journalistique, mais expriment bien, comme on peut le lire dans les rapports de gendarmerie, l'émergence d'un évènement hors norme. Les manifestations concernent des séquences structurées, qui surclassent en qualité informative les classiques visions de lumières évanescentes, confortant les thèses qui commencent à s'imposer sur la présence de Visiteurs et un éventuel contact.

De l'entretien que m'a accordé Francine Fouéré, j'ai tenu à conserver la terminologie emprunte de cette chaude humanité que Francine et René Fouéré apportaient à leurs rencontres et échanges avec les témoins. La rigueur et le souci de restituer au plus près les faits n'en n'étaient pas moins présents. Cette manière de procéder a pour avantage de créer un climat de confiance avec le témoin, pas forcément disposé à collaborer avec des enquêteurs, et moins encore avec des journalistes, dont la pugnacité peut être vécue comme une agression.

Attardons-nous sur trois observations majeures qui ont fait la Une de la presse de l'époque, et au cours desquelles le phénomène OVNI présente toutes les apparences d'une manifestation intelligente, d'où émerge effectivement à leur lecture une indéniable intentionnalité. Le descriptif, les commentaires de Francine Fouéré, qui va s'entretenir avec les témoins, restitue on ne peut mieux le contexte de l'époque.

Elle me reçoit en 2009 dans son minuscule appartement de la rue de la Tombe-Issoire dont les murs des pièces sont tapissés de livres. Francine Fouéré est insatiable sur la question et elle revit ses rencontres avec les témoins, comme si elles s'étaient déroulées la veille.

VALENSOLE...

Q : Quels sont les cas qui vous ont le plus impressionnée durant toutes ces décennies ? Je vous ai souvent entendu évoquer l'observation de

Valensole, du 1er juillet 1965. C'est un témoignage sur lequel vous avez eu une implication personnelle avec le témoin, Maurice Masse ?

F. Fouéré : J'ai rencontré le témoin deux fois. La première avec René en 1967. Il m'a fait une excellente impression, quelqu'un de sérieux. On sentait qu'il avait été remué par ce qu'il avait vu. A l'aube du 1er Juillet 1965, vers 5 H, Maurice Masse se rend dans son champ de lavande pour y travailler avant les chaleurs de la journée. Il découvre une structure posée sur un trépied avec un pivot central enfoncé dans le sol, ayant le volume d'une petite voiture. Il voit deux êtres occupés à observer un plan de lavande. Après son observation il dormira 12 heures d'affilée, alors qu'il était en pleine récolte de lavande. C'est ce qui a le plus impressionné ses proches et leur a fait comprendre qu'il s'était produit un évènement inhabituel.

Q : Il vous a fait une confidence par rapport aux occupants de l'engin ?

F. Fouéré : Il a dit que les occupants de l'OVNI, étaient gentils…C'est très curieux !! Il m'a précisé : *« Ils m'arrivaient à la ceinture. Quand je les ai vus, je me suis dit : je vais m'approcher d'eux et je vais les estourbir ».* J'adore ce mot provençal. Mais quand il est arrivé à une vingtaine de mètres d'eux, l'un d'eux, a subrepticement braqué un tube sur lui et c'est lui qui est resté sur place, incapable de marcher, tout en continuant à voir et à respirer.

Quand on découvre l'entourage, la maman, la petite fille, la femme, on ressent vis-à-vis de cette famille un sentiment de confiance.

Des gens ont raconté qu'il s'agissait d'un hélicoptère que le témoin aurait vu. J'ai horreur de cette affirmation, car l'armée de l'air, sollicitée, a bien précisé après une enquête que jamais il n'y a eu d'hélicoptère. Il y a toujours des gens de mauvaise foi qui mettent l'hélicoptère à toutes les sauces. Ils ont fait ça pour Cussac. Ils ont même évoqué l'explication pour des époques ou l'hélicoptère n'existait pas ! En 1934 le témoin a été pris dans un pinceau lumineux par un engin silencieux évoluant au-dessus de lui. Il peut y avoir des erreurs, c'est vrai …

Q : La seconde rencontre avec Maurice Masse a eu lieu à quel moment ?

F. Fouéré : La seconde rencontre s'est produite en 1991. Il a répété la même chose. Il avait vieilli comme nous tous… Il m'a dit de manière coquine, *« Tu as mis du temps pour revenir me voir… »*

L'épisode est amusant. On voit d'abord Mme Masse. Je l'aborde sans me présenter en lui précisant qu'on aimerait bien rencontrer Monsieur Masse. Sèchement Mme Masse de me répondre :

« Monsieur Masse n'est pas là, il est en voyage !! »

Ah bon, ai-je fait, vous lui donnerez notre bon souvenir s'il se souvient de nous, et de l'année au cours de laquelle mon mari, qui n'est plus là, est venu lui rendre visite…

« Comment il est mort le brave homme ? Oh que j'ai de la peine… Allez voir au Café des Sports, vous le trouverez là-bas… »

« J'adore ! », se réjouit Francine se remémorant l'épisode. J'ai retrouvé effectivement notre homme au café de la place. Maurice Masse a confirmé

toute l'histoire en précisant *« Je ne sais pas pourquoi j'ai été choisi. Ça m'a toujours perturbé depuis ce temps là... »*

Avec René on aimait bien suivre le témoin dans le temps. Un témoin fait une blague. Un jour ou l'autre il aime bien se vanter : *« Je vous ai bien fait marcher. Je vous ai bien eu. Et patati... »* Mais là, non, c'était toujours celui qui avait été perturbé par cette rencontre.

CUSSAC...

Q : Vous parliez de Cussac tout à l'heure ... Vous avez également rencontré les témoins dans cette affaire ?

F. Fouéré : Oui j'ai vu les enfants mais quelques années après les faits, lors d'une émission que Pierre Bellemare avait consacrée aux soucoupes volantes sur Europe 1. Les enfants ont été très marqués par leur observation. Elle s'est déroulée le 29 août 1967. (NDLR : Les deux adolescents, un garçon – 13 ans – sa sœur – 9 ans –, alors qu'ils gardent les vaches, décrivent une boule brillante de 4/5 mètres de diamètre près de laquelle quatre êtres ressemblant à des enfants, vêtus d'une combinaison noire, se tiennent et soudain, s'élevant du sol, s'engouffrent tête en avant dans sa partie supérieure.)

Les enquêteurs de « Lumières dans la Nuit » sont allés sur place et ont rencontré les parents. Ils ont vu les enfants et, franchement, c'est une observation qu'ils ne pouvaient pas inventer. L'enquête a été publiée par notre revue « Phénomènes Spatiaux ». Le petit garçon avait grandi.

A l'époque des faits il avait 13 ans, au moment de l'entretien il en avait 15 et m'a confié : *« Il y a quelque chose que je ne voulais jamais dire parce que j'avais peur qu'on me prenne pour un idiot. « ILS » se sont embarqués la tête la première »* Ce qui les avait sidérés, car c'est une façon d'entrer dans un engin très curieuse. *« L'engin s'est mis à grossir, grossir, c'était lumineux. Ça faisait mal aux yeux... »* – ils ont eu ensuite les yeux très fatigués – *« ... Et je ne comprenais pas... et cette grosse boule est partie »...*

Q : L'enfant de 15 ans que vous aviez devant vous, quel sentiment vous donnait-il ?

F. Fouéré : Il paraissait très sérieux et la petite fille aussi. Ce n'était pas des enfants capables d'inventer. Il ne faut pas oublier qu'il y avait une odeur de soufre incroyable, qui a été sentie par d'autres personnes après l'observation. Autres détails importants : les vaches ont été totalement affolées, ainsi que leur chien qui se terrait. Enfin un voisin également a vu la boule. Ça fait quand même beaucoup !

IRAN...

Q : Vous avez été impliquée d'une certaine manière dans l'enquête sur l'incident aérien qui s'est déroulée en 1976 en Iran ? (NDLR : Le 19 septembre1976, deux supersoniques F4 de la chasse iranienne tentent d'intercepter un engin inconnu, l'approche de la cible provoque une série de perturbations aux deux appareils, obligeant les pilotes à abandonner la poursuite.)

F. Fouéré : Ça c'était formidable... On est allés à l'ambassade d'Iran à l'époque...

Q : Dans quelle intention ?

F. Fouéré : On voulait avoir des renseignements directement sur l'observation. Pour ma part ce que j'avais trouvé de remarquable dans cette affaire, c'est lorsque l'avion Phantom américain arrivait près de l'engin, près de la soucoupe, plutôt engin que le mot soucoupe, tout l'appareillage électronique tombait en panne...Ce n'était donc pas une illusion. Quand il repartait ou que l'engin s'éloignait, tout revenait à la normale. Il récupérait l'avion, c'était merveilleux. Au bout de deux tentatives, le pilote iranien a compris et a laissé tomber. Nous avions donc voulu avoir des renseignements. A l'époque, c'était encore sous le règne du Shah. Nous avons été très bien reçus par l'ambassadeur.

Q : C'est l'ambassadeur qui vous a reçus directement, en personne... ?

F. Fouéré : Oui ! Oui ! Nous étions d'ailleurs avec des gens très biens. Le commandant de gendarmerie Kervandal, Michel Troublé qui était un de nos membres, secrétaire général adjoint du GEPA. C'était vraiment une réception de qualité !

Q : Comment avez-vous pu obtenir aussi facilement un entretien avec l'ambassadeur ?

F. Fouéré : On a téléphoné ! répond Francine avec un petit rire amusé...

Q : Vous avez dit « on veut parler de l'OVNI » et c'est tout... ?

F. Fouéré : Oui ! Oui ! On a dit *« On est au courant de cette observation, pouvez-vous nous donner d'autres renseignements ? »* Au cours de la conversation il nous a précisé qu'il avait reçu des demandes de renseignements, aussi bien de la Russie que de l'Amérique...

Q : Il vous a parlé d'une enquête officielle effectuée par les militaires iraniens ?

F. Fouéré : Sans entrer dans les détails il a dit qu'il y avait une enquête qui se poursuivait, car ça les avait tout de même interloqués.

Q : Il ne vous a pas donné d'informations complémentaires, il vous a dit que c'était une histoire sérieuse...

F. Fouéré : Très sérieuse ! Et comme il savait qu'on allait publier quelque chose, il nous a dit : *« Oui vous pouvez le dire car c'est une histoire très grave... ».* Deux avions intervinrent. Un premier qui constate les pannes, puis un second qui le rejoint, lui-même victime des mêmes incidents. Quand le premier a vu qu'il ne pouvait pas l'intercepter, il a immédiatement changé de cap, interrompant sa tentative. Lorsqu'il a tourné le dos à l'OVNI, il a retrouvé l'usage de tous ses moyens de communication et de ses instruments de vol. C'est époustouflant !

Q : De tous les cas sur lesquels vous avez enquêté, ces trois histoires sont les plus impressionnantes, Valensole, Cussac, l'Iran ?

F. Fouéré : Chacun est impressionnant parce que chacun amène un élément de réflexion. Il y a des choses qu'on ne comprend pas et ce n'est pas parce qu'on ne comprend pas ces choses, qu'il ne faut pas les étudier.

René a dit quelque chose de très sage :

« Si les « soucoupes volantes » sont bien des machines spatiales venues d'ailleurs et pilotées ou téléguidées par des représentants intelligents, d'une ou de plusieurs races extraterrestres techniciennes, le problème que posent leur présence et leurs évolutions n'est pas seulement un problème intellectuel passionnant réservé à des esprits savants et curieux, c'est un problème qui intéresse, qu'elle en soit ou non consciente, toute l'humanité ! »

Q : Après toutes ces années à côtoyer l'énigme, quelle analyse faites-vous aujourd'hui, du chemin parcouru ?

F. Fouéré : C'est une question qui vaut la peine d'être étudiée, même si la réponse ne paraît pas du tout évidente. Je me souviens toujours du général Chassin[4], qui avait de l'énergie et qui disait *« Il se passe quelque chose ! On l'étudie ! »* Actuellement il y a beaucoup de gens qui parlent parce qu'ils sont à la retraite. Je pense à ce colonel qui a fait une observation en 1980, maintenant il en parle ! Il dit avoir vu au sol un engin bizarre. Comme il avait l'œil averti de l'observateur, ça l'a intrigué. Il raconte s'être approché à une vingtaine de mètres... Je trouve qu'il a eu de la chance, car les observateurs qui ont pu le faire, comme Maurice Masse, se sont retrouvés immobilisés sur place...

Q : Précisément en parlant des témoins d'observations effectuées de près, est-ce que vous avez rencontré Marius Dewilde, le garde-barrière des années 195O qui dit avoir découvert les occupants d'un OVNI, posé sur les voies du passage à niveau dont il avait la responsabilité ?

F. FOUERE : Non, à l'époque nous n'étions pas encore dans l'enquête. Mais nous la connaissions bien. Je la trouve fantastique. La preuve qu'il a bien vu quelque chose, c'est que les traverses sur lesquelles l'engin était posé, s'étaient enfoncées par son poids dans le sol. Ça, ce n'était pas Marius Dewilde qui pouvait le faire ! Il y a un autre détail intéressant. Lui qui était un peu un braconnier n'avait aucune raison de se faire remarquer par un service de police. Tellement secoué par l'observation et la crainte de ne pas être pris au sérieux, on raconte qu'au moment de sa visite au commissariat, il en aurait fait dans sa culotte... Apparemment la situation n'avait rien de rigolo pour lui... On ne peut pas raconter une blague et montrer à côté un tel ébranlement !

Q : Comment analysez-vous ce qui se passe sur Internet dans ce domaine ?

---

[4] Lionel Max Chassin 1902-1970 occupe dans les années 50, de hautes responsabilités au sein des Etats-majors. Il devient en 1964 Président du GEPA.

F. Fouéré : Sur Internet je n'ignore pas que les gens, bien souvent, racontent n'importe quoi, sans rien vérifier, sans contrôle. C'est navrant. Nous, au GEPA, on a toujours attendu, vérifié, avant de publier quelque chose. Précautions élémentaires qui ne sont pas de mise aujourd'hui !

Avec Francine Fouéré, nous quittons l'Ufologie de terrain et la part d'humanité que constituait cette époque. Pour celle de l'universaliste mais désincarné Internet. Il ne saurait être question de zapper sur ce qui constitue, qu'on le veuille ou non, le prolongement naturel de l'évolution de la Communication et de la Presse. A l'échelon planétaire, c'est l'outil le mieux fait pour restituer l'image d'ensemble du phénomène.

Avant de survoler l'empire Internet, petit détour instructif par les rédactions où se fabrique la matière du journal, avec l'image du phénomène refaçonnée par les médias. La plupart du temps une image déconnectée du contenu des témoignages.

CHAPITRE 2

La presse : comment ça marche…

Ovni et Journalisme, pour le public l'un ne va pas sans l'autre.

Pour le commun des mortels, quand les OVNIS ressurgissent dans les colonnes des journaux, plus particulièrement en été, il est tentant d'en déduire que les journalistes n'ont plus rien à se mettre sous la dent. C'est la Presse américaine qui va donner en 1947 au terme « Flying Saucer-Soucoupe Volante », le succès que l'on sait. Si l'opinion possède une information bonne ou mauvaise sur le sujet, elle la doit non pas aux services officiels, relativement discrets sur le sujet, mais aux professionnels des médias. Comme il ne fait plus la Une des supports depuis quelques années, il est tentant de conclure que le phénomène n'a pas de réalité objective, qu'il ressort exclusivement de la rumeur ou du fantasme. En se fixant sur le traitement journalistique des OVNIS, on aborde un domaine où dominent l'« à-peu-près », le « on-dit », le « peut-être », en un mot l'incertain. C'est-à-dire tout ce que déteste la science, qui délègue alors son autorité à d'autres sciences dites humaines dont les critères régentent la sociologie, la psychologie. Pour le plus grand malheur des Ufologues qui désespèrent de voir reconnues un jour les données objectives du phénomène, un combat qu'ils mènent depuis 70 années !!

Jetons un regard sur ceux qui traitent de ce type de reportage dans les salles de rédactions et façonnent ainsi l'image du phénomène auprès de l'opinion, des politiques, des scientifiques.

Je distingue quatre types de confrères traitant de l'info OVNI. Le premier transmet, sans chercher à extrapoler, offre l'info brute. Le second y voit matière à se singulariser en ridiculisant le sujet. Le troisième s'en empare, en jouant la carte du business. Le quatrième enfin décide d'aller plus loin, avec le risque de voir assimiler sa démarche à celle de l'Ufologue. A l'image du confrère introduit dans une secte, dont on ne sait plus qui du journaliste, qui de l'adepte, obéit à l'autre.

Dans le quotidien de l'actu, les manifestations du phénomène sont généralement rapportées par un journaliste lambda nullement informé de ses particularités, c'est-à-dire le journaliste du premier type. Avec une précision essentielle qui caractérise l'époque : ces dernières années la presse dans un bel ensemble n'accorde plus d'intérêt à ce type d'information, à en juger l'absence de mentions dans les colonnes des journaux. Paradoxe d'autant plus intéressant quand on se rappelle la fascination qu'elle provoquait il y a quelques décennies, et que les revues spécialisées continuent à signaler des observations en France et ailleurs. La plupart du temps il s'agit, il est vrai, d'un témoin unique, décrivant une lumière incertaine, sur laquelle la pauvreté informative de la manifestation n'incite guère les journalistes à s'attarder.

LES OVNIS NE FONT PLUS RECETTE !

On oublie trop que la presse est avant tout pragmatique, obéit à des critères économiques et s'imprègne comme toute entreprise humaine, des modes, des engouements, des humeurs du jour. Plus qu'ailleurs, le réflexe fascination-rejet, guide ici les actes de celles et de ceux qui remplissent les colonnes des journaux ou composent le menu des J.T.

Si le phénomène demeure dans le statut qui est le sien, faible niveau d'observations, médiocre sensibilisation du public, la question se cantonnera à la marge des préoccupations de l'opinion, ainsi qu'il en est en ce moment. Et par voie de conséquence il ne faut pas espérer de la science obtenir plus d'intérêt qu'elle n'en n'a manifesté auparavant. Tout se tient.

Pas d'observation dans les journaux, pas de sensibilisation de l'opinion, pas de prise en compte du politique, lequel gère les budgets susceptibles d'enclencher un processus de recherche et d'étude.

Sempiternelle question à toute personne s'étant fait un nom dans l'Ufologie : *« Pourquoi les journaux ne parlent-ils plus d'OVNIS ? »*

Pour les moins curieux, le serpent se mord la queue : « *On n'en voit plus parce qu'on n'en parle plus...* ».

Pour ceux-là, la lecture de l'historique du phénomène incite à penser que les OVNIS ont épuisé les forces de l'imaginaire et, à l'image des maisons hantées, du Yéti, du monstre du Loch-Ness, se sont dissous dans le creuset des mythes qui ponctuent la quête humaine. Des sociologues, relayés par des psys, le pensent et tournent, sans autre volonté d'aller plus loin, la page de l'énigme.

Certains membres d'Associations Ufologiques, face au silence des OVNIS, se rabattent sur le décryptage des signes qui selon eux trahissent la mise en œuvre d'une action programmée. Les MIB, les Crop Circles, les abductés, les mutilations de bétail, la Zone 51, Roswell, constituent à leurs yeux les indices indiscutables d'une présence étrangère, impliquée dans les affaires de la Terre. Une extension du dossier qui se développe en marge des observations, et que la presse généraliste se refuse à commenter.

Vous aurez beau écouter les radios, regarder les 20 H, lire les quotidiens, vous ne trouverez aujourd'hui plus trace d'observation comme il était courant autrefois, au détour d'une page de journal ou à la fin d'un journal télévisé. Si, comme en donne le pouvoir au journaliste, vous êtes autorisé à contacter les services de police et de gendarmerie, vous constaterez que l'observation colportée par le bouche à oreille n'est que très rarement communiquée aux autorités. Ce que pourtant n'aurait en aucun cas hésité à faire le témoin d'un accident de la route, d'une agression sur la voie publique, voire un incident banal. Des circonstances il est vrai moins dérangeantes pour le mental que le survol à basse altitude, dans un silence total, d'une structure non identifiable environnée de lumières !

Comprendre comment chemine une information devient essentiel pour le problème qui nous concerne. On va saisir alors qu'il n'est pas utile de faire intervenir les théories du complot pour expliquer le silence des OVNIS dans les médias. La plupart du temps l'explication est plus banale, relève de réflexes professionnels, de critères économiques qui laissent loin derrière les fantasmes développés par une certaine Ufologie.

Prenons l'exemple le plus simple : l'observation d'une lumière avec mouvements bizarres, excluant à première vue le passage d'un bolide, d'un avion ou l'existence d'un phénomène météo. D'un coefficient d'étrangeté suffisamment élevé pour que le ou les témoins soient incités à effectuer une déposition à la plus proche brigade de gendarmerie. Qui elle-même, en principe, se doit d'alerter le service du CNES, le GEIPAN.

Si aucun représentant d'un groupement d'enquêtes n'intervient dans la région, il y a fort à parier que l'affaire demeurera à jamais inconnue du public. A moins que le correspondant du journal régional ne la découvre durant sa tournée des informateurs locaux. Celui-ci quotidiennement contacte Pompiers, services de Police, Gendarmerie, Tribunal, qui, sur sa demande, l'informent des principaux évènements de la journée, généralement des faits divers. Et normalement les gendarmes, mentionneront l'observation bizarre relatée par les habitants de la localité. Normalement...Le gendarme de service de la brigade concernée par l'enquête peut tout aussi bien s'en abstenir, car la communication d'un témoignage OVNI appartient administrativement aux services du CNES. Si les services officiels n'en soufflent mot, il est vraisemblable que le « bouche à oreille » s'en chargera dans les bistrots de la localité. Voilà notre correspondant en possession d'une info OVNI, recoupée par plusieurs témoignages, crédibilisée par sa prise en compte par les services officiels.

Elle fera l'objet très probablement d'une modeste mention dans la rubrique locale. Actuellement elle ne dépassera pas ce statut.

Dans le cas d'une observation plus étoffée, contenant des détails originaux, décrivant un atterrissage par exemple, la reprise de l'info par un média national, alerté par un correspondant local, se conclura généralement par une interrogation sceptique, agrémentée d'un trait d'humour sur la santé mentale du témoin. S'achèvera ainsi la brève existence d'un cas peut être essentiel du dossier et dont on ne saura jamais rien de la suite qui en sera donnée par les autorités, puisque les conclusions de l'enquête officielle, celle du GEIPAN, ne seront éventuellement accessibles que dans une limite de temps qui exclut tout retour sur l'info. Est ainsi brièvement décrite la mise au tombeau définitive d'un évènement OVNI.

LES JOURNALISTES : NON INFORMES !

Attardons-nous quelques instants sur le traitement de l'info par les rédactions.

La naissance d'un article, d'un reportage dans un grand média se réalise le matin lors de la conférence au cours de laquelle les rédactions, la presse écrite, la radio, la télé, sélectionnent le menu du journal. Y sont présentés par les documentalistes les évènements locaux, nationaux, internationaux qui constituent l'actualité du jour. Et sera peut-être mentionnée alors, – je dis bien « peut-être »- la bizarre et amusante histoire d'OVNI survenue dans « *...le petit village perdu de cette lointaine vallée où il ne se passe jamais* rien ! » Présentée de cette manière, l'observation va attirer la sympathie amusée du rédac-chef. Eveiller l'intérêt d'un confrère qui trouvera là une occasion d'exercer ce ton goguenard réservé généralement à ce type d'info, qui pour la télé, la radio, deviendra le sujet de fin de journal. Petit clin d'œil facile, qui amusera beaucoup auditeurs et téléspectateurs. Voilà de quelle façon on traite dans les médias, l'information sur une manifestation OVNI. Lorsqu'on la traite !

Il faut plutôt s'attendre qu'elle ne soit jamais reprise, fût-elle constituée par un témoignage de grande qualité, tant par la crédibilité des témoins, que par le contenu des éléments. Deux raisons à mon avis justifient le comportement actuel de la presse, face au phénomène OVNI.

La première a trait, ainsi que j'ai pu le constater, à l'absence de connaissance du dossier par les journalistes. J'ai travaillé dans la presse écrite et la presse télévisuelle. Je peux confirmer que la presse écrite observe une attitude de relative réflexion alors que la télévision, obligée aux raccourcis, aux ellipses, privilégie l'anecdote et le visuel. Tous les reportages diffusés localement sont susceptibles d'être déclinés sur le plan national avec l'apriori, pour celui qui reprend l'info, d'être influencé par le traitement qui constitue, la base de départ de l'intervention.

La seconde raison de la désaffection journalistique, tient à ce qu'en donne à voir l'énigme et les manifestations recensées. L'exemple choisi plus haut, est le modèle-type d'observation. Une lumière erratique, effectuant des mouvements bizarres, incompatibles avec une explication conventionnelle, mais d'une grande pauvreté informative. Cette situation constitue l'essentiel du corpus, qui caractérise le problème et ce depuis des décennies. Les témoignages qui y ont trait sont pour la plupart le fait de témoins isolés et si l'enquête ne recueille pas d'infos complémentaires sur le terrain, auprès des stations météos, des bases radar, ceux-ci seront inexploitables, voire sujets à caution.

Le constat n'a pas varié d'un iota, depuis qu'est recensé par la presse le phénomène. Ou si peu, qu'il a définitivement convaincu les journalistes de s'occuper de questions plus concrètes, plus urgentes.

A la Presse, qui se désintéresse du dossier, se greffe un double blocage de la part des institutions et la constatation bizarrement s'applique moins à la France qu'au reste de la planète, celle-ci ayant le mérite de posséder aujourd'hui avec le GEIPAN, une structure officielle. Premièrement au niveau des représentants politiques non informés ou mal, qui, excusez-moi du peu, se moquent des OVNIS comme de leur première élection.

Secondement, celui du monde scientifique, plus fermé que le premier, qui refuse viscéralement de porter la plus petite attention aux preuves et recoupements que rassemblent une poignée de chercheurs isolés et aujourd'hui un organisme officiel.

TELES – UFO

Dire que les médias ont complètement lâché le dossier n'est pas non plus exact. Je suis persuadé qu'une observation ou un évènement de grande ampleur, impliquant de nombreux témoins, des systèmes de surveillance radar et des caméras, donnerait lieu à un important écho, et probablement ne serait pas sans effet sur l'attitude de la communauté scientifique, du pouvoir politique.

Si les confrères qui traitent de l'actu adoptent, en attendant mieux, une attitude d'expectative, sinon de retrait, les chaînes thématiques du satellite donnent, quant à elles, un large retentissement aux très médiatiques théories du complot sur lesquelles prospère une certaine Ufologie.

Canal 23, Planète Choc, Discovery, W9, sont les championnes de ces diffusions abondamment commentées sur les sites Internet. Et de retrouver Roswell, la zone 51, les abductés, les mutilations de bétail, les Crop Circles, c'est-à-dire les insubmersibles de l'Ufologie qui naviguent sur toutes les mers des médias de la planète.

Evoquer le silence des OVNIS, s'interroger sur le pourquoi de leur « disparition » comme le font dans la revue de presse les confrères, ne signifie pas pour autant la fin du problème. Les comparaisons pullulent des laissés-pour-compte de la presse sur des faits de société toujours actifs, maintenus au « frais ». Le Sida, la grippe aviaire, le réchauffement climatique, le virus Ebola, les menaces terroristes, le virus Zica, etc…

Les médias gardent sous le coude ces dossiers, dans l'attente du prochain épisode. L'actu joue au yoyo avec les nerfs des consommateurs d'infos, les incluant dans un film à rebondissements qui n'affiche jamais le mot « End ».

On oublie trop que, comme toute entreprise humaine, la presse obéit aux contingences économiques politiques, sociales, culturelles qui constituent les grilles de lecture qu'elle applique aux évènements dont elle se fait l'écho. L'information sur les OVNIS est difficilement intégrable aux normes de communication conventionnelles. Sa nature insoluble semble l'exclure encore pour longtemps des circuits qui, quotidiennement, complètent notre connaissance des évènements proches ou lointains de notre environnement.

Lorsque Sciences et Vie classe les OVNIS dans la parapsychologie, la revue utilise le même réflexe que le journalise lambda, dont la médiocrité crasse le pousse à les faire figurer dans la rubrique *« Rions un peu »*. Tant que nous ne saurons pas changer notre regard sur l'énigme, et cela commence comme on l'a vu dès l'annonce de l'information, il est à craindre que nous n'en percevions que les microscopiques conséquences. Preuves évidentes de notre microscopique pouvoir à nous élever à sa hauteur.

« Heureusement qu'Internet est là pour nous informer !! »

L'assertion, pour les fous d'OVNIS, se vérifie à toute heure du jour et de la nuit. Avec l'avantage de connecter témoins, ufologues, sites spécialisés échangeant en continu. Ce que n'aurait jamais pu réaliser la presse la plus motivée. Pour les initiés, ce silence des médias fait surtout la démonstration de leur volonté, sinon de leur incapacité à se donner les moyens d'aller au fond des choses. Internet permet l'accès aux dossiers de la « Dissimulation » et constitue, selon cette idée, le recours permettant aux citoyens de se faire leur propre opinion. Une ambition qui aurait été abandonnée par la presse, si l'on en juge sa démobilisation.

Je qualifiais d'incertain, d'« à-peu-près », l'info sur les OVNIS distillée par la presse. Celle accessible sur Internet est proprement invérifiable, « Abracadabrantesque » comme aurait dit un certain Président. Ce qui ne signifie pas, qu'il faille l'ignorer, qu'il faille la négliger.

INTERNET : INFO ET INTOX

CHAPITRE 3

La valse des rumeurs

CHURCHILL ET LES OVNIS

En 2010, la dépêche a été reprise par une poignée de journaux, deux télés, et fut abondamment commentée sur Internet. Winston Churchill aurait imposé le black-out sur le témoignage d'un équipage de bombardier accompagné durant son vol par un engin en forme de disque. Le Premier Ministre aurait exigé que fût tenue secrète l'information, précisait la dépêche. L'affaire aurait été révélée lors de la déclassification des témoignages sur les OVNIS par le gouvernement anglais.

A lire ladite déclaration de Churchill, cela signifierait qu'il détenait en main toutes les cartes du dossier, car ses propos sur le sujet sont extraordinairement modernes et collent parfaitement aux thèses des ufologues, dont on sait qu'elles privilégient l'intrusion de visiteurs venant de l'espace. Le silence affecté plus tard par le personnage le plus charismatique de la Grande-Bretagne au cours des années 50/60 -décennies de forte prégnance du phénomène à l'échelon planétaire – alors qu'il aurait détenu ces informations, est en totale contradiction avec le prétendu épisode du bombardier. Il est probable que l'affaire concernait les apparitions du Me 163B Komet produit par l'avionneur allemand Alexandre Lippisch, qui mit au point dans les années 3O, parallèlement à la société des frères Horten, les premières ailes volantes. Le hasard a voulu qu'un soir de janvier 2012, zappant sur les programmes du satellite, je tombe sur une chaîne allemande diffusant un documentaire sur les prototypes développés par la Luftwaffe. Une simulation montrait le Komet Me 163B mitraillant un Spitfire, et le rapprochement avec la déclaration attribuée à Churchill s'imposa dans toute son évidence. Le modèle en action se présentait sous la forme d'une aile, sans hélice, propulsée par un moteur fusée lui permettant d'atteindre Mach O,85. L'appareil était armé de deux canons Mauser de 20 mm. C'était pour celui qui s'affrontait à ce nouveau type de chasseur au design inhabituel, aux performances aéronautiques inégalées à l'époque, un véritable choc ! L'équivalent de l'intrusion d'une force inconnue, dont il est tentant, pour les spécialistes du phénomène OVNI, d'exploiter l'imprécision des premiers témoignages pour alimenter leurs théories. Le documentaire de la chaîne allemande s'achève sur un fondu-enchaîné du Me 163B Komet avec le B2 suggérant astucieusement qu'il inspira 60 ans plus tard le concept du bombardier furtif américain.

L'image de l'aile volante allemande, mitraillant le Spitfire, aurait été tout à fait raccord avec les indestructibles vaisseaux de l'Espace du célèbre film « Independance Day ».

La conclusion de tout ça est qu'il existait à la fin de la guerre des structures volantes, préfigurant les fameux OVNIS, et il ne faut pas chercher ailleurs, selon moi, l'origine du contenu du rapport présenté à Churchill. Dans l'entrefilet de la correspondante du Figaro, F. Depierrelate qui cite l'info, celle-ci précise effectivement que le commentaire du premier ministre daterait de la fin de la guerre, période qui correspond donc à l'apparition du Me 163B Komet, devenu opérationnel en janvier 1944, et dont 279 exemplaires intervinrent_à l'issue du conflit. Pour commenter l'épisode je n'ai pas eu besoin de fouiller les archives allemandes ni de plonger dans les mémoires d'ex-pilotes de la Luftwaffe. Il m'a suffi de consulter l'excellent ouvrage d'Alain Pelletier, expert aéronautique, intitulé « Les Ailes Volantes » [5], où sont publiés les documents sur ces divers types d'appareils mis au point dans la décennie 1930/1940 et où il détaille les performances du Me163B Komet.

La médiatisation de l'affaire Churchill laissait espérer aux ufologues qu'elle porterait le dossier OVNI au premier plan de l'actualité en relançant l'intérêt de l'opinion pour l'énigme. Espoir en partie déçu, si l'on songe à la rapidité avec laquelle l'affaire s'est dissoute dans l'indifférence générale.

Les frustrés de l'ufologie se consoleront en se rabattant sur Internet, le support qui demeure incontestablement le moyen le plus efficace pour eux de se tenir informés. Avec l'inconvénient de ne pas voir offrir suffisamment de garantie sur la nature et l'origine de l'information.

Internet est aussi et surtout – c'est une lapalissade de le dire – un efficace diffuseur de rumeurs. Il est bien sûr impossible de retenir la totalité de celles qui recouvrent l'Ufologie. Elles évoluent quotidiennement et un livre ne suffirait pas à les décrire toutes. Nous nous contenterons d'en décrire deux, qui ont alimenté en 2010 les forums et les débats des revues spécialisées, et sur lesquelles j'ai investigué.

L'affaire des OVNIS du plateau d'Albion.

La chute en mer de deux Rafale dont on dit qu'elle serait consécutive à la poursuite d'un OVNI.

Deux rumeurs françaises !

---

[5] « LES AILES VOLANTES » Histoire mondiale des ailes volantes et avions sans queue Editions E.T.A.I – 1999.

CHAPITRE 4

OVNIS et nucléaire

Le survol d'OVNIS au-dessus des sites hautement sensibles du nucléaire, dont font état certaines rumeurs, est l'objet de débat sans fin parmi les ufologues et spécialistes du phénomène. L'ancien chef du SEPRA, Jean-Jacques Vélasco[6], conclut pour sa part, que ces manifestations insolites, pourraient rendre cohérente la visite d'étrangers de l'espace.

Ce chapitre va devenir, en septembre 2010, l'objet d'une conférence de Presse au National Press-Club de Washington D.C., à laquelle prirent part une centaine de retraités de l'USAF, faisant état de « ... *la surveillance continuelle de notre armement nucléaire...*». Des évènements demeurés pratiquement dans l'ignorance de la presse, de l'opinion, dont l'existence pose, pourtant, un problème extrême de sécurité nationale *« Tout au long de leur activité ces personnes avaient l'entière confiance de leur employeur pour manipuler ou garder ces armes de destruction massive. Le fait que le Pentagone et la CIA, soient parvenus à garder le couvercle sur ces informations depuis si longtemps est tout simplement incroyable. »*

J'ai visionné le document télé où apparaissaient la douzaine d'anciens militaires qui interviendront au cours de cette conférence. Aréopage impressionnant de galonnés, occupant autrefois d'importantes fonctions dans le système de défense nucléaire américain, dont le discours malheureusement ne nous apprend pas grand-chose sur les processus de désactivation des dits missiles. On peut s'étonner par ailleurs que les neutralisations évoquées, impliquant un grand nombre de techniciens et responsables concourant à la maintenance opérationnelle du silo, n'aient donné lieu à aucune conséquence sur le plan stratégique avec les retombées

---

[6] « OVNI L'Evidence » Jean-Jacques Vélasco Edts Carnot 2004. L'ufologue Fabrice Bonvin – Ovnis et Atome – estime quant à lui, que les vagues de témoignages sont calquées au grès de l'évolution des risques nucléaires. La Corée du nord le 6 janviers 2016 a pratiqué un tir, dont la nature –nucléaire ?- thermonucléaire ?- reste indéterminée. Explosion par ailleurs confirmée par des sismologues. Contrairement à cette logique, on n'enregistrera pas de vague particulière d'observation d'OVNIS, pour la période concernée.

militaires et politiques que l'on imagine. Ces faits, selon les rapporteurs de la conférence, se sont réalisés des dizaines de fois ! Chose étonnante, les grands médias américains semblent tout ignorer du dossier, en tout cas n'en n'auraient rien dit ! Plus surprenant, nul membre du Congrès et du Sénat n'en n'aurait été averti et, dans le cas où se seraient produits les incidents, ne serait intervenu auprès du Pentagone, de la Maison Blanche. Enorme ! Surtout quand on considère ici qu'il s'agissait d'une question essentielle de défense. D'autant plus énorme que la carence de l'institution militaire n'aurait pu être contenue au secret. Se souvenir du Watergate, de l'Irangate. Les prétendus OVNIS pouvaient tout aussi bien concerner des avions espions soviétiques, ce qui signifiait un réel danger pour la sécurité du territoire. La terminologie OVNI, dans le langage des intervenants de la conférence, signifie sans discussion possible, intrusions de Visiteurs de l'espace, au détriment de toute autre explication.

Le prétendu black-out recouvrant ces faits, que dénoncent les participants à la réunion de Washington, est trop calqué sur ceux des théories du complot, pour ne pas inciter à la prudence.

Nulle intention pour ma part de rejeter en bloc le dossier. J'accumule suffisamment d'éléments pour penser qu'effectivement, un état de conscience, venu d'ailleurs, interfère dans notre vécu. Il n'est pas impossible que la composante militaire nucléaire constitue un intérêt fût-il discret pour d'éventuels Visiteurs. Mais pourquoi cette dernière et pas l'industrielle, la pacifique disent d'autres, celle des centrales nucléaires dont les drames de Tchernobyl en 1986, et Fukushima, en 2011, ont révélé les failles, et qui devraient constituer tout autant un sujet d'intérêt, voire de préoccupation pour eux, et dont on sait que certaines peuvent concourir sous des formes discrètes à l'édification d'un armement nucléaire ? Ce que ma critique veut souligner ici, c'est l'indigence des preuves rapportées, qui ne sauraient constituer des faits soutenant l'analyse et pouvant convaincre politiques et scientifiques à prendre en compte ces éléments et d'en tirer des conclusions. Ceci est d'autant plus vrai que les infos accessibles le sont par le biais de la toile et que l'enquêteur responsable ne saurait leur accorder totalement crédit. Je n'ai pas les moyens ni le relationnel me permettant d'investiguer sur les dossiers extérieurs au territoire. Dès lors, je consacre mes analyses et investigations aux évènements et informations où je peux m'impliquer, soit par l'enquête, soit par l'intervention d'informateurs avec lesquels je suis en contact. La logique voudrait que, lorsqu'on signale des OVNIS, au-dessus de centres stratégiques nucléaires, américains, anglais et – dit-on – russes, le scénario se produise également dans les secteurs où sont positionnés les éléments de la force nucléaire française. C'est-à-dire le plateau d'Albion – fermé en 1995 –, l'Ile-Longue où est stationnée la composante nucléaire sous-marine. Effectivement des infos circulent sur le Net allant dans ce sens.

ALERTE SUR LE PLATEAU D'ALBION !

En 2010, au moment de la conférence de presse de Washington D.C., la sensibilisation à la question donne lieu, sur les sites des associations ufologiques français, à de nombreux commentaires sur des observations de phénomènes lumineux qui se seraient produites au-dessus des silos du plateau d'Albion, la nuit du 20 au 21 septembre 1980, confirmées par 3 rapports de gendarmerie.

Alain Guadalpi – ancien producteur et journaliste de France Trois – sera le promoteur des informations relatives aux observations effectuées au-dessus de cette région sensible. Il a réalisé un DVD au titre évocateur *« OVNI l'incroyable vérité ! »* dans lequel figure le témoignage d'un ancien militaire, responsable d'un silo, qui affirme :

« *Au mess des officiers, si l'on ne voulait pas entendre parler d'OVNIS, il fallait sortir. Lors des exercices d'ouverture des silos, il était fréquent qu'un OVNI vienne stationner à la verticale du silo ! Il y a eu un élément incontrôlable : un silo s'est mis brusquement tout seul, sans intervention humaine, à entamer un tir. Ça a été une panique indescriptible ! La préparation de tir s'est déroulée jusqu'à la dernière limite possible, puis s'est arrêtée. Le missile était pointé vers où on peut l'imaginer ! »*

QUI CROIRE ? QUE CROIRE ?

A l'évidence les infos diffusées à l'époque, sur le site Internet où surgissent les « révélations » en rapport avec des observations d'OVNIS sur le plateau d'Albion, souffrent d'imprécisions. J'ai pour moi de posséder une certaine connaissance des procédures militaires aériennes, acquise lors de 40 années de reportages aéronautiques et, conséquence de cela, d'être en relation avec des personnalités du spatial et de l'aéronautique, dont certaines étaient justement en charge de la composante nucléaire du dit plateau. Je me sens investi alors d'une bonne raison de chercher à compléter ma connaissance du dossier.

Je remonte à la source de ces informations et, par le biais de Jean-Claude Venturini qui a investigué sur cette affaire, j'entre en relation avec Michel Forest, un ex-militaire présent sur la base lors de cette folle nuit de survol du Plateau d'Albion et qui les commente lors de conférences qu'il effectue en 2009/2010. Je lui soumets un questionnaire que je lui adresse via sa boîte mail. Avant de lire ses réponses, examinons les éléments d'enquête recueillis par la gendarmerie et la conclusion que tire le GEIPAN de ces évènements.

Trois PV de gendarmerie concernent la nuit du samedi 20 septembre au dimanche 21septembre 1980, au cours de laquelle furent observés, *« des boules oranges qui se déplaçaient au-dessus de la zone 2/4. »*

L'appelé du contingent, F.. Y… déclare :

« Le 20 Septembre 1980, j'étais de garde au silo (effacé) Vers 21h30, la (effacé) nous a demandé si nous avions vu des OVNIS. Croyant à une

plaisanterie, nous avons raccroché. Vers 21h 45 la ZL 2/8 nous appelé par téléphone et nous a demandé si nous voyions des OVNIS. Pris de doute, nous avons regardé à l'extérieur. J'ai alors vu une boule orange de la forme et de la grosseur d'un ballon de football. J'évalue la distance à 2/3km, l'altitude à la hauteur des nuages et la position entre la (effacé) et la Base. Cet engin s'allumait intensément durant environ 6 secondes, puis s'éteignait progressivement et le phénomène se reproduisait. Cet objet avait une position pratiquement statique »

Les deux autres textes décrivent l'apparition de trois boules.

« Au-dessus de ces 3 boules, un flash blanc paraissait durant quelques secondes. La lumière de celui-ci était éblouissante, bien qu'elle n'était pas dirigée dans ma direction. Ces engins brillants diminuaient progressivement puis s'éteignaient. Quelques secondes plus tard, les boules réapparaissaient. »

J'ai beau relire les 3 PV, je ne trouve aucune mention du survol d'*« un gros objet lumineux et immobile à environ 25m au-dessus d'un silo contenant une ogive nucléaire »*, comme il est décrit dans la lettre mensuelle de l'association les « Repas Ufologiques » annonçant la conférence de Michel Forest.

Les questions que je lui adresse, seront complétées par les commentaires, d'ex-responsables de l'Aérospatiale qui géraient à l'époque la maintenance des silos du Plateau d'Albion, en nous indiquant ce qu'il paraît raisonnable d'en retenir.

L'ancien militaire, dans sa réponse détaillée sur les évènements du 20 septembre 1980 mentionnant la présence stationnaire de l'OVNI à 25 mètres au-dessus d'un silo, me précise qu'il n'était pas présent durant la séquence. En un premier temps, c'est avec scepticisme qu'il entend parler de l'incident, le lendemain et les jours suivants, quand quelques collègues en font état. Il écrit : *« Cette affaire prêtait à rire, pour moi y compris, car je n'y croyais pas et avait tendance à suivre les moqueries ».*

Je l'interroge sur le nombre de militaires susceptibles d'avoir été présents cette nuit, les différents récits de l'évènement décrivant *« des dizaines de témoins »* dont la présence d'un général ! Michel Forest, dans sa réponse, fait le décompte des unités intervenues la nuit du 20/9/1980.

« Pour l'intervention de la gendarmerie mobile, je ne serai pas catégorique, mais pour les commandos nous pouvons dire que 12+3 (dont 1maître-chien) en patrouille cela fait 15. Gendarmerie de la base, une patrouille, soit 2. Sur les ZL (zone de lancements) 2 hommes par ZL occupée, soit, au moins 4 de plus. Ce qui porte le nombre potentiel de témoins à 21 ou plus, selon le nombre de ZL occupées. Le général a certainement été avisé et s'est probablement déplacé. Quant au fait qu'il ait été témoin, il n'y a aucune certitude. »

Quant au survol à 25 mètres d'altitude de l'objet au-dessus d'un silo observé *« par des dizaines de témoins »*, Michel Forest précise :

« Deux versions m'ont été rapportées. La première par un des 3 commandos en patrouille « un objet de type soucoupe entre 20 et 30 mètres au-dessus d'une ZL » (soit quelques mètres au-dessus des arbres), la deuxième les jours qui ont suivi « des lumières sans précision de couleur mais de forme plutôt ronde ». La disparition de l'objet en forme de soucoupe s'est réalisée de façon subite, une à deux secondes en oblique vers le ciel après avoir stationné au-dessus d'un silo inoccupé par des sentinelles (les patrouilles étaient toujours réalisées sur des zones inoccupées par les sentinelles). Le chef de patrouille aurait donné l'alerte par radio, les 3 auraient armé leurs armes et seraient restés hors de la ZL. Le temps de stationnement au-dessus de la ZL serait de plusieurs minutes. »

Aux questions « *Que faisaient les témoins ? Y a-t-il eu des tentatives de le photographier, de filmer par les militaires présents ? Les caméras sur le site ont-elles enregistrées la séquence ?* » L'ex-militaire rapporte : *« A ma connaissance, il n'y a pas eu de photographies de la part des témoins, pour la simple raison que les photographies et donc les appareils photos étaient interdits. Même pour les militaires. Si des caméras vidéo ont enregistré des images, nous ne le saurons pas et celles-ci seraient le cas échéant bien à l'abri des regards autres que ceux des services compétents. »*

Pour sa part le GEPAN, dans sa conclusion, considère que les lumières rapportées par les témoins relèvent de phares de voitures participant à un rallye.

« Observations de lumières variées provenant probablement d'une course automobile de nuit. Dans la nuit du 20 au 21 septembre 1980, de nombreux témoins, militaires, vont apercevoir, à plusieurs reprises dans la nuit, des boules lumineuses se déplacer, avec des trajectoires variables, des disparitions et réapparitions soudaines. Le ciel était très couvert et le temps très orageux. Cette nuit-là, sur les pentes du Mt Ventoux voisin, se déroulait une course automobile. Bien que l'enquête ne l'ait pas démontré, on peut envisager sérieusement l'hypothèse de reflets dans la nuit et sur les nuages bas des phares de voitures, les trajectoires diverses et les apparitions-disparitions successives par la topographie du circuit automobile. »

Jean-Claude Venturini, l'infatigable enquêteur des observations du plateau d'Albion, rejette, quant à lui, la conclusion du GEIPAN.

Dans un mail du 28/6/2011, il écrit : *« Donnez-moi une seule photo de phares de voitures se reflétant sur les nuages et que l'on puisse confondre avec ce qui est décrit dans le rapport de gendarmerie et je voudrai bien prendre cet argument au sérieux. Les phares ne donnent pas une image compacte, bien focalisée. Ils n'éclairent pas verticalement le ciel et forcément ça doit donner un grand ovale flou dont la taille et la position change à chaque mouvement du véhicule. »*

L'analyse ne manque pas de pertinence. Le 12 juin 2011 je lui avais communiqué mon sentiment sur l'affaire, avec les solutions possibles.

« J'ai lu les rapports de gendarmerie sur les lueurs observées par les gens de garde. J'aurais tendance à partager l'opinion du CNES sur la cause susceptible d'en être responsable, des mouvements de voitures dont les phares se reflètent sur les nuages. Mais on peut attribuer d'autres provenances à ces manifestations lumineuses : faisceau laser, montgolfières de fête, renvoi de lumières d'une fête locale. Même sans pouvoir déterminer la cause, ces lueurs ne possèdent pas un coefficient d'étrangeté suffisamment élevé qui autorise à leur attribuer une origine OVNI en liaison avec le dossier nucléaire. C'est aller vite en besogne et difficilement crédible pour une hypothèse qui mérite d'autres arguments pour être retenue. »

En privilégiant l'hypothèse du laser, on résout le problème de focalisation dont parle Jean-Claude Venturini, ainsi que j'ai pu le constater à différentes reprises. Le début des années 80 a vu se développer ces manifestations lumineuses dont commençaient à s'équiper certaines discothèques, assurant ainsi la publicité et la localisation de l'établissement auprès des clients. J'ai assisté à plusieurs occasions à ces projections de lumière cohérente, apparaissant sous la forme de cercles rougeâtres-oranges, la couleur la plus accrocheuse, qui, rebondissant sur la couche nuageuse, créaient l'illusion de structures volantes étranges dont je ne savais si je devais m'émerveiller ou m'inquiéter.

En relisant les rapports de gendarmerie, on constate que les observations se sont produites dans la nuit du samedi 20 au dimanche 21 septembre, c'est-à-dire durant un week-end, qui correspond généralement au temps d'activité de ces établissements publics. Le journal local, dont le rapport de gendarmerie publie une copie, mentionne l'observation cette nuit-là, par six jeune gens revenant d'une fête locale – autre secteur d'origine possible de productions d'images laser –, d'une évolution désordonnée, sur fond de nuages, de points lumineux.

« ... ils aperçurent dans le ciel un troisième point qui se déplaçait en zigzaguant dans le ciel et à un moment donna l'impression de se rapprocher d'eux, provoquant un début de panique. Les six jeunes gens se précipitaient vers leur voiture mais les lueurs disparaissaient dans les nuages nombreux cette nuit. Elles réapparaissaient quelques secondes plus tard à l'opposé, c'est-à-dire au-dessus de (effacé). »

Dans l'impossibilité de situer dans l'espace ces projections lumineuses, fautes de repères, la séquence donne l'illusion qu'elle est produite pour le témoin et celui-ci aura tendance à lui attribuer une intention. D'où la panique des six jeunes gens ! Cette logique porte à déduire que la même cause est à l'origine du branle-bas de combat déclenché sur le plateau d'Albion cette nuit-là. Va ainsi se développer une dynamique OVNI qui supplantera toute analyse rationnelle des éléments d'observation.

INCREDULITE GENERALE !

Les ex-responsables techniques de la base nucléaire et les militaire qui exerçaient à l'époque des responsabilités, avec lesquels je suis en relation, se montrent quant à eux sceptiques – le mot n'est pas trop fort – sur l'analyse qu'inspire aux ufologues les observations d'OVNIS au-dessus du plateau.

Ma profession de caméraman aéronautique m'a fait côtoyer le général Norlain, quelques 20 ans avant la création du COMETA, qui va s'impliquer comme on le verra avec d'anciens membres de l'Institut des Hautes Etudes de la Défense Nationale, à alerter les pouvoirs publics sur la nécessité d'investiguer en profondeur sur le dossier OVNI. C'est-à-dire un homme ouvert et qui se refuse à faire l'impasse sur le sujet. Je lui soumets l'affaire du plateau d'Albion et les hypothèses auxquelles est relié l'incident. Il me répond dans un bref courrier en mai 2010.

« J'ai lu avec beaucoup d'amusement le témoignage que vous rapportez. Personnellement à l'époque je n'étais pas encore le commandant de la D.A.- Défense Aérienne. En revanche j'étais commandant d'escadre à Orange de 77 à début 80. Je n'ai rien entendu à ce sujet. Le seul exemple de ce type s'est produit en 90/91, alors que j'étais cette fois commandant de la D.A. C'était un genre d'OVNI, signalé dans tout l'est de la France jusqu'au Sud Est. Cela s'est avéré être tout simplement, une rentrée de fusée ou satellite russe.

En revanche qu'il y ait eu dans les années 80 et avant des vols de U2, d'avions russes au-dessus d'Albion me paraît une évidence.

Très cordialement.

Bernard André, ex-responsable de l'Aérospatiale, avec lequel Hubert Gossot, le numéro deux de l'Aérospatiale qui lui-même supervisait l'implantation des missiles m'a mis en relation, a assuré, de 1974 à 1995, la maintenance des silos du plateau d'Albion. D'emblée il me fait savoir qu'il n'a jamais entendu parler de telles observations. Il s'en est entretenu après ma prise de contact, avec un officier de l'Armée de l'air affecté au centre d'opérations, qui lui a répondu également ignorer la totalité de ces évènements. Bernard André souligne qu'il a abordé le sujet avec d'autres personnes qui suivaient la vie du plateau depuis l'origine de la mise en place du S2 – le missile activant les ogives. Ces dernières sont unanimes pour déclarer qu'elles n'ont jamais eu connaissance de tels faits.

J'avais fait parvenir à Bernard André copie des mails retraçant les différents épisodes des dites observations d'OVNIS au-dessus du plateau. A ce sujet celui-ci de préciser : *« Les mails que vous m'avez envoyés ont été lus par la personne qui était affectée aux FAS – Forces Aériennes Stratégiques – durant tout le temps de leur positionnement. Cette dernière n'a jamais eu écho de ces observations ! Par ailleurs l'ancien responsable de l'ensemble du chantier, Monsieur P. qui supervisait l'ensemble des systèmes, en aurait parlé à la cinquantaine de personnes de l'Aérospatiale travaillant en permanence sur le plateau. Ce n'est pas imaginable que des choses pareilles n'aient pas donné lieu à un minimum de communication !»*

Je souligne : « Néanmoins, si c'était produit un « gros coup » comme le survol de cet OVNI au-dessus d'un silo dont parle mon correspondant ? » Sans attendre la fin de ma question, Bernard André réplique : *« S'il y avait eu un « gros coup », il est bizarre que seuls les militaires auraient été au courant de l'information. Cette histoire est tellement énorme qu'elle n'aurait pas été localisée à quelques-uns, d'autant que l'information fait mention de « plusieurs dizaines de personnes » prétendument témoins ! A notre niveau on en aurait obligatoirement entendu parler. C'est bizarre que les journalistes, qui ont leur nez partout, n'aient rien décrit de pareil. Il y a quelques années un tir parti d'un sous-marin effectué dans la région de Biscarosse, avait donné lieu à une impressionnante traînée qui avait fait la Une des journaux en parlant d'OVNI ! Et là rien, alors que le témoin décrit un objet de près de 30 mètres en stationnaire au-dessus du silo !! »*

« PUR DELIRE ! »

« Vous confirmez bien que tout le monde aurait été au courant de l'affaire si une alerte comme décrite dans les récits de cette nuit – alerte générale de la base par radio, intervention d'unités de commandos, présence d'un général, durant le survol d'un silo à 25 mètres de hauteur par une structure d'une trentaine de mètres de diamètre ? »

Mon interlocuteur devant l'avalanche des précisions plus extraordinaires les unes que les autres, répond en réprimant un rire :

« Quand tant de gens sont impliqués dans une telle histoire, je ne vois pas comment elle peut passer à la trappe, si elle s'est effectivement produite.

Comme précisé, j'en ai parlé à une personne de confiance, officier de l'Armée de l'Air qui textuellement m'a dit « C'est de la rigolade ! » Il a ri, en disant ça, comme moi, maintenant !! »

Je cite le témoignage du Producteur de TV, rapportant : *« Lors des exercices d'ouverture des silos, il était fréquent qu'un OVNI, vienne stationner à la verticale d'un silo, etc... »*

« Alors là, s'exclame l'ex-responsable, *je crois qu'on a atteint le summum du délire. Je n'ai jamais entendu mention de telles séquences. Il faut savoir que lorsqu'un silo était ouvert par l'Armée de l'Air, il y avait – je peux vous l'assurer – du monde. Il y avait un escadron de gendarmerie mobile qui assurait la sécurité de l'ouverture, les chefs de programme Aérospatiale, les officiers de tir. L'Armée de l'air obéissait à des procédures draconiennes qui n'impliquaient aucune dérogation. Vous dites que la présence de ces objets au moment de ces ouvertures s'est produite à plusieurs reprises. Je peux vous assurer que les invités journalistes qui venaient assez souvent sur le plateau – l'information qu'ils donnaient sur la force de frappe participait de la dissuasion – auraient eu vent*

obligatoirement un jour de tels évènements. Et l'auraient fait connaître ! Tout cela est du pur délire, croyez-moi !! »

Il est impossible à ce jour de conclure à quoi attribuer les lueurs décrites, même si semble se dégager un avis. On l'imagine facilement, le survol stationnaire à 25 mètres d'altitude, d'un gros objet au-dessus d'un silo, aurait déclenché l'alerte générale, précision qu'on ne retrouve nulle part dans les déclarations officielles. Un tel évènement on le conçoit facilement, aurait eu des répercussions à tous les échelons de la hiérarchie du Plateau d'Albion et n'aurait jamais pu passer inaperçue des responsables militaires, politiques et par voie de conséquence des supports médiatiques.

Depuis Hiroshima, l'énergie nucléaire est synonyme de destruction, de mort. La composante pacifique depuis les catastrophes Shraylan (1967), Tchernoby (1986) et Fukusima (2011), est également porteuse des angoisses planétaires, gommant le progrès qu'elle signifiait hier. Dans le rôle que leur prêtent les Ufologues, les extraterrestres, à bord de leurs OVNIS, joueraient les gendarmes de l'espace, allant jusqu'à simuler des déclenchements de tirs nucléaires pour signifier aux terriens leurs capacités d'intervention.

L'examen des pièces du dossier français, ainsi qu'on l'a vu, n'accrédite nullement de tels scénarios. D'autre part cette logique de surveillance de la composante militaire, de la part des visiteurs, concernerait également les centrales nucléaires. Des ufologues, à différentes occasions, ont produit des témoignages laissant penser qu'effectivement se réalisaient des survols d'engins non identifiés au-dessus des sites industriels. Les enquêtes produites sur ces observations, se sont toujours soldées par une explication. Qui ne saurait satisfaire, bien entendu les acharnés du complot, qui évoquent ici une désinformation[7].

Les occupants des OVNIS, dans cette rumeur, jouent le rôle de gentils surveillant les agissements d'une planète au bord du gouffre nucléaire. Le scénario suivant révèle que la propulsion des OVNIS pourrait constituer un danger pour tout aéronef se trouvant dans leur périmètre de vol.

Une nouvelle rumeur est née, la rumeur qui affole pilotes et passagers !!

[7] Désinformation : En octobre-novembre 2014, le survol par des drones, de centrales nucléaires dont la presse rendit compte à l'époque – une trentaine de cas – alimenta effectivement cette idée sur Internet et les forums. Ces vols se poursuivront en 2015 et 2016, mais la presse finit par s'en désintéresser.

CHAPITRE 5

Duel Rafale – OVNI !

Je ne peux détacher mon regard des éclats lumineux qui défilent, ligotent mon cerveau, me plongent dans une torpeur béate. *« On fait, touch-and-go ! et on repart à la maison !! »* La voix du pilote en place avant me fait l'effet d'une gifle. Reprenant mes esprits, je fais pivoter sur le hublot gauche de l'Alpha Jet, l'objectif de la Bétacam et récupère le Rafale Marine qui, 30 mètres plus bas, entame sa manœuvre d'appontage. J'accroche, gros plan, le casque de Ker Hervé –dit Bil – le pilote d'essai Dassault aux commandes. En une poignée de secondes, le Rafale sort de l'image et nous voilà frôlant le pont du Foch. L'Alpha Jet, plein gaz, nous projette dans le bleu du ciel. Le porte-avion sur la Méditerranée n'est plus qu'un minuscule point dans notre dos. Je cale la caméra de plus de 10kgs sur la cuisse droite et encaisse au mieux la dégringolade des 4/5 G de la ressource qui multiplie d'autant le poids de mon corps, du caméscope, et veille à ne pas bloquer le manche copilote. Je tourne pour « Pégase », le magasine de l'air de la Trois, les essais du Rafale Marine qui ont lieu à 30 km en mer en face de Toulon. Nous sommes en 1994.

Instants d'angoisse et d'enthousiasme, vécus aux côtés de pilotes hors pair qui ont appris à gérer, au centimètre près, ces monstres de technologie, se posant sur une surface inférieure à celle d'un terrain de foot. Quel que soit le temps, l'heure, le jour, la nuit. Des vies de pilotes qui ne tiennent parfois qu'à un cheveu. A un clapot hypnotiseur sur coucher de soleil, brillant comme un diamant, qui vous précipite dans la grande bleue, si on n'y prend pas garde.

Lorsqu'en 2009 l'info sur la chute de deux Rafale en mer me parvient, je me sens doublement concerné. Par l'affect développé autour des hommes et de la machine, au cours de ces journées sur le Foch. Par le contenu du blog du site Médiapart, signé Jean-Charles Duboc, titré : *« Alerte OACI sur les risques de collision en vol avec des OVNIS ? »*

Jean-Charles Duboc, ancien commandant de bord d'Air France, s'est fait connaître par une observation effectuée en 1994 lors du vol AF 3532-Nice-

Londres, au cours duquel il aurait observé avec l'équipage, une structure de près de *« 250 mètres d'envergure »!!*

Le témoignage de Jean-Charles Duboc, constituera un des éléments du rapport COMETA. Ce dernier va dès lors s'impliquer dans la mouvance ufologique et ajouter son nom aux diverses polémiques qui se développent de manière chronique autour du phénomène sur Internet.

Le journal Libération du 25 Septembre 2009 décrit le contexte de la perte des deux Rafale et la disparition en mer d'un des deux pilotes.

« Ces deux pilotes très expérimentés, procédaient à des essais de catapultage et d'appontage du nouveau standard du Rafale Marine F3. Au moment de l'accident, ils étaient à 60 km du porte-avions, qu'ils s'apprêtaient à regagner. La mission, selon les spécialistes, consistait à tester les essais de « catapultage à masse lourde » dirigés par le CEV. Au niveau de Montpellier, après catapultage, les pilotes se sont éloignés pour consommer le reste du pétrole. L'accident s'est produit à 18h 09 au large, à 30 km de Perpignan. » Hervé Morin, Ministre des Armées, quelques jours plus tard apportera cette précision :

« A priori l'accident n'a rien à voir avec l'avion. Il s'agit d'un accident de vol »

Les experts de l'aéronavale confirmeront :

« Il n'y a pas d'autres scénarios que celui de la collision »

Le télescopage constitue bien la cause de l'accident, ainsi que le confirmera le pilote récupéré en mer, le capitaine de corvette Yann Beaufil du CEPA de Mont-de-Marsan, qui déclarera *« Ce fut un choc violent ! »*

Le porté disparu, François Duflot, capitaine de frégate de réserve, travaillait au C.E.V. – D.G.A. d'Istres – et totalisait 4.300 heures de vol. Ancien pilote de l'Aéronavale, il avait à son actif 80 missions de combat en Bosnie, au Kosovo. Il était pilote d'essai depuis 2002 et totalisait 6000 appontages dont 110 de nuit. François Duflot, avait volé sur plus de 34 types d'appareils.

« BRUITS DE COURSIVE… »

Le 12 juin 2010, dans son blog diffusé par Médiapart, Jean-Charles Duboc, résume en ces mots qui tombent comme autant de révélations, l'analyse qu'il fait des évènements. *« Le bruit de coursive qui court dans l'Aéronavale compte-tenu d'un grand nombre de témoins et des conséquences sur la sécurité des vols, est que les deux Rafale qui se sont abimés en Méditerranée, le 24 septembre 2009 à environ 60 kms du porte avion Charles-de-Gaulle à 30 km au large de Perpignan, poursuivaient en fait un OVNI, lorsqu'ils se sont percutés. L'information circule depuis plus de 6 mois et il faut se demander si c'est une bonne idée de continuer à mettre un tampon « Secret Défense » sur cette affaire qui concerne les pilotes de chasse, mais aussi les compagnies aériennes. »*

L'ancien pilote d'Air France, familier des hypothèses qui se développent depuis des décennies sur l'énigme, ainsi que son blog en témoigne, fait intervenir Jean-Pierre Petit, ex-directeur de recherche au CNRS, un des rares scientifique en France qui propose des éléments de réflexion autour des manifestations du phénomène OVNI. Une d'elles conclurait qu'en poursuivant l'OVNI, les pilotes auraient pénétré dans un volume de vol instable généré par la structure inconnue, leur faisant perdre la maîtrise des appareils. Jean-Pierre Petit, dans l'analyse qu'il élabore sur les conséquences susceptibles d'être produites dans un tel cas de figure, précise :

« Un avion s'approche d'un OVNI qui, pour lui échapper (qu'il soit piloté ou non) déclenche son transfert hyper spatial. Ce faisant, il laisse en lieu et place, un vide très poussé, qui provoque une importante perturbation aérodynamique (et même une onde de choc) susceptible de perturber fortement les appareils, à proximité. Le phénomène devrait aussi, logiquement, être accompagné, du moins localement, à faible distance, d'une perturbation de nature électromagnétique susceptible de perturber les commandes de vol électriques, des appareils. A titre de conclusion : s'approcher à très faible distance, en vol, d'un OVNI, que l'appareil soit civil ou militaire : DANGER ! »

Jean-Pierre Petit, juxtaposant l'analyse à l'affaire des deux Rafale, écrit :

« Un appareil isolé pourra subir une perturbation aérodynamique passagère. Mais deux avions militaires volant en patrouille pourront... entrer en collision. Je n'ai pas de détail de ce que semble évoquer M. Duboc dans son article, mais il semble que cette perte des deux appareils militaires par collision, aux mains de pilotes ultra-expérimentés, semble être intervenue au terme d'une course-poursuite d'un OVNI. Cela rappelle au passage l'historique affaire Mantel. Là, il s'agissait d'un rustique avion à hélice poursuivant un OVNI de grande taille, si on croit la description du pilote. Si cet OVNI a opéré son transfert hyper spatial quand l'avion était proche de lui, la perturbation aérodynamique peut avoir été assez forte pour ... disloquer son appareil. »

LE PERIL OVNI

Jean-Charles Duboc, dans son exposé de l'analyse du scientifique, dont la logique constitue effectivement un argumentaire théorique intéressant, précise avec prudence :

« Il me semble nécessaire de souligner que cette hypothèse n'est pour l'instant corroborée par aucune déclaration officielle de la Défense Nationale et qu'elle doit être prise avec toutes les réserves qui s'imposent. »

Prudence toute de façade, l'ex-pilote d'Air France, embraye aussitôt sur une analyse qu'ont dû apprécier l'Aéronavale et ses pilotes :

« Néanmoins il faut réaliser que ce crash, jette, pour l'instant, un discrédit sur les procédures opérationnelles en cours dans l'Aéronavale

ainsi que sur le niveau de formation des pilotes (l'avion semblant hors de cause). Jusqu'à maintenant la responsabilité de cet accident est portée par le pilote décédé, à qui l'on reproche, post mortem, une erreur de pilotage, et cela résout bien des problèmes...C'est bien sûr tout à fait possible, mais comment faire pour réussir à se percuter en l'air à 60 km du porte-avion lors d'un vol de certification ?... Il faut tout de même le faire !... Des pilotes d'élite feraient-ils « joujou » avec des engins de 120 millions d'euros[8] *l'exemplaire en s'affranchissant de toutes les consignes de sécurité qui entourent l'utilisation d'un avion de chasse ?... »*

Après s'être interrogé sur le professionnalisme des pilotes d'essais, les performances et les qualités de l'avion, et la rigueur de la discipline aéronavale ne pouvant être mises en cause, Jean-Charles Duboc cherche ailleurs la cause du télescopage des Rafale. Un « ailleurs » qui a l'avantage de dédouaner tout le monde :

« Si un jour la Défense devait admettre que ces deux pilotes se sont trouvés face à un phénomène totalement inconnu, c'est-à-dire un OVNI, dont les caractéristiques de vol dépassent largement les capacités de leur avion, eh bien ce serait malgré tout positif, tant pour l'Aéronavale que pour le Rafale, car l'accident serait alors uniquement dû à un facteur extérieur non maîtrisable !... »

La collision des deux Rafale entraîne le blogueur à élargir le débat au danger encouru désormais, selon lui, par l'ensemble de la circulation aérienne, ajoutant aux inquiétudes déjà nombreuses des passagers, une nouvelle angoisse. Extraterrestre, celle-là !!

« Mais l'officialisation d'une telle collision en vol entre deux chasseurs, lors de l'interception d'un engin extraterrestre, aurait des conséquences qui dépassent de loin le programme Rafale et l'Aéronavale elle-même. En effet, cela voudrait dire que des vaisseaux extraterrestres se déplacent dans notre atmosphère et peuvent provoquer des accidents aériens !... »

Jean-Charles Duboc, prudemment, conseille aux pilotes militaires et civils de la planète de se tenir éloignés de tous les objets volants non identifiés, et suggère, « *...nous devrions envisager la création d'une défense planétaire afin de faire face, éventuellement, à une menace extraterrestre venant de l'espace. »*

UN CRASH TOUTES LES 100 000 HEURES !

La remarque de Jean-Charles Duboc, s'interrogeant sur les pilotes faisant *« joujou avec des engins de 120 millions d'euros »,* signifiait ici un vol BA – basse altitude – patrouille serrée – c'est-à-dire les appareils volant dans le même sillage. Un cas de figure tout à fait banal pour des chasseurs. Cette situation aéronautique permet aux appareils de se fondre dans l'écho de

---

[8] 142 millions selon Science et Vie dans son « Spécial AVIATION 2013 »

l'autre. Elle donne l'illusion aux contrôleurs radar de la présence d'un seul appareil en vol, offrant une signature radar brouillée de la patrouille. Rien ne permet d'accréditer, dans les infos accessibles, une hypothèse, sauf celle faisant état de la proximité des appareils qui se conclura par le télescopage. Le blogueur, pilote professionnel, n'ignore rien de cette manœuvre qui permet de leurrer les défenses radar et sur laquelle s'entraînent les pilotes. Mieux que quiconque, il sait que lorsque des pilotes font « joujou », c'est aussi pour eux une manière de s'entraîner à maîtriser les conditions de vol. On peut découvrir sur Internet ces séquences où, sur fond de musique infernale, des jets de combat en vol rapproché, frôlent les flots. Frissons garantis. Aux abords du phare de Cordouan, j'ai connu la griserie du vol tactique basse altitude, lors d'une mission consistant à échapper à la couverture radar. Cela ressemblait à un jeu. C'était aussi et surtout l'expression de la parfaite compétence de mon pilote qui, lui, ne jouait pas ! Libération fera état, en complément aux infos sur le crash des deux Rafale, que le même type d'accident se produisit entre deux Super Etendard, le 1er octobre 2008. Apparemment, aucun bruit de coursive ne nota à l'époque la présence d'un OVNI...Que cette année 2009 du crash des Rafale, les USA perdaient deux F15, un F16, un F22 – l'étonnant « Raptor », dont avec le F35 à décollage vertical – nous décrirons lors de l'entretien avec le spationaute Patrick Baudry les extraordinaires capacités – et quatre hélicos. Heureusement le tribut payé par les avions de chasse est de moins en moins lourd, eu égard aux progrès accomplis en aéronautique chaque année. En 2004, ce sont 9 avions qui vont au tapis en France, on en comptera 2 en 2005. Globalement on totalise un accident pour 100 000 heures de vol. Les Mirages IIIB ont subi 10 fois plus d'accidents que les autres catégories de jets, avec plusieurs dizaines d'avions accidentés et leurs pilotes tués. Le champion toute catégorie de ce sinistre challenge est détenu par l'avion F-104 de chez Lockheed, appartenant à l'armée allemande, qui au bout de 20 ans comptabilisa 292 crashes ! Si des visiteurs de l'espace étaient responsables de ces hécatombes, on aurait fini par l'établir. Heureusement, pour les pilotes, que les ingénieurs aéronautiques ne s'en sont pas tenus à cette explication, car il leur aurait été impossible d'en comprendre les raisons et de stopper ces tragédies aériennes.

BERNARD CHABBERT : « COLLISION HELAS BANALE ! »

J'ai demandé à l'époque à Bernard Chabbert ce que lui inspirait la chute des deux Rafale au large de Perpignan et la théorie développée par Jean-Charles Duboc. Bernard Chabbert, lui-même pilote, est le spécialiste aéronautique d'Europe 1. Pendant de nombreuses années, il a commenté les présentations aériennes du Salon du Bourget. Le 20 juillet 1969, il faisait vivre en direct aux auditeurs d'Europe l'alunissage d'Apollo 11. J'ai collaboré à ses côtés au magasine Pégase dont il était le producteur, qui était à l'époque sur la Trois, dans le domaine aéronautique et spatial, ce que le magasine Thalassa est à la mer. Nous étions en relation étroite avec la maison Dassault et si une information conforme avec la thèse de la poursuite de l'OVNI par les Rafale avaient eu quelques fondements, quelque part, Bernard Chabbert en aurait recueilli l'écho. Son commentaire technique et professionnel ne privilégie aucunement cette approche. Je le livre tel quel, sans y changer une virgule.

« Robert, amigo, salut ! J'ai bien lu ton message et les annexes diverses. De mon côté, ce que j'ai su de ce crash en temps et heure me porte à penser que ce n'est justement qu'un crash, banal lorsqu'on parle d'avions modernes aux réactions démesurées grâce en particulier aux commandes de vol électriques couplées à des manches actionnant des jauges de contrainte – donc dotées d'un déplacement très limité – et ne procurant pas un feedback idéal en conditions limites (évolutions sous de très forts facteurs de charge dans le cadre d'un engagement à vue, avec multiples et violents changements de direction sur les trois axes). On a bien connu ça autrefois, lors de l'arrivée des premiers F 16 par exemple ou même sur le F 20 qui venait participer au Bourget et qui lors d'une répétition est allé au sol avec son pilote – une star des essais en vol.

Avant ce crash des deux marins, il y aussi eu le crash d'un Rafale dans le Massif Central, au crépuscule par météo marginale, durant là encore un exercice de combat à vue. Là encore, pilote très expérimenté, pas fou, et pourtant arrivant en quelques secondes à se désorienter au point de ne plus comprendre la situation. Plus vitesse, plus mauvaise visi, égale le sol à 600 km à quasi-verticale. Obsèques synthétiques...

Dans le cas des marins, combat près de l'eau, défilements alternés, possibilité d'éblouissement par le soleil et ses reflets à la surface, aux changements de cap très rapides et encore une fois proximité de l'eau à grande vitesse sur une machine capable d'accélérations phénoménales. On sait depuis 1910 et Henri FABRE, que voler près de l'eau pose de gros problèmes de visualisation, c'est même l'un des points majeurs de l'apprentissage de l'hydravion. On a perdu des dizaines, des centaines si on remonte aux années 40, d'avions et de pilotes en évolution près de l'eau. Il n'y a que ceux qui n'ont jamais volé dans ces conditions (et quand je dis voler, c'est piloter quelque peu) pour s'étonner d'un tel crash. C'est bêtement assez banal. Je suis un peu effaré par les affirmations de ceux qui disent « ça n'arrive pas à un pilote expérimenté ». Les cimetières sont pleins de pilotes expérimentés, voire plus, affirmer ce genre de choses démontre une vraie ignorance des facteurs humains et de la pratique du vol. »

En tout cas, le crash des deux Rafale n'avait certainement rien à voir avec les OVNIS si on en croit les conclusions de l'enquête officielle diligentée au sein du centre d'essais en vol et de la hiérarchie dont dépendait le pilote disparu. Selon le « Bureau Enquêtes Accidents Défense » le BEAD, *« Le télescopage durant une mission d'entraînement non armée des Rafale, serait imputable à la fatigue cumulée des pilotes ».*

Quelques temps plus tard, un des Directeurs des CEV, dont le bon déroulement de la mission des Rafale dépendait, fut affecté à d'autres fonctions...

Toute disparition d'avion déclenche désormais l'alerte « OVNI – Internet ». Celle du vol MH 370 de la Malaysia Airlines survenue le 3 mars 2014, est venue grossir la rumeur. Il faut reconnaitre que l'impressionnant enchaînement de circonstances, qui ont entouré le crash de l'appareil dans lequel se trouvaient 239 personnes, jusqu'à identification d'une pièce de l'aile, fin juillet 2015 dans les eaux de la Réunion, s'y prêtaient fort bien.

Quelques exemples de titres, parmi les dizaines qui fleurissent à l'époque et dont certains étaient toujours présents sur les sites, après localisation de plusieurs débris de l'épave. Du « Nouvel ordre mondial » : *« L'OVNI qui était à proximité du vol MH 370 de Malaysia Airlines ».*

Du même : *« Malaysia Airline a été avalé par un OVNI géant ? ».*

De Wikistrike : *« Le Boeing de la Malaysia Airlines a-t-il été enlevé par des E.T. ? ».* Du « Citoyen-engagé » : « *La disparition du vol MH 370 est-elle liée aux extra-terrestres ? ».*

Pas plus que Bernard Chabbert qui traite sur Europe du sujet, aucun commentateur radio ou télé, ou spécialistes de la presse écrite, ne s'est risqué à aborder sous cet angle exotique la cause de la disparition. Quelques mois plus tard, un avion de la même compagnie abattu par un missile au-dessus de l'Ukraine, puis la chute d'un appareil algérien quelques semaines plus tard à la frontière sub-saharienne, confirmaient qu'il est inutile de faire intervenir les OVNIS pour expliquer les tragédies aériennes.

Tout autant que celles greffées sur la disparition du vol MH 370, les thèses ufologiques des deux enquêtes qui précèdent – le Plateau d'Albion, le crash des Rafale – ont la consistance des sables mouvants. Chacune d'elles a exigé de ma part plusieurs mois d'investigation. Elles pourraient se prolonger encore et encore. La force de la rumeur est de défier le temps, et sa survie se nourrit de la part d'irrationnel qui accompagne toute action, brouillant l'image de la réalité sur laquelle elle se pose.

La démarche de rigueur, dans l'approche du phénomène OVNI, ne doit pas conduire à négliger Internet, ce grand et incontournable vecteur d'informations. Qui sait si, avec son pouvoir de quasi-instantanéité, il ne créera pas un jour, s'interrogent certains, les conditions de l'échange voire plus, de la rencontre avec une civilisation de l'espace ? Le réseau Internet, expression de l'ensemble des cultures de l'Humanité, est incontestablement le support le plus approprié pour y parvenir. Avec le pouvoir quasi hypnotique qu'exerce la toile sur des millions d'internautes, par le biais de milliers de sites qui répercutent l'info sur les OVNIS, ceux-là extrapolent qu'une imprégnation est déjà en cours. « Imprégnation » dans le sens que donnait Konrad Lorentz, c'est-à-dire création d'un lien d'interdépendance entre des affects, qu'ils soient d'origine animale, humaine, ou autre.

Quand un producteur de télévision souhaite de nos jours promouvoir un documentaire sur les OVNIS, il lui suffit de consulter sur la toile les thèmes les plus porteurs et structurer autour le produit. Une louche de Zone 51, une cuillère de Roswell, une pincée d'abductés, un zeste de GEIPAN.

Il ne faut pas espérer de ces productions tenues à la rentabilité médiatique qu'elles enquêtent sur le positionnement de la science, dont l'attitude de retrait n'aide en rien à éclairer le débat. Encore moins, qu'elles s'attardent sur ces personnalités, qui, dans l'ombre, sans tapage, s'interrogent sur ces évènements et agissent pour leur faire acquérir un statut, au sein des sciences.

Les entretiens qu'on va découvrir illustrent le cheminement de cette poignée d'hommes qui ont associé leurs noms à la création de la cellule du CNES, dont les enquêtes, pourraient constituer des épisodes de la série X-Files. Rejetés par la mouvance Ufologique qui les accuse de dissimulation, quand ce n'est pas d'incompétence. Evoluant dans l'indifférence de la plupart de leurs confrères et dont la hiérarchie n'affiche pas un réel enthousiasme pour certaines conclusions interprétatives des données du dossier. S'investissant dans une mission d'autant plus délicate que les évènements qui s'y rapportent se refusent parfois à s'insérer dans les schémas de ladite science.

L'entité GE(I)PAN n'aurait pu voir le jour sans l'implication de trois fortes personnalités.

Claude Poher, l'inventeur de l'idée qui aboutira à l'apparition de la cellule en 1977 au sein du CNES.

Yves Sillard, qui à la direction du CNES en 1977, soutiendra le projet de Claude Poher. En 2006 son action favorise la relance de l'enquête alors au point mort.

François Louange, qui s'appliquera à la mise en place de l'audit en 2001, lequel devait aboutir à l'apparition des nouvelles structures de la commission d'enquête sous le nouveau sigle : GEIPAN : Groupement d'Etude et d'Information sur les Phénomènes Aériens Non Identifiés.

LES VOIX DU GE(I)PAN

CHAPITRE 6

François Louange : du rapport Sturrock à l'audit Sepra

Le 30 novembre 2001, la société EADS/Fleximage, publie son rapport final sur l'audit du SEPRA. Le rapporteur François Louange a demandé à 33 personnalités représentatives de la société civile – politiques, ingénieurs, scientifiques, responsables du CNES, du CNRS, de la DGA, militaires des trois armes, journalistes des grands médias – les raisons qui selon elles justifient – ou non – la poursuite des investigations sur les OVNIS. Le document fait 150 pages et n'a jamais connu de diffusion publique.

Lorsqu'il me reçoit lors de l'entretien qu'il m'accorde, François Louange me montre un exemplaire du précieux rapport. Je suis conscient alors d'avoir en main, une pièce essentielle de l'approche scientifique du phénomène. Les avis et commentaires des 33 intervenants constituent à n'en pas douter un évènement exceptionnel depuis l'ouverture de l'enquête officielle en 1977. C'est la première fois qu'une telle démarche est entreprise auprès de personnalités dont la plupart se sont toujours montrées fort discrètes sur ce que leur inspirait le sujet.

Lors de cette rencontre en Normandie dans sa demeure, je découvre un homme impliqué dans l'approche du sujet, au bon sens du terme. Il a contribué à l'aide de logiciels mis au point par son équipe, à améliorer les systèmes d'identification des clichés et vidéos, complétant ainsi les enquêtes du GEPAN. C'est lui qui élabora les programmes d'analyse des photos produites par les réseaux de diffraction qui, placés devant l'appareil photographique des gendarmes, devaient concourir à identifier le contenu des spectres lumineux émis par les objets volants non identifiés. Ses responsabilités liées à l'exploitation des images des satellites civils Spot, et du satellite militaire Hélios, le font côtoyer des services connus pour la discrétion de leurs activités. Si une personne peut apporter un avis sur les hommes de l'ombre, qu'on dit impliqués à travestir l'énigme, avec lesquels à diverses occasions il a travaillé et sur le crédit à accorder aux thèses conspirationnistes, c'est bien François Louange dont il s'agit. Il met ses talents d'analyste des clichés d'OVNIS au service du GEPAN, trop heureux de voir collaborer à l'enquête ce spécialiste hors pair. Sa compétence, ainsi qu'on le verra, lui vaut d'accompagner Jean-Jacques Vélasco au colloque de Pocantico, qui se déroule près de New York à la demande de Rockefeller en 1997.

L'accueil de l'épouse est à l'image de ce sentiment de simplicité et de sérénité qu'il émane de ce lieu magique que le couple a créé autour de la demeure. Annie Louange convie l'invité à une petite promenade parmi les massifs, décrivant précisément chaque fleur, chaque légume. Des chats ont élu domicile sur ce petit coin de Normandie, dont une partie du terrain est réservée aux fêtes, aux amis qui se retrouvent lors de mini-concerts au cours desquels François Louange s'adonne à sa passion pour le Rock. La maisonnée respire la simplicité d'une vie dédiée à la connaissance – Annie Louange donne des cours de philosophie et se consacre à la correction de manuscrits.

De tous mes interlocuteurs, François Louange est celui qui a vécu de l'intérieur l'aventure scientifique du GEPAN dès sa création. Il n'ignore rien des liens qui unissent personnages et situations. L'assertion prend toute sa valeur lorsqu'on lit l'audit qui a permis à son auteur de se documenter, de s'informer aux sources même des institutions associées à cette enquête et auprès des responsables qui intervenaient. Ces avis et suggestions constituent aujourd'hui l'image la plus précise que l'on possède des paramètres du phénomène et l'une des approches les plus fines de la question.

PAS D'OVNIS A L'ESA !

François Louange commence sa carrière au saint des saints des sociétés de l'espace, l'ESA, l'Agence Spatiale Européenne en Allemagne à Darmstadt. Il était chargé de l'exploitation de systèmes ordinateurs assurant le suivi et la gestion des satellites. Il est sensibilisé à la question par la lecture des livres d'Allen Hynek, Jacques Vallée.

F. Louange : « Il n'en n'existe pas beaucoup de sérieux sur le sujet. Je crois que j'ai commencé avec un bouquin de Hynek, qui m'a interpelé. J'ai alors pensé qu'il y avait quelque chose d'intelligent à faire, sans forcément dépenser des fortunes. J'ai déduit qu'avec un sujet de cette complexité, il n'était pas pensable d'espérer un résultat sans les ressources adéquates, sans contact officiel, car on finit par abandonner en ne l'abordant que par le biais des loisirs. J'ignorais complètement à la même époque l'existence de Claude Poher et des gens qui, au CNES, commençaient à se poser des questions. J'étais à l'étranger et je ne savais pas qu'il existait ces volontés.

J'ai élaboré un projet que je n'ai pas adressé au D.G. de l'ESA, qui était un anglais, mais au directeur adjoint qui était français, en lui demandant de me recevoir. Il s'agissait d'André Lebeau, dont je découvris qu'il avait été au CNES et qu'il avait eu sous ses ordres Claude Poher.

A l'Agence Spatiale Européenne, Lebeau m'a fait comprendre qu'il était difficile de faire quelque chose et m'a alors conseillé d'aller voir Poher, le GEPAN n'existait pas encore. Poher m'a reçu de manière très sympa. Il m'a montré son double projet. Le premier sur les travaux qu'il effectuait sur le phénomène OVNI et les démarches qu'il entreprenait pour convaincre les décideurs de créer un organisme officiel d'étude. On l'a vu, son sens de la communication et du contact finirent par payer. Et le second, très personnel celui-là : la construction d'un bateau qu'il avait entrepris dans son jardin pour effectuer un tour du monde !!

Après l'entrevue je n'en ai pas moins poursuivi ma démarche personnelle. Par chance, le Président du conseil de l'ESA à l'époque était un suisse qui s'est montré très réceptif et a trouvé ma démarche intéressante.

Malheureusement la délégation allemande s'est refusée à toute ouverture – *« On ne parle pas de ce sujet ! »*- et à pousser plus loin les contacts que suggérait « ce jeune Français » pratiquement inconnu de l'institution. Entre temps le GEPAN est apparu, avec Poher à sa tête. J'ai fait une demande de mise à disposition au CNES à Toulouse pour travailler sur le dossier.

J'étais appuyé par Yves Sillard et cette demande, qui semblait en bonne voie, n'a hélas pu aboutir administrativement !

L'AUDIT : RELANCE DE L'ENQUETE

Q : Quand et comment est venue la nécessité de l'Audit, dont vous aurez la charge ?

F. Louange : Un peu d'histoire. Le SEPRA, on le sait, n'était pas l'organisme qui faisait franchement avancer les affaires. Il survivait comme il pouvait. Il subissait les mouvements d'humeur des Présidents successifs, certains ne se cachant pas de vouloir réduire les activités du SEPRA, si possible de le faire disparaître. Chose difficile, voire rendue impossible car cela signifiait annuler les conventions en cours avec d'autres administrations. Cela l'aurait réduit à sa fonction minimale, de guichet d'enregistrement.

La direction du CNES a vu arriver au cours de cette période un certain Gérard Brachet, un grand monsieur, le pionnier de la télédétection en France, le père du satellite Spot. Il a été président-directeur général de « Spot Image », société dont il est à l'origine. Et lorsque j'ai créé ma société Fleximage on s'est bien entendus. Je savais Jean-Jacques Vélasco, complètement isolé dans son bureau à Toulouse, ne s'entendant pas avec sa hiérarchie, pas du tout avec la Com. Je vais faire en sorte qu'il rencontre Gérard Brachet et ainsi le DG de l'époque, va prendre connaissance d'un sujet qui ne le passionnait pas particulièrement et dont il ignorait tout. Le progrès suivant s'est produit en 1997, au moment où s'est déroulé le colloque de Pocantico aux Etats-Unis. Le résultat de cette réunion internationale fut la parution d'un rapport qui a connu une diffusion mondiale. Il fait état assez largement de l'expérience française, qui a produit forte impression sur les participants. Je me suis dit alors que le monde entier allait répercuter l'info et qu'il serait utile que le patron du CNES le sache. Au cours d'un déjeuner, je lui ai fait part de ce que nous avions entendu et vu, en soulignant que c'était à l'éloge du service du CNES qu'il dirigeait.

En 2000 à mon bureau de Fleximage, je reçois un appel de Gérard Brachet. Il m'expose les difficultés qu'il rencontre avec le SEPRA. Il me raconte subir des pressions pour supprimer ce « machin », qui n'était pas vraiment représentatif des missions du CNES. *« Pour avoir une analyse tranchée, j'ai besoin de m'appuyer sur un audit et j'aimerais que vous vous en chargiez »* conclut le D.G. Il voulait avoir un état des lieux, dans son propre service. Mais également connaître, ce qui se passait ailleurs dans le monde. Et surtout, recueillir des opinions dans les milieux très divers.

Mandaté par le CNES, je me suis fait ouvrir sans difficulté les portes et j'ai pu, ainsi, rencontrer les personnalités les plus représentatives, qui pouvaient avoir une implication avec le phénomène OVNI. Ça touchait aussi bien la Défense, que l'Aviation civile, la Gendarmerie. Et bien sûr la Science, avec le CNRS et le CEA. Il y avait le volet sociétal avec les médias, les grandes télés, les grands journaux. Cela a duré un certain temps et j'ai vécu une expérience passionnante. Je représentais Fleximage, mais j'ai opéré seul, durant tout le temps qu'a duré mon enquête. Je précise que mon travail n'avait pas de prétentions scientifiques. Le choix des échantillons n'obéissait à aucun critère particulier ou défini. J'ai suivi essentiellement ce que m'indiquait en priorité mon client, le CNES, qui a cadré lui-même l'échantillonnage sur lequel j'opérais. En même temps, je proposais des pistes, j'émettais des suggestions susceptibles de compléter le panel.

Q : Dans quelle ambiance se sont déroulés ces entretiens ?

F. Louange : Tout le monde a été absolument charmant. Mandaté officiellement par le D.G. du CNES, Gérard Brachet, tout était fait pour la réussite des contacts. La grande surprise, c'est l'aspect positif des entretiens dans leur ensemble. Même des gens dont, pour diverses raisons, on pouvait attendre qu'ils soient extrêmement réservés sur le sujet, pour ne pas dire négatifs, au moins sur l'un des 2 axes majeurs sur lesquels était structuré l'audit, répondirent favorablement.

La question de fond était la suivante :

« Faut-il étudier le sujet ?

1) Pour une raison scientifique ? 2) Pour une raison civique ? Avec son corollaire : si on l'étudie qui doit faire l'étude ?

Le CNES, les militaires, une institution scientifique comme le CNRS ?

Q : L'éventualité de la prise en charge par les militaires est, abordée par certains des intervenants. A-t-on sérieusement pensé leur confier la charge du dossier ?

F. Louange : Non seulement on y a pensé, mais plus que ça, on a travaillé sur cette hypothèse de base. Cela remonte à quelques années au début des années 80, lorsqu'Alain Esterle a pris le GEPAN. A cette époque le CNES voulait se débarrasser de l'affaire. Alain Esterle et moi – je travaillais pour la DGA, au titre de consultant à l'Etablissement Technique Central de l'Armement (ETCA) d'Arcueil – nous avons été missionnés par Hubert Curien, qui était le président du conseil Scientifique, ancien patron du CNES et accessoirement ancien ministre de la recherche, pour mettre sur pied une solution de transmission du dossier à quelqu'un d'autre. Assez rapidement, on a été tentés par l'ETCA, solution assez justifiée, car l'organisme à l'époque était un établissement où cohabitaient divers labos et dont beaucoup étaient directement concernés.

C'est un organisme qui dépendait autrefois de la DRET, organisme de recherche tout ce qu'il y avait de moins militaire dans le monde de la Défense, et dans lequel était rassemblées des tas de disciplines concernant le sujet. En même temps, intervenaient des personnels s'occupant du suivi des opérations de rentrée atmosphérique des ogives militaires.

On avait poussé assez loin le dossier dans sa version militaire, et il y avait quelques généraux prêts à s'investir dans le projet. Comme ça arrive souvent dans le domaine des OVNIS, le tout est parti en quenouille et ça ne s'est pas fait. Donc la réponse à votre question sur l'éventualité d'une reprise du dossier par les militaires est : oui ! A un moment où l'on craignait que le GEPAN disparaisse, à un moment où le CNES n'en voulait plus, il y a eu une tentative de le mettre ailleurs, et ailleurs ça ne pouvait être que dans un organisme de recherche. Il y aurait eu éventuellement l'ONERA, qui est un organisme mixte civil-militaire.

Pour en revenir à l'audit, j'ai été effectivement très surpris de la qualité des réponses des gens. Il faut rappeler que le CNES était bicéphale. Gérard Brachet, le directeur général qui m'avait convoqué, était pour l'étude. A l'opposé, le président la refusait. A part lui, même les gens qu'on m'avait présentés comme allergiques aux histoires de petits hommes verts, aux Extraterrestres, comme René Bonnet, que j'avais connu à l'ESA, même ces personnalités ont été quasiment unanimes pour dire qu'à partir du moment où le grand public se posait des questions, et que l'Armée de l'Air et l'Aviation civile se sentaient interpelées, même si à la limite le sujet était factice, on se devait de mettre un minimum de moyens pour répondre et ne pas laisser la place aux charlatans. Y compris Blamont, qui était à l'Académie des Sciences un grand monsieur, et dont on m'avait dit qu'il serait probablement sévère sur l'étude des OVNIS – il n'en attendait effectivement pas grand-chose – a été extrêmement catégorique sur cette position d'investigation de la question. Il m'a donné d'ailleurs des suggestions très intéressantes qui ont été suivies, comme celle de revenir par exemple au nom initial du GEPAN, en abandonnant celui fourre-tout de SEPRA. Il pensait le faire sans avoir à dépenser des fortunes, car mettre des milliards sur le sujet ne servait à rien sans stratégie d'étude. Par contre il fallait un minimum et ce qui se faisait à l'époque du SEPRA n'était pas décent.

RAPPORT STURROCK : LE PETIT PAS DE LA SCIENCE

Q : Comment analysez-vous le comportement de la science par rapport à la question des OVNIS, une attitude de manière générale qui est celle du rejet ?

F. Louange : La réaction n'est pas celle exclusivement de la science, mais également de bien d'autres activités humaines. Dès que vous vous intéressez à un sujet pas très catholique, vous êtes mis au banc par l'Union Rationaliste ou autre organisme défendant l'orthodoxie bien-pensante. Il en est de même pour les OVNIS.

La seule fois où le monde scientifique officiel a été sollicité et a produit une étude sur le sujet avec conclusions, ça a été le projet Condon de l'Université du Colorado en 1969. Or cette étude est une auto-contradiction, puisqu'elle proposait un rapport très épais, que pratiquement personne n'a lu. Il est extrêmement passionnant parce qu'il contient beaucoup de cas généralement classés « non élucidés ». Mais les conclusions, qui probablement ont été la première partie rédigée pour satisfaire le client – comme toujours – elles, sont hyper négatives. Elles sont d'ailleurs doublement négatives puisqu'elles donnent deux enseignements.

Elles affirment :

1) On a rien trouvé qui aille dans le sens de la découverte de phénomènes inconnus, encore moins d'extraterrestres.

2) La science n'a que du temps à perdre sur de telles histoires. Circulez, il n'y a rien à voir !!!

C'est l'unique action officielle produite par la science sur le sujet. D'où la démarche de Pocantico, qui était de chercher à contrer cette position en produisant un contre-feu. Ce qui dans un sens, même modestement, a quand même réussi. Même si en France l'histoire est tombée un peu à l'eau. La publication des travaux du colloque de Pocantico sur l'ensemble de la planète est tombée pendant l'été 1998, c'est-à-dire pendant la coupe du monde de Football ! Tout le monde se foutait alors des OVNIS, s'esclaffe en riant François Louange.

Q : Votre participation au Colloque de Pocantico où, avec Jean-Jacques Vélasco alors chef du SEPRA, vous représentiez le CNES, a consacré le travail de l'équipe française depuis la création du GEPAN ?

F. Louange : Je reviens quelques instants en arrière avant le colloque. On a Lawrence Rockefeller, un grand monsieur de 80 ans à l'époque, évoluant dans sa fondation qui par définition s'investit dans la restauration de sites culturels, comme le Château de Versailles, et des évènements scientifiques de portée internationale. La maison familiale des Rockefeller est ainsi dédiée à la tenue de colloques internationaux.

Rockefeller, bien avant Pocantico, s'intéressait au sujet et se posait la question dans les même termes que vous : *« Pourquoi diable, la science refuse-t-elle de s'intéresser à ce sujet ? »* Il avait déjà confié une étude à Marie Galbraith – une femme charmante dont le mari fut ambassadeur en France – au cours de laquelle elle avait rencontré plein de gens autour de la planète. Sturrock s'est mis dans l'idée d'organiser un colloque non pas sur les OVNIS, mais rassemblant les chercheurs spécialisés sur les traces physiques des OVNIS. C'est un domaine qui intéresse bien entendu directement la science puisque ça concerne des éléments concrets comme les photos, les échos radar, les traces au sol, les traces sur les humains, les débris quand il y en a, etc... L'intention était de faire une sélection de chercheurs dans chacun des domaines de traces, en leur demandant de présenter un cas ou deux, pas plus ! D'autre part l'idée était de faire intervenir un panel de scientifiques reconnus, couvrant un certain nombre de domaines scientifiques, autant que possible n'ayant pas de compétences en matière d'OVNIS. L'intention était de créer un dialogue entre ces deux panels, le tout se déroulant sur une semaine. Jour après jour, sujet après sujet les chercheurs OVNIS viendront exposer leurs cas devant les scientifiques. Ces derniers vont discuter avec les chercheurs soutenant les cas de traces, poser des questions, faire des amendements. A la conclusion du colloque seront rassemblées questions et réponses et les explications apportées aux cas exposés. Le tout sera réuni dans un bouquin et on montrera que les deux groupes ont réussi à échanger et à parler ensemble.

Manque de chance, ça n'a pas marché du tout comme ça !! Pour plusieurs raisons déjà. La principale, et je vais être un peu sévère, c'est que les choix des cas présentés n'ont pas toujours été très heureux et donc pas très convaincants.

Avant d'aller plus loin, je dois vous préciser comment je me suis trouvé à participer au colloque. Je suis parti effectivement avec Jean Jacques Vélasco, pour le colloque, mais je ne représentais pas en réalité le CNES. Sturrock, qui s'est occupé de la sélection des participants, connaissait l'existence du GEPAN par Alain Esterle, comme le seul endroit au monde où on réfléchissait de manière officielle au sujet. En invitant la France par le biais du GEPAN, il avait demandé, pour constituer le panel de scientifiques qui devait rendre son verdict, que le CNES lui propose des noms à ajouter à cette liste. J'ai été choisi principalement parce que je connaissais bien la question ce qui n'était pas le cas de certains intervenants retenus sur la liste. Je me suis retrouvé ainsi dans le groupe de scientifiques qui allait devoir juger du contenu des cas soumis à leur examen et analyses.

Un autre représentant scientifique français était Bernard Veyret, du laboratoire de bio électromagnétisme de l'université de Bordeaux. Le 3ème représentant, Jean-Jacques Vélasco, se retrouvait parmi les ufologues, si on peut dire. Donc quand les premières présentations ont eu lieu et qu'on se retirait en cercle fermé pour en parler j'ai tout de suite vu les réactions des examinateurs. Des réactions éruptives. C'était du genre, pour plusieurs d'entre eux : *« Qu'est-ce que c'est que ces conneries !! » « Je ne veux pas être associé à ça ! Je prends ma valise et je m'en vais !! »* C'est ici que le savoir-faire à produit un miracle. Sturrock, dans cette phase critique d'ouverture du colloque, a été remarquable. *« Respectons les organisateurs. Attendez, on va voir !! »* Et les gens sont restés. Il était évident à ce moment-là qu'on allait avoir beaucoup de mal à mener la barque comme on l'avait imaginé. Heureusement il y a eu la présentation de Jean-Jacques Vélasco, qui a été jugée parmi les meilleures. C'était bien étayé, bien présenté, « Trans-en-Provence » par exemple. Donc ça s'est mieux terminé que ça n'avait débuté, mais à un moment c'était bien parti pour se transformer en un échec cuisant. On s'est donné rendez-vous – nous étions en septembre 1997 – deux mois plus tard à San Francisco, où le colloque s'est prolongé durant un week-end à San Francisco. Sturrock a réussi sur tous les points à obtenir l'aval des gens en les faisant discuter sur chaque point. A obtenir au mot près, un texte qui reflète les journées d'analyse des données soumises à leur examen. Tout le monde s'est retrouvé d'accord sur la conclusion finale émise à San Francisco. C'est un texte, il est vrai, minimaliste, mais il n'est pas nul. Si on le compare aux conclusions de Condon. La n°1, on s'en souvient, affirmait : *« Nous n'avons rien vu ici qui nous convainc de l'existence de phénomènes inconnus et encore moins d'extraterrestres ».* Je pense que sur ce point on en est resté au même état des lieux, ce n'est pas flatteur, mais c'est comme ça ! Mais sur le second point où Condon affirmait : *« La science n'a que du temps à perdre à étudier les OVNIS !! »*, ici la situation a drastiquement changé. Le comité de souligner : *« Nous pensons pour notre part que la science a tout à gagner, pour telle et telle raison. D'abord parce que la technologie a beaucoup progressé. Ensuite parce que l'expérience GEPAN en France a montré la voie avec un modeste mais efficace bilan. »*

Le comité encourageait vivement la communauté scientifique à s'intéresser au problème. Donc, de ce point de vue-là, ce n'est déjà pas si mal.

Ils ont savamment orchestré la communication des débats et ça a fait pas mal de bruit. J'ai reçu des coups de fil du monde entier !! Sauf en France, occupée certainement par la coupe du monde – nouvel éclat de rire de François Louange.

OVNI RIME AVEC SECRET ?

Q : Etait présent à l'audit s le général Lorenzi, qui a officié au sein de l'Etat-Major de l'Armé de l'air. Ce dernier précise que jamais l'Armée de l'Air n'a institué sur les OVNI de secret. Est-ce votre sentiment ?

F. Louange : Franchement je ne crois pas qu'il y ait une volonté de secret à quelque endroit d'une administration française. En gros bien sûr, on ne peut pas dire à 100%. Si un évènement est couvert par le secret, par définition vous ne le connaitrez jamais ! Certains petits services, au sein de l'Armée de l'Air, ont collationné parallèlement au GEPAN de l'information comme je l'ai constaté lors des interviews de l'audit. Mais je suis convaincu qu'il n'y a jamais eu de chose réellement secrète. Il y a eu toute une phase de ma carrière où je travaillais à 90% de mon temps avec la D.G.A. à Arcueil. Comme j'étais très bien avec les gens autour de moi et qu'ils savaient ce que je faisais en parallèle sur les OVNIS, ils m'ont permis d'accueillir des stagiaires d'Alain Esterle pour travailler sur la détection. Du coup lorsqu'il y avait des circulaires dans la Défense qui faisaient mention du sujet, automatiquement je les avais sur mon bureau. Ainsi j'ai vu circuler des trucs farfelus, des choses qui l'étaient moins, sur les idées des uns et des autres sur le sujet. Il y a tellement de malades sur ce chapitre, des paranos. J'ai connu des personnes très respectables par ailleurs que je ne nommerai pas, même sous la torture, ne pas prendre au sérieux un document s'il n'était pas barré de rouge. Un document public banal comme le catalogue de la Redoute, siglé du redoutable « Confidentiel Défense » devenait pour cette personne un secret d'état !! Donc il existe bien une paranoïa du secret sur des évènements hautement banals. Personnellement je n'ai jamais vu un dossier vraiment secret sur ces affaires. Et pourtant j'ai évolué dans le monde de la Défense française et particulièrement au cours d'une activité, protégée, secrète avec tous ses aspects de confidentialité.

Q : Après le secret que, dit-on, recouvrent certains témoignages, les récits de capture d'Extraterrestres détenues par les USA, que vous inspire cette surenchère de l'énigme ?

F. Louange : Il est difficile de s'y retrouver dans ces démentis ou relances. J'ai été mêlé dans l'histoire du film de l'autopsie qui a fait tant couler d'encre. J'ai suivi ça de près parce qu'invité de Jacques Pradel, avant que ce soit connu, pour en discuter. Pradel est un type tout à fait de bonne foi, très sérieux. C'est dommage, ce qu'il lui est arrivé. Au moment où c'est sorti, Pradel a organisé, avant d'en parler publiquement, avant diffusion sur TF1 – ce qui prouve qu'il était sérieux – une projection privée. Il a sollicité des tas de gens, de grands professionnels de la chirurgie – sans révéler leurs noms pour leur éviter tout ennui – pour déterminer la cohérence des actes de l'autopsie. Il a fait venir des collaborateurs de Spielberg spécialistes des trucages cinéma. Moi, il m'a appelé en tant que CNES, parce que j'étais spécialiste des trucages de photos. Il a fait venir des pointures de la police en matière d'analyse des cadavres. Tous des gens reconnus pour leurs hautes compétences. Il les a rassemblés un soir pour assister à une projection privée, en racontant de quelle manière le document avait abouti sur son bureau, avec l'intention d'amorcer un dialogue pour connaître l'avis de chacun.

Les spécialistes de cinéma donnaient leur avis sur la vraisemblance ou pas de trucage de certaines images. Cela n'a pas abouti à grand-chose, si ce n'est en notant qu'il était possible de réaliser n'importe quoi en y mettant le prix. On a même tenté d'évaluer la somme d'argent qu'il faudrait pour aboutir à une séquence qui tienne la route. Pour être honnête, pendant longtemps je n'ai pas vu une démonstration convaincante que l'histoire était un faux.

Comme je n'ai pas vu non plus que c'était vrai… Les gens à l'époque ont examiné l'histoire en décortiquant les instruments de l'autopsie, cherché à connaître la date de fabrication du téléphone et d'autres détails, et ne sont pas parvenus à ce stade à démonter la manipulation. C'est ce qui a permis très longtemps d'entretenir le doute sur cette histoire.

L'UFOLOGUE DU K.G.B.

Q : En ce qui concerne les Etats intéressés par la question des OVNIS, on peut trouver cocasse que ce soient les pays qui n'offrent pas forcément toutes les garanties démocratiques sur le plan des libertés, qui se proposent d'ouvrir leurs dossiers secrets !

F. Louange : Comme le Président des Grenadines qui voulait dénoncer auprès de l'ONU la rétention de certaines informations par des Etats. Il n'a pas pu aller jusqu'au bout, car quelques temps après il était renversé !

Je voudrais ajouter sur ce sujet une anecdote que j'ai vécue au moment où l'URSS proposait d'échanger des infos sur leur travail avec le GEPAN. L'opération avait consisté à interroger toutes les ambassades, à contacter tous les attachés scientifiques en leur expliquant que je faisais une recherche pour le CNES. Je demandais à chacun si leur pays était intéressé par la chose et s'il se passait des évènements de cette nature chez eux. J'ai eu des réponses, la plupart négatives. Mais il s'est produit après cette démarche une initiative totalement imprévisible et amusante du côté de l'URSS à l'époque. En provenance de cette nation, un correspondant m'a répondu : *« Oui c'est intéressant. Est-ce qu'on peut se voir ? ».* C'était un jeune type, qui m'a invité à déjeuner, et de mois en mois il m'invitait constamment. Son attitude était : *« Je transmets nos conversations et vos avis aux autorités, car c'est intéressant et on peut pouvoir faire quelque chose ensemble. Je suis sûr qu'il y a des éléments significatifs à découvrir sur ces affaires ».*Il me parlait de lui, de sa femme, de ses enfants. Huit à neuf mois plus tard il faisait partie d'un lot de 47 russes qu'on a remis d'office le 5 avril 1983, dans un avion car ils appartenaient tous au KGB !

Je travaillais au cours de ces années 80, en parallèle sur un sujet très sensible à l'époque, qui était le satellite militaire Hélios. Au cours de nos déjeuners, il me donnait parfois des infos sur ce que j'avais fait et dont je ne lui avais jamais parlé. En plus il y avait une particularité, archi-classique pour les gens du renseignement, mais moi j'en ignorais tout : il me donnait rendez-vous devant un restaurant et on allait manger dans un autre. C'est hyper classique, m'a-t-on expliqué. A l'emplacement du faux rendez-vous un acolyte surveillait depuis une voiture si j'arrivais seul ou si j'étais suivi. Les OVNIS servaient probablement d'appât pour une tout autre mission de renseignement. Il n'empêche qu'on a beaucoup parlé d'OVNI. Un jour il est arrivé avec une lettre officielle et ses tampons, dont j'ai gardé l'original, avec en-tête adressée au CNES, à François Louange, qui disait : *« En réponse à votre question : oui nous travaillons sur le sujet à peu près dans les mêmes axes que ceux du GEPAN. Nous souhaiterions une collaboration bilatérale. Voilà les noms de l'organisme. Voilà le nom du responsable. »*

J'ai transmis la lettre à Alain Esterle. Il n'y a eu aucune suite d'un bord ou de l'autre. Cela prouve au moins, qu'un pays qui n'était pas un état bananier, reconnaissait qu'il travaillait également sur la question dans le même axe que nous, les Français. Je ne l'ai pas inventée cette lettre ! Pour le Chili ça a été plus loin. Ils ont effectivement invité le chef du GEPAN à un premier colloque qu'ils ont tenu là-bas. A la suite de ça, ils ont fait une demande officielle à la direction du CNES. Il n'y avait pas d'intermédiaire cette fois, c'était leur service qui demandait directement au CNES. A l'époque il n'y a pas eu de réponse de la part du CNES. Ça a choqué d'ailleurs un scientifique comme Blamont, membre de l'Académie des Sciences, qui n'a pas apprécié que le Centre ne donne pas suite. »

En 2013 comme nous le verrons, le GEIPAN, établira avec le Chili, une coopération et une politique d'échanges d'informations.

François Louange, au titre d'expert analyste photo, collaborera tout naturellement aux enquêtes d'identification des clichés d'OVNIS de la cellule du CNES. C'est, on s'en doute, le chapitre sur lequel investissent en priorité les ufologues. Avec peut-être, un peu trop d'attentes…

CHAPITRE 7

Photos : le faux cache le vrai !

Je ne peux m'empêcher de m'interroger sur la rareté des documents OVNIS, eu égard aux millions d'objectifs, qui mitraillent au quotidien la totalité de la planète. Le Figaro de juin 2010 avait chiffré à 5 milliards le nombre de portables dans le monde qui possèdent tous l'option photo-vidéo. C'est- à-dire des millions d'appareils de prises de vues, sont continuellement en action, à toute occasion. Et pourtant il n'existe que quelques documents de qualité souvent douteuse, si ce n'est d'origine non certifiée, qui plus est n'ont franchement rien de bouleversant quand on les examine. Pourquoi si peu de photos d'OVNIS alors qu'on devrait en être submergés à en juger le nombre de témoignages qui au quotidien, dit-on, se produisent dans le monde ?

Pour le sociologue Gérard Bronner, le constat s'impose, ainsi qu'il titre sa chronique *« Pourquoi les Soucoupes Volantes n'existent pas »* dans la revue « Pour la Science » de juin 2014. Il écrit : *« Par conséquent puisque le nombre de possibilités d'enregistrer le réel et de déverser ces enregistrements sur Internet a progressé de façon exponentielle, les preuves auraient dû faire de même. Or ce n'est pas ce que l'on constate. »* Ce dernier, spécialiste des croyances collectives, alimente une rubrique intitulée le « Cabinet de curiosité sociologique » – où il traite, avec le même ton sceptique, les miracles, la télépathie, etc. En 2013, il voyait son travail de doute tous azimuts récompensé, en obtenant le prix de l'Union Rationaliste…

Le travail d'analyste des documents photos et vidéos, a dû être l'occasion, pour François Louange, de visionner de bien étranges images. Un document a-t-il emporté sa conviction ?

F. Louange : Je vais certainement vous décevoir. Plus le temps passe, plus je suis persuadé qu'une photo ne peut en aucun cas constituer la preuve de quoi que ce soit. Je m'intéresse au phénomène OVNI dans sa globalité et il se trouve qu'au départ de mes activités professionnelles, axées pour l'essentiel sur des travaux officiels dans le domaine photo-vidéo, je sais que ce ne sont pas les aspects les plus intéressants du dossier, contrairement à l'idée que l'on s'en fait généralement. Il faut bien comprendre que la photo est porteuse d'une charge émotionnelle énorme. Il s'agit d'une espèce de sanctuarisation liée à l'intime de la vie familiale, affective, de l'identité sociale. Aujourd'hui la technique permet tout. C'était déjà vrai il y a 30 ans comme je l'ai montré dans un séminaire alors que n'existaient pas encore les PC. De nos jours je peux vous garantir que vraiment tout est possible ! Quand on voit ce que l'on peut faire avec le maquillage photo, les logiciels, photo shop avec toutes les variantes, le plus modeste pixel d'une photo peut être manipulé pour aboutir à du grandiose. Une photo ne peut pas être une preuve. Ça ne signifie pas que ça ne peut pas être utile. La première action à faire, lorsqu'on possède un document photo, c'est de déterminer ce qu'on nous montre. On ne part pas sur l'idée qu'il s'agit d'un extraterrestre. On se pose des questions simples. S'agit-il d'un reflet lumineux ? D'une ombre, d'un objet hors champ ? D'une lanterne thaïlandaise ? Et ainsi de suite… C'est seulement une fois qu'on sèche sans pouvoir trouver une solution dans le domaine des phénomènes connus, après examen des paramètres accessibles, ni détecter un trucage, que le document devient intéressant.

Avec ce paradoxe : la plupart des photos qui résistent à l'analyse, sont très pauvres en information. Vous voyez une tache blanche sur fond noir qui se déplace plus ou moins. Vous traquez le moindre pixel en vain, et finalement on ne peut pas tirer grand-chose de l'affaire. C'est assez frustrant et en plus c'est sûrement l'un des domaines où il y a le plus de triche.

Dans la partie témoignage c'est beaucoup moins vrai, à part les habituels illuminés qui se manifestent. La plupart des observateurs sont parfaitement honnêtes en rapportant ce qu'ils ont vu ou cru voir. Antonio Ribéra, un ufologue espagnol, m'a cité un jour l'exemple de cet avion d'une ligne anglaise où tous les passagers du vol ont déclaré avoir vu durant le vol par le hublot…un éléphant rose !! Renseignement pris après enquête, ils se sont aperçus que la ligne que fréquentait la compagnie, survolait un endroit où était installé un petit cirque ambulant, dont l'enseigne était un éléphant rose gonflé à l'hélium, accroché au chapiteau. Précisément, l'enseigne s'était décrochée. Les gens ont donc effectivement vu un éléphant rose, mais aussi un ballon gonflable !! Ils ont parfaitement rapporté un évènement anachronique, mais tout à fait réel.

Dans le domaine des photos on ne retrouve pas cette véracité du fait. Notamment dans les pays latins. J'ai vécu de nombreuses années en Espagne et j'ai donc beaucoup côtoyé le monde des OVNIS y compris celui d'Amérique latine où c'est bien pire. Dans ces contrées, la barre est très haute. Un petit OVNI métallique qui se balade au-dessus du jardin, ça fait rire tout le monde. S'il n'y a pas eu un viol collectif par des extraterrestres ou un OVNI suçant une ligne à haute tension pour recharger ses accus, ça n'a aucun intérêt pour les Ufologues de ces régions. Dans ces pays circulent depuis longtemps et plus encore aujourd'hui avec les appareils numériques, des photos grossièrement truquées avec tout ce qu'on veut dessus.

LA FABRIQUE NUMERIQUE

Q : On vous fait intervenir avec Jacques Patenet dans un documentaire traitant des observations du Col de Vence. On voit les Ufologues locaux présenter des taches de lumières sur des clichés d'une grande banalité, qu'ils associent à une manifestation OVNI. On est loin ici de la recherche objective que vous prônez...

F. Louange : Là on entre dans un tout autre monde où les gens croient voir des choses bizarres. En réalité la plupart, sinon la totalité du temps ces images s'expliquent parfaitement. Il faut dire que les caractéristiques des photos numériques sont très différentes de celles des photos argentiques. Je le vois bien avec le temps qui passe depuis que me sont soumis des documents. Les sensibilités, les profondeurs de champ ne sont plus du tout les mêmes. Il y a des gens qui photographient des mouches, des oiseaux en ignorant qu'ils apparaissent alors comme des taches. Ils se demandent alors ce que signifie ce point sur fond de ciel. La tâche n'est pas loin dans le ciel, mais à trois à quatre mètres de distance et il s'agit d'un pigeon photographié dans le proche environnement au 400 ème mais qui n'est pas identifiable sur le moment.

Q : Plus difficiles probablement à authentifier sont les vidéos ?

F. Louange : Il existe des milliers de séquences et quand on commence à charger You Tube on devient fou. Lorsque vous visionnez quelques-uns de ces milliers de « documents » vous vous posez toujours la question : est-ce que ça peut être un montage ? La réponse est toujours oui !! Est-ce que ça peut constituer une preuve ? La réponse est donc toujours non !! D'autant que la diffusion de tels clichés ou séquences, rend toujours suspect l'acte et l'objet. Montrer le document dans You Tube dénote déjà un degré de suspicion. Ça rejoint pour moi un point qui a été pour moi très mal exploité ou très peu jusqu'ici, et que j'essaie de mettre en exergue. Je l'ai glissé dans l'Audit. Cela a été écouté ou pas, en tout cas ça n'a pas été suivi d'effet.

C'est une idée que je tiens d'Allen Hynek. Il m'avait fait, chez lui en 1977, la suggestion suivante. Au lieu d'attendre que les gens aillent témoigner, aillent raconter une histoire qu'ils ont vécue ou cru vivre à la Police ou aux journaux ou dans les bouquins, il y a une chose simple à faire. C'est d'aller au-devant d'eux, c'est-à-dire avoir une démarche « active ». Vous mettez une petite annonce très courte dans un journal très sérieux. Dans le texte vous parlez de scientifiques, de recherche, de discrétion totale. Ça va éliminer tous les zonards qui ont envie de la ramener parce qu'on ne parlera pas d'eux. *« Vous verrez, disait Hynek, c'est surprenant de s'apercevoir le nombre de gens qui ont vu quelque chose ».* J'ai mis en application son idée. J'avais du mérite car je venais d'arriver en Espagne et à l'époque je ne parlais pas espagnol. Dans mon équipe, j'avais un gars qui était bilingue et j'ai ainsi commencé à mettre des annonces dans El Païs.

J'ai eu au téléphone des cas intéressants. Cela m'a montré que, comme dans le viol et l'inceste, existe beaucoup plus de gens que recensé officiellement, qui osent parler de leur expérience. Du coup dans les histoires de vagues, on peut se demander s'il n'existe pas à ce moment une soupape qui se libère.

Ça fait boule de neige et on en parle alors dans les médias. C'est la raison pour laquelle, pour revenir aux problèmes des pourcentages, je suis assez sceptique sur les chiffres affichés. Cela ne signifie rien !

LES OVNIS BELGES : EXPERTS PIEGES !

François Louange, confirme que ce n'est pas une photo, une vidéo, qui incitera la science à s'investir dans le dossier OVNI. Peut être encore plus aujourd'hui qu'hier, quand on connaît les fabuleuses et inépuisables capacités du numérique à nous leurrer, ainsi qu'il en témoigne.

En 2011, le constat va prendre toute sa valeur au moment où est révélée la nature de l'emblématique photo des OVNIS belges effectuée le 4 avril 1990 – le 7 pour certains – lors de la vague d'observations qui captiva durant plusieurs mois l'attention de toute l'Europe. La photo dénommée le « Triangle de Petit Rechain », ne représentait pas un vaisseau spatial, plus banalement une maquette de polystyrène confectionnée par deux adolescents, copie conforme des témoignages !

La diapositive sur support argentique a dupé un expert de la Nasa, les spécialistes de la SOBEPS, un physicien réputé de l'Université de Louvens, le Pr. Meessen, qui avait donné sa caution sur l'authenticité du document. François Louange, qui se refusa à se prononcer sur la nature de l'objet photographié, n'avait pas réussi non plus à découvrir la supercherie.

La photographie reproduisait avec réalisme ce que décrivirent, des centaines de témoin, l'affaire mobilisant jusqu'à l'armée de l'air Belge qui fit intervenir deux F16 ! C'était dire l'intérêt du document reproduisant l'énigmatique triangle des nuits belges, élément concret d'une observation de grande ampleur.

Vingt-et-un an plus tard, le 26 juillet 2011, l'auteur du cliché qui avait à l'époque 20 ans, révèle à RTL que l'OVNI était une maquette réalisée avec sa jeune amie âgée de 18 ans, confectionnée d'après les indications rapportées par la presse. Les deux jeunes gens avaient reproduit la forme du triangle et ses quatre lumières, puis, comme ils le déclarèrent, « *...on l'a peinte, on l'a suspendue dans le vide et on a pris la photo* ».

La photo était authentique, l'OVNI ne l'était pas !

L'affaire de la maquette de l'OVNI belge déclencha durant plusieurs jours, une mobilisation quasi générale des médias. Avec reprise des déclarations du « blagueur » comme sera désigné dès lors, l'auteur du trucage. Internet diffusera amplement les détails de l'histoire, sur laquelle reviendront longuement les associations Ufologiques, les intervenants des forums.

Les échanges entre blogueurs expriment l'indignation générale mais aussi l'incrédulité. On exige que l'auteur du canular reconstruise la maquette.

Qu'il refasse la photo argentique dans les conditions des 21 années précédentes. On demande que la justice s'en mêle. Qu'elle condamne les faussaires soupçonnés de s'être enrichis avec les droits du livre de la SOBEPS, tiré à 20 000 exemplaires, dont la page de couverture reproduit le cliché du fameux triangle de Petit Rechain.

La farce connaît une dérive inattendue. Nombre de blogueurs sont persuadés que parce que la photo a résisté aux analystes de la Nasa, de la SOBEPS, l'OVNI est forcément authentique ! Le « blagueur » de se retrouver alors dans la paradoxale position de démontrer qu'il a fabriqué un faux face à un scientifique persuadé du contraire.

Dialogue surréaliste entre ce dernier et l'auteur de la supercherie.

Le « Blagueur » incapable de répondre aux questions techniques. Le physicien accroché aux critères d'authenticité qu'il a développés autour du cliché, sur lesquels repose sa crédibilité. Voici la manière dont RTL Info, reproduit la rencontre du blagueur et du physicien.

LE BLAGUEUR NE MENT PLUS !

« La supercherie de l'OVNI de Petit-Rechain dévoilée hier par P... l'auteur de la photo, a ébranlé un chercheur belge. Celui-ci avait planché des heures et des heures durant, sur cette énigmatique photo. Aujourd'hui, il ne veut pas croire que l'OVNI n'était finalement qu'un vulgaire panneau de frigolite avec trois ampoules. Incrédule, il s'est rendu au domicile de celui qui a fini par lâcher la vérité 20 ans plus tard. Une rencontre du 3ème type qu'ont saisie nos journalistes Samuel Ledoux et Julien Raway. Le scientifique a multiplié les questions sur les énigmes de la photo. En guise de réponse, il ne recevra que de frustrants : « Je n'ai aucune idée ! », « Je ne sais pas ! » « Je n'en sais rien ! »

L'expert : « Votre maquette mesurait 80 cm et vous avez mis trois ampoules de lampes de poche. Donc c'est très petit par rapport à la maquette. Et donc, je vous demande, comment vous expliquez ce qui apparaît sur la dia ?

Le blagueur : Je ne sais pas !

L'expert : D'une part, les taches de lumière sont assez grandes. D'autre part elles sont différentes, ça ne correspond pas du tout à une petite ampoule...

Le blagueur : Ben oui, je ne sais pas, je ne sais pas l'expliquer ! Je n'ai aucune idée, aucune !

L'expert : Alors, deuxièmement, dans la dia couleur, il y a trois couches et on a pu séparer ce qu'il y avait dans les trois couches et c'est très différent ce qu'il y avait dans les trois couches. Dans la couche rouge, l'objet n'apparaît pas. Dans la couche bleue, il apparaît. Comme vous expliquez ça ?

Le blagueur : Je n'en sais rien non plus !

L'expert : Parce que si vous avez des ampoules de lampe de poche qui donnent la lumière, ça doit donner le même résultat...

Le blagueur : Je ne sais pas, je ne saurai vous dire... Etc...

Dialogue fabuleux, dialogue Kafkaïen !! Je ne peux m'empêcher de sourire à la manière du « blagueur » de transformer le pauvre scientifique en une sorte de Louis de Funès inquisiteur. Le truqueur a construit un faux plus vrai que le vrai, incapable d'expliquer les petits mystères de son chef-d'œuvre. Ce n'est pas la photo et l'analyse critique de son contenu qui retient la curiosité du physicien, mais ce qui autorise son auteur à prétendre qu'elle est fausse, lui qui lui démontre qu'elle est vraie !!

Jacques Patenet, l'ancien chef du GEIPAN, a fait un commentaire à l'époque au sein de l'Académie Ufologique, sur l'étonnante logique du scientifique :

« Encore un cas « solide » qui s'écroule... Nous avons auditionné le Pr Meessen au Comité de Pilotage du GEIPAN, pour qu'il nous présente ses recherches et théories. Une partie importante de son exposé était consacré à la photo de Petit Rechain et ses conclusions nous avaient tout de même laissés majoritairement perplexes. .../... Je ne suis pas en train de remettre en cause les compétences de Meessen ou d'autres scientifiques de grande valeur, mais force est de constater qu'ils semblent parfois « aveuglés » par leurs convictions personnelles. A méditer... »

VRAIE PHOTO ! FAUX OVNI !

On peut compléter la remarque par celle du correspondant d'Ufomania Franck Boitte, auteur de l'enquête approfondie que mène la revue dans son numéro d'automne 2011 sur l'affaire du « Petit Rechain ». Pour justifier l'incapacité de la part des témoins de photographier les OVNIS belges, dont un affectait *« ... la silhouette d'une énorme plateforme volante en train de les survoler à basse altitude »,* le physicien émet une théorie fleuretant avec les para-sciences.

L'enquêteur Franck Boitte écrit :

« Le Pr. Meessen a proposé une explication faisant appel à un mécanisme physique sophistiqué : « se rendant compte » qu'il était photographié, l'OVNI aurait émis des radiations infra-rouges, qui auraient détruit les cellules impressionnées sur la pellicule par effet Herschel »

On le voit, il n'y pas que les Ufologues pour « décoller » au contact des OVNIS...

François Louange et plusieurs autres experts furent sollicités pour donner leur avis, ainsi que le détaille Ufomania, qui consacre 16 pages à l'affaire.

« Les enquêteurs font alors appel à des experts. Ils consultent un physicien spécialisé en optique, un physicien nucléaire (Marc Acheroy de l'Ecole Royale Militaire, spécialisé dans le traitement de l'image à des fins militaires), François Louange (Fleximage), etc. Aucun ne trouve de preuves de trucage. L'image fixée sur la diapositive reste mystérieuse. Jusqu'à un scientifique de la NASA, Richard Foster Haine, qui agissant à titre privé et non au nom de l'agence spatiale, s'y « casse les dents » en 1992/1993. »

Quelque temps après la diffusion de l'affaire je reprends contact avec François Louange, en sollicitant de sa part un commentaire sur ce faramineux rebondissement des OVNIS belges.

Le 8 août 2011, il écrit :

« Je suis comme tout le monde, surpris par ce dénouement brutal et inattendu, mais en fait pas totalement surpris sur le fond. En effet j'ai passé du temps sur ce dossier, à l'époque : j'ai rencontré Ferryn (SOBEPS), puis l'auteur de la diapositive. J'ai pu examiner minutieusement le document original (pour éliminer toute hypothèse de retouche ou d'accident physique du film) et le scanner sur du matériel professionnel de la Défense. J'ai dialogué avec plusieurs chercheurs et participé à une grande réunion sur le sujet à l'Ecole militaire de Bruxelles. Ma seule conclusion, répétée à chaque occasion depuis (conférences, télé, etc.) était que j'étais certain de l'authenticité de ce cliché, au sens où il reflétait la photographie bien réelle d'un objet extérieur à l'appareil de vue, sans montage photographique. Pour le reste, tout ce qu'on pouvait sérieusement affirmer, c'est ce dont il ne s'agissait sûrement pas, en particulier d'un avion furtif. C'était donc un PAN, jusqu'à plus ample informé... c'est-à-dire jusqu'à ces jours ci, si l'info est vérifiée.

Ce qui m'intriguait le plus dans ce dossier était l'incohérence apparente entre les traînées lumineuses associées aux trois sommets du triangle, qui posait un problème quasi-insoluble (dans l'hypothèse d'un objet volant) à moins que l'engin supposé fût porteur de « lampes » ballottantes (mouvements indépendants) où que les sources lumineuses fussent allumées successivement pendant des laps de temps très courts, à l'intérieur du temps de pose...

On a donc peut-être l'explication finale : il y aurait bien eu un objet réel en face de l'appareil photo, mais ni volant, ni non-identifié. Dans ce cas, le gag, aurait fait perdre pas mal de temps à beaucoup de gens... mais il aura au moins le mérite d'apporter une preuve de plus, s'il en était besoin, qu'une photo ne pourra jamais être, à elle seule, la preuve de quoi que ce soit.

François Louange contrairement au Pr Meessen, se résout à jeter aux oubliettes la photo de « Petit Rechain », qui leur a valu toutes ces heures d'investigation pour finir par les acculer à une impasse. L'histoire rappelle à bien des égards l'autopsie filmée de l'extraterrestre de Roswell, où également les experts, ainsi qu'on a pu le lire, sont dans l'impossibilité d'offrir une réponse à la question que leur pose Jacques Pradel : film authentique, film monté de toutes pièces ?

A propos de cet épisode, quelques mois plus tard, lors d'une correspondance mail, je ferai part de mon sentiment à François Louange, de ce que m'inspirait la restitution filmée de l'autopsie.

Ainsi je notais la présence d'une seule caméra, chose impensable ne serait-ce que pour assurer la sécurité du tournage. Que dès que la caméra cherchait en gros plan un détail, l'image devenait floue. Enfin le choix de réaliser en noir et blanc une prise de vue d'une telle importance était hautement invraisemblable de la part des opérateurs. En 1948 les émulsions couleur étaient largement répandues et il est proprement impensable que pour une séquence aussi exceptionnelle, on se serait contenté du noir et blanc. Des arguments qui n'avaient pas été pris en compte par les experts invités par Pradel, comme il le précise dans sa réponse.

« Votre point de vue de spécialiste sur le film de l'autopsie est très intéressant car je ne me souviens pas d'avoir entendu soulever cet aspect-là du dossier (caméra unique, etc.). Certes Pradel avait prévu plusieurs approches professionnelles, mais pas celles-là : les invités se penchaient sur l'adéquation des gestes de l'opérateur, sur la véracité des objets visibles à l'époque concernée (table, horloge, etc.), sur la faisabilité du personnage synthétique, sur le trucage possible du film lui-même, mais pas sur le point de vue du du réalisateur que vous êtes. »

ET LES AUTRES PHOTOS ?

La fausse autopsie de Roswell, le faux OVNI de « Petit Rechain » ont un point commun : l'intervention d'experts focalisés sur leur discipline. Le professeur Meessen soumet le « blagueur » à une série de questions techniques incompréhensibles pour son interlocuteur. La seule qui lui aurait été accessible, concernait le positionnement du triangle dans l'espace qu'il occupait sur le cliché. Comment l'auteur de la photo expliquait-il qu'on ne voyait rien d'autre, aucun arrière ou avant-plan ? Comment justifier que ne soient jamais évoqués d'autres cadrages de la photo, même si dans un texte est signalé l'existence d'un second cliché jamais montré. Tenter de comprendre ce que pouvait signifier l'absence de coordination des éclairages de la photo, était un bel exercice de physicien, qui n'aidait en rien à déterminer l'authenticité du document. A l'époque Patrick Ferryn, président de la COBEPS comme le précise l'enquête d'Ufomania, se la posa. Il faut croire que ces interrogations basiques ne résistèrent pas aux arguments qui convergeaient à en faire une preuve indiscutable. Les 1305 dépositions que recueillent pendant des mois la SOBEPS. L'intervention des deux F16 de la Force Aérienne Belge, dont les radars enregistrent les mouvements des OVNIS. La présence des sommités scientifiques, s'accordant à reconnaître la diapo sans trucage, sans manipulation. Que cette dernière occupe un peu trop le cadre pesait de peu de poids face aux convictions acquises des participants à l'enquête, renforcées par les conclusions de chacun. De la sorte que les scientifiques « à l'insu de leur plein gré » devinrent des « croyants ». Situation intéressante qui nous en apprend beaucoup sur les conditionnements qui guident nos actions, fussent-elles portées par un souci de rigueur. Un piège d'autant plus difficile à éviter pour les gens de la SOBEPS, que la vague d'OVNIS, la photo du Petit Rechain représentera avec la parution d'un ouvrage de substantiels revenus, permettant à l'Association de gérer deux années d'activité. L'implication commerciale, peut-on penser, ne prédisposait pas à l'émergence de la vérité et constitue peut-être le fond de l'histoire. Floué dans l'exploitation qui sera faite du cliché, l'auteur qui dit-on touchera 250 euros, se décide à révéler le canular, imaginant mettre en mauvais posture par la médiatisation de la révélation, ceux qui en tirèrent de juteux profits.

L'épisode rend urgente pour l'ensemble des Etats la prise en compte des récits d'observation et la création d'organismes de type GEIPAN. Il est à craindre que la farce du « Petit Rechain » incite encore moins les scientifiques à prêter leur concours à la résolution de l'énigme, si ce n'est en s'enfermant dans le silence et l'anonymat. Une situation qui n'est pas celle d'un groupe d'enquête officiel, qui n'a de compte à rendre qu'aux administrations dont il dépend. Sans que ce soit une certitude, il est permis de penser que les membres du Comité de Pilotage et les représentants des services d'Etat qui lui sont associées, auraient émis ici un avis qui n'aurait pas abouti à la sacralisation du cas, telle qu'elle se produisit en Belgique.

Jacques Patenet nous l'a bien fait comprendre, en commentant l'audition du Pr. Meessen.

On ne pourra désormais s'empêcher de considérer tout document photo et vidéo avec un regard circonspect, interrogatif. Suspicion d'autant plus forte, que le document affiche, comme c'était le cas en Belgique, une honorabilité à toute épreuve. Je pense à celui qui illustre la page de couverture du rapport COMETA, publié par les Editions du Rocher. On y voit une structure circulaire, survolant à haute altitude une côte du Costa Rica. Le dessus de l'objet renvoyant des reflets métalliques, reproduit la forme d'un disque avec une légère protubérance centrale. L'image, est on ne peut plus classique de ce que décrivent depuis des décennies les témoins. Ici, il ne doit pas être très difficile de fabriquer un faux par superposition d'images.

J'ai demandé à François Louange, quelque temps après notre entretien, antérieurement à l'affaire du faux triangle, ce que le spécialiste pouvait dire du document.

C'est d'abord par une question sur les Crop Circles dont les images fort intrigantes sont associées par certains au phénomène OVNI, que j'avais lancé ce courrier mail, auquel il donne cette surprenante réponse.

« CROP CIRCLES. Je n'ai aucune opinion digne d'intérêt sur la question, car je n'ai investi aucun effort particulier sur de dossier.

Celui-ci est pourtant, je le reconnais, très intrigant. C'est d'ailleurs principalement à cause des crop circles que Lawrence Rockefeller, s'était intéressé aux rapports entre la science et les OVNIS (Pocantico). Nul doute que beaucoup de ces histoires ne traduisent que des canulars, mais la question est de savoir si cela est généralisable ou non et dans la négative, de comprendre ce qui se passe. Mais encore une fois, je n'ai aujourd'hui aucune opinion personnelle originale à défendre sérieusement sur ce sujet.

Photo de Costa Rica. Sur ce dossier en revanche, j'ai des infos de première main, au sens propre. Lorsque cette photo a été découverte – par hasard – par J.P Bergoing dans un bureau d'un service de cartographie aérienne du Costa-Rica, un tirage papier a été adressé au GEPAN, à Alain Esterle, qui me l'a aussitôt transmis. Ce n'était qu'un tirage... Puis Jacques Vallée a eu l'opportunité d'aller sur place et d'emprunter le négatif original, qu'il m'a remis en mains propres à Arcueil, à l'Etablissement Technique Central de l'Armement où j'avais mes bureaux. Après un examen minutieux du document, pour éliminer toutes les causes envisageables liées à une possible dégradation du support photographique, je l'ai fait immédiatement scanner (les scanners étaient des outils rarissimes à l'époque : début des années 80). Les bandes magnétiques résultantes ont été dupliquées et transmises à Jacques Vallée, ce qui lui a permis, ainsi qu'à d'autres Américains de procéder à une analyse du dossier. J'ai publié un petit texte sur cette photo bizarre – et encore inexpliquée à ce jour – dans le spécial VSD dans lequel est sorti le rapport COMETA. Mais, bien que l'étrangeté de ce document m'ait souvent amené à le montrer dans les médias, il s'agit après tout que de l'un de ces cas où l'on ne dispose que d'une photo, sans aucune info, ce qui les rend a priori peu intéressants, car ils ne sont porteurs d'aucun espoir de validation sérieuse et définitive. »

Un autre point d'interrogation, d'autant plus intéressant qu'il est formulé par un spécialiste qu'on ne peut accuser de se laisser emporter, ainsi qu'il l'a montré durant tout l'entretien, par les fantasmes développés autour du thème.

CHAPITRE 8

Yves Sillard : de Concorde au comité de pilotage

En 2006 est annoncée la reprise de l'enquête officielle sur les OVNIS. François Louange a indiqué dans son audit comment sortir le GEPAN de sa léthargie. Yves Sillard provoquera l'électrochoc qui le ressuscitera. Il fallait une personnalité d'envergure pour créer les conditions d'une relance de l'étude du CNES. Une personnalité représentative, connue et appréciée des milieux aéronautiques et agréée par le Centre Spatial de Toulouse.

Indiscutablement Yves Sillard, polytechnicien de formation, réunissait ces qualités. Il a porté sur les fonts baptismaux le projet Concorde en1964. De 1969 à 1971 il prend en charge la construction du Centre spatial de Guyane et le développement du lanceur Ariane. De 1976 à 1982, il occupe les fonctions de Directeur Général du CNES sous la présidence d'Hubert Curien. A ce poste en 1977, il appuie les recommandations de l'ingénieur Claude Poher qui projette de créer une cellule de réflexion sur le phénomène OVNI, qui deviendra le GEPAN. Trente années plus tard, s'inspirant de l'audit de François Louange, il convainc la direction du CNES, d'entreprendre la refonte de la cellule et prend la tête du Comité de Pilotage qui supervisera désormais les missions du nouveau GEIPAN. Avec le secret espoir que la remise en selle de l'enquête officielle produise la synergie qui conduira la science à s'investir désormais dans le dossier.

En 2006, Yves Sillard, m'accueille en Charente dans sa maison. Il m'accorde une interview enregistrée sur bande magnétique. Il me précise qu'il rédige un ouvrage de commande sur le sujet[9]. Il me parle de l'intérêt qu'il porte à l'affaire depuis toujours et lorsque Claude Poher, vient le voir pour proposer au CNES, dont il est le Directeur général, la création d'une cellule sur la question, il lui apporte son soutien. Quelques temps plus tard naîtra le GEPAN. Occupé par ses nombreuses charges, il n'ira pas plus loin dans la démarche.

---

[9] « Phénomène Aérospatiaux Non Identifiés : un défi à la science » Ouvrage collectif écrit sous la direction d'Yves Sillard et publié au « Cherche Midi » en 2007.

Malheureusement l'interview va déboucher sur un piteux fiasco. Au moment de la recopier quelques mois plus tard, je constate à mon grand dépit qu'elle est devenue illisible. La bande a dû côtoyer quelques énergies détériorant le signal porteur de la voix. Presque une faute professionnelle, pour avoir entendu mille fois mes amis techniciens du son de la Trois, m'expliquer qu'on retranscrit sans attendre, sur un support stable, les enregistrements magnétiques.

Je recontacte avec la honte qu'on devine Yves Sillard, qui fort intelligemment accepte de reprendre l'échange, sous la forme d'un questionnaire écrit que je lui adresse par courrier, auquel il répond avec bonne grâce. Comme c'est souvent le cas, une erreur engendre un mieux. La reprise de contact me permet de réactualiser le travail du Comité de Pilotage depuis sa création. De me voir adresser, par son Président, des informations qui n'avaient, jusque-là, fait l'objet d'aucune communication auprès du public. Elles enrichiront notre connaissance du travail effectué par le GEIPAN et briseront un certain silence dans lequel semble le cantonner le CNES. Ainsi cette synthèse de février 2010 que les membres du Comité de Pilotage destinaient à la direction du Centre. Le texte n'annonçait pas une invasion d'Aliens, mais détaillait le bilan des 5 années d'enquête et proposait les améliorations retenues par le Comité de Pilotage. Le CNES refusa d'en faire connaître le contenu aux médias. En contradiction, précise Yves Sillard dans sa synthèse, avec la directive du Comité de Pilotage recommandant, à sa création, la totale transparence de ses activités. Nous aurons l'occasion de lire l'explication, que donne la Direction du CNES, de cette décision.

IL FAIT ENTRER LES OVNIS AU CNES

Je me suis demandé la raison pour laquelle une personnalité de l'envergure d'Yves Sillard a décidé de s'investir publiquement dans le débat. Je n'étais pas loin de penser qu'il pouvait s'agir d'une marotte de fin de carrière, servant à agrémenter quelques heures d'une paisible retraite. Une analyse sommaire et fausse, comme on va voir, critique récurrente, faite à tous ces « ex » grands décideurs, qui n'ont pas fait entendre leurs voix pendant qu'ils occupaient des responsabilités. En novembre 2010, je l'interroge sur les motivations de son intérêt pour le phénomène OVNI.

Q : Vous avez soutenu la création officielle du GEPAN, puis contribué à la relance de l'enquête après le passage de l'audit. Avant 1977, quelle perception aviez-vous des manifestations rapportées par les médias ?

Aviez-vous vécu une expérience directe – vous avez été pilote dans l'Armée de l'Air – ou avez-vous été dépositaire d'un témoignage qui a participé à votre sensibilisation à la question ?

Y. Sillard : Je n'ai jamais été témoin d'une observation inexplicable, ni sur terre, ni en tant que pilote. J'ai effectivement pris seul, en tant que directeur général du CNES, la décision de créer le GEPAN, ayant été sensibilisé sur le sujet par Claude Poher, qui menait à titre personnel de façon très pertinente des investigations sur le sujet. J'ai pris cette décision pour deux raisons :

1) L'affirmation régulièrement répétée par des esprits dits scientifiques *« C'est impossible, donc ça n'existe pas »* me paraissait inacceptable.

2) Il était, selon moi, dans la vocation du CNES d'essayer de répondre à l'interrogation de multiples témoins face à l'observation de phénomènes aérospatiaux inusuels. Le CNES disposait en effet de tous les moyens nécessaires pour reconnaître parmi ces observations des phénomènes rares et inhabituels liés à des circonstances météorologiques particulières, des situations astronomiques spéciales, des rentrées atmosphériques de fusées ou de satellites, etc. Au-delà, si des observations restaient inexpliquées, il appartiendrait à la communauté scientifique de lancer des investigations nécessaires sur la base d'un dossier de départ solide.

Q : Pendant les années 1980, étiez-vous tenu personnellement au courant par Alain Esterle ou Jean Jacques Vélasco des avancées de l'étude ? Vous faisait-on parvenir des synthèses faisant le point sur les enquêtes ? Que répondez-vous à ceux qui regrettent de ne pas vous avoir vu vous impliquer sur le sujet durant cette période ?

R : Après mon départ du CNES, je n'ai pas reçu la moindre information de la direction du CNES sur ce sujet, pas plus d'ailleurs que sur d'autres sujets dans lesquels je m'étais beaucoup plus investi, tels qu'Ariane ou de nombreux programmes de satellites. Je n'ai jamais eu l'habitude d'ennuyer mes successeurs lorsque je n'étais plus en charge d'un dossier, et je me suis toujours entièrement consacré à mes nouvelles responsabilités (IFREMER, DGA, OTAN, etc.) J'ai eu des contacts très épisodiques avec Esterle ou Vélasco, mais je les ai toujours soutenus moralement, le contexte au CNES étant devenu pour eux un peu difficile. J'ai en particulier incité en 1999-2000 Gérard Brachet, directeur général du CNES, à clarifier la situation du GEPAN, soit en lui donnant les moyens minimaux nécessaires, soit en le supprimant – j'ai évidemment indiqué ma préférence pour la première solution, qui a été retenue ».

BILAN DU COMITE DE PILOTAGE

Le Comité de Pilotage, dont Yves Sillard fut le président, tiendra sa première réunion le 12 novembre 2005. Il est composé de 13 représentants des administrations officielles. Un de la Gendarmerie Nationale, quatre de l'Armée de l'air, un de la Direction Générale de l'Armement, un de la Direction des Services de Navigation Aérienne, un de Météo-France, un du CNRS, un de l'Ecole Centrale et trois du CNES.

Lorsque je reprends contact avec Yves Sillard en 2010, c'est l'occasion pour lui d'effectuer un bilan sur les cinq années d'activités.

« Depuis sa création en septembre 2005, le Comité de Pilotage a tenu 2 à 3 séances par an et a auditionné un certain nombre de personnalités françaises et étrangères. Au cours de ces 5 ans le nombre de cas rapportés au GEIPAN a été très important. La plupart d'entre eux ont été classés en catégorie A et B (expliquées ou très probablement expliquées par des phénomènes connus). La prolifération des lanternes thaïlandaises (petites montgolfières lancées à l'occasion de fêtes diverses) a donné lieu à de nombreux rapports apparemment très intrigants dans une première phase, mais rapidement expliqués. Un certain nombre de PANS observés ont été classés en D (totalement inexpliqués) sans présenter pour autant de caractéristiques spectaculaires. Un cas très surprenant a été rapporté par des pilotes assurant des liaisons entre la Grande-Bretagne et les îles anglo-normandes (engin lumineux de très grandes dimensions observé par les pilotes de 2 avions différents), mais compte tenu de sa localisation, il n'a pas donné lieu à une enquête approfondie du GEIPAN. »

Le CNES, on l'a vu, n'entreprend aucune communication sur la période écoulée qui aurait permis d'informer le public des percées de l'enquête officielle. Dans les réponses qu'il apporte à mon questionnaire, on sent poindre, chez le Directeur du Comité de Pilotage, un certain dépit.

« Le Comité de Pilotage a adressé le 15 février 2010, au Président du CNES, un rapport de situation sur la problématique des PANS, contenant un certain nombre de recommandations pour mieux insérer l'action du GEIPAN dans le contexte national et pour l'ouvrir au plan international. Aucune de ces recommandations n'a à ce jour été suivie d'effet et le Président du CNES n'a pas autorisé la diffusion de ce rapport sur le site Internet du GEIPAN, malgré les engagements de transparence pris en la matière par le CNES ».

Le Comité, m'indique Yves Sillard, souhaitait étendre la collecte des témoignages aux zones urbaines desservies par la Police Nationale et les Polices municipales, comme réalisé avec la Gendarmerie Nationale, en impliquant dans la démarche le Ministère de l'Intérieur. Une autre absente, la Protection Civile également sollicitée, pourrait jouer un rôle d'observateur des mouvements médiatiques générés épisodiquement par le phénomène.

Dans le but d'améliorer la collecte des témoignages, le comité de Pilotage a entériné la décision du GEIPAN, prise en 2008, de s'adjoindre une centaine d'enquêteurs bénévoles appelés IPN (Intervenants de premier niveau), susceptibles d'intervenir rapidement sur le lieu d'une observation, et de compléter l'enquête des gendarmes.

Par ailleurs, le Comité a pris la décision de créer deux sous-catégories d'Inconnus. Elle se décline désormais par D1 et D2. La D1 est susceptible d'être réajustée après investigations complémentaires. La D2, représentera la catégorie sur laquelle aucune explication après enquête suffisamment exhaustive, ne peut être proposée. Yves Sillard de remarquer sur ce point : *« Il faut bien entendu noter que cette classification a ses limites et ne peut jamais être considérée comme totalement définitive, des éléments d'information nouveaux ou des progrès scientifiques imprévus étant à tout moment susceptibles de la remettre en cause. »*

LE JEU DES HYPOTHESES

Je soumets à Yves Sillard un listing des différentes causes susceptibles de constituer une ou plusieurs explications de la catégorie des Inconnus.

Le directeur du Comité de Pilotage de préciser :

« Le Comité de Pilotage n'est pas, bien entendu, en mesure de fournir une explication sur l'origine des cas de la catégorie D, qui sont par définition inexplicables. La position sur les différentes hypothèses que vous mentionnez est la suivante :

Phénomène naturel inconnu

Il n'est pas impossible que des découvertes futures, notamment en météorologie, permettent d'expliquer certains des phénomènes actuellement classés en catégorie D. Toutefois cela ne pourra éventuellement concerner qu'un nombre limité d'observations, relatives par exemple. à certains phénomènes lumineux à grande distance. Rien ne permet pour l'instant de prévoir une évolution significative dans ce sens.

Véhicules militaires secrets

L'hypothèse ne peut être envisagée sérieusement, compte tenu de la multiplicité et de la localisation mondiale des phénomènes observés. Les marines américaine et soviétique, dont les équipages ont été témoins de multiples observations, dont certaines très spectaculaires (les observations américaines ont cessé d'être divulguées après le rapport Condon en 1969, mais la marine soviétique semble avoir enregistré plus de 3000 observations de 1950 à 1989) ont envisagé cette hypothèse au début de la guerre froide, chacune attribuant à l'autre, l'origine des engins observés. Cette hypothèse a été rapidement abandonnée de part et d'autre, compte tenu des performances dynamiques hors norme, des véhicules observés.

Observations imaginaires. Hallucinations

Les méthodes rigoureuses mises en œuvre pour l'analyse des témoignages et des témoins permettent d'exclure définitivement cette hypothèse pour les cas classés en catégorie D par le GEIPAN.

Rumeurs. Désinformation

Certains cas ont fait l'objet d'une désinformation amplifiante aux Etats-Unis pour mieux les décrédibiliser. L'exemple le plus connu concerne la prétendue autopsie du cadavre de Roswell, qui était un canular visiblement monté pour ridiculiser tout le dossier (sur lequel je n'ai pas d'opinion arrêtée). Il s'agit d'un nombre très limité de cas.

Hypothèse extraterrestre

L'hypothèse de véhicules automatiques ou habités, en provenance de civilisations très avancées par rapport à la nôtre, est actuellement la seule hypothèse susceptible d'expliquer un grand nombre de PANS de catégorie D. Ce n'est bien entendu qu'une hypothèse, mais elle doit être considérée avec sérieux. Je l'interroge sur les « Geipan bis », le COMETA et la commission SIGMA de la 3AF.

R : Le rapport COMETA est un document très sérieux et présente une synthèse objective de la situation. Lors de sa sortie en 1999, il n'a malheureusement pas eu l'audience qu'il méritait et a été critiqué sans nuances par certains journaux, qui ont d'ailleurs profité de la découverte du canular sur l'autopsie Roswell pour faire l'amalgame. Il n'a pas eu à ma connaissance de suite sérieuse, dans les milieux gouvernementaux. Il est intéressant de noter qu'un rapport assez similaire, faisant une synthèse des observations faites en Grande Bretagne au cours des décennies précédentes, a été rédigé par le MOD (Ministry of Défense) à partir de 1996 et édité sous le timbre « Secret » en 2000. Il a été rendu public le 15 mai 2006 suite à la promulgation du « UK's Freedom of Information Act ».

L'initiative de la commission SIGMA, me semble avoir un objectif mal déterminé et ne me paraît pas de nature à apporter beaucoup de valeur ajoutée par rapport au travail du GEPAN.

Le courrier de l'Amiral Pinon au Président de la République, ne me paraît pas avoir eu de suite, mais je ne suis pas dans les secrets de l'Elysée. En ce qui concerne le GEIPAN, aucune information à ma connaissance n'a jamais été faite par des autorités gouvernementales.

Q : Qu'en est-il de la position des services de renseignements français par rapport à cette question ? S'impliquent-ils d'une manière ou d'une autre dans cette recherche ?

R : Les services de Renseignement ne semblent pas s'intéresser directement au GEIPAN, mais il est possible et même vraisemblable qu'ils s'intéressent à la problématique des PANS. Le rapport de situation du 15 février 2010, a été écrit et transmis au Président du CNES en vue d'une éventuelle transmission à des échelons gouvernementaux. Il contient quelques recommandations, pour mieux insérer l'activité du GEIPAN dans le contexte national. A ce jour, aucune suite n'a été donnée.

Q : Vous avez fait état à diverses reprises du sentiment que les USA sont plus avancés, dans la connaissance des tenants et aboutissants de la question, qu'ils ne le reconnaissent officiellement. Selon vous, existerait-il une enquête souterraine qui expliquerait le silence observé de ce côté ?

R : L'attitude constante des autorités fédérales, et en particulier de la F.A.A., est de dire que rien de sérieux n'a été observé, que les PANS n'existent pas et de refuser toute enquête officielle. Cette position est évidemment incompréhensible et relève d'une forme de politique du silence, qui semble dépasser les Présidents américains eux-mêmes, puisque certains d'entre eux, ont annoncé et demandé sans succès, une modification de cette politique ![10] Un livre écrit par une journaliste américaine Leslie Kean[11], qui a enquêté depuis 10 ans dans le monde entier, donne un excellent panorama des observations mondiales de PANS et de l'attitude généralement positive, de nombreux gouvernements sur ce sujet. Il met en exergue le caractère incompréhensible de la position officielle américaine, qui revient à nier la réalité du phénomène, dont l'existence est évidente. Le livre est un plaidoyer pour la mise en place aux US, d'une petite agence – un GEIPAN renforcé – chargée d'enquêter sur la réalité des observations rapportées, et de nouer des contacts internationaux.

PAYS SENSIBILISES

Le Comité, me confiera Yves Sillard, examine avec intérêt le positionnement des pays qui ouvrent leurs archives au public comme cité pour la Grande-Bretagne. Cette dernière, a déclassifié 24 dossiers contenant quelques 300 témoignages, en plus grande partie provenant de pilotes civils et militaires.

Ainsi l'Espagne, en octobre 2008, prenant exemple sur la Grande-Bretagne, entre 1992 et 1997, autorise la consultation de ses archives militaires dans la bibliothèque de l'Armée de l'air. 75 dossiers sont accessibles, décrivant 97 cas enregistrés depuis 1962. En janvier 2009, le Danemark permet aux internautes de consulter les témoignages recensés par son Armée de l'Air. En mai 2009, le Brésil, dont on sait combien ses populations sont impliquées dans la saga OVNI, diffuse 600 pages de documents sur des affaires autrefois classifiées. Yves Sillard rappelle qu'en octobre 1979, une précédente synthèse de 800 pages avait été établie, dans laquelle figuraient des évènements qui se sont déroulés la nuit du 19 mai

---

[10] *« Hillary Clinton promet d'enquêter sur les OVNIS, si elle accède à la Maison-Blanche »* titrait le figaro du 6.1.2016. Son époux ex-président selon la même source *« s'était jeté sur les rapports sur la Zone 51 »*. En France l'info fut reprise par 26 supports recensés par l'Académie Ufologique. La divulgation sur les OVNIS, est devenue un thème électoraliste parmi d'autres, qui ne débouche sur aucune décision, comme confirmé pendant le double mandat d'OBAMA.

[11] Leslie Kean : « Des généraux, des pilotes, des officiels parlent ». Dervy 2014

1986, au cours de laquelle *« 21 objets sphériques de 100 mètres de diamètre ont gravement perturbé pendant plusieurs heures les principaux aéroports brésiliens, et ont mobilisé l'armée de l'air, qui a tenté sans succès de prendre en chasse ces objets avec plusieurs avions Mirage et F5 ».*

En juin 2009 l'Uruguay fait état sur Internet que son Armée de l'Air a enregistré 40 cas *« résistant à toute tentative d'explication et relevant vraisemblablement de la classification PAN D, en vigueur au GEIPAN ».*

Yves Sillard, précise que ce pays possède une unité qui œuvre comme la cellule du CNES à réceptionner les témoignages, et que celle-ci posséderait depuis sa création 2100 cas. Ainsi que le note le Président du Comité de Pilotage, on ne possède pas suffisamment d'éléments autorisant une classification raisonnable, des cas désormais accessibles dans ces pays.

Ici, il faut se souvenir de l'échange avec François Louange sur la crédibilité toute relative, que l'on se doit accorder aux observations effectuée dans les pays, où imaginaire et réalité sont intimement imbriqués. Le bon sens incline à penser qu'une observation impliquant *« 21 objets sphériques de 100 mètres de diamètres, ayant perturbé des aéroports, pourchassés par plusieurs Mirages et F5 »,* doit avoir laissé des traces dans les stations radar, des images dans les cinémitrailleuses des avions, des caméras et appareils photos des témoins ! Une question s'impose : pourquoi ces images n'ont pas été rendues publiques dès lors que l'affaire a été déclassifiée ? La réponse tient peut-être dans ce que ces dernières ne donnent pas à voir 21 OVNIS de 100 mètres de diamètre, mais plus banalement comme c'est souvent le cas, des objets volants éminemment plus banals, des ballons, des oiseaux, des montgolfières… Qu'il est difficile de reconnaître qu'on s'est trompé, surtout lorsqu'on a fait intervenir la chasse !

Dans la partie de la réponse qu'il m'adresse, intitulée *« Ma conviction résumée »,* Yves Sillard confirme l'impérieuse nécessité de poursuivre l'enquête du CNES, dont les objectifs n'ont pas varié :

« L'observation en France et dans le monde de multiples phénomènes aérospatiaux inexplicables (PAN D pour le GEIPAN) est une réalité qui ne peut être mise en doute par un esprit objectif. Elle représente une interrogation majeure qui justifie le déploiement de moyens scientifiques importants et la mise en place d'une coopération internationale très structurée. Il n'existe actuellement aucune explication avérée de l'origine de ces phénomènes, qui ne relèvent d'ailleurs pas nécessairement tous d'une même explication. L'hypothèse de véhicules automatiques ou habités, en provenance de civilisations très en avance sur la nôtre et appartenant à des exo planètes, n'a pas reçu à ce jour de démonstration et n'est qu'une hypothèse. Elle doit cependant être considérée avec le plus grand sérieux, aussi longtemps qu'une autre hypothèse, n'aura pu être avancée et démontrée. »

« CLIMAT DE SCEPTICISME... »

Le Président du Comité de pilotage fait mention au rôle que devrait jouer la science dans le questionnement que constitue l'existence avérée d'objets volant non *« identifiables »*. Avec cette réflexion lucide sur les limites de l'implication de la grande dame dans l'affaire :

« La sensibilisation des milieux de la Recherche est plus difficile, compte tenu du caractère souvent non répétitif des phénomènes observés et du climat de scepticisme qui peut entourer les initiatives dans ce domaine. Il est important cependant que le Ministère de la Recherche et de l'Enseignement supérieur, s'attache à dépassionner et à normaliser les recherches liées à ces phénomènes et à protéger les chercheurs concernés, de toute incidence négative sur leur carrière. »

La nomination de Pierre Bescond – dont on sait qu'il appartenait à la commission SIGMA – à la tête du Comité de Pilotage du GEIPAN, en remplacement d'Yves Sillard, constituera une surprise. En novembre 2013, je contacte Yves Sillard pour connaître sa version de l'épisode.

Quelques temps plus tard, il me fait parvenir ce mail :

« J'ai quitté la Présidence du Comité de Pilotage du GEIPAN en juillet (2013) après avoir exercé ces fonctions pendant 7 ans ; ce qui m'a semblé suffisant. Jean-Yves Le Gall, nouveau président du CNES, a donné suite à ma proposition de nommer Pierre Bescond pour me remplacer, et j'ai gardé d'excellentes relations avec le CNES et le GEIPAN. Jean-Yves Le Gall m'a semblé bien intentionné vis-à-vis du GEIPAN et probablement plus décidé à le soutenir que son prédécesseur Yannick Descatha, qui a toujours fait preuve de frilosité sur ce sujet. Le Rapport de situation approuvé en février 2010, par le Comité de Pilotage, reste toujours d'actualité. Comme je vous l'avais indiqué à l'époque, le Président du CNES n'avait pas souhaité que ce rapport apparaisse sur le site Internet du GEIPAN. Ce qui était totalement contraire aux engagements de transparence pris par le CNES dans ce domaine, et que j'avais beaucoup regretté. J'ai signalé cette anomalie à son successeur, mais je ne sais pas si ce dernier prendra la décision de publier le document. »[12]

La réponse d'Yves Sillard confirme, ainsi que j'en fais part dans la conclusion que m'inspirent les travaux du GEIPAN, que le CNES avance avec d'infinies précautions. Qu'il ne faut certainement pas attendre, de sa part, plus qu'il ne peut investir dans l'affaire, dans le contexte que l'on connaît.

Yves Sillard, comme le feront les responsables successifs du GEIPAN que nous entendrons, confirme que *« le GEIPAN n'a pas vocation pour lancer lui-même des études scientifiques »*. Les éléments de ses enquêtes

[12] Le document, que m'avait fait parvenir en 2O11 Yves Sillard, est publié dans le Nexus n° 94 traitant de l'atelier CAIPAN, avec en couverture ce titre : *« Exclusif : Le rapport qui dit tout »*

sont mis à la disposition des chercheurs, qui ont tout loisir d'élaborer un protocole d'étude. Comme précédemment dit, ils ne sont pas légions à proposer leurs lumières en la matière, et les entretiens qui suivront confirment la distance observée par les milieux scientifiques. Un cas fait exception et Yves Sillard, qui s'est impliqué personnellement dans la création de la structure d'étude en Norvège à Hessdalen, l'inscrit au positif des 5 ans d'activité du Comité de Pilotage.

« Il ne s'agit pas d'une station implantée par le GEIPAN, mais d'un projet fortement encouragé par son Comité de Pilotage. Compte-tenu du caractère indiscutable, répétitif et totalement inexpliqué des phénomènes majoritairement lumineux observés depuis plus de 20 ans à Hessdalen, celui-ci a considéré qu'un véritable projet scientifique basé sur l'installation permanente sur le site de différents capteurs de mesure était particulièrement souhaitable. Grâce à un concours de circonstances favorables, un projet international associant des scientifiques de haut niveau appartenant en France au CNRS, au CEA, en Italie à l'Observatoire de Radio Astronomie de Bologne et en Norvège à l'Université d'Oslo a pu être monté et une première phase d'expérimentation avec un nombre limité d'instruments de mesures a commencé en septembre (2010). La responsabilité du projet est bien entendu entièrement entre les mains des scientifiques concernés et le Comité de Pilotage du GEIPAN, tout en s'intéressant de près aux résultats, n'intervient en aucune manière sur son déroulement. Le GEIPAN a pris en charge quelques missions en Norvège de scientifiques français pour faciliter le déroulement du projet. »

Hessdalen, un projet scientifique directement lié au phénomène OVNI qui se concrétise, ce dont se réjouiront ceux qui voient en la science la seule approche raisonnable de l'énigme.

Un an après l'annonce de la mise en chantier du projet, la présentation publique à Vulcania d'un documentaire de la Trois consacré à l'énigme des OVNIS, est l'occasion pour moi de rencontrer un des responsables scientifiques de la mission, de retour de Norvège.

HESSDALEN : LA SCIENCE S'IMPLIQUE

Le réalisateur Christian Sulleman me sollicite en juin 2011, pour le casting d'un documentaire de 52 minutes sur « Le Mystère des OVNIS », ainsi qu'il titrera son enquête. Il se donne 3 mois pour rassembler ses interlocuteurs dispersés aux quatre coins de France et monter l'ensemble. Le challenge me paraît difficile à tenir mais le professionnalisme de Sulleman lui permet de tenir le pari. Et, surprise agréable, je découvre un produit plutôt bien ficelé, tenant la route, équilibré et évitant les écueils de la sensation, penchant facile auquel se laisse aller les néophytes.

Cette collaboration me permettra de rencontrer, le jour de la présentation publique du documentaire, le physicien du CNRS Jacques Zlotnicki chargé en Norvège par le GEIPAN de l'étude des lumières de Hessdalen, qui depuis les années 8O sont l'objet des interrogations des scientifiques norvégiens et provoquent fascination et déferlement de théories, parmi les ufologues européens.

La présence du physicien dans la construction du reportage apportera la distance et la réflexion de la science, illustrant son implication dans la question dès lors qu'elle peut rassembler informations et paramètres.

Jacques Zlotnicki, directeur de Recherche au CNRS, spécialiste du champ électromagnétique terrestre et de la détection de signaux liés aux séismes et aux éruptions volcaniques, va commenter devant un public attentif, la mise en place par les trois nations, Norvège, Italie, France, des structures de l'étude. Lors de l'entretien qu'il m'accorde, celui-ci ne s'autorise aucune digression sur les terrains mouvants de l'Ufologie, à aucun moment il ne fera mention aux trois lettres du sigle. Le cheminement de l'entretien qui va suivre montre qu'il est aujourd'hui possible d'entreprendre des études sur des évènements référencés OVNIS, avec les outils de la science, avec le même souci de rigueur que n'importe quelle autre discipline. Hessdalen, l'exemple à suivre, qui servira, on peut le penser, à lever certains blocages.

Q : Que recherche un scientifique du CNRS à Hessdalen ?

J. Zlotnicki : Il est nécessaire de restituer le contexte qui entoure cette question des lueurs de Hessdalen. Les Norvégiens, qui travaillent depuis 1983 sur ces phénomènes, n'ont pas réussi totalement à les identifier, les traquer, en un mot à les étudier correctement. Elles se présentent sous formes de phénomènes lumineux qui peuvent apparaître, disparaître, ou stagner dans le ciel ou dans la basse atmosphère. On peut aussi les voir se déplacer à très fortes vitesses, disparaître dans le sol ou en émerger. Les formes sont donc variables, ainsi que la luminosité. Le tout se déroule sans bruit, sans aucun impact au sol, comme les scientifiques norvégiens ont pu le constater.

LA MISSION FRANCAISE

J. Zlotnicki : Les collègues norvégiens ont fait appel au GEIPAN en 2007 pour les aider dans la mise en place d'un protocole d'étude de ces phénomènes lumineux. Le GEIPAN, n'ayant pas vraiment vocation à effectuer de telles recherches, s'est tourné vers des scientifiques français pour élaborer une coopération avec les Norvégiens. En 2007, après les premiers contacts, une mission d'expertise française s'est déplacée en Norvège. S'y sont rendus Yves Sillard, Président du Comité de Pilotage, Jacques Patenet responsable du GEIPAN à l'époque, et moi-même. Nous avons été accueillis par les Norvégiens opérant sur place et nous avons visité leurs installations sur les sites d'observation des phénomènes. A la suite de cette première rencontre, nous avons fait un rapport et avons envisagé une coopération scientifique. Un certain temps a été nécessaire, pour trouver des partenaires et rassembler les quelques moyens pour commencer à travailler.

Grâce à l'aide initiale du CNES, il s'en est suivi une première réunion d'expérimentation qui a débuté en septembre 2010. Cela fait donc un an, que cette coopération fonctionne.

Q : Vous avez obtenu quelques résultats ?

J. Zlotnicki : Non, pas encore. L'objectif de cette première coopération était de s'associer aux collègues norvégiens pour compléter leurs systèmes d'observation, avec quelques moyens plus élaborés que les Français pouvaient prélever sur leur parc d'instruments. Nous sommes deux laboratoires à travailler sur ce thème : Le C.E.A. – Centre d'Etude Atomique – et le CNRS – Centre National de la Recherche Scientifique. Ce projet a nécessité la participation de trois chercheurs et ingénieurs de chaque laboratoire, pour un budget – somme toute modeste – de 8000 euros. Les personnels des deux laboratoires, ont installé plusieurs instruments d'observation continue fin 2010. Le C.E.A. mesure de façon permanente, le bruit électromagnétique dans le domaine des hautes fréquences. Le CNRS dispose de deux stations d'enregistrement du champ magnétique, du champ électrique, du bruit sismique, de part et d'autre de la vallée.

Q : Des caméras également ?

J. Zlotnicki : La mise en place de caméras et leur maintenance incombent aux collègues norvégiens. C'est à eux de faire la surveillance visuelle par caméras et appareils photo de façon continue et à nous fournir les éléments nous permettant de cibler les phénomènes lumineux.

Q : Des publications scientifiques ont été produites sur ces phénomènes ?

J. Zlotnicki : Oui cela a été réalisé par les collègues d'Erling Strand, responsable norvégien qui dirige le projet depuis le début. Cela a été entrepris pour trois phénomènes lumineux dont l'un a été recensé en 2010. Toute une étude fort intéressante lui a été consacrée et a donné lieu à publication. Il y a eu aussi plusieurs communications à des congrès internationaux en 2011 et 2012.

Q : Ces phénomènes se présentent de manière aléatoire ?

J. Zlotnicki : Ils sont effectivement aléatoires et c'est vraiment toute la difficulté pour les observer et les étudier. On ne sait pas à quel moment ils vont apparaître ni à quel endroit ils vont se produire. Ils peuvent surgir une seconde ou moins, ou subsister pendant près d'une heure. On ignore vers quelle partie du ciel il faut pointer les instruments et il est donc difficile d'enregistrer leur passage, et par voie de conséquence, d'analyser lesdits phénomènes lumineux.

Q : Sur la planète existe-t-il d'autres endroits où l'on pourrait retrouver ces manifestations ou qui y ressemblent ?

J. Zlotnicki : On a recherché effectivement des sites pour pouvoir comparer avec les observations faites en Norvège, et il semble qu'il y en ait en Australie et aux USA. Une demande de confirmation est en cours, mais sera lente à venir, car ces sujets ne sont pas valorisés d'un point de vue scientifique.

DES OVNIS IDENTIFIABLES

Q : Existe-t-il à ce jour des pistes préférentielles pour les expliquer ?

J. Zlotnicki : On envisage effectivement des pistes. Il faut savoir que ces phénomènes sont des manifestations naturelles générées dans la vallée. Elles n'ont rien à voir avec ce qu'on peut penser d'une activité extraterrestre ou autre. Peut-être en existe-t-il dans les vallées adjacentes, mais celles-ci sont inhabitées et aucune observation visuelle n'est là pour les corroborer. Pour quelle raison ? Par quel mécanisme ? Nous l'ignorons ! Nous nous attachons à comprendre la genèse de ces phénomènes et comment ils se perpétuent dans le temps. Il y a effectivement plusieurs hypothèses. Cela pourrait être le produit de plasmas générés dans la basse atmosphère et qui se propageraient le long de la vallée. Pourquoi se propagent-ils, quel est le mécanisme de déclenchement des manifestations ? Personne ne le sait actuellement. Une autre idée qu'on voudrait tester est la suivante. Il existe dans le secteur concerné de très grandes exploitations minières qui étaient présentes dans les siècles passés, dont la plus grande mine d'Europe de cuivre. Il y a également du zinc mais aussi beaucoup de minerais qui sont très conducteurs électriquement et qui pourraient faciliter le transport de courants électriques produisant un champ électromagnétique. Cela pourrait peut-être modifier le champ électrique de l'atmosphère, créer ainsi des phénomènes lumineux.

Q : Ça exclut donc a priori tout rapport avec les OVNIS ? A 90% il pourrait s'agir d'un phénomène naturel ?

R : Je pense que c'est plus de 90%....

Cent pour cent aurait été le bon chiffre si j'en juge la réponse et le sourire du physicien. Hessdalen perd définitivement son aura de mystère, qui depuis 20 ans attiraient dans cette vallée de Norvège, les ufologues de la planète. Une conclusion qui en décevra quelques-uns, à mettre au crédit de l'étude du CNES, et qui pourrait contribuer peut-être à ouvrir la voie à d'autres dossiers. Et aux hommes de science à ne pas craindre de s'impliquer plus ouvertement dans la question.

François Louange et Yves Sillard ont créé les conditions favorables à l'intervention de la science dans un domaine, ainsi qu'on le verra, où elle aurait plutôt tendance à se défausser. Le travail de consolidation des bases de l'étude après 2006 va contribuer à lui faire quitter le statut de marginalité, dans lequel certains auraient voulu la maintenir.

Il reste beaucoup à faire, comme le montre la lecture des entretiens que je recueille auprès des 6 chefs du GEIPAN, qui se sont succédés depuis 1977 à la tête de la cellule. Pour avoir approché de l'intérieur l'enquête du GEPAN[13], j'ai pu évaluer les progrès, les reculades qui ont ponctué l'initiative du CNES. Toujours à la lisière du rejet, du renoncement pour calmer le cœur des opposants, pendant qu'on affirme par ailleurs « *Les travaux continuent !* » En filigrane c'est ce que révèlent ces entrevues, dont

[13] « Les Vérités cachées de l'enquête officielle » Albin Michel 1994

la synthèse est un intéressant condensé des 39 années d'existence – 1977/2016 – de la commission du CNES.

L'ensemble des intervenants se prêtèrent avec sympathie aux entretiens auxquels je les soumis durant plusieurs heures. Deux vont intervenir de manière indirecte.

Claude Poher, qui mit sur les rails le GEPAN en 1977, m'adresse un courriel dans lequel il me fait part de sa décision de ne plus participer aux débats sur l'ufologie et sur ce que lui inspire désormais le dossier.

Jean-Jacques Vélasco, dont l'action au titre de chef du GEPAN constitue la trame de mon livre précédent. On retrouvera, dans les entretiens, les commentaires qui ont alimenté ses prises de position, ses initiatives après son départ du CNES. Il est aujourd'hui partie intégrante du débat.

Celui qui portera la flamme après la reconstruction de la cellule en 2006, se nomme Jacques Patenet. Avec les voix des cinq autres collègues ayant exercé la responsabilité, est restituée ici la mémoire de l'aventure la plus insolite de l'histoire des sciences.

CHAPITRE 9

Jacques Patenet : rigueur et distanciation

C'est une route que je connais bien depuis une trentaine d'années. Elle conduit au bureau, dans le vaste complexe occupé à Toulouse par le CNES, où officie le responsable de l'enquête sur le phénomène OVNI. C'était celle du GEPAN d'Alain Esterle au début des années 80. Celle du SEPRA de Jean-Jacques Vélasco à la fin de la même décennie. Ce 6 janvier 2008, je retrouve le sigle GEPAN, enrichit d'un « I » pour « Groupement d'Etude et d'Information des Phénomènes Aériens Non Identifiés ».

Après m'être identifié, m'être fait badgerer, le service de sécurité signale à Jacques Patenet la présence de son rendez-vous de 14H. Vingt minutes passent et l'hôtesse, avec un léger embarras, me demande si je n'ai pas commis d'erreur de date. Jacques Patenet ne semble pas être présent à son bureau ! Le roi des étourdis que je demeure, s'inquiète de la possibilité – une fois de plus – de s'être trompé de jour. Fébrile recherche de l'agenda sous le regard interrogateur de la sécurité. Je confirme avec soulagement que pour ma part il n'y a pas méprise. *« Votre rendez-vous est surprenant, car en date du 1er janvier Monsieur Patenet, n'exerce plus ses fonctions. Il vient de prendre sa retraite... »*. J'ai l'impression d'être embringué dans un sketch à la Pierre Richard. Je viens de connaître trois heures de routes difficiles entre Bordeaux et Toulouse, encombrées par d'importantes chutes de neige, et me félicitais d'être parvenu à bon port, dans l'horaire imparti.

Le doute qui commence à m'envahir ne dure que quelques minutes.

« Monsieur Patenet vient vous chercher !! » m'annonce l'hôtesse souriante. Je suis le dernier interviewer de Jacques Patenet.

Durant ses deux années de présence à la tête de la cellule, il va mettre en place, le nouvel outil dont François Louange et Yves Sillard ont défini les objectifs. Sa première tâche sera de rendre accessible sur Internet la documentation accumulée par les services officiels, Gendarmerie, Armée de l'Air, Aviation civile, centralisée au CNES. Un long travail d'archivage qui va s'étaler sur des années et se poursuivra encore après son départ.

Jacques Patenet respire le calme et la sérénité des consuls romains. Il est ouvert sur le dossier mais se montre inflexible sur le rejet des théories, qui réduisent le phénomène aux hypothèses du contact. C'est tout à fait perceptible dans l'entretien, mais plus encore lorsqu'inscrit à l'Académie Ufologique, il fera connaître son sentiment sur ce que lui inspirent les conclusions de certaines personnalités de l'ufologie.

Je débute l'entretien en prenant pour appui, les positions de la Zététique, qui prône « la science du doute » et qui a fait des OVNIS l'un de ses chevaux de bataille. En s'attaquant plus particulièrement aux témoignages de l'étude du CNES, elle s'est donné pour mission de réduire, coûte que coûte, les cas dits irréductibles.

LE DOUBLE LANGAGE DE LA ZETETIQUE

Q : Que vous inspire le regard que la Zététique porte sur le travail accompli par le GEPAN depuis 1977 ?

J. PATENET : La Zététique est dans son droit de critiquer certaines choses qui ont été faites et, sur pas mal de points, elle n'a pas tort. Je ne conteste pas le fond de leurs arguments vis-à-vis de certaines positions prises par le GEPAN. Par contre je n'adhère pas du tout à leur modèle « composite-réductionniste ». Pour moi c'est exactement la même démarche que celle des soucoupistes. Pour reprendre leurs idées, on peut réduire tout à des notions psychologiques, pathologiques. On peut le dire, c'est facile, mais c'est autre chose de le prouver. On peut déclarer, également comme l'autre bord, que toutes les observations relèvent des soucoupes volantes. C'est facile aussi, mais accule à la même impasse. On ne peut pas le prouver car on ne sait pas à quoi ces choses ressemblent. Cela signifie que ces deux modèles se rejoignent par leurs extrêmes. Chacun voit midi à sa porte. Chacun de ces modèles a ses tenants, qui s'y cantonnent fermement. J'ai rencontré Eric Maillot, qui s'occupe de la partie OVNI pour la Zététique. Nous n'habitons pas loin l'un de l'autre et j'ai passé un après-midi chez lui à débattre du sujet de façon tout à fait intéressante, constructive, charmante.

Si on se reporte sur le site de la Zététique sur Internet, ça n'a plus rien à voir !! Ce sont carrément les condamnations sans appel ! C'est très étonnant ce qu'écrit Eric Maillot sur Internet et ce dont on a pu discuter en tête à tête, chez lui tranquillement. Cela n'a rien à voir !

J'ai essayé de prendre contact avec Henri Broch, son Président. Il n'a jamais répondu à mes messages !! Il ne répond d'ailleurs jamais. On l'a invité au Comité de Pilotage au début pour qu'il nous fasse part de son point de vue, en 2005. Il nous a envoyé Maillot. On lui a expliqué par courrier, qu'on voulait le titulaire de la chaire de Zététique. Il en a conclu qu'on ne voulait pas l'informer !

LE MYTHE DES SERVICES SECRETS

Q : La Zététique rejette les OVNIS et le GEIPAN. Les services secrets disent certains, interviennent dans vos affaires. D'autres affirment, qu'existerait un GEIPAN bis travaillant pour eux. Qu'en est-il de ces bruits ?

J. Patenet : Jamais ! Jamais ! C'est un mythe qui a la vie dure ! J'ai eu des contacts avec ces administrations avant, dans une ancienne vie, quand j'étais directeur de la sécurité ici, au Centre. Mais lorsque j'ai pris la responsabilité du GEIPAN, jamais je n'ai eu de rapport avec eux. C'est vraiment un mythe, reprend en éclatant de rire Jacques Patenet.

Franchement s'il y avait un endroit où les services secrets avaient une action dans ce domaine, ça serait effectivement bien chez nous puisque c'est le seul organisme officiel en France qui s'occupe de l'affaire. Donc automatiquement ils nous auraient contactés. Ils ne sont même pas dans le Comité de Pilotage !

Q : Le mythe peut être étendu à Roswell, à la Base 51, toute la littérature florissant sur ce thème ?

J. Patenet : Pour moi effectivement, c'est de la littérature et surtout du bisness ! réplique en riant Jacques Patenet.

Q : Est-ce qu'il vous est arrivé de fournir des informations sur le dossier au Gouvernement ?

J. Patenet : Non, nous n'avons aucun contact avec le Gouvernement ! Le GEPAN a été créé par Yves Sillard en 1977 sous son impulsion. Il y avait à l'époque des questions qui se posaient, soit dans les ministères ou au sein des Armées. Ainsi déjà, le Général de Gaulle avait demandé dans les années 60 une étude sur le sujet, car au moment de la vague 54 il y avait une grande émotion dans l'opinion. Il avait posé la question *« Qu'est-ce que c'est que ce « truc ?» »*. Il voulait savoir si c'était bidon ou reposait sur quelque chose de réel. C'était normal, vu l'émotion éprouvée parmi la population, qu'une enquête soit ouverte. J'imagine bien que les R.G. d'alors ont regardé les évènements d'un peu plus près. Mais je peux préciser qu'Yves Sillard m'a toujours dit qu'il n'avait jamais eu la moindre instruction.

Il y avait à l'époque, au sein du CNES, Claude Poher qui s'intéressait à la question, et c'est lui qui est parvenu à le convaincre, alors qu'il était Directeur Général, qu'il pouvait y avoir quelque chose à découvrir. Certains n'ont pas craint de faire le rapprochement du fait que Claude Poher était le neveu d'Alain Poher alors Président du Sénat. Ça a peut être aidé ??

Mais l'essentiel n'était pas là, mais bien dans le fait qu'il existait une question en suspens !

LES POLITIQUES, PAS CONCERNES !

Q : Ma question sur l'éventuelle intervention du Gouvernement était surtout de savoir si celui-ci s'intéresse à votre travail ? Si par exemple il a sollicité un rapport sur votre étude ?

J. PATENET : Une fois, j'ai répondu à une question écrite d'un député. C'était en 2006 et la demande était très générale. Il avait lu dans la Presse que le GEIPAN était remis en selle. Ladite remise en route de l'étude n'était nullement consécutive à une demande du Gouvernement, puisqu'il s'agissait d'une décision du CNES, suite à l'audit qui avait été engagé à l'époque par sa Direction auprès de François Louange. La question du député était *« Vous avez remis la cellule en activité. A quoi ça sert, que faites-vous, expliquez-moi ! »* Je lui ai fait 10 lignes de synthèse. C'est passé par le service de Presse du CNES et ensuite je ne me suis plus intéressé à cette demande. Je ne me souviens pas du nom du député…

Q : Si je pose cette question c'est parce qu'elle me paraît également liée à l'initiative de l'ex-vice-amiral Gilles Pinon, qui a fait parvenir une lettre à la Présidence de la République. Le Président de l'époque était Jacques Chirac, qui aurait pu solliciter votre avis au sujet de son contenu.

J. Patenet : Non, nous n'avons pas été impliqués. Mais je connais ces initiatives. Il y a de plus en plus de courriers effectivement de ce genre. *« Principe de précaution envers le Phénomène OVNI, faisant courir un risque ethnocide »* était, je crois me souvenir, l'intitulé de la lettre de Gilles Pinon. Non ! le GEIPAN n'a pas été sollicité sur cette initiative de l'Amiral.

Curieusement la Direction de la DGAC – Direction Générale de l'Aviation Civile – l'a été, elle ! Lors d'une des réunions annuelles du Comité de Pilotage, le correspondant de la DGAC présent a fait un commentaire sur la lettre. Personnellement on ne m'a rien demandé et je ne suis donc pas intervenu. Manifestement ça n'a pas eu grand écho. L'organisme le mieux placé pour répondre, n'ayant pas eu à intervenir !

ET LA SCIENCE, DANS TOUT ÇA… ?

Q : Depuis que vous êtes au GEIPAN, quelle image avez-vous de la communauté scientifique dans son ensemble par rapport au dossier OVNI ? Pour vous, y a-t-il rejet ou refus de prendre en compte le phénomène ?

J. Patenet : Il n'y a pas un rejet, un désintérêt peut-être. Je pense que les scientifiques considèrent toujours qu'il n'y a rien à gratter là-dedans. C'est l'avis de beaucoup d'entre eux qui m'ont approché. Ceux qui travaillaient depuis longtemps avec le GEPAN, comme Jean-Pierre Rospars, François Louange, sont restés en contact permanent. Il y en a d'autres avec qui on collabore, qui viennent nous voir et manifestent leur intérêt. Le dernier exemple concerne l'Université du Mirail, avec les gens qui utilisent les entretiens cognitifs. La relation avec les témoins, la forme des entretiens, la psychologie de la perception, etc… Ils m'ont appelé en me disant qu'il y avait un terrain énorme qui les intéressait et qu'ils souhaitaient nous aider à composer des protocoles d'enquête, etc… Malheureusement, on n'a pas atteint le niveau critique d'informations objectives qui fait qu'on va réussir à embrayer l'intérêt du milieu scientifique par rapport aux données concrètes qu'ils attendent de nous. Ce qu'on leur a apporté est constitué de témoignages, des gens qui racontent avoir vu une lumière, c'est tout ! Il n'y a souvent pas grand-chose à en tirer. Ce qu'il faut faire aujourd'hui, c'est mettre au point des outils qui précisément aident les témoins à rapporter des détails précis, factuels sur lesquels on peut se reposer et qu'on arrive ainsi à provoquer des corrélations qui permettent aux chercheurs d'opérer sur une matière qu'on peut soumettre à l'analyse. C'est comme ça qu'on les intéressera à s'impliquer de plus en plus dans la question. On ne peut pas dire que les scientifiques s'en moquent. Les scientifiques ont besoin de toucher les choses et, pour le moment, il faut bien admettre humblement que de ce côté-là il n'y a pas grand-chose à toucher !

PROVOQUER LA SYNERGIE

Q : Le GEIPAN poursuit des objectifs à long terme ? Vous vous êtes fixés des limites dans le temps qui pourraient se conclure par une synthèse, un rapport ?

J. PATENET : Le GEIPAN, n'a pas pour mission de mener d'étude, c'est bien clair, et le président du CNES est très vigilant là-dessus. Par contre il a mission de catalyser les initiatives auprès des hommes de science intéressés. C'est à eux de s'emparer du travail du GEIPAN et de mener des recherches inspirées des éléments mis à jour à l'issue des enquêtes.

Ainsi, dans le cas des lumières étudiées à Hessdalen, je suis convaincu que si on parvenait à comprendre ce qui s'y déroule, on parviendrait du même coup à expliquer tout un tas de phénomènes du Col de Vence. Dans ce coin, il y a des choses curieuses qui font également penser à l'affaire norvégienne. Je suis persuadé qu'il existe là des phénomènes physiques qu'on n'a pas recensés, qui provoquent des boules assimilables aux plasmas ou des phénomènes de déplacement énergétiques non étudiés. On essaie donc de promouvoir un projet qu'on espère voir intéresser les scientifiques, voire des industriels attirés par les retombées de l'étude.

Q : Dans la série des bizarreries redevables pour certains aux manifestations OVNIS, le GEIPAN a-t-il introduit une réflexion sur les Crop Circles ?

J. Patenet : Non, les Crop Circles n'ont pas été inclus dans nos analyses. En France il y en a très peu et tous ceux qu'on a pu voir sur le territoire, en général, étaient des canulars. Il y a quelques personnes qui ont fait des études intéressantes là-dessus, qui arrivent globalement aux conclusions que l'on peut très bien expliquer cette affaire. Voilà, mais le GEIPAN n'a pas fait d'étude particulière. C'est un peu en dehors de nos sujets d'intérêt.

Q : Dans votre analyse personnelle du dossier, jusqu'où allez-vous ?

J. Patenet : Franchement, j'ai du mal à me faire une opinion. Maintenant, depuis quelques heures, je m'exprime à titre personnel, puisque j'ai quitté la responsabilité du GEIPAN. Je n'arrive pas à me faire une idée marquée. Je suis très cartésien et je serais plutôt dans le camp des sceptiques pour vous aider à me situer. En attendant que… Je ne demande pas mieux qu'on trouve un jour une preuve. Mais je n'arrive pas à m'imaginer une suite avec les scénarios tels que les proposent les soucoupistes.

Sur la conclusion extraterrestre très prisée, par exemple, on ne possède en réalité rien. Globalement, on n'a aucune preuve, ni que ça existe, ni que ça n'existe pas. A partir de là on peut élucubrer. On examine l'hypothèse extraterrestre comme toutes les autres. Le jour où on découvre un élément qui permet d'invalider ou de valider l'hypothèse HET, ce sera intéressant. Pour le moment, c'est une théorie qu'on est incapable de faire avancer.

Après se greffe un problème de conviction. Je me dis qu'on doit avoir forcément une explication quelque part, qu'on n'a pas trouvée !

Ceci étant, je ne la rejette pas du tout, mais je reste très sceptique. Quand on réfléchit sur le sujet, c'est plus philosophique qu'autre chose. On sort de la science sans en sortir puisque tout tourne maintenant avec l'exobiologie, à la recherche dans l'univers des traces de la vie. Je suis persuadé qu'on parviendra à en trouver. Y en a forcément ! Réflexion faite, le contraire serait une exception impossible qui me persuade que la vie doit exister ailleurs ou que ça a pu exister ailleurs. Jusqu'à quel niveau de développement, je n'en sais rien ! Cela n'a peut-être rien à voir avec nous, même si on peut imaginer une civilisation qui forcément nous ressemblerait. Comment imaginer autre chose ?

DE GAULLE ET LES OVNIS

La mention au Général de Gaulle qui s'interroge sur la nature des OVNIS – *« Qu'est-ce que c'est ce truc ? »* – n'est peut-être pas l'expression employée par le chef de l'Etat, corrige Jacques Patenet, mais il est certain que ces évènements l'intriguèrent, lui et son entourage.

Le site Ufocom en 2010 apporte quelques éclaircissements sur une ébauche d'un premier projet d'étude à l'époque du Général.

« Un ancien inspecteur général du Commissariat à l'Energie atomique (CEA) Jean Luc Bruneau, aurait rapporté que le Ministre de la Recherche Scientifique, Alain Peyrefitte, lui avait demandé de faire des propositions pour la création d'un groupe de recherche sur la vie extraterrestre et les OVNIS, et il quitta le C.E.A. pour rejoindre le cabinet du Ministre. L'initiative venait directement du cabinet militaire du Président de Gaulle avec son approbation et était soutenue selon l'info par le professeur Rocard. Selon Jean-Luc Bruneau, de Gaulle avait été impressionné par l'observation, en 1954, d'un OVNI au-dessus de Tananarive à Madagascar. Le général approuvait l'idée que la France ait son propre groupe d'étude indépendant des Américains, à l'époque où ceux-ci mettaient en place la commission Condon »

Selon Ufocom, le projet approuvé en 1967 préfigurait ce qu'allait devenir le futur GEPAN, dix ans plus tard. Il était prévu que ce serait le CNES qui serait chargé de sa mise en place et qu'il devienne par la suite un projet européen. La crise politique de mai 68 mit fin à la belle idée dont Jacques Patenet retient *« Une preuve de plus s'il en était besoin que de Gaulle était un visionnaire ... »*

On note au cours de l'entretien la détermination du chef du GEIPAN de se couper des supputations, relatives à de prétendus secrets militaires recouvrant en France le domaine des OVNIS. Ce que l'anecdote sur les intentions du Général à s'emparer de l'affaire semble confirmer. Une conviction qu'il réaffirmera à l'occasion de débats développés au sein de l'Académie Ufologique de Jacky Kozan, qu'il rejoindra après son départ du GEIPAN. En novembre 2009 il écrit :

« Pour ma part, après mon passage au GEIPAN et les multiples contacts que j'ai eus au plus haut niveau des armées, je suis convaincu qu'il n'y a rien à divulguer, si ce n'est avouer une ignorance totale concernant l'explication de certaines observations. C'est le seul secret que je connaisse, et il faut bien admettre que ce vide est bien embarrassant, à la fois pour certains gouvernements qui ne peuvent pas admettre publiquement une quelconque ignorance dans un domaine qui pourrait toucher à la sécurité du pays (dormez brave gens, tout est sous contrôle !) mais aussi pour certains ufologues, du moins ceux qui tentent de faire leurs choux gras d'éventuelles révélations sensationnelles, et pour qui admettre qu'on ne sait rien équivaut à scier la branche sur laquelle on est assis !! Alors il faut entretenir le suspense, envisager des complots à l'échelle mondiale ou asséner des explications sans fondement scientifique. Cela va faire bondir plus d'un, mais je pense que la désinformation des uns est, sous couvert de dénonciation, soigneusement entretenue par les autres, dans une connivence d'intérêts bien compris.

Tout cela ne veut pas dire bien sûr qu'il n'y a rien à découvrir, bien au contraire. Je suis de ceux qui pensent que toutes les hypothèses sont permises et possibles, mais qu'aucune ne peut être présentée comme probable si elle n'est pas étayée d'éléments incontestables, prouvés scientifiquement. Il faut être particulièrement humble en la matière et savoir reconnaître notre ignorance. Certes l'absence de preuve n'est pas la preuve de l'absence, mais en l'état actuel de nos connaissances, l'absence d'explications « terrestres » n'est pas non plus la preuve de l'existence d'explications « extraterrestres »

Intéressante analyse, quelques mois après son départ du GEIPAN, qui résume les enseignements tirés par Jacques Patenet à l'issue de ses deux années passées à côtoyer les OVNIS, sur ceux qui les voient, ceux qui les recensent, ceux qui les fantasment.

En clôturant l'entretien, Jacques Patenet[14] m'annonce la nomination d'Yvan Blanc *« un homme de science, un astronome qui connaît bien le milieu des chercheurs. »*

Je rencontre Yvan Blanc un an plus tard, le 13 janvier 2010 dans ce même bureau du centre spatial de Toulouse. Le même jour, il est l'invité des Repas Ufologiques, auquel je suis présent. Echanges difficiles, sinon impossibles, entre un public avide de rencontres interplanétaires, nourri aux thèses de la dissimulation et un chef du GEIPAN s'en tenant aux généralités et aux statistiques. Le langage de la carpe et du lapin, condamnés à ne jamais s'entendre. Entre les deux, le journaliste mesurant le gouffre, séparant les deux mondes.

---

[14] Jacques Patenet exercera de 2013 à 2016 la responsabilité de directeur du MUFON-France.

CHAPITRE 10

Yvan Blanc : « améliorer l'outil »

J'arpente les allées Jean-Jaurès, le cœur de la « Ville Rose », comme on appelle Toulouse. Je me rends chez Flunch, assister à la prestation de l'invité des « Repas Ufologique », Yvan Blanc, chef du GEIPAN, qui m'a accordé, quelques heures plus tôt, un entretien. On a l'auditoire que l'on peut, me porte à songer le lieu. Non pas l'Académie des Sciences, la Sorbonne ou quelque autre assemblée emblématique de la recherche française. Le CNES communique auprès des populations devenues momentanément son public, celui de l'ufologie. Une opération de relations publiques qui devrait faire taire les accusations de rétention d'information dont on le soupçonne. Les plus sceptiques clament que la transparence affichée est surtout une habile manière de noyer le poisson. Pour eux, l'étude du CNES, n'est que la partie émergée de l'iceberg. Les tenants des théories de la désinformation sont bien décidés à faire entendre leur voix. Ils composent ce soir-là, le noyau dur de l'auditoire.

Yvan Blanc, nommé le 1er janvier 2009 chef du Geipan, est un inconnu pour les ufologues. L'assemblée l'interroge sur son parcours professionnel et ce qui l'a amené à prendre la tête de la cellule du CNES. Yvan Blanc, visage rond, la cinquantaine passée, avec simplicité se décrit. Pendant des années il a mis au point et finalisée des programmes de lancement de satellites et est nommé par la suite au département d'astronomie et d'astrophysique en relation avec les Etats-Unis, la Russie, la Suède et l'Agence Spatiale Européenne.

Avant de se raconter, il affiche la terminologie qui fait la différence entre son travail et celui des ufologues. Il précise qu'il utilisera durant son intervention le terme « PAN » pour « Phénomène Aérien Non identifié » et non pas OVNI, trop connoté, et qui ne s'inscrit pas dans une démarche scientifique. Il en profite pour préciser qu'entre 1978 et 2008, le GEIPAN a enregistré 6500 témoignages. Il s'attarde sur la création du GE(I)PAN après que l'Audit de François Louange ait conclu en 2001 à la pertinence de poursuivre l'enquête. En mentionnant l'épisode SEPRA, il raconte comment on envisagea un moment de proposer au CNRS de reprendre le flambeau.

Pour des commodités d'investigation, le Centre Spatial poursuivra finalement le recueil des témoignages et leur classification, sans intervenir dans le suivi scientifique du dossier.

En privilégiant l'information – d'où le I du nouveau sigle – le CNES pensait mettre fin aux bruits sur une prétendue activité souterraine du groupe d'enquête. C'était mal connaître les ufologues, comme va en avoir un aperçu Yvan Blanc, lors de sa prestation.

Celui-ci fait mention au travail du Comité de Pilotage, qui définit les orientations du GEIPAN et adresse des synthèses à la direction du CNES. Lucide, Yvan Blanc, qui connaît les limites de l'étude, complète :

« Le GEIPAN n'a pas la science infuse. Toute personne peut mener la contre-enquête, qui éventuellement peut déboucher sur une enquête complémentaire... »

Yvan Blanc confirme que le GEIPAN fait appel à des compétences extérieures, les « Intervenants de Premier Niveau » I.P.N. dont a parlé Yves Sillard. La sélection s'effectue après examen des candidatures, complétée d'une évaluation écrite et de réponses à un questionnaire. La disposition confirme la modicité des moyens alloués au GEIPAN.

« LES OVNIS SONT-ILS DANGEREUX ... ? »

L'intervention d'Yvan Banc dure un peu plus d'une dizaine de minutes et débouche sur les questions-réponses, auxquelles se soumet l'invité.

« Rien de secret au GEIPAN ? » Le premier interlocuteur évoque le contre-Amiral PINON qui aurait déclaré que toutes les informations sur les OVNIS, n'étaient pas accessibles au public. Le chef du GEIPAN explique qu'il n'a pas dans ses tiroirs d'autres dépositions que celles relevées par les services de Police et de gendarmerie. Yvan Blanc admet que les armées peuvent détenir des infos sur des cas d'observations sans qu'il soit mis dans la confidence. *« Ce qui n'a rien d'anormal en considérant que certains faits peuvent faire intervenir des systèmes de détection sur lesquels les militaires souhaitent demeurer discrets. »*

Question du public : « *Quel est l'objectif poursuivi à travers l'analyse des cas ?* »

Dans sa réponse Yvan Blanc se cantonne à décrire le travail de recueil et de classement des témoignages, qui constitue l'essentiel de la mission du GEIPAN. Il en profite pour donner son sentiment sur la réserve des hommes de science, dont on pouvait espérer que la caution du CNES les inciterait à s'investir dans le dossier. *« Les scientifiques sont un peu frileux pour s'intéresser au sujet... »*

Le constat déclenche, dans l'assistance, une cascade de réactions.

Un correspondant d'une revue ufologique, rappelant la polémique sur l'observation du 5 novembre 1990 identifiée par le SEPRA, « Rentrée atmosphérique d'un satellite soviétique », le « somme » de dire « *...toute la vérité sur ce cas !* ». L'intervenant décrit le phénomène et utilise le terme de *« Ville volante de 15 km d'envergure avec des objets latéraux d'un diamètre de 1km ! »*. Convaincu qu'on dissimule l'essentiel sur cet évènement, observé sur une grande partie du territoire, il demande au chef du GEIPAN de s'expliquer.

Yvan Blanc botte en touche, déclarant que pour le service d'expertises intervenant à l'époque, le SEPRA, cette observation avait été identifiée et il n'était pas dans les intentions du CNES de reprendre l'enquête. Confronté aux théoriciens de l'ufologie venus régler des comptes, le chef du GEIPAN, s'évertue avec flegme à recentrer le débat, rappelant que les enquêtes traitées par son service peuvent faire l'objet de réajustements.

Un curieux lui demande comment il a abouti à ce poste, et de découvrir que sa nomination n'avait rien d'un choix réellement personnel. Qu'elle était dans la logique d'une carrière préalablement consacrée au sein du CNES à la mise au point de satellites. On l'interroge sur ses émoluments. Celui-ci s'engouffre dans la faille pour souligner la modestie du budget du GEIPAN.

Il raconte avoir découvert le monde de l'ufologie, dont il ignorait tout, sa connaissance du dossier se limitant à l'origine à la relation avec Jean-Jacques Vélasco, son proche voisin de bureau, à qui il rendait visite et qui l'entretenait des bizarres histoires d'OVNIS dont il avait la charge.

« Le COMETA, qu'en pensez-vous ? » Le chef du GEIPAN regrette que le groupe ne cherche aucun contact avec la cellule du CNES et se montre discret sur les conclusions de l'association des anciens auditeurs de l'Institut des Hautes Etudes de la Défense nationale. Il en profite pour rappeler qu'il n'appartient pas au GEIPAN d'enclencher des investigations sur le fond du dossier, puisqu'il n'en a pas les compétences, ni les moyens budgétaires. On l'interroge sur l'existence d'une éventuelle dangerosité du phénomène OVNI. Yvan Blanc répond par la négative et renvoie aux différentes notes traitant du sujet par le GEPAN. Et d'affirmer, *« On n'a absolument rien à cacher dans nos tiroirs. »*

Une dame au fond de la salle remarque : *« Le GEIPAN ? c'est un archiviste ! Ça ne va pas au-delà !! »* Modestie et conviction du responsable : *« Le travail d'exploitation même sommaire des données, est très important »*. Il ajoute qu'autrefois 10 personnes accordaient 10% de leur temps de travail à l'enquête du GEPAN. En 2010 le chef du GEIPAN et son secrétariat sont seuls à consacrer leur activité au dossier.

De la rencontre des convives du Repas Ufologique et du chef du GEIPAN, on retiendra l'incapacité des ufologues à développer une relation d'échange avec un scientifique. Au cours de cette rencontre sont livrées plusieurs informations dont les ufologues, corsetés par leurs a-priori, n'ont pas eu l'air de comprendre la portée.

Il a été dit que le SEPRA fut menacé de disparaître. Que le monde scientifique ne manifeste guère d'enthousiasme à s'impliquer dans des projets d'étude sur les données recueillies. Yvan Blanc évoque la modicité du budget alloué au GEIPAN. Il rapporte que ne revenait pas au CNES d'entreprendre les investigations scientifiques, qui devraient logiquement être l'aboutissement des enquêtes.

Occupés à déceler les complots, les ufologues n'ont pratiquement pas rebondi sur ces points, qui contiennent en eux les germes de l'immobilisme de l'enquête officielle ; ce qui devrait les concerner au premier plan. Des thèmes laissés dans l'ombre, que l'entretien accordé quelques heures plus tôt par Yvan Blanc, dans ce bureau du CNES qui m'est devenu familier, me permet d'aborder.

LA METHODOLOGIE EN EXEMPLE

Q : Quel sentiment vous faisiez-vous de la question sur laquelle vous travaillez depuis un an ? Vous aviez une idée arrêtée, un apriori ?

Y. Blanc : Je n'avais pas d'idée préconçue. Le seul apriori que j'avais, était que la majorité des cas devait être explicable par des choses courantes, des phénomènes astronomiques ou autres. De par mes compétences d'astronome, j'étais bien placé pour le penser... A part ça, je n'avais pas d'idée précise sur le sujet. J'avais un avantage, et je m'en suis aperçu maintenant : je ne connaissais pas le monde ufologique. Dès que j'ai été opérationnel, j'ai mis l'accent sur l'analyse technique des dossiers en m'astreignant à une méthodologie dans le traitement des données en fonction de leur qualité quel que soit le type d'observation. Je me rapproche en cela de la démarche d'un Alain Esterle, l'ancien chef du GEPAN des années 80.

Nous utilisons toujours la méthodologie mise au point à son époque et nous cherchons à l'améliorer. On essaie de la faire évoluer par rapport aux acquis des sciences d'aujourd'hui. Il est peut être nécessaire de préciser que nos moyens humains et techniques sont sans commune mesure avec ceux que possédaient à l'époque Alain Esterle, qui honnêtement me font rêver

Je suis seul avec une assistante, c'est tout !!

J'ai apporté une modification de taille dans le recueil des témoignages. A une époque, le GEPAN ne traitait que les observations qui avaient fait l'objet de PV de gendarmerie ou de police. Globalement, on reste dans cette optique. Cependant, avec l'avènement d'Internet, on reçoit des appels directs de cas qu'on essaie désormais de traiter en dehors des canaux officiels. On en effectue une première analyse rapide et on tente d'investiguer pour les plus importants. Même lorsque les gens nous disent qu'ils ne souhaitent pas faire une déposition auprès des gendarmes ou des policiers. Dans le cas de l'ancienne formule, on courrait le risque de passer à côté de témoignages intéressants.

« LE GEIPAN NE PEUT TRAVAILLER SEUL ! »

Q : Votre travail vous amène à côtoyer des associations qui ne possèdent pas forcément le même impératif de rigueur dans leur démarche. Comment concilier ces positions parfois antagonistes ?

Y. Blanc : On essaie de faire abstraction de tout ça... Il y a deux choses. La première j'en suis convaincu, le GEIPAN ne peut pas travailler tout seul dans son coin. La deuxième, vous le savez de par notre statut, on essaie d'avoir une position de neutralité. C'est une position difficile à tenir comme vous l'imaginez, puisqu'on est attaqué d'un côté par les ufologues de toutes sortes et même par les ufologues au bon sens du terme. De l'autre côté on est attaqué par les Zététiciens qui affirment que tout s'explique. On ne pourra s'en sortir que si on applique une méthodologie et qu'on s'y tient. Après ils pourront dire ce qu'ils veulent à droite comme à gauche. Ils pourront dire qu'on est trop lent. C'est clair ! On n'a pas les moyens pour aller plus vite lorsque nous traitons une affaire. Je suis désolé, nous on a une méthode, on va jusqu'au bout et ensuite on publie nos résultats. C'est vrai, ça peut paraître un peu long. Sur les forums d'Internet on nous fait souvent ce reproche. On fait avec !

Q : Il y a l'Ufologie dont vous venez de parler. Il y a la Recherche et l'Université. De ce côté c'est le grand silence ? Comme le note assez justement la Zététique, aucune revue à referee ne mentionne jamais les travaux sur le Phénomène OVNI. Que faudrait-il faire pour que s'inverse la tendance ? Pour que la Communauté scientifique prenne au sérieux l'affaire ? Que faudrait-il pour que ce climat de rejet cesse ?

Y. Blanc : Le rejet existe, c'est clair...

Q : Vous qui étiez proche des scientifiques, des chercheurs, parliez-vous des OVNIS avec vos collègues ? Des gens autour de vous s'intéressaient-ils au sujet ?

Y. Blanc : Non ! Non, on n'en parlait pas spécialement ! Il est vrai que les astronomes voient des choses, mais comme ce n'est pas leur priorité, ils ne s'en préoccupent pas, entre guillemets. C'est aussi simple que ça ! Même des grands scientifiques de renom ont tendance à sourire lorsqu'on parle de ça. C'est un peu regrettable. La majorité est sceptique ! Par contre quand vous êtes en tête-à-tête avec eux... J'en ai parlé avec le directeur du LESIA, le labo attaché à l'Observatoire de Paris. Les personnalités intéressées reconnaissent qu'il y a des choses qu'on ne peut pas expliquer ! La priorité scientifique devrait être consacrée à la question. Malheureusement, ça ne va pas plus loin. Je pense qu'ils s'y intéresseront le jour où le travail du GEIPAN sera reconnu. C'est tout de même lui qui a amené une base de données conséquente, unique au monde comme vous le dites justement. C'est dommage effectivement que notre activité se limite au territoire français ; mais c'est une autre histoire. Tant qu'on n'aura pas un échantillonnage costaud à proposer aux scientifiques, je pense qu'ils ne s'y intéresseront pas. La démarche scientifique s'investit dans des phénomènes reproductibles par définition. Les PANS ne le sont pas ! Il faut essayer de trouver par le biais des classements qu'on fait, des caractéristiques communes à plusieurs cas pour que les scientifiques s'y attardent et se prennent d'intérêt pour la chose. Malheureusement, les quelques-uns qui en parlent dans le monde scientifique, le milieu des chercheurs ne leur accorde guère de crédit.

L'ENTRETIEN COGNITIF

Q : Depuis que vous êtes en possession du dossier, est-ce qu'il y a un cas qui vous intrigue, qui pour vous constitue une véritable énigme ?

Y. Blanc : Des énigmes, on en a ! Tout ce qu'on classe en « phénomène non expliqué ». Pour nous c'est une énigme parce qu'on n'a pas assez d'informations. On a mené une enquête, malgré toutes les infos on n'est pas parvenu à trouver la solution, on la classe alors ! Il faut savoir que le classement est lié pour beaucoup à la manière dont on procède à l'audition des témoins. A ce sujet on travaille avec des universitaires de Toulouse. On va essayer de mettre en place des méthodes d'entretien après témoignage. Ce sont des techniques qui sont utilisées par les gendarmes, qui eux-mêmes ont été formés par certains experts avec lesquels on est en relation. On les appelle « les entretiens cognitifs » et ils permettent de recueillir 20 à 30% d'informations supplémentaires par rapport à un entretien classique. Les résultats sont très surprenants.

J'ai mis en pratique personnellement le procédé, sur des témoins entendus à Toulouse, et cela m'a très impressionné. Cela consiste essentiellement à faire raconter l'évènement à l'envers. C'est un peu lourd à gérer et on pratique ce type d'entretien quand c'est rendu nécessaire par l'importance de l'affaire. Ainsi que je l'ai constaté, on recueille avec la méthode des infos supplémentaires qui n'étaient pas forcément apparues dans le premier jet. C'est dommage pour les cas anciens qu'on n'ait pas connu le procédé, mais les gens commencent seulement à se former. On a un cas en ce moment, qui n'est pas encore bouclé. Le témoin nous rapporte des éléments d'une grande précision et il répète toujours de la même manière le récit. La méthode répétitive pouvant signifier, un récit appris par cœur…

Q : Avez-vous conservé des éléments matériels, de la terre, des plantes survolées par le phénomène, sur lesquels la science avec le recul pourra peut-être fournir des informations sur l'évènement insolite ?

Y. Blanc : Je ne peux pas vous répondre précisément, ça demanderait des moyens de congélation, que nous ne possédons pas ici. Ce sont les labos avec lesquels nous travaillons, qui s'occupent d'expertiser les échantillons, à qui il faudrait poser la question. Au cours de leur intervention, les gendarmes ont pour consigne de ceinturer le périmètre. On ne leur demande pas d'effectuer des prélèvements, car ce sont aux spécialistes d'intervenir et ils ont le devoir de les alerter dès l'annonce de l'observation. Ce n'est pas nous

GEIPAN, qui effectuons ces interventions. On ne peut pas prétendre s'appuyer sur une méthodologie, travailler avec des experts, si on fait n'importe quoi !

QUI GERERAIT LE « CONTACT » ?

Q : Des sites Internet font état de collusion entre les gouvernants avec les E.T., parlent de dissimulations étatiques qui masqueraient des échanges de technologies. Vous connaissez comme moi ces théories. Que répondre à ceux qui s'en réclament ?

Y. Blanc : La réponse du GEIPAN est claire : tout ce que nous possédons dans les tiroirs, est public. Ou pour les cas anciens, va être publié. On n'a rien de secret dans nos tiroirs. Il faut que les gens se rendent compte que, s'il y avait des choses secrètes, elles n'arriveraient même pas jusqu'à nous ! Donc si elles existent, on ne les connaît pas ! Ça me paraît évident. Je le répète : nous, au GEIPAN, on n'a rien à cacher !

Q : Question complémentaire à celle du secret. Est-ce que des services de renseignement s'intéressent à vos données ? Est-ce que ces administrations vous demandent des infos, sur ce sujet particulier ?

Y. Blanc : Si cela a eu lieu, ce n'est pas par l'intermédiaire du GEIPAN !

Q : Donc vous n'avez jamais été sollicité à ce niveau ?

Y. Blanc : Non ! Bon, moi je suis seulement depuis un an à ce poste. Je ne peux pas répondre pour mes prédécesseurs…

Des réponses dont certains souligneront l'ambiguïté. Le chef du GEIPAN n'exclut pas que des informations ne soient pas accessibles à la cellule, accréditant effectivement l'idée, que des services pourraient détenir des dossiers sur ce thème. Conclusions nullement étayées, mais qui n'empêcheront pas de faire fantasmer les fans des théories du complot. Dans le doute, je crois utile de relancer la question, sous une autre forme.

Q : Etes-vous convaincu que toutes les administrations, je pense notamment aux militaires, vous transmettent leurs observations effectuées par leurs personnels ? En un mot pourrait-il exister un GEIPAN/Défense qui collationnerait discrètement des renseignements sur le phénomène ?

Y. Blanc : Je suis au courant de cette logique. Une des choses qui expliquent la création du GEIPAN, c'est qu'interviennent des aspects de défense nationale. Justement pour des problèmes d'identification liés aux menaces. Il y a sûrement, je l'imagine, au sein des armées, des gens comme nous qui regardent ça, …

Q : Vous n'avez jamais côtoyé quelqu'un qui faisait le même métier que vous ?

Y. Blanc : Non, jamais !

Q : Au sein du CNES on vous demande, je suppose, dans certaines circonstances, au sujet justement des observations mentionnées par les militaires, une certaine discrétion ? Existe-t-il entre votre Direction et le GEIPAN une clause de confidentialité ?

Y. Blanc : Non, pas du tout !

Q : Vous êtes autorisé sans limitation à communiquer auprès de l'opinion ?

Y. Blanc : J'ai été choisi pour ça ! Eclat de rire. Bon maintenant si je diverge, on me rappellera peut-être à l'ordre. Je n'ai aucun contrôle sur mes dires, si c'est ça votre question ?

Q : Même si vous étiez confronté à l'évidence d'un contact ? Par exemple vous débouchez sur une affaire où s'impose la présence d'un autre état de conscience. Une brigade de gendarmerie vous appelle, *« Vite il se passe quelques chose... »* Avez-vous déjà imaginé le scénario ? Vous a-t-on parlé de cette éventualité au sein de votre direction ?

Y. Blanc : Les gendarmes se déplacent en priorité, pas le GEIPAN ! Si survenait ce genre de situation extrême, je ne pense pas que ce soit le GEIPAN qui intervienne pour vous parler, honnêtement. Peut-être les Etats-majors ont prévu des choses que j'ignore. J'avoue ne pas pouvoir répondre... On serait amené après, à donner notre avis en tant qu'expert, mais c'est tout ! Je pense que ce n'est pas nous qui appuierions sur le bouton de la sirène déclenchant l'état de siège. Ce n'est pas dans nos attributions !

Q : Cet après-midi vous participez aux Repas Ufologiques de Toulouse. Vous arrive-t-il d'intervenir au sein des administrations, militaires, Education nationale, Universités ou autres ?

Y. Blanc : Il y a une population qui est intéressante pour moi, il s'agit des pilotes et des contrôleurs aériens. On a des accords avec eux et on poursuit les relations d'échange. Aussi on donne des conférences à l'école de l'Aviation civile et à toutes les promos de contrôleurs aériens, pour les sensibiliser à ce qu'il faut faire pour qu'ils aient dans l'avenir de bons réflexes. On essaie d'étendre ça aux promos de pilotes. J'espère qu'on va y arriver un jour. Pour l'instant c'est en gestation. On essaie aussi d'inviter une grande compagnie française à rejoindre le Comité de Pilotage, devinez laquelle ? C'est moi qui ai proposé le principe et ça a été entériné par ledit Comité. Ainsi, si on avait un représentant comme Air France puisqu'il s'agit d'elle, ce serait important. Cela pourrait peut-être, inciter des pilotes et d'autres gens à témoigner.

Q : Lorsque vous intervenez de cette façon auprès des contrôleurs aériens ou des pilotes, vous avez des personnes qui témoignent ?

Y. Blanc : Ces témoins ne le font pas devant tout le monde. Ils viennent me voir après notre intervention. Ils discutent, ils parlent. Dans les promos, ce sont des jeunes sans passé sur le sujet. Mais dans le milieu professionnel, ça peut se produire. Une fois, un contrôleur m'a abordé en me rapportant qu'un de ses collègues avait vu des choses et que son responsable hiérarchique lui avait dit *« Non ! Non ! Là on ne dit rien ! »* C'est cette barrière-là qui stoppe l'info sur les témoignages de cette qualité.

Lorsqu'un chef du GEIPAN en exercice témoigne de l'existence d'actions empêchant la divulgation de témoignages majeurs au sein d'administrations sensibles comme le contrôle aérien, on a quelques raisons de douter de voir évoluer notre connaissance objective des faits. Pour ma part je m'inquiète plus de ce genre de blocage, qui opère au niveau de la responsabilité individuelle, que d'une hypothétique dissimulation étatique concertée et généralisée, concernant la détention de documents ou de preuves matérielles.

Xavier Passot succède à Yvan Blanc en 2011. Ainsi qu'il l'explique dans son entretien, faute d'observations majeures, il va essentiellement conduire une mission de communication, vis-à-vis d'un public dans l'attente d'une hypothétique réponse. La volonté de fédérer les initiatives est aujourd'hui, n'ignore pas Xavier Passot, la condition essentielle qui autorisera les progrès de l'enquête, sinon condamnée à l'immobilisme !

L'atelier CAIPAN, qui rassemblera, les 8 et 9 juillet 2014, ainsi qu'on le verra sous son initiative une centaine d'ufologues et de spécialistes internationaux collaborant aux enquêtes du GEIPAN, dont certains originaires d'Angleterre, des Etats-Unis et de Russie, va confirmer cette volonté d'ouverture, dont Xavier Passot souhaite marquer son passage au GEIPAN.

Xavier Passot me reçoit un mois avant la date fatidique du 21 décembre 2012, que la rumeur désignait « Jour de la Fin du Monde » Ambiance …

CHAPITRE 11

Xavier Passot : au-delà des clivages

A l'entrée est du CNES à RANGUEUIL, où s'opèrent les grands mouvements journaliers du personnel, se tient une roulotte servant sandwiches, salades et boissons. Le jovial patron de la baraque n'a pas son pareil pour appâter la clientèle. La fin du monde prévue le 21 décembre 2012 par le calendrier Maya, affirme une rumeur, est au menu, ce midi !

« J'ai prévenu mes clients. J'invite ce jour-là ceux qui passent ici, à boire l'apéro gratuit. Il nous restera quelques heures à vivre – c'est prévu pour minuit – je veux faire une dernière fois la fête ! Si vous êtes là, venez boire l'apéro avec nous ! On va se marrer ! »

Eclats de rire d'une poignée desdits clients, ingénieurs, techniciens du centre, attendant leurs sandwiches. Patron hilare, jouant les devins diaboliques, insinuant – qui sait ? – le doute dans les cerveaux les mieux faits de la planète. A deux pas du complexe spatial, fleuron de la science et de la technologie !

J'avais préparé pour le chef du GEIPAN, Xavier Passot, avec qui j'avais rendez-vous, ce 22 novembre 2012 – un mois moins un jour avant le grand boum –, une question sur la fameuse date du 21 décembre. Je craignais que mon interlocuteur, chef de l'unité CNES qui gère les témoignages sur les mystérieux objets volants non identifiés, fronce les sourcils. Je m'étais promis de la lancer à un moment de détente, pour ne pas entamer le crédit de l'entretien sollicité. Surprise de l'entendre faire mention presque immédiatement à la date fatidique. Et de signaler les appels téléphoniques – quelques-uns – reçus au sein du CNES, exprimant l'angoisse générée par la prédiction. Confirmant de la sorte la forte résonance sociologique du GEIPAN et, au-delà, l'évidente utilité de l'instance.

Petit retour sur le budget alloué au GEIPAN. Question à double tranchant. Pour les uns l'unité n'est qu'un outil dispendieux sans intérêt. Pour les autres, insuffisamment doté, donc sans utilité !

Xavier Passot de préciser que 4 personnes travaillent pour le GEIPAN, deux permanents et 2 sous-traitants externes. Il s'agit ici d'un informaticien interprétant les données statistiques extraites des témoignages et qui supervise le site Web où ils sont reproduits. L'autre personne gère la documentation et s'occupe de la mise en forme des infos recueillies, dans l'optique d'un archivage sur le long terme de plus de 2000 dossiers détenus par le CNES. Ce sont près de 1500 d'entre eux qui figurent fin 2012 sur le site du GEIPAN accessible au public. Le budget officiel du groupe est toujours de 150 000 euros, mais n'inclut pas le coût des deux agents du CNES affectés à la mission.

Quant à la feuille de route du GEIPAN, Xavier Passot la décline en ces termes :

« Essentiellement répondre aux interrogations de la population sur le sujet. On espère un jour faire avancer la Science, c'est-à-dire caractériser plus complètement ces phénomènes. Ce qui s'avère aujourd'hui très difficile. Ce n'est pas exclu. On constatera peut être ainsi que ce que la population raconte avoir vu appartient parfois à des opérations en rapport avec la Défense nationale. On peut de la sorte considérer les citoyens français en tant que veilleurs des flux de l'espace aérien. La Défense Nationale s'intéresse à ce que l'on fait, au cas où certains témoignages concerneraient des engins, qui ne viennent pas forcément de très loin. Les services spécialisés de la Défense sont alors susceptibles d'apporter une explication à ce type d'OVNI. »

Q : Cela pourrait vouloir dire que des services qui font du renseignement se penchent sur vos dossiers sans pour autant que cela signifie une récupération du sujet par ces spécialistes ?

X. Passot : Au comité de pilotage, vous trouvez des services administratifs relevant de la défense du territoire comme la Gendarmerie, un autre relevant de l'Armée de l'Air qui surveille les trafics aériens. Je décris personnellement au Comité les cas étranges que nous avons reçus récemment et celui-ci peut demander des compléments d'enquête à ces services. Ce qui ne s'est pas produit depuis que je suis là, les cas n'étant pas spécialement difficiles ou intéressants. Je n'ai pas de directives spécifiques pour traiter les cas, je suis seul juge sur le suivi ou non à effectuer. Tous les six mois, avec ces services au sein du Comité de Pilotage, nous avons une réunion en commun et nous abordons si utile les témoignages, et j'ai ainsi possibilité de leur demander s'ils possèdent par exemple une trace radar ou s'ils ont un avis particulier sur le cas d'observation.

Q : Il n'existe pas hormis ces administrations, Gendarmerie, Armée de l'Air, de services particuliers appartenant plus spécifiquement au Renseignement, qui vous sollicitent ?

X. Passot : Non, il n'existe pas à ce niveau d'intrusion dans mes affaires ! Ils sont à l'écoute pour s'informer s'il n'y a pas des vagues de phénomènes importantes, ou si n'interviennent pas des observations qui pourraient les inquiéter. Mais c'est tout !

Q : C'est plutôt du renseignement militaire qu'ils rechercheraient ?

X. Passot : Je ne sais pas trop ce qu'ils recherchent. Ils veulent être informés, et déterminer si c'est un phénomène qui demeure comme il a été jusqu'à présent ou s'il y a des choses qui bougent dans la population ou s'il y a des phénomènes plus étranges qui pourraient sortir.

Q : Vous faites mention au Comité de Pilotage, mais on entend plus ces avis dans la Presse.

X. Passot : Il n'a pas trop de raison d'être en visibilité. Il existe un rapport qu'il a présenté il y a deux ans. Pour compléter cette info, je peux préciser que cette année 2012 ne dégage aucun cas particulièrement intéressant. On peut se demander si les infos véhiculées sur Internet ne dissuadent pas les observateurs de se faire connaître à l'autorité que le GEIPAN en quelque sorte symbolise. Les histoires qui sont racontées autour de l'affaire de Bugarach sur certains sites Web, où on alimente les thèses de la dissimulation, ne prédisposent pas trop les gens à communiquer.

Q : Par rapport à cette grande folie autour de la fin du monde du 21 décembre 2012, est-ce qu'au sein de la cellule du GEIPAN, vous avez des gens qui vous contactent, vous font part de leurs craintes ou de leurs commentaires ?

Sourire de Xavier Passot.

X.Passot : Nous avons reçu une photo d'un gars qui a pris le Mont de Bugarach sur laquelle figure une petite traînée grise sur le ciel – très probablement un insecte. Egalement une ou deux lettres annonçant « la Fin des Temps », c'est à dire la littérature classique développée depuis un an sur le thème. Ce qu'on voit sur le Web, sur les sites traitant de ce domaine, parle d'êtres évanescents, de rencontres avec des entités avec lesquelles on s'entretient par télépathie. Ces gens qui font part de ces « expériences » ne s'adressent pas à nous car ils savent qu'on ne prendra pas leur témoignage. Pour eux, nous sommes payés pour cacher la vérité.

Ces affaires sont marginales. Nous traitons généralement un peu moins de deux cent témoignages, par année. Il existe un chiffre à peu près similaire de demandes de renseignements sur des cas, auxquels on répond immédiatement, qui constituent les témoignages basiques relatifs aux bolides, aux satellites, aux photos-mystère avec des petits insectes qui traversent. Des choses comme ça ! Là, on ne fait plus de procédures spécifiques. Les lanternes thaïes interviennent pour beaucoup dans ces observations, pour lesquelles nous n'établissons plus de dossier ou exceptionnellement, si le cas constitue un problème à résoudre.

HESSDALEN, L'EXEMPLE A SUIVRE

Q : Pour Hessdalen, le GEIPAN a chapeauté l'étude des mystérieuses lueurs observées depuis des décennies par les Norvégiens ?

X. Passot : Le GEIPAN a soutenu financièrement le projet. Ils en sont maintenant à une phase où la certitude est qu'il s'agit d'un phénomène naturel. Néanmoins dans leur publication, leur rapport, ils n'écrivent pas la conclusion de cette manière claire. Dans leur analyse se dégage une impression d'inconnu. Sur le plan physico-chimique, c'est effectivement très inconnu. Mais la lecture qu'en fera un ufologue sera de dire que finalement, ils n'ont toujours pas trouvé ce que c'est, alors qu'ils ont acquis la certitude qu'il s'agissait d'un phénomène naturel. J'ai signalé le point à M. Zlotnicki, le chercheur du CNRS qui s'est occupé de l'affaire, en lui demandant d'être plus précis dans leurs écrits, car cette présentation de l'étude peut donner lieu à interprétation. Zlotnicki m'a confirmé par ailleurs qu'il avait des appels de médias qui voudraient aborder ces phénomènes, en leur donnant une coloration Ufologique, alors que l'aspect scientifique ne semble pas trop les intéresser. Lui espérait attirer sur cette étude des scientifiques passionnés par l'énigme physico-chimique du lieu. Pour ma part j'essaie de les aider à décrocher, du côté de la science dure, des financements pour étudier en profondeur ce phénomène. Mais du fait de l'assimilation de l'affaire aux histoires d'OVNIS, aucun chercheur ne semble intéressé à voir son nom figurer dans un tel projet d'étude. Il est urgent que les auteurs du rapport prennent une position qui les coupe de l'Ufologie. Ce qui est amusant, c'est que Zlotnicki ne s'était pas rendu compte que le texte faisant mention du caractère indéfinissable de la cause naturelle des lueurs, est susceptible de donner des arguments aux Ufologues. Yves Sillard, au Comité de Pilotage, a fait la même analyse.

Les physiciens reconnaissent qu'ils ne comprennent pas comment ça fonctionne, mais le doute n'existe plus quant à l'origine naturelle du phénomène. Mais lorsque les rapporteurs utilisent le terme de « Phénomène Inconnu » il faut bien le qualifier, et dire ce sur quoi il porte. Il est impératif que les scientifiques qui interviennent précisent ce qui est sûr en décrivant l'interaction du phénomène naturel entre l'atmosphère et les roches locales. Je vais moi-même sur le site du GEIPAN faire quatre lignes sur la question pour préciser sur quoi elle débouche. La télévision NHK – japonaise – a réalisé, en juin 2012, un documentaire de plus d'une heure sur les OVNIS dans lequel 10 minutes ont été consacrées au phénomène de Hessdalen, avec Interview de Zlotnicki. Ils ont reproduit des simulations à base de créations de plasma et ils me font intervenir pour parler du GEIPAN. Je me suis fait traduire par une amie, la version des 10 minutes sur Hessdalen et, chose surprenante, j'ai appris des choses que j'ignorais. Ce qui prouve qu'un bon travail d'investigation opéré par des médias sérieux peut contribuer à l'information du public.

Q : Il existe d'autres projets d'étude liés au phénomène entrepris par des scientifiques ?

Y.Passot : Non, il n'existe pas d'équivalent…

Q : On a annoncé que vous opériez des échanges avec le MUFON, un des plus importants groupes ufologique des Etats-Unis. Vous n'ignorez pas qu'il milite pour la « Divulgation », mouvement qui soutient que les officiels dissimulent des informations sur les OVNIS. Qu'en est –il exactement ?

X. Passot : Nous avons accepté de traiter des cas du MUFON sur le territoire français. C'est-à-dire de témoignages effectués par des étrangers demeurant en France. Pour ce type de personnes qui le contacteront, le MUFON recommandera de poser leurs témoignages auprès du GEIPAN. Et si le cas le nécessite nous entreprendrons alors une enquête. Nous pouvons traiter les témoignages effectués en anglais.

Q : Vous ne craignez pas que cette coopération vous soit un jour reprochée, compte tenu des options du MUFON ?

X. Passot : Oui, il existe effectivement un petit risque de manipulation de leur part. Après il faut voir la nature des accords qui nous lieront. Il faut donc être prudent. D'un autre côté je cherche des ouvertures qui peuvent aider à compléter notre connaissance de l'affaire. Sur le plan international, ma direction souhaite que nous limitions les échanges. Nous pouvons entreprendre des transferts de données, de dossiers, sans pour autant donner lieu à des prises de position conjointes.

LES ASTRONOMES VOIENT DES … LANTERNES THAÏES !

Q : Lorsque vous prenez votre poste à la tête du GEIPAN en 2011, quelle était votre connaissance du dossier ?

X. Passot : Au départ je m'intéressais de loin aux OVNIS, depuis disons une quarantaine d'années. De loin, car avant d'arriver dans ce bureau j'ai dû lire 3 ou 4 numéros de « Lumières dans la Nuit », ainsi qu'un ou deux livres sur le sujet. J'ai assisté à une conférence de Bourret dans les années 70. En tant qu'informaticien de l'astronomie au CNES, j'ai dû échanger une ou deux fois par an avec mes prédécesseurs, Vélasco, Patenet avec qui j'ai qui discuté longuement de l'affaire. J'ai un long passé d'astronome amateur, une trentaine d'années, et ça m'a donné une forte culture d'observateur, très utile pour bien traiter les cas. Dans les archives nous avons quelques dossiers constitués par des astronomes qui ont vu passer… des lanternes Thaïes. Certains ont reconnu avoir été bluffés par ces bizarreries volantes, vues bien sûr à l'œil nu. L'un des récits était d'ailleurs intéressant par le souci de coller le plus possible au phénomène observé et qui par ce qu'en un premier temps impossible à identifier, exprimait de la part de l'observateur une certaine émotion, confronté qu'il était à l'inconnu. Et avec aussi la crainte de ne pas être cru. Tout cela transparaît parfaitement dans la rédaction, qui est un vrai bijou de l'observation. Pour un astronome non averti, une lanterne thaïe peut devenir une étrangeté qui l'interpelle. J'ai un autre cas d'observation effectué, lui, par un directeur d'observatoire de ma connaissance qui m'a raconté : *« J'ai vu un truc bizarre dans le ciel »* avec un air catastrophé. Il m'a décrit sa vision et sans difficulté j'ai identifié encore les lanternes thaïes. Sur fond de ciel et sans point de repère, on les voit avancer poussées par le vent d'altitude, pas forcément présent au sol au moment de leur lancement. Tout cela pour dire que même les observateurs professionnels comme des astronomes, un phénomène inconnu, s'ils ne sont pas capables d'en évaluer la taille et la distance, reste un phénomène inconnu. Ils sont comme les autres ! Cela apprend à rester modeste !

Q : Vous est-il arrivé de recevoir des appels de personnes se disant en relation avec des entités extraterrestres, des civilisations de l'espace ?

X. Passot : Oui, mais très rarement ! J'ai souvenir, en avoir eu deux en un an ½ de présence au GEIPAN. Il s'agit de discours standard, celui que l'on trouve dans les bouquins que les gens ne font que reprendre. On précise à ces personnes qu'à défaut de rapport d'observation, nous ne pouvons prendre leur témoignage puisque notre travail porte sur les phénomènes aérospatiaux. A partir du moment où il s'agit de récits d'enlèvements ou de relations télépathiques tels que les rapportent ce type de personnes, je leur explique notre incompétence à enregistrer leur cas du fait de l'absence de matière à traiter. La plupart du temps, c'est lié à de grosses angoisses exprimées par la personne et l'appel s'apparente en réalité à une demande à l'aide. Ils se sentent observés, se disent en insécurité, et expriment alors la pathologie d'angoisse qui est la leur. Ce sont des cas qui nous préoccupent, car on aimerait pouvoir faire quelque chose, et j'écoute ces récits en fonction du temps que j'ai de disponible, en sachant parfaitement que ces gens expriment une souffrance.

Q : Vous avez eu un témoignage qui vous a particulièrement marqué par son caractère impressionnant ?

X. Passot : Impressionnant non ! Depuis 1 an ½ parmi tous ceux reçus depuis que je suis en poste, je n'en ai pas vu méritant ce qualificatif. On en a plusieurs toutefois, sur lesquels je n'ai pas la moindre idée de ce que cela pourrait-être. Ce ne sont nullement des affaires de type Trans-en-Provence avec des descriptions rapportées de près et traces au sol, mais des phénomènes lointains. Des traces au sol, il y a bien longtemps que nous n'en n'avons pas recensées.

Q : Je me souviens vous avoir entendu déclarer, à votre arrivée, que vous reprendriez l'étude de cas anciens, Trans-en-Provence, l'Amarante …

X. Passot : Oui, d'ailleurs nous sommes en train de préparer un retour sur affaire avec Trans-en-Provence, précisément. L'Amarante, le cas est trop faible pour mériter un complément d'enquête. A Trans-en-Provence, au moins nous avons quelques traces que l'on peut tester. Je voudrais transmettre les résultats d'analyse à un labo qui me dise si les analyses de Bougnas tiennent la route ou pas. Pour moi, ça déterminera beaucoup les suites de l'affaire.

ECHANGE AVEC LA ZETETIQUE

Q : Vous avez dû lire les analyses que font de ces deux cas les gens de la Zététique. Vous avez eu un contact avec cette association savante ?

X. Passot : Oui, j'ai eu un contact avec Eric Maillot. Effectivement ils sont dans la polémique et ce n'est pas bon. Je sais que dans son bouquin il a pris des positions très différentes contre l'étude et le CNES. Il faut reconnaître que dans leurs arguments, il y en a une bonne moitié qui est bonne. Pour ma part je considère les Zététiciens comme des aiguillons, ils nous obligent à faire du bon boulot en nous signalant les choses qui nous ont échappé. C'est l'aspect positif de l'affaire pour nous. Pour l'instant j'arrive à développer des relations avec des gens aussi contraires que la Zététique et le MUFON en songeant que notre rôle est de se mettre à l'écoute des diffuseurs d'infos sur le phénomène.

Q : Comment expliquez-vous, au poste que vous occupez, que la science ne s'implique pas dans l'affaire des OVNIS ? Comment se fait-il qu'elle ne se sente pas concernée par cette question qui, depuis toutes ces décennies, interpelle les sociétés ?

X. Passot : Ce matin, j'ai répondu à un message en provenance d'un chercheur autodidacte dans lequel j'expliquais que le GEIPAN, hormis le recueil des informations sur le phénomène, n'avait pas vocation et les moyens de développer des études sur la question. Si on me disait vous avez une armée de 150 chercheurs des sciences dures, donnez-leur des cas à étudier, et bien je ne saurais pas quoi leur donner... Parce qu'en termes de matériaux solides, que l'on pourrait justement soumettre aux critères scientifiques, je ne vois pas ce qu'ils pourraient faire avec les éléments en notre possession.

Les Ufologues proposent par exemple de comparer, les vitesses de déplacement, la forme des objets, etc. Déjà pour ma part si je cherche des témoignages où existent des mesures de vitesse de déplacement un peu précises, j'en trouverai, trois, quatre... Et de plus il s'agirait d'un témoin unique qui a observé ça juste avec ses yeux... Que voulez-vous que fasse le pauvre scientifique ? Pratiquement tous les témoignages avec photos en notre possession, ont été expliqués. De toutes celles que j'ai vues jusqu'à présent, soit qu'il s'agit d'insectes qui passent devant l'objectif, soit de satellites, de bolides, d'éclairages d'avions ou autres... On vient d'en recevoir une ce matin, l'enquête est en cours. A priori ça sent le canular... Pour le moment une seule de nos photos demeure inexpliquée. Elle a été réalisée en 2010, près de Toulouse. Elle montre une espèce de « patate » renvoyant une lumière blanche saturée, avec les bords cotonneux grisés. On n'a pas trouvé de quoi il s'agit ! On va classer l'affaire dans les « C » ou « D ». On soupçonnait le canular mais on n'est pas parvenu à le démontrer.

LA BONNE SANTE DES RUMEURS

Q : Lorsque vous rencontrez les scientifiques est-ce qu'ils vous posent des questions sur la mission du GEIPAN ? Tentez-vous de les convaincre de l'intérêt à venir consulter vos dossiers ?

X. Passot : Nous avons au CNES divers scientifiques avec lesquels nous sommes en relation et qui peuvent intervenir dans un domaine donné. Pour cela c'est nous qui leur soumettons les problèmes, auxquels ils vont tenter de nous apporter leurs lumières. Ce sont nos experts. Quant aux autres ils ne se manifestent en aucune façon. Pour ma part je m'attache surtout à communiquer auprès du public. Au milieu de l'année – 2012 – j'ai répondu aux questions des journalistes du Nouvel Observateur, de Télérama et ai participé à divers Repas ufologique. Il ne s'agissait nullement d'initiatives personnelles – il n'entre pas dans mes attributs de solliciter les médias – mais de demandes de ces médias ou organismes privés.

Q : Qu'est ce qui les attirés à vous, quel motif ?

X. Passot : La question que tous les journalistes meurent d'envie de poser à l'issue de notre entretien est : *Quels sont les cas probants que vous cachez ?* La plupart sont persuadés qu'on dissimule des choses. Ainsi au cours des Repas ufologiques je prends des coups. On me reproche de ne parler que des méprises. Je présente quelques cas classés « D », mais ce n'est pas très spectaculaire généralement. Je choisis les plus étranges, mais le public attend des soucoupes et des petits hommes verts. Les gens sont persuadés que j'en ai dans les dossiers. J'aimerais bien en avoir, mais je n'en n'ai pas ! Rire de Xavier Passot.

Q : Vous avez des questions sur les théories du complot et de la dissimulation : Roswell, la Base 51, etc… ?

X. Passot : Oui, j'ai souvent des questions sur ces affaires. J'élude ces questions car, comme je le dis en public, sur ces grandes affaires, fondées ou pas, je ne détiens pas plus d'information que ceux qui les posent. Je précise même que non seulement je n'ai pas plus de renseignement, mais que celle qui nous est accessible est biaisée, du fait qu'elle constitue une info de seconde main. Par exemple sur Roswell, qui possèderait aujourd'hui une information de première main ? Et c'est pareil pour les autres grands cas.

Q : On peut faire de même sur les grands témoignages français, dont on sait qu'ils furent très abondants dans les années 5O et dont la plupart des témoins ont disparu ?

X. Passot : Non, car pour ces affaires nous détenons les témoignages originaux, dont pour la diffusion publique je n'ai enlevé que les noms et les lieux. Ainsi pour reconstituer ces observations on peut se référer aux informations de l'époque telles que rapportées par l'observateur. Je n'ai pas non plus l'obsession d'être la mémoire des observations et comme je le disais au journaliste du Monde, je n'éprouve pas le besoin impérieux de baigner dans cette documentation. Je pense qu'un regard neuf coupé de la culture ufologique est plus propice à une évaluation objective des faits. Je ne vous cache pas que pour certains Ufologues, je passe pour un zozo. Je ne refuse évidemment pas de m'informer, mais faudrait-il encore que je sois assuré de la qualité de ce que je lis. J'attends que quelqu'un me recommande un livre, sérieux, de référence par exemple sur Roswell. Aussi vous comprenez que je ne passe pas mes soirées à lire des livres sur le sujet. La meilleure information sur laquelle j'ai pu m'informer utilement est en réalité celle émise par Wikipédia. Notamment sur les grands classiques de l'Ufologie. Vous avez dix lignes résumant le cas, la théorie du « Pour », la théorie des « Contre » et en cinq minutes vous avez acquis une connaissance de l'affaire.

Q : En parlant de Roswell on touche au domaine prisé des théoriciens du complot, sur l'implication des Etats. Quel regard portez – vous sur ces supputations, au niveau français ? Vous n'avez jamais eu le sentiment que quelque part des services dissimulent une information sur le sujet ?

X. Passot : Je n'ai pas le moindre indice qui pourrait faire penser à une telle éventualité. Lorsque je suis arrivé au GEIPAN, j'espérais trouver des documents classifiés, etc. Une fois j'ai vu quelque chose tamponné « Secret »... Petit émoi... En réalité c'était un PV d'une banalité affligeante de quelqu'un ayant vu une mystérieuse petite lumière et ça n'allait pas plus loin dans la description. A l'époque des années 50, la procédure était ainsi établie, dans l'optique d'éventuelles visites en provenance de l'Est. C'est tout ce que j'ai trouvé de secret au GEIPAN... Je peux vous préciser que dans le traitement des observations, dès que je rencontre un cas un peu délicat, j'interroge les spécialistes du centre dont je m'inspire des avis pour procéder à la classification des témoignages. Aucun de mes chefs, aucun d'entre eux n'intervient dans ce travail et ne me donne de consignes particulières sur mes choix. La seule consigne que j'ai reçue, est venue du responsable du service communication, qui m'a recommandé, une transparence maximale.

Q : Vous faites de temps à autre le point avec votre direction ?

X. Passot : Non ! Mon directeur cherche à ce qu'on parle le moins possible du GEIPAN, aussi bien en interne, qu'en externe.

Q : Est-ce que vous êtes en relation avec d'autres nations, intéressées par l'expérience française ?

X. Passot : La Force Aérienne du Chili avec sa commission CEFAA[15], serait prête à collaborer avec nous, à laquelle j'ai répondu qu'effectivement on pourrait échanger des études de cas, des méthodes. Quant à établir une relation officielle, le CNES ne souhaitant pas développer au niveau international notre activité, elle ne saurait être pour le moment envisagée.

---

[15] « OVNIS-direct » en 2014 précise : les experts Chiliens notent que *« Les OVNIS ne représentent aucune menace »*, que *« ...les phénomènes aériens non identifiés présentent des comportements intelligents »* et concluent *« ...le phénomène existe. Mais son origine reste inconnue. »* Le 30 octobre 2014, deux représentants du CFAA, seront accueillis par Xavier Passot, dans les locaux parisiens du CNES.

AFFINER LA NOTION D'ETRANGETE

Q : Vous possédez un aperçu du phénomène depuis votre nomination ?

X. Passot : Dans les cas d'observations qu'on nous soumet, je ne pensais pas que nous trouverions ce fort coefficient de méprises et plus particulièrement celles, très classiques, qui concernent l'astronomie. Les gens nous appellent pour Vénus, Jupiter, des satellites. Nos contemporains ont une méconnaissance des choses banales du ciel et je suis alors désolé d'annoncer aux gens qu'il s'agit simplement de planètes. Je suis un peu déçu du manque d'étrangeté finalement, de ce qui nous parvient la plupart du temps.

Q : Justement, vous avez redéfini la notion d'étrangeté attachée au cas « D », désignant les Inconnus ?

X. Passot : C'est la modification majeure de l'enquête du GEIPAN. Le cas « D » concerne donc les inexpliqués, définition qui ne dit rien sur l'étrangeté du cas, ni de la consistance. C'est Patenet qui a entrepris de revoir la classification en lui ajoutant un chiffre « D1 » – **« D2 »**[16]. Il n'a jamais pu l'appliquer car il est parti au moment de sa mise en place.

J'en parle beaucoup durant mes conférences et il s'agit d'un élément majeur de notre travail. Dans les « D1 » on va mettre tous les cas ayant un facteur d'étrangeté élevé, moyen pour certains, voire fort. La nouvelle classification « D2 » implique au minimum deux témoins avec traces et éventuellement photo. Nous n'avons pas encore effectué l'examen des cas anciens pour ce nouveau type de classification. Dans les plus récents nous n'avons aujourd'hui que des « D1 ». Avec ce filtre le cas de l'Amarante, passerait en « D1 ». Les analyses des végétaux le concernant n'apportent rien, car ceux-ci n'ont pas été correctement conservés.

Q : Le témoin de l'Amarante n'est pourtant pas n'importe qui, il s'agissait d'un chercheur…

X. Passot : C'est vrai, mais une autre de mes découvertes m'a permis d'établir que, quel que soit son niveau socioculturel, le témoin n'est pas pour autant crédible…

Q : C'est une théorie d'Eric Maillot de la Zététique, comme j'ai pu l'entendre dans sa conférence publique à Marseille…

X. Passot : Oui effectivement, il existe des cas que nous ne pouvons expliquer. De là à faire intervenir les extraterrestres il y a un pas que je ne franchis pas. Mais en termes de matériaux d'études, le tout concerne des témoignages humains. En science la seule discipline qui progresse ici, concerne les sciences sociales. C'est la seule certitude du dossier. Ainsi en

[16] La classification GEIPAN s'établit de la sorte :
A) Phénomène parfaitement identifié ;
B) Phénomène probablement identifié ;
C) Non identifié, manque de données ;
D1) Phénomène non identifié après enquête ;
D2) Phénomène non identifiable.

termes de théorie de la perception, nous avons ici un bon laboratoire. On peut faire des analogies avec le déroulé d'un accident de voiture ou une scène de crime. Le vécu d'un témoignage OVNI est comme pour le reste, ce qu'en restitue notre cerveau. A cela se greffe la problématique des croyances qui ajoute à la complication et qui doit intéresser plus spécifiquement Pierre Lagrange.

En ce qui concerne la théorie de la perception, ce qui nous intéresse aujourd'hui est l'amélioration de la restitution du témoignage. Il existe des techniques qui permettent de vérifier si la scène a été réellement vécue ou pas. A l'aide de grilles on interprète la forme des phrases et on fait ainsi transparaître ce qui est décrit ou ce qui ne l'est pas. Des choses qui apparaissent en creux et sur lesquelles on va fonder la qualité et la véracité d'un récit authentiquement vécu, ou totalement inventé. Certaines grilles d'interprétation ont été validées par les assurances et la justice, et fonctionnent bien en ce qui nous concerne. Je vais ainsi poursuivre sur cette piste dans le traitement des données durant ma mission, prévue normalement pour durer quatre années et je m'en réjouis. Si je ne suis pas épuisé entre temps par les Ufologues… »

Sur cette note d'humour, prend fin l'échange.

Au fil des interventions des responsables successifs du GEIPAN, on aura noté les progrès réalisés autour de la technique des entretiens cognitifs sur laquelle s'appuient les sciences sociales et la justice.

De l'utilisation du nouvel outil, appliquée à l'analyse des témoignages, devrait émerger une chaîne de cohérences autour de laquelle une réflexion scientifique pourrait enfin s'élaborer.

L'application, deviendra un des thèmes de l'atelier organisé par le CNES, les 8 et 9 juillet 2014, sous l'appellation CAIPAN : *« Collecte et Analyse des Informations sur les Phénomènes Aérospatiaux Non Identifiés ».*

L'ATELIER CAIPAN : LA SCIENCE QUI S'IMPLIQUE

Le CNES n'étudie pas les OVNIS, ont répété chacun à leur tour les chefs du GEIPAN. Xavier Passot crée le climat qui pourrait aider la Science à s'investir ouvertement dans la question, en réunissant, lors de cet atelier, une centaine de chercheurs et associations ufologiques, de tous horizons et pays, qui s'investissent dans l'énigme depuis plus de 50 ans. Participaient à cette réunion, Jacques Vallée, Richard Haines, directeur du NARCAP – spécialisé dans l'étude des rapports de pilotes et contrôleurs radar. Les exposés illustraient les thèmes et manifestations physiques attachés au phénomène. Foudre en boule, aurores boréales, bruits non identifiés, qui feront l'objet de communications de physiciens norvégiens, italiens, russes, anglais, américains. La composante psychologique donna lieu à des échanges de haute tenue, mettant ici en perspective les avis différenciés, pour ne pas dire opposés, des spécialistes. On le verra, précisément, lors de la discussion sur l'entretien cognitif utilisant le support Internet.

La procédure porte à s'interroger sur la valeur des informations acquises, dès lors que l'enquêteur, coupé du témoin, est dans l'impossibilité d'appréhender la charge émotionnelle qui concourt, pour une part non négligeable, à évaluer la crédibilité du témoignage.

Un argument que retournera Jacques Vallée qui, dans une étude effectuée avec son épouse psychologue, nota une plus grande aisance du témoin à faire ressurgir, lors de l'entretien via Internet, les informations stockées en mémoire. L'atelier fut également l'occasion, pour les experts des administrations étatiques, Armée de l'Air, Gendarmerie, qui participent aux délibérations du Comité de Pilotage – il coordonne et supervise les enquêtes du GEIPAN – d'émettre avis et recommandations.

Ce rassemblement constitue un des rares bilans à vocation scientifique effectué ces dernières années sur la question.

Malheureusement, comme le notait lors de son entretien Jacques Zlotnicki, qui supervisa le projet français Hessdalen qui fit l'objet de communications de la part des représentants italiens, norvégiens et français, la connotation OVNI constitue un obstacle à la prise en compte, par la recherche, des domaines d'étude relevant du phénomène. D'autant que le CNES – prudence ?- frilosité ? – n'effectuera aucune médiatisation de la réunion, Xavier Passot invoquant – à juste titre – l'embarras que constituerait pour certains participants de voir leurs noms apparaitre dans une telle manifestation.

Au sein-même de la mouvance ufologique, l'évènement provoqua quelques temps plus tard divers remous, liés aux guerres d'influences que se livrent les associations. Avec d'autant plus de vigueur qu'elles étaient exclues des débats. La sentence, formulée par l'Académie Ufologique : *« Le Geipan représente les orthodoxes, figés dans leurs dogmes »,* révèle le fossé qui sépare les officiels des privés, et ne contribue certainement pas à la clarification des débats.

De fait, l'absence de médiatisation autour de l'évènement peut donner lieu à interprétation. La première, que le CNES entend se démarquer du présupposé extraterrestre accolé au sigle OVNI. C'est bien ce qu'ont cru comprendre ceux qui dénoncent ce rassemblement –notamment, l'Académie Ufologique, le CERPI – qui conduirait selon eux, les « orthodoxes » – le GEIPAN, la Science, à privilégier les conclusions des « sceptiques ». La discrétion affichée aura surtout pour conséquence de renforcer la marginalité dans laquelle est enferré le phénomène OVNI et de décourager quelques intrépides chercheurs à s'y investir.

On peut raisonnablement, penser que la presse, aurait-elle quelque peu débordé dans ses commentaires, aurait contribué à sensibiliser l'opinion sur l'urgence à voir la Science s'impliquer dans l'affaire. C'est l'occasion pour la revue Nexus d'offrir aux exclus de l'assemblée une tribune, dont Jean-

Gabriel Greslé sera l'un des porte-voix. L'ex-rapporteur de SIGMA 1, dans la synthèse qu'il donne de l'évènement – auquel il ne fut pas convié – assimile les participants aux *« désinformateurs »*, les désignant en des termes peu amènes :

« Tous ceux qui refusent depuis des décennies d'aborder ce corpus impressionnant de données et se réfugient derrière des théories invérifiables, les intéressés se reconnaitront, se sont déconsidérés depuis longtemps. Ils devraient avoir la décence de s'exclure du débat », écrit-il dans Nexus. Réunion à laquelle participaient trois représentants de SIGMA 2, dont le Président Luc Dini, qui, au nom de la nouvelle commission de la 3 AF, tinrent, par la voix de Xavier Pascot – ne pas confondre avec Xavier Passot le chef du GEIPAN – un tout autre discours. Celui-ci évoqua la nécessité d'une *« garantie de traçabilité et d'intégrité du document »*, une exigence qui fut loin d'être le souci majeur de l'enquêteur de SIGMA 1, dont les révélations des analyses entraîneront, ainsi qu'on le verra, le repositionnement de la commission de la 3AF.

L'annotation de Jean Gabriel Greslé s'insurgeant contre « …tous ceux qui se réfugient derrière des théories invérifiables » va prendre une résonnance particulière, on pourrait écrire prémonitoire, lorsqu'en février 2016 paraît chez Fayard l'ouvrage *Théorie des évènements extraterrestres.*

ESSAI NON TRANSFORMÉ

Il s'agit d'un essai publié sous la signature d'Arnaud Esquerre, chargé de recherche au CNRS, qui avait été invité en juillet 2014 à participer à l'atelier CAIPAN, « une invitation des plus inattendues », écrit-il dans les « remerciements ». Un ouvrage dont la forme littéraire – l'essai – permet de grandes libertés sans avoir à justifier de compétences particulières sur un sujet débattu comme l'invitation « inattendue » adressée à l'auteur le confirme. Ici la tentative de neutralisation de l'énigme fait intervenir la production de récits du genre « fantastique non littéraire » comme les désigne l'essayiste. Une logique embrouillée et difficile d'accès qui amène ce dernier – qui n'a jamais pratiqué une enquête de terrain – à conclure : « Les récits d'OVNIS sont l'équivalent des visions de… FANTÔMES !! ». Un livre à mille années-lumière des éléments qui constituent depuis 70 ans le cœur de l'énigme, quand on sait que bon nombre de témoignages émanent pour une part non négligeable de pilotes civils et militaires. Le pilote de chasse témoin auquel je donne la parole – le capitaine Fartek – auprès duquel enquêta le COMETA, appréciera je pense l'idée d'avoir été abusé par une projection ectoplasmique, lui qui n'avait pas le droit à l'erreur lorsqu'il s'agissait d'intercepter un vecteur non identifié, pouvant constituer une menace pour le territoire.

Le titre *Théorie sur des évènements extraterrestres* est déjà en soi un détournement de sujet. Sont réunies, sous la même dénomination, l'ensemble des observations dont le filtrage permet précisément de faire la différence entre « identifié » et « non identifiable ». Le mélange des genres porte à penser que les témoins, sans esprit critique, sous l'emprise de la rumeur, adhèrent derechef à l'hypothèse extraterrestre pour justifier leur observation. C'est le contraire la plupart du temps, comme on peut le lire dans les dépositions.

Prudemment le sociologue se garde bien d'exercer ses talents de décodeur des récits fantastiques, sur des thèmes qui mériteraient tout autant ses extravagantes déductions. Par exemple, les théories développées autour des bizarreries dûment répertoriées de la mécanique quantique qui enseigne qu'une particule est à la fois une onde, que l'intrication se moque de la vitesse de la lumière, qu'un chat peut être à la fois mort et vivant. Une physique qui justifierait pour certains exégètes, la parapsychologie, les perceptions prémonitoires et diverses croyances. Un secteur qui pourrait constituer pour ce spécialiste du décryptage de l'Astrologie, des manipulations mentales, du fantastique, un aliment de choix. Que nenni ! Il préfère s'en tenir à l'interprétation des manifestations ufologiques, assuré qu'il est de ne pas trouver sur son chemin scientifiques et universitaires pour lui porter la contradiction.

Aucune chance avec cet ouvrage, pour le néophyte, de se faire une opinion sur le contenu objectif du dossier. Le spécialiste du phénomène, confronté à la pauvreté informative du livre, dénoncera un travail prétendant figurer une réponse au problème posé.

A se demander si l'atelier CAIPAN, dont certains des travaux ont inspiré l'auteur, a contribué, comme c'était le but, à éclaircir le débat.

En lisant le « Journal du Dimanche » du 24 août 2014, qui aborde le dossier des OVNIS – sujet obligé des vacances – et qui donne la parole à Xavier Passot, les ufologues *« hérétiques »*, comme ils se nomment, trouvaient de nouvelles raisons d'alimenter leur courroux. Le papier d'une page est intitulé : *« La (presque) fin des OVNIS ».* Le corps de l'article s'attarde, en préambule, sur l'abandon des recherches entreprises par les rares pays qui possédaient un bureau d'enquête. Outre la France *« avec ses 228 cas totalement inexpliqués »*, seuls le Chili, le Pérou, demeurent sensibilisés à l'énigme, retient la journaliste Juliette Demey. L'analyse est illustrée d'une photo montage de... lanternes thaïlandaises, qui occupe le quart de la page. Le chef du GEIPAN ne fait aucune allusion à la session du CAIPAN de juillet 2014, qui aurait permis de renseigner le lecteur sur les travaux instruits par la cellule du CNES et de l'intérêt scientifique de la question. Rapportant que depuis deux ans, le pourcentage d'inconnus serait tombé, à 5% – autrefois en moyenne il s'élevait à 20% –, Xavier Passot souligne : *« Cela dit, un seul cas très étrange et solide suffit à poser question ».*

Fin novembre 2013, lors d'une correspondance mail, le chef de la cellule complète l'entretien qu'il m'a accordé un an avant, en dressant la liste des différentes thèses développées autour du phénomène OVNI et désigne celle sur laquelle le GEIPAN concentre son action. Le cas *« très étrange et solide »*, selon cette synthèse, reste en devenir.

Xavier Passot écrit :

« Les divers niveaux de conviction vis-à-vis du phénomène OVNI, aux yeux de l'observateur, s'établissent de la sorte.

1 – Tous ceux qui disent en avoir vu sont des illuminés.

2 – Toutes les observations étranges seront expliquées un jour ou l'autre, par des causes psychologiques humaines ou naturelles.

*3 – La plupart des observations étranges sont explicables ; pour les autres (*PANS*), on n'en connaît pas les causes.*

4 – Les PANS sont des aéronefs d'origine inconnue.

5 – La plupart des observations de PANS sont provoquées par les extra-terrestres.

6 – Les extra-terrestres font en sorte d'être vus par certains, mais restent volontairement discrets.

7 – Les extraterrestres interviennent dans la vie des humains.

Xavier Passot précise :

Le GEIPAN est au niveau 3 : il admet qu'il existe des phénomènes inexplicables, sans être sûr de la matérialité des phénomènes invoqués.

Son positionnement vis-à-vis du phénomène : dans l'attente de preuves, avec plusieurs témoins indépendants, complétées de photo de près.

« Après quatre ans et demi à la tête du GEIPAN »

En janvier 2016, Xavier Passot quitte la cellule[17] et m'adresse sous cet intitulé, une synthèse d'une page, sur ce que lui inspire le phénomène OVNI, tel qu'il l'a perçu et appréhendé durant son mandat. La période dans un contexte de grande banalité observationnelle ne se prêtait pas particulièrement aux avancées significatives. C'est ce que traduit le commentaire du chef du GEIPAN, décrivant son expérience.

.../...« Après avoir réalisé la fragilité du témoignage humain, j'ai évidemment une opinion du phénomène OVNI bien différente de ceux qui n'ont vu que quelques reportages à sensation et lu quelques livres cultivant le mystère. Lorsque je lis les observations des cas non identifiés, je les interprète par conséquent avec ce puissant filtre forgé par mon expérience sur les cas expliqués, et ils apparaissent évidemment sous un angle bien moins étrange que celui sous lequel ils sont habituellement présentés. Si je considère toujours qu'il existe un nombre important de cas inexpliqués, ils apparaissent évidemment sous un angle bien moins étrange que celui sous lequel ils sont habituellement présentés. Je pense qu'il faut d'abord envisager des enquêtes incomplètes, des illusions de perception extrêmes,

[17] En février 2016 Jean Paul Aguttes, ingénieur en télécommunications succède à Xavier Passot, Au CNES, il avait la responsabilité d'une centaine d'ingénieurs à la Direction des radios-fréquences. Il est auditeur de l'IHEDN, session 1998.

des canulars, des hallucinations, des rêves éveillés, ou des phénomènes naturels méconnus, avant de penser à des visiteurs extraterrestres. Qu'ils existent ou pas, qu'ils soient venus ou non, ces derniers n'ont pas à jouer le rôle de « bouche-trou » de tous les phénomènes incompris ! La science ne pourra s'intéresser à eux que lorsqu'ils seront clairement observables.

Lors de l'entretien Xavier Passot se disait *«... un peu déçu du manque d'étrangeté finalement, de ce qui nous parvient la plupart du temps ».* Jusqu'à la fin de son mandat, aucune observation majeure comme en connaitront les chefs du GEPAN des décennies 1980/1990, ne viendra enrichir les archives ; le service enregistrant cependant une moyenne de 150 à 200 témoignages par an. L'expérience de ses quatre années au GEIPAN incite Xavier Passot à globaliser les quelques réponses qu'il s'est construites, à l'ensemble du dossier. La suite des éléments dont je fais état, montrent qu'il faut se garder ici de bien tentants et faciles raccourcis. Le reproche qu'on ne manquera pas de faire à l'ex chef du GEIPAN, est de ne pas avoir apparemment investigué sur les cas anciens, qui demeurent pour l'instant la pierre d'achoppement de l'énigme. Xavier Passot lui-même reconnait dans l'entretien, « *On a plusieurs cas, sur lesquels je n'ai pas la moindre idée de ce que cela pourrait être* »

Nous savons qu'hormis une enquête succincte, la cellule du CNES, n'avait pas la capacité, – ni l'autorisation comme le soulignent les chefs du GEIPAN – d'étudier pour son compte le contenu des témoignages, donc n'avait pas les moyens scientifiquement parlant, de déterminer les paramètres objectifs en jeu. Les conclusions émises dans la synthèse d'une page seraient peut-être fort différentes, si Xavier Passot avait possédé cette opérabilité. Les avancées concrètes que connurent en leur temps, Claude Poher et Alain Esterle, permirent de déboucher sur des chantiers, mais surtout des interrogations qui demeurent toujours d'actualité, malgré l'extrême banalité que donne à voir depuis quelques décennies l'actuelle composante visuelle du phénomène.

Je suis toujours intrigué par la détermination de ceux qui, au sein de la cellule du CNES, se sont consacrés à ce dossier aux données fluctuantes, qui débouche invariablement sur la frustration de la mission inachevée.

Chacun à sa manière continue à accumuler des données, à proposer des schémas pour améliorer l'outil – aujourd'hui l'entretien cognitif – sans pour autant connaître précisément le but, la finalité de l'opération. C'est comme si les clichés du télescope Hubble ne servaient à rien d'autre qu'à constituer une belle collection d'images, dont les astronomes se désintéresseraient d'inventorier les informations. D'où la déception certaine de Xavier Passot. D'où la marginalisation du dossier par la science.

Claude Poher pourrait longuement témoigner de l'indifférence de l'ensemble des administrations, de la communauté scientifique, qui en demeurent aux clichés colportés par les médias. Il était indispensable d'entendre l'homme par qui tout est arrivé et dont l'histoire personnelle a façonné ce que nous avons appris de l'énigme. En y associant celui qui sera son adjoint, Alain Esterle, qui prendra la suite de l'enquête après son départ, et qui a permis des avancées significatives.

En sachant que Claude Poher, s'est retiré du débat et qu'il n'est pas en recherche de communication au sens où l'entend le journaliste. Fût-il limité, le bref échange épistolaire que nous aurons est on ne peut plus instructif du combat que doit mener un homme de science, qui a eu le courage de s'investir dans un sujet qui demeure toujours tabou et d'un devenir incertain.

CHAPITRE 12

Claude Poher – Alain Esterle : les référents

Au cours de la décennie 1970, Claude Poher jeune et brillant ingénieur du Centre Spatial de Toulouse, persuade sa direction de créer une cellule de réflexion sur ces étranges apparitions de « Soucoupes Volantes » qui déferlent depuis les années 50, et sur lesquelles la société française s'interroge, voire s'inquiète. Le Directeur général du Centre de Toulouse, Yves Sillard, l'aide à concrétiser le projet et, en mai 1977, le « Groupement d'Etude des Phénomènes Aérospatiaux », le GEPAN, voit le jour.

La Presse, enthousiaste et friande de révélations, consacre à la décision de nombreux articles et reportages. La mise en place de l'unité du CNES qui officiellement allait étudier les « Soucoupes Volantes » est commentée par l'ensemble des médias. Claude Poher devient la coqueluche des journalistes. Match l'interviewe dans l'enceinte du Centre Spatial de Toulouse et le photographie sur fond de paraboles, en lui consacrant sa page de couverture. Un cliché, repris en 2012 par un site Internet décrivant son parcours. Quarante ans plus tard, la discrétion qui entoure ses activités l'a coupé des milieux ufologiques et c'est dans un relatif anonymat que paraît en 2003 l'ouvrage[18] dans lequel il fait état de ses recherches sur les « Universons », les « Entités quantiques » intervenant selon ses analyses dans la propulsion des OVNIS. Les modélisations qu'il entreprend en laboratoire débouchent sur la formulation d'une théorie, qu'il va s'employer à soumettre aux pairs de la science, en la publiant dans une revue à referee, comme cela se pratique lorsqu'un chercheur souhaite officialiser le résultat de ses travaux. L'entreprise est à deux doigts de déboucher sur une reconnaissance du modèle qu'il a élaboré avec son équipe, lorsque la direction de la revue suspend la publication de l'article, deux jours après sa diffusion sur son site Internet.

A l'époque, lorsque je prends contact avec Claude Poher, c'est pour l'entendre à son tour, lui qui en a été la cheville ouvrière, témoigner sur la création du groupe d'enquêtes. Il n'éprouve pas alors, et on peut le

[18] « GRAVITATION Les Universons, énergie du futur » Claude Poher. Edts du Rocher 2003

comprendre, d'enthousiasme particulier à participer à l'exercice. Je dois à l'amical soutien de Francine Fouéré d'obtenir de l'homme par qui tout est arrivé de répondre à ma sollicitation. Son bref message vaut mieux qu'un long discours et nous fait saisir ce qui sépare un scientifique ouvert à la question des confrères paralysés par les dogmes et les interdits.

Le 1er Octobre 2010, Claude Poher, en réponse à ma demande d'entretien, m'adresse ce mail.

« Bonjour Monsieur Roussel,

J'ai pour règle de ne pas contribuer à des ouvrages comme celui que vous projetez d'écrire. Désolé. Votre personne n'est pas en cause et je respecte d'ailleurs votre action. Je préfère dire moi-même directement ce que j'ai à dire et c'est pour cette raison que j'ai créé un site Internet. Pour le moment j'ai choisi de fermer l'accès public à ce site. Mais cela n'est que provisoire.

J'ai quitté le GEPAN et la scène médiatique des OVNIS, il y a plus de trente ans, ce n'est donc pas pour y revenir maintenant. Je suis passé des enquêtes à la recherche concrète en laboratoire et cela marche fort bien ma foi. Ce n'est pas parce que les témoignages d'observations d'OVNIS ne présentent pas d'intérêt, bien au contraire. C'est parce que je suis passé à tout autre chose qui accapare tout mon temps. Le temps en effet n'est plus à l'analyse des témoignages mais à la recherche active en laboratoire. Et dans ce domaine, je n'ai besoin de rien d'autre que de temps et de calme. L'avis des scientifiques sur la question des OVNIS, m'indiffère donc totalement. Aucun « différend » ne m'oppose d'ailleurs à des « instances scientifiques ».

J'ai proposé un article scientifique à une revue de physique appliquée (EPJAP-Mai 2010) afin de décrire des faits observés au cours d'expériences de laboratoire. La dite revue a confié mon manuscrit à ses referees qui l'ont accepté pour publication. Le Directeur de la rubrique scientifique spécialisée a également accepté l'article. Par conséquent l'article a été mis en ligne sur le site Internet de la revue après ces acceptations. Un ou plusieurs scientifiques non identifiés se sont aussitôt plaints au Directeur du journal et ont demandé le retrait de l'article. Par un simulacre de second jugement, le Directeur de la publication a décidé de retirer l'article, en émettant des objections que je considère comme scientifiquement irrecevables. Mais c'est le droit le plus strict de cette revue de refuser ce qui lui déplaît, y compris des résultats expérimentaux. Nous sommes en République. C'est évidemment dommage pour les physiciens lecteurs de la revue et c'est dommage aussi pour le temps que j'ai perdu à préparer cet article, mais ce n'est pas un drame. De toutes manières, ce que je fais est connu de tous et je poursuis cet effort. Les phénomènes physiques que j'ai mis en évidence ne disparaîtront en effet pas sous l'action des irresponsables qui sont à l'origine de cette censure et tôt ou tard ce sera connu et enseigné.

Pour le moment je continue donc à expérimenter et à réfléchir aux résultats. Ma priorité est de tenter de convaincre un industriel d'envisager des applications. Pour ce qui concerne les publications scientifiques, laissons retomber le soufflé, et les choses se feront d'elles-mêmes. Les censeurs n'auront ainsi pas de grain à moudre.

Je vous souhaite la réussite dans votre projet. Bien cordialement »

« IL EST A CRAINDRE ... »

Effectivement, un an plus tard en octobre 2011, un journal international à comité de lecture – le « Applied Physics Research » – publiera l'article accompagné d'un document vidéo sur les expériences du chercheur. En août 2013, la NASA intervient dans le débat et effectue à Huntsville – Alabama/ USA – annonce Claude Poher dans un communiqué publié par l'Académie Ufologique – une réplication des expériences sur la « Propulsion Gravitationnelle électrique ». Celui-ci peut alors écrire en conclusion de ce long combat, dont s'est désintéressé la science française : *« Nous envisageons maintenant l'industrialisation de nos technologies inventées. »* Satisfaction légitime d'un scientifique qui a passé sa vie à hisser au rang de la démarche scientifique les paramètres du phénomène OVNI, et qui ouvre ainsi la porte aux fabuleuses potentialités qu'il recèle.

Ainsi qu'il le raconte dans son livre, la prise en compte du phénomène, la création du GEPAN en 1977 connurent des fortunes diverses, faites de hauts et de bas. Il tenta de pérenniser les premières avancées en demandant et en obtenant la création d'un Conseil Scientifique qui se montrerait garant du sérieux de l'approche du GEPAN et le guiderait dans ses premiers travaux.

Ledit Conseil était composé de 8 scientifiques – un astronome, des chercheurs de la physique des plasmas, un représentant de la physique des hautes énergies et de la haute atmosphère, des spécialistes de la météo, de la géodésique par satellite, un psychologue – qui, outre de superviser les travaux du GEPAN, proposaient des thèmes de recherche. Le Conseil scientifique était placé sous l'autorité d'Hubert Curien, le Président du CNES. Sur le débat qui s'instaura entre ses membres, il demeura confiné à l'enceinte du Centre. En 1979, les noms de ces personnalités ne furent pas divulgués, comme l'exigèrent certaines d'entre elles pour rejoindre l'instance. *« Je considère cette réserve peu conforme à l'esprit scientifique »* écrira dans son ouvrage Claude Poher.

Pierre Guérin, astrophysicien, le premier astronome à s'impliquer dans les années 60/70 dans les sulfureuses affaires d'OVNIS, consultant auprès du GEPAN avec lequel je suis en correspondance, note quant à lui sur cette affaire d'anonymat :

« Les membres du C.S. ne tenaient nullement à ce que leurs chers collègues sachent qu'ils planchaient sur les « soucoupes volantes ». Du

même coup, cela vous en dit long sur la limite au-delà de laquelle ces gens n'iront jamais... ».

Par ailleurs, la composition et la représentativité des membres du Conseil Scientifique, ne semblent pas satisfaire Claude Poher : *« Ce Conseil ne méritait pas en fait sa qualification de « scientifique »,* écrit-il dans « Les Universons ». Il était essentiellement constitué d'ingénieurs, de managers, *« dont l'influence vis-à-vis du milieu scientifique national était insuffisante »,* selon lui. D'autant que le groupe de scientifiques ne participe que médiocrement à l'activité du GEPAN, et son chef Claude Poher de remarquer *« Un physicien, spécialiste des plasmas, n'assista à aucune des réunions ».* Lorsqu'il invite en 1978 les membres du Conseil Scientifique à participer aux enquêtes de terrain, un seul de ses membres se rendra libre. Mais ils ne sont pas les seuls à se défiler. *« De même j'ai tenté de faire participer le Président du CNES (*Hubert Curien) *à une enquête dans la région de Toulouse, en lui garantissant une totale discrétion et une durée ne dépassant pas quatre heures, voyage inclus, mais il n'a pas donné suite à la requête. »* écrit dépité Claude Poher.

Celui-ci a alors le sentiment qu'il se bat contre les moulins à vent.

Le manque d'adhésion de sa Direction et des membres du Conseil Scientifique, lui fait saisir ce qui sépare ceux qui interviennent activement dans l'étude, de ceux qui se contentent d'observer sans s'engager. Claude Poher désigne le grand responsable de l'échec de cette première période des travaux du GEPAN, le Conseil Scientifique, qu'il regrette de ne pas voir entériner les conclusions générales de l'activité 1978, dont l'alinéa 8 définit bien l'origine privilégiée des OVNIS, telle qu'elle transparaît alors pour le panel des 19 observateurs qui interviendront au cours de 11 enquêtes :

« -8-*En conséquence nous recommandons qu'une nouvelle phase de travail soit abordée, celle de soutien d'études théoriques ou de laboratoire, modestes mais significatives, s'appuyant sur une collecte des données auprès des témoins, basées sur l'hypothèse provisoire de la circulation de véhicules de provenance, de technologie, voire de physique inconnues. C'est là un objectif qui, s'il n'est pas parfaitement justifié par une crédibilité scientifique absolue des hypothèses, est néanmoins assez lourd de conséquences pour l'humanité pour qu'il soit entrepris malgré un certain risque d'échec. »*

Claude Poher, conscient de la portée du propos, prend la précaution de dire que l'énoncé n'a pas de prétention scientifique. Il reste qu'il propose ni plus ni moins, à ceux qui ont en charge de superviser son travail, de cautionner la reconnaissance officielle d'une théorie sur la présence et l'activité d'objets volants non Identifiables, relevant d'une technologie inconnue. La pilule est difficile à avaler du côté du Conseil Scientifique, où vivotaient 8 membres qui n'avaient pas, comme l'a déclaré Claude Poher, la carrure suffisante leur permettant d'imposer des conclusions assurément promises à controverses, quand on veut bien se souvenir qu'au départ l'enquête privilégiait le phénomène de société. Mais le problème se posait peut-être plus encore au sein de la Direction du CNES, et l'analyse des évènements qui suivirent le départ de Claude Poher va confirmer l'impression.

Pour l'heure la diffusion des conclusions de Poher ne se traduit par aucun changement dans les recommandations du C.S., qui limite le GEPAN à un rôle de recueil des observations. Amer, Claude Poher, signifie qu'à ses yeux l'étude est condamnée.

*« Dans ces conditions, la diffusion des travaux du GEPAN, étant limitée au huit membres d'un Conseil Scientifique qui n'avait de scientifique que le nom, il était impossible d'obtenir la collaborations de chercheurs extérieurs au CNES. Et toute perspective d'études les plus avancées était vouée à l'échec. »*Claude Poher quitte alors le bateau CNES, pour partir voguer sur le sien, que depuis quelques années il construit dans son jardin, ainsi que François Louange, l'homme de l'Audit, le raconte. Il passe alors les commandes à Alain Esterle et quitte définitivement la scène ufologique. La dernière page du livre s'achève sur un constat écrit en caractère gras, qui sonne comme une sentence.

« Il est à craindre que les générations futures ne comprennent pas pourquoi un service public s'est ainsi isolé et enfermé dans le mutisme, sur un sujet aussi important, pendant plus d'un quart de siècle... »

L'aventure GEPAN ne fait que commencer. Celle que raconte, au cours de son entretien, Alain Esterle nous fait entrevoir les contradictions dans lesquelles se débattent les chercheurs.

Durant la période Alain Esterle ressurgit un Conseil Scientifique qui devient à son tour accusateur. Le GEPAN, authentique thriller scientifique, promis à tous les rebondissements !!

ALAIN ESTERLE

François Louange, Yves Sillard, Jacques Patenet, Yvan Blanc font référence à plusieurs reprises au travail de l'équipe d'Alain Esterle, et la période – 1981/1983 – où il officie, est décrite comme l'époque faste de la commission d'enquête du CNES.

J'ai été frappé par le silence observé par Alain Esterle après son départ du GEPAN, qui donna lieu à divers commentaires contradictoires.

Pas d'articles, pas de livres sur ces trois années écoulées, certainement les plus passionnantes de l'étude. D'excellentes raisons de l'entendre commenter son expérience. Un peu moins d'un an s'écoulera entre l'idée et la réalisation. Le temps de localiser Alain Esterle, le temps de le convaincre de s'entretenir avec le journaliste reçu quelques 30 années plus tôt au GEPAN.

Pour le résident du sud-ouest, le café « Le Bergerac » à Bourg-la-Reine, c'est un peu du territoire aquitain que l'on foule en périphérie de la capitale. Cependant, la gouaille du serveur parisien *« Bonjour Monsieur Marcel ! »*, *« Un petit rouge pour Monsieur Emile ! »* renvoie plutôt aux dialogues d'Audiard qu'au langage fleuri du Sud-Ouest. On s'attend à voir Archimède le clochard prendre d'assaut le zinc, dans un tonitruant, *« Salut la compagnie ! Un petit blanc sec, bien frais ! »*

Je passe au crible chaque client, cela fait presque 3 décennies, ce matin de mai 2010, qu'est figée dans ma mémoire l'image du jeune polytechnicien. Le doute me dirige sur un quidam s'installant à une table. *« Monsieur Esterle ? »* Au plus près, je comprends la méprise… Alain Esterle, cabas dans une main, deux minutes plus tard franchit la porte. Il n'a guère changé. Silhouette fine, regard direct, contrôle de soi avec un zeste de nonchalance. J'installe mon mini-kit du reporter : stylo, MP3 enregistreur, ma liste de questions. Alain Esterle me regarde et précise qu'il souhaiterait que je lui communique le texte de l'entretien. Je réponds par l'affirmative et mets en route la machine.

Alain Esterle m'apparaît aux antipodes de ce que construirait autour du personnage un réalisateur inspiré par son parcours dans les services sensibles de la Défense. Il pourrait se draper dans un rôle d'inaccessibilité lui permettant d'esquiver les questions embarrassantes. Tout le contraire de l'homme qui me fait face, examinant les faits avec sérénité, les décrivant avec précision, ne succombant pas aux extrapolations non fondées, pour ne retenir que le concret du dossier. L'homme a tourné la page GEPAN, pour se consacrer durant les 30 ans qui ont suivi à d'autres challenges.

« Mon départ du GEPAN ? Rien de plus banal après 3 ans ½ à sa tête ! C'est le laps de temps classique que l'on occupe dans un poste ! »

Quand je lui parle d'Internet et de la constellation des sites OVNIS, il déclare ne pas s'y intéresser. Il ne suit plus le débat des associations qui oeuvrent pour la cause. Quand j'évoque les références dont il est l'objet qui font abondamment mention à son passé de chef de la cellule du CNES, il s'en amuse et souligne qu'elles réduisent arbitrairement ses compétences qui comme le montre son profil de carrière, se sont portées sur d'autres activités. La microgravité, l'ingénierie en Informatique, les sciences spatiales et maintenant des fonctions de consultant, complétées par des publications d'ouvrages spécifiques aux disciplines sur lesquelles durant toutes ces années il avait marqué son savoir.

Q : Trente ans après votre intervention au titre de chef du GEPAN, vous faites un bilan sur cette période ?

A. Esterle : Je ne peux pas dire que je fasse de bilan ou d'analyse à posteriori.

Je ne n'ai pas suivi précisément les évolutions de l'affaire ainsi que les réorganisations successives du GEPAN.

Q : Vous vous êtes complètement coupé de cette période ?

A.Esterle : Un bien grand mot. Je me suis simplement mis à faire autre chose. Mais je ne regrette rien de cette période. C'était tout à fait intéressant, même excitant parfois. Il était normal que soient tentés des efforts dans ce sens, car il existait une certaine attente sociale sur des explications, des travaux. J'ai compris les limites de l'entreprise qu'il était possible de mener.

Q : Comment s'est déroulée votre nomination à ce poste ?

A. Esterle : Il y a eu, comme ça se déroule toujours au sein du CNES, appel au peuple sur une proposition de candidature après le départ de Claude Poher. La direction a sélectionné les personnes correspondant au profil et m'a proposé d'occuper le poste de manière tout à fait naturelle.

Q : Pour quelle raison avait-on créé le GEPAN à l'époque ? C'était en réponse à l'effervescence psychosociale attribuée au phénomène ?

A. Esterle : L'interrogation psychosociale existait bien avant. La création du groupe a été la rencontre de facteurs multiples. Il y avait cette interrogation, qui existait depuis les années 50. Il y a eu l'action d'un certain nombre de personnes. Notamment celle d'un journaliste qui mena une communication très active sur le sujet, et qui a certainement contribué à attiser cette attente sociale. Il y a eu l'action de Claude POHER au sein du CNES, déterminante pour la création du GEPAN. Et puis l'accueil d'Yves SILLARD alors Directeur du CNES, qui a été également un facteur important.

Q : Vous ne suivez pas particulièrement aujourd'hui l'évolution des choses en la matière ? Vous êtes demeuré en relation avec les chefs du GEPAN ?

A.Esterle : Non, je n'essaie pas ! Non, je n'ai pas formé de club des anciens. Non, on n'a pas fait ça !

MANIPULATION ? DESINFORMATION ?

Q : Sur Internet on trouve toujours pourtant votre nom associé à l'étude du Phénomène OVNI.

A.Esterle : Oui, oui, j'ai vu ! Quand on met mon nom sur Google les 3/4 des pages qui sortent, portent sur les OVNIS avec description de tout cet épisode de ma carrière dans la durée et aussi dans l'importance générale. De la manière dont je perçois, moi, ma carrière, cette période est ici tout à fait surdimensionnée. Je n'y peux rien, c'est comme ça !!

Q : Précisément, qu'est devenue votre carrière après la période GEPAN ?

A.Esterle : J'ai poursuivi mon parcours professionnel au sein du CNES. Je me suis orienté sur la recherche scientifique, plus exactement les expériences en microgravité, qui durant les années 80 étaient le must. J'ai aussi collaboré aux missions habitées, tant soviétiques qu'américaines. J'ai préparé ainsi un certain nombre de missions avec les spationautes, les astronautes des années 80. Toujours au CNES, ensuite, je suis rentré dans les relations internationales. Enfin je suis passé au ministère de la Défense, toujours dans les affaires spatiales.

Q : A la DGA ?

A.Esterle : Non pas à la DGA, à la Délégation des Affaires Stratégiques. Au ministère de la Défense existent trois secteurs différents et complémentaires. Les Armées, 300000 hommes à l'époque (1995-2000) la DGA, 30000 hommes. Et puis existe une petite entité qui s'appelle la Délégation aux affaires stratégiques, qui est directement rattachée au Ministre pour le conseiller sur un certain nombre d'orientations qui ne sont pas uniquement techniques comme la DGA, ou directement opérationnelles comme les Armées. C'est au sein de cette petite entité, composée à l'époque d'une centaine de personnes, que j'ai travaillé jusqu'en fin 1999. Par la suite je suis passé au Secrétariat Général de la Défense Nationale, qui est un service du Premier Ministre pour le volet « Sécurité des systèmes d'information ». Plus tard je me retrouvai dans une agence Européenne de la Sécurité des systèmes d'information qui a été créé en Grèce, où j'ai travaillé jusqu'en 2008. Maintenant je suis rentré à Paris et suis devenu consultant et fais partie d'une Fondation de recherche qui travaille sur les affaires stratégiques.

Q : Avec ces histoires de conspiration, de services secrets – Roswell, la base 51 et ses engins secrets – selon vous qui avez été au plus près des arcanes de la Défense, existerait-il une volonté de dissimulation sur le phénomène OVNI, qui laisse penser qu'on cache des choses ?

A.Esterle : Pour les affaires américaines, je n'ai pas d'information et celles publiées ne veulent rien dire. Du côté français, je n'ai jamais été confronté à des situations ou des documents qui laissaient penser que quelque chose ait été caché. Cela ne veut pas dire qu'il n'y ait rien ! Mais personnellement je n'ai jamais vu, ni entendu, ni lu un document qui m'amènerait à penser qu'il y a une volonté de dissimulation particulière.

Q : Je vais vous montrer quelque chose que l'on trouve sur Internet, lorsqu'on fait votre nom…

Sous le regard intrigué d'Alain Esterle, je dépose à ce moment-là des schémas qui s'apparentent à des toiles d'araignées. Le centre de la toile est occupé par un nom de responsable politique, Président de la République, Ministres des Armées ou Directeurs des Services de Renseignements.

Lorsque le nom d'un Ministre des Armées ou d'un chef de contre-espionnage se prolongent sur le sigle du GEPAN et aboutit à celui d'Alain Esterle– ou d'autres, celui de Jean-Jacques Vélasco – on peut penser qu'un lien existe entre le chef de la cellule du CNES et ces personnes ou Services. Je présente une dizaine de ces diagrammes recueillis sur un site d'origine britannique, et interroge Alain Esterle.

Q : Que signifient à vos yeux ces figures ? Vous pouvez constater qu'on retrouve votre nom en liaison avec les armées et les services de renseignement…

Alain Esterle manipulant un à un les documents, semble chercher un élément particulier, interroge tout haut :

-On doit voir mon nom quelque part ?... »

-Effectivement on retrouve à plusieurs endroits votre nom… »

Alain Esterle déchiffrant un à un les diagrammes :

-Un Vélasco, un Esterle… Oui et bien, écoutez, je ne sais pas… J'avais déjà vu ça. Une fois quelqu'un m'en avait parlé. C'était les mêmes sources. Il s'agit d'une technique de « fouilles de données ». On prend des données disparates, des textes de toutes origines et on essaie d'établir des relations entre eux. C'est un peu plus simple de faire ça, que des mots-clés qui permettent de qualifier ou d'attribuer des textes. On essaie de faire des regroupements. On me l'avait signalé, et je crois que j'avais regardé une fois sur Internet et mon nom apparaissait au cœur d'une conspiration. Je serais relié aux services les plus secrets français, voire à des Ministres. Pour moi, ça ne correspond à rien du tout. Je puis vous garantir, que je n'ai jamais vécu quoi que ce soit en relation avec ce que suggèrent ces diagrammes. Je pense que ces diagrammes ont été réalisés par des systèmes automatiques, pas à la suite d'enquêtes de terrain et d'interview des personnes citées.

Q : J'ai soumis ces diagrammes à un spécialiste de la communication et des réseaux sociaux, qui a conclu que les fils reliaient entre elles personnes et services, et dont la couleur correspondait à la fréquence de rencontres entre elles.

A. Esterle : Pour ma part je n'ai jamais communiqué avec Monsieur Hernu, comme l'indique le diagramme, Marion ou l'amiral Lacoste, c'est-à-dire les patrons de la DGSE, ou SDECE autrefois comme il est mentionné dans ces dessins. Je n'ai jamais été en relation avec ces gens-là… Vous savez à quoi ça me fait penser ?

Q : A une opération de désinformation pour discréditer votre travail, celui du GEPAN ?

A. Esterle : Je ne sais pas s'il existe ici un objectif de désinformation car il faut une volonté pour la provoquer. Vous vous souvenez des années 60, lorsqu'est apparu cet ouvrage « Le Matin des Magiciens » ? On s'amusait à manipuler des chiffres et des nombres dans des constructions où l'on aboutissait à des conclusions extraordinaires. C'est-à-dire un peu de tout et n'importe quoi.

Selon le spécialiste des réseaux sociaux contacté, la couleur de la ligne indique le degré de rapprochement des gens. Le jaune qu'ils se connaissent très peu. Le bleu roi signifierait, relations faibles non suivies. Le vert que les personnes se voient, mais rarement. Le rose, de temps en temps. L'orange, de façon régulière. Le bleu marine concernerait des gens très proches, familiers, appartenant au même cercle de travail ou relationnel.

Plusieurs de ces diagrammes de couleur bleue marine – liens réguliers – rattachent le GEPAN au Ministre des Armées Charles Hernu et au responsable des Renseignements de l'époque Pierre Marion.

Cette même ligne bleue dans certains diagrammes, relie le GEPAN au Président Giscard d'Estaing !

Qui tire les ficelles ici, peut-on s'interroger ? Dans quel but ? Dans quelles intentions ? Désigner des pistes débouchant sur quelques secrets d'Etat ? Ou, dans une volonté d'intox, relier les OVNIS à des centrales de renseignement nécessairement en relation avec les agences étrangères, CIA, KGB, ce qui viendrait conforter la théorie du complot à l'échelon mondial ? Je quitte le sujet sur lequel, on l'a vu, Alain Esterle n'a pas rebondi sans pour autant se défausser, pour revenir au coeur de mon enquête, les OVNIS et la science.

« DONNEES INSUFFISANTES ! »

Q : Avez-vous une analyse à donner sur le silence de la communauté scientifique, thème de ce livre ? Que vous inspire cette discrétion de sa part sur la question, vous qui avez tenté précisément une approche scientifique ?

A.Esterle : Moi ce qui m'étonne, c'est que les gens s'étonnent de cette situation. Si vous êtes un scientifique, cela signifie que vous devez publier. Vous n'existez qu'à travers vos publications. Pour publier il faut avoir de la matière, il faut avoir des données. Et il faut évidemment que les publications soient passées à la moulinette des pairs sur la méthode employée. Mais on ne peut pas publier dans un cadre scientifique quand on ne possède pas d'éléments concrets et que la matière est sujette à caution. Ou quand on est devant des évènements qui ne sont pas reproductibles, c'est-à-dire que personne ne peut reprendre votre démarche. Parce qu'à ce moment il n'y a pas de nouvelles informations pouvant être confrontées.

C'est pour cette raison que le CNRS, par exemple, ne s'est pas engagé dans cette affaire et a posteriori on comprend que seul le CNES pouvait créer le GEPAN et l'accueillir. Les gens qui travaillent au CNES, des ingénieurs qui ne sont pas tenus de publier, doivent produire des actions, des résultats.

Généralement ce sont des satellites, des applications spatiales qui seront utiles au développement de la société. L'affaire des OVNIS est un peu à la marge, mais rentre bien dans le cadre normal de l'institution CNES. La prise en charge de l'unité aurait été extrêmement difficile, voire impossible dans la fonction d'un Institut de Recherche. On ne sait pas quelle sera la nature des paramètres qui seront accessibles à un moment ou un autre. Aucun scientifique ne saurait s'engager ici en espérant faire carrière. Ce serait complètement suicidaire en tant que chercheur. Ce n'est pas le contenu qui est en cause, c'est la compatibilité des faits avec une démarche scientifique.

Q : Pourquoi une personnalité de votre envergure, qui a marqué de son empreinte l'étude, ne s'implique pas plus avant en faisant connaître son analyse de l'affaire ?

A. Esterle : …et ne se sente pas obligée de transmettre à l'humanité entière ses découvertes et son message ? J'ai bien écrit effectivement quelques livres, mais pas là-dessus. Je ne me suis pas posé la question et il ne m'est pas venu l'envie de donner mon avis. Puisque vous me la posez je suis bien obligé d'y réfléchir. Ma réponse est simple : je n'ai pas d'avis sur le phénomène.

Q : Et votre conviction personnelle…

A.Esterle : Je le répète : je n'ai pas d'avis parce qu'on n'a pas pu recueillir suffisamment de données pour me former un avis. Je ne suis absolument pas sûr qu'il y ait un phénomène unique, une source unique de phénomènes. Ils sont disparates, dispersés ! Sur le fond du problème je n'ai rien à dire à ce stade.

Q : Vous n'avez pas été troublé par un cas particulier ?

A.Esterle : Si j'ai été troublé ? Il y avait les cas intéressants, l'Amarante et une autre affaire, lorsque se terminait ma participation. Une histoire de voiture qui avait été stoppée et c'était assez étrange. Il y avait cette autre observation du côté du camp de Canjuers, avec témoin unique qui avait vu quelque chose se poser, le cas de Trans-en-Provence. Cela pouvait éventuellement évoquer des évènements dont on parlait peu à l'époque, qui le sont un peu plus maintenant. Par exemple, dans le cas de la voiture stoppée, un rayonnement pouvait effectivement avoir provoqué la panne. Il y avait quelques cas de la sorte où on ne pouvait fournir a priori d'explication simple. Maintenant on peut toujours imaginer des choses d'origine peu courante, émanant d'une technologie militaire…

Q : Entre autres, les Drones ?

A.Esterle : Oui, ça se fait depuis, d'ailleurs. On peut ainsi immobiliser un véhicule à distance par micro-ondes. A l'époque on n'avait pas assez d'informations sur le sujet pour construire une théorie, bâtir quelque chose, engager une démarche scientifique, qu'à ce moment-là, on ne possédait pas. Je ne sais pas si cela a évolué depuis. Je n'ai rien de spécial à dire, ni sur les méthodologies, parce que simplement ça fait appel à des principes classiques d'enquêtes rigoureuses. Le sujet y est apte plutôt que d'autres.

Les enquêtes criminelles sont un bon exemple sur la manière de procéder dans ces affaires. L'enquête scientifique s'en inspire d'ailleurs. Je n'ai jamais pensé que j'avais des informations tellement extraordinaires qui vaillent la peine de les traduire dans un livre. Comme précisé, j'ai beaucoup rédigé, publié sur tout un tas de sujets. J'ai écrit d'assez nombreux articles et piloté des écritures de livres sur d'autres sujets parce que j'avais là des éléments plus originaux à présenter que dans ce cas-là. C'est tout !

Q : Comment était perçu au sein du CNES votre activité ? On dit que certains se montraient sceptiques sur l'intérêt d'une telle étude.

A.Esterle : A l'époque de la création en 1977, les avis étaient partagés mais la Direction a eu le bon goût de toujours considérer que ça faisait partie des choses qui étaient dans le périmètre des activités du CNES et a donc maintenu l'activité. Elle n'est pas très développée…

Q : A l'époque où vous étiez en charge, combien de personnes travaillaient avec vous ?

A.Esterle : C'est difficile à préciser. Nous étions 3 permanents. Il y avait des gens de l'Université qui apportaient un soutien. Des gens sous contrat, des vacataires, des choses comme ça. Avec les labos qui intervenaient sur demande, c'était relativement rare. Il faut le reconnaître, il y avait rarement des éléments physiques en notre possession à soumettre à des analyses.

Q : Vos collègues scientifiques qui participaient périodiquement à vos travaux, commentaient-ils votre travail ? S'intéressaient-ils aux éventuelles conclusions que vous inspiraient vos enquêtes ?

A.Esterle : Il y en avait un certain nombre, éparpillés dans des organismes de recherche qui faisaient ça, non pas en tant qu'activité mandatée, mais à titre de hobby personnel de manière normale. Cela revient à ce que je disais sur le travail pouvant déboucher sur publication, mais ici il n'y avait pas matière à publication.

Q : Vous connaissiez des gens qui s'intéressaient de manière approfondie au sujet ?

A.Esterle : Oui j'en connaissais quelques-uns. Il y avait une petite communauté d'activités scientifiques, dont faisait partie Claude Poher et qu'il fédérait sous son nom, depuis la création du GEPAN. Donc lorsque j'ai pris la responsabilité du GEPAN, tout naturellement cela s'est poursuivi.

Q : Lors de la prise en charge de la question par le CNES, des gens ont manifesté leur opposition, regrettant qu'on accorde un budget à ce secteur aux dépens d'un autre ?

A.Esterle : Rassurez-vous, personne ne m'a injurié à ce sujet. Dans la communauté scientifique il y en a qui visiblement considéraient que ça n'avait pas d'intérêt particulier. Par rapport à la perception que j'en ai gardé, c'est vrai qu'il n'y a pas matière à beaucoup de développement sur ce sujet. Tant qu'il n'y aura pas de capacité de recueil d'information plus rigoureuses, plus systématiques sur la question, rien ne progressera. La situation ne changera pas !

Q : Est-ce que le CNES serait prêt à libérer dans ce domaine un vrai budget de recherches ?

A. Esterle : A l'époque j'avais demandé un budget supplémentaire et au bout d'un an je l'avais obtenu. C'était du temps où Yves Sillard était en poste. A ce moment-là existait un Comité Scientifique qui était d'ailleurs présidé par le président du CNES Hubert Curien, composé d'un certain nombre de scientifiques de très bonne facture. Un physicien, un psychologue d'Université, des météorologues, un astrophysicien. Chaque année on leur présentait une synthèse de notre travail et ils donnaient leur avis. C'était un bon mécanisme pour garder le contact à la fois avec la communauté scientifique, bien représentée, et avec les représentants du CNES. C'est un peu sur cette base-là qu'ils avaient donné un petit coup de pouce à ma demande de supplément de budget au bout d'un an. Probablement par ce qu'ils avaient apprécié la manière dont on travaillait peut être plus que les résultats en eux-mêmes. Et puis il n'y a pas eu de percée significative. Même si sont apparus quelques cas qui posent problème dans la compréhension de ce qu'ils pouvaient représenter. Cela n'a pas constitué une percée qui justifie, aux yeux du CNES, un investissement plus fort qu'il existait alors.

Voilà ce que pour ma part je pouvais dire sur cette période. Je n'ai rien de spécial à ajouter.

Simplement j'ai fait de mon mieux à l'époque. Cela n'a peut-être pas été très loin, mais enfin... Il faudra continuer à accumuler les données et peut-être un jour il y aura des moyens d'observation plus systématiques, plus puissants. Il y aura un corpus de données plus large qui permettra d'apporter une masse d'informations qui autorisera une recherche organisée et pouvant aboutir. En tout cas c'est le souhait que je formule.

On l'a compris, un scientifique digne de ce nom ne saurait envisager un profil de carrière, sur les éléments disparates rassemblés au cours des enquêtes du GEPAN, dans lequel évoluait en 1980 Alain Esterle et son équipe. Celles-ci révélaient-elles un substrat d'éléments originaux justifiant des investigations complémentaires qui pouvaient déboucher – qui sait ? – sur des découvertes majeures ? Mais dès lors, c'est l'ensemble de la communauté scientifique qui devait revoir en priorité son positionnement si l'on voulait voir progresser les choses.

Le Centre spatial pouvait-il dans le contexte de déni de la science, plus grave, des conséquences que ne manquerait pas de produire la prise en compte de l'ensemble des paramètres – l'un d'eux pouvant conduire à reconnaître une forme de contact synonyme à coup sûr de déstabilisation des sociétés – le Centre spatial pouvait-il emprunter ce chemin d'autant que ses conclusions ne seraient pas forcément en adéquation avec ce que donne à voir le phénomène. Et il lui resterait – certainement le plus difficile – à convaincre l'ensemble de la planète sur des évènements sur lesquels la plupart des Etats se refusent à se prononcer, même si certains disent s'y investir.

On peut postuler qu'à l'issue de la mise en perspective des paramètres objectifs de l'énigme, le CNES acquit la certitude qu'il pourrait devenir contre-productif de développer des recherches, en ignorant à quelle finalité elles pourraient conduire. La mission évaluation de la menace par les militaires et le Renseignement s'avérant par ailleurs négative, à l'issue de la période Esterle, la mission recueil et archivage des données prenait le relais avec l'apparition du SEPRA – Service d'Expertise des Phénomènes de Rentrée Atmosphérique –, dont l'intitulé désigne clairement les objectifs.

La restructuration avait l'avantage de maintenir un organisme de veille – au cas où – et à répondre à une éventuelle curiosité des médias sur ce repositionnement des objectifs de la cellule. Ce d'autant plus aisément que les péripéties du GEPAN, hormis pour ceux qui suivaient de près les progrès de l'enquête – très peu –, demeurèrent pratiquement inconnues de l'opinion.

CHAPITRE 13

Dossier gelé

Alain Esterle évoque le peu d'acquis de l'étude pour justifier la position du CNES, qui décide de ne pas pousser plus loin les investigations. *« Il n'y a rien ici sur lequel puisse s'appuyer une étude, aucun terreau sur lequel espérer recueillir un élément de recherche »* confie-t-il au cours de son entretien.

Paradoxalement, comme il l'indique, son travail avait satisfait les membres du Conseil scientifique qui chapeautaient l'enquête du GEPAN.

La contradiction n'est pas mince, elle éclaire le flou de la position officielle. Les OVNIS, étude scientifique ? Les OVNIS, dossier Défense ? Aussi la mise entre parenthèses de l'enquête, en la maintenant dans une version allégée, exigeait la neutralisation du Conseil scientifique, l'instance susceptible d'aboutir à des conclusions différentes, voire opposées et dès lors, difficilement gérables. L'épisode qui suit décrit l'éviction de l'instance, et je vais être un des rares témoins hors du CNES à être mis dans la confidence. La décision ne fera l'objet d'aucune communication dans la presse et passe donc inaperçue de l'opinion.

Dans les faits, l'organisme a été écarté en 1985. Alain Esterle quitte le GEPAN deux ans avant. C'est un de ses membres, Perrin de Brichambaut, Ingénieur Général de la météorologie, qui me l'apprend dans le courrier qu'il m'adresse chez Albin Michel à la sortie de mon ouvrage en 1994, « Les Vérités cachées de l'enquête officielle ».

« Il – le Conseil scientifique – *n'a pas été réuni, ni invité par son organisme créateur, le CNES, depuis 1985, et seule la réunion d'avril 1992 l'a averti de la dissolution du GEPAN en 1988 et de la création simultanée du SEPRA : un nouveau conseil purement interne au CNES était alors envisagé pour remplacer le précédent, en vue de superviser le SEPRA. »*

Dans ce courrier, l'ingénieur général, révèle que le Conseil Scientifique, a rédigé un rapport final :

« A ce propos, je tiens à signaler qu'un projet de rapport final du C.S. a été proposé à l'accord de ses membres, dès juin 1992 et a donné lieu en

octobre 1992 à un texte définitif déposé entre les mains de M. Gruau, secrétaire général du dit Conseil Scientifique pour diffusion, et ceci à l'encontre des propositions de M. Pellat (Président alors du CNES) qui voulait le faire rédiger par des « personnes compétentes » et l'a toujours ignoré. »

LE RAPPORT FINAL DU CONSEIL SCIENTIFIQUE. (octobre 1992)

Ce document intitulé « Rapport final du Conseil Scientifique du GEPAN », que m'adresse de manière confidentielle, quelques temps plus tard, Perrin de Brichambaut, qui entendait ainsi dénoncer la mise en sommeil de l'enquête officielle, constate en préambule :

« L'étude scientifique des Phénomènes Aérospatiaux Non Identifiés (PANS) implique une approche particulière du même type que celles d'autres sciences initialement et essentiellement basées sur l'observation ; elle ne permet cependant pas de reproduire les phénomènes observés en vue d'expérimentations suivies et d'études systématiques en laboratoires. »

Dans le chapitre « Recueil des observations » le Conseil scientifique préconise : *« ... la tenue au niveau européen, si possible, d'un colloque principalement destiné à la mise au point de méthodologies communes d'enquête, d'expertise et de codage des observations ».*

Le rapport propose l'extension de la coopération scientifique à d'autres pays étrangers *« surtout s'il s'agit d'organismes scientifiques, officiellement reconnus »*. Sur la constitution d'une base de données, les auteurs du rapport souhaitent un renforcement des moyens d'action de l'unité de recherche. Ils désirent voir dresser une liste des laboratoires et des spécialistes *« pouvant intervenir rapidement et utilement au cours de certaines enquêtes sur le terrain ou pour des analyses particulières en laboratoire »*. Et de préciser : *« Ici encore le Conseil recommande qu'éventuellement des moyens d'intervention sur le terrain puissent être rendus rapidement disponibles aussi bien pour les responsables ou enquêteurs du service devant succéder au GEPAN, que pour les équipes extérieures associées aux enquêtes : cet aspect ne doit pas être négligé lors de la passation des conventions et pourraient même donner lieu à la composition d'équipes différentes selon les régions géographiques, ceci surtout afin d'accroître leur rapidité d'intervention dans les cas de traces au sol, permettant des prélèvements à la fin d'analyses. »*

Ce que l'on retiendra de ces propositions précises, qui prouvent l'intérêt porté par ce panel de scientifiques au dossier – contrairement à ce que laissait entrevoir la position du Conseil Scientifique oeuvrant à l'époque Poher – c'est qu'elles ne constituèrent pas pour autant au sein du CNES, une raison de conforter et d'améliorer les structures de l'enquête reprise sous le sigle du SEPRA. Une attitude en cohérence avec la politique de renoncement entamée quelques années plus tôt au sein du GEPAN, comme le dénoncent les membres du Conseil Scientifique.

« Quant aux études et recherches associées aux PANS, il convient de rappeler que le CNES avait indiqué, lors des deux dernières réunions du Conseil, son hésitation, puis son regret de ne pouvoir poursuivre avec ses moyens propres, le programme de recherche proposé, et ceci pour deux raisons : diminution des moyens financiers disponibles pour le GEPAN, incompatibilité de ce programme avec les compétences actuellement reconnues du CNES »

Il révèle d'autre part l'opposition des Universités et des laboratoires à s'associer à l'entreprise GEPAN. Les organismes contactés refusèrent en bloc, comme le signale le rapport, toute participation à l'étude scientifique des OVNIS.

« Les contacts pris par la suite avec les Universités, comme avec le CNRS, ont révélé l'impossibilité d'introduire officiellement de telles recherches dans les laboratoires existants, pour des motifs aussi bien dogmatiques ou administratifs, que pragmatiques et financiers. Quant à la passation de contrats de recherche, elle restait soumise aux crédits attribués au GEPAN dans ce but et il semble qu'elle n'ait pu être étendue, ni peut-être même poursuivie depuis 1984 »

Les membres du Conseil Scientifique, auteurs de la synthèse, font la démonstration que leurs *« chers collègues »*, ceux dont parlait Pierre Guérin, toutes disciplines confondues, au CNES, au CNRS et ailleurs, ont fait obstacle à la prise en charge du dossier OVNI par la science.

Lorsque le CNRS délègue à Hessdalen en 2010 un de ses directeurs de recherche, ainsi qu'on l'a vu, la décision montre que rien heureusement n'est figé et qu'épisodiquement, à la faveur de circonstances favorables, une administration scientifique sait remettre en cause les attitudes du passé.

Le bon sens nous apprend aussi qu'une hirondelle ne fait pas le printemps...

LES SUJETS QUI FACHENT

Dans cette logique de rejet, le CNES, comme l'indique le rapport, écarta l'ensemble des projets proposés dès 1980 par le Conseil Scientifique, imité en cela par les Universités et qui concernaient :

* les phénomènes atmosphériques rares (dont la foudre en boule)
* la MHD (sustentation et propulsion dans l'atmosphère)
* les perturbations des circuits électriques (moteurs, accumulateurs)
* les corrélations entre occurrence de PAN et nébulosité (satellites)
* les effets des micro-ondes sur la physiologie végétale,
* un projet de réseau de détection optique et automatique des phénomènes aérospatiaux rares.

Le Conseil n'avait pas limité son action aux sciences dites exactes. Il s'était fixé également des objectifs dans le domaine des Sciences Humaines. Il envisageait entre autres : – une étude de la psychologie de la perception, – la mise au point d'une méthode de conduite des entretiens d'enquêtes, – une analyse psychosociologique de la propagation de l'information qui devait conduire à mieux comprendre le processus de phénomène de rumeur.

On peut se demander ici en quoi ces travaux heurtaient la logique de l'orthodoxie scientifique. On reste effaré de constater que ces chapitres, sous prétexte qu'ils furent associés à une étude sur les OVNIS, se virent interdire, à l'époque, l'accès des laboratoires.

Cependant on peut supputer que, la science et la technique évoluant, elles finissent par répondre aux problèmes posés. C'est ce que déclare Alain Esterle, lorsqu'il mentionne, lors de notre entretien, que l'on possède désormais la maîtrise et l'utilisation des énergies micro-onde, depuis un vecteur drone, provoquant l'immobilisation d'un véhicule. Immobilisation qui, dans les années 80, avait été signalée par un témoin au moment du survol de sa voiture par un engin inconnu. De là à supposer que le cas de Trans-en-Provence de 1981, situé près de CUERS où se trouve un centre technique d'essais, pourrait être imputable à une mise au point d'un drone, certains seront tentés de franchir le pas.

Progrès également du côté des enquêtes au cours desquelles, les chefs du GEIPAN, après 2006, vont s'employer à mettre au point des protocoles d'entretien des témoins, à l'imitation de la justice et des compagnies d'assurances, ainsi que le commentaient Jacques Patenet et Xavier Passot en 2012.

Autre point positif, l'atelier CAIPAN de Juillet 2014. Il a permis d'informer les participants, de la prise en charge de phénomènes aériens, délaissés généralement par les universités et laboratoires. Entre autres, la foudre en boule, dont une centaine de caméras, réparties au-dessus de l'hexagone – projet FRIPON-enregistreront les impacts. Elles permettront de visualiser, les rentrées atmosphériques, météorites, satellites, associés par un public non informé, au phénomène OVNI. Avec le bémol qu'il ne s'agit pas d'un retournement spectaculaire de la science, qui se déciderait à intérioriser les composantes du phénomène, mais d'initiatives privées. Exception faite pour celles où le CNES délivre un budget – comme il en fut pour le projet Hessdalen – et où un laboratoire, une université, sont alors mandatés.

Quant au problème de l'information du public, les signataires du rapport final notent : *« Les relations avec le public ont été bien maîtrisées par le CNES, mais une plus grand transparence devrait pouvoir se manifester en vue de mieux répondre aux demandes réelles et écarter tout soupçon naturellement lié au silence et à la rétention d'information ».*

Le Centre s'était déjà prononcé sur la question au moment où il diffusait la lettre interne du 14 septembre 1989, dans laquelle il annonçait la création du SEPRA (25 novembre 1988), mais avec une restriction :

« Comme par le passé, les activités relatives aux phénomènes aérospatiaux non identifiés se feront sur la base de protocoles d'accord réactualisés entre le CNES et les administrations publiques (Gendarmerie, Aviation Civile et Militaire, Météorologie Nationale). Toutefois la production et la vente des documents techniques au public sont arrêtées ».

Le Rapport final du Conseil Scientifique, en cohérence avec la politique de transparence qui devait accompagner l'ouverture de l'enquête officielle sur le phénomène OVNI, prend, lui, le contre-pied de la décision du CNES :

« Tous les témoignages recueillis et analysés par le service appelé à succéder au GEPAN, devraient donner lieu à la communication de ses conclusions aux témoins concernés, comme aux auteurs des rapports correspondants. »

DANS LES TIROIRS DU CNES...

Dans sa conclusion, le rapport final, confirme pleinement l'originalité des faits enregistrés au cours des deux enquêtes de référence émergeant de l'étude du GEPAN.

« Les travaux réalisés par le GEPAN, sous l'égide du CNES, entre 1977 et 1983, ont abouti à la mise en évidence de quelques cas totalement inexpliqués à ce jour (Amarante, Trans-en-Provence), malgré la valeur scientifique des enquêtes réalisées et des méthodes d'analyses utilisées. »

Lors de la traduction du contenu de l'enregistrement effectué par les deux enquêteurs du GEPAN pendant l'audition du témoin de l'Amarante – jamais publié – qu'on va lire dans l'analyse que je donne du cas, on va saisir ce que le terme du C.S. *« la mise en évidence »* effectivement recouvre : un évènement aérien original, à nul autre comparable.

Le rapporteur insiste sur l'intérêt des recherches induites par l'étude des OVNIS et les diverses retombées scientifiques que l'on peut en attendre, *«... dans de nombreux domaines, ne serait-que grâce à la nouveauté et à la diversité des approches pluridisciplinaires requises ».*

Il recommande deux orientations principales :

* *« Le recueil et l'analyse des traces physiques, biochimiques ou autres à l'aide de moyens techniques adaptés ...*

* *Des études et recherches expérimentales et théoriques destinées à une meilleure compréhension des phénomènes constatés et à la validation des hypothèses explicatives avancées. »*

Dans sa conclusion, le Conseil Scientifique, regrette ne pas avoir été informé des suites de l'enquête officielle. Ici est présente l'allusion relative à la mise à l'écart de l'instance en 1985. A cette date, pour une raison qui ne leur sera jamais notifiée, la direction du CNES ne réunit plus les membres du Conseil Scientifique. Les rapporteurs de constater alors :

« ...il ne lui a naturellement pas été possible aujourd'hui de tenir compte des éventuels apports du SEPRA depuis 1988, ni même de l'évolution des

problèmes posés par les PANS au sein de la communauté scientifique depuis huit ans, faute d'informations nouvelles portant, par exemple, sur les cas les plus récents étudiés par le SEPRA, ou sur un examen critique des phénomènes rencontrés en Belgique (1990) ou en d'autres pays, ces dernières années. »

Dans le courrier qu'il m'adresse, Perrin de Brichambaut fait état de ce manque d'information auquel s'est heurté le Conseil Scientifique :

« De nombreux cas intéressants et ayant mérité une enquête sérieuse, que vous avez citée dans votre livre, n'ont jamais été portés à la connaissance du Conseil Scientifique du GEPAN, ni durant la période effective (avant 1985), ni évidemment après qu'il ait été bâillonné et enterré (entre 1985 et jusqu'à ce jour...) Aucune note technique ou d'information ne lui a non plus été communiquée »

Les membres du Conseil Scientifique estiment que le dossier OVNI mérite les efforts et l'attention que l'étude française lui a consacrés depuis 1977. Un effort qui ne saurait se relâcher, ainsi que le recommande la dernière phrase du rapport.

« Les orientations générales ici rappelées semblent néanmoins toujours d'actualité, et doivent être acceptées comme rapport final et comme testament du Conseil Scientifique, couvrant le vaste domaine des phénomènes aérospatiaux non identifiés ».

Ce rapport final a été rédigé entre mai 1992 et janvier 1993, c'est-à-dire presque cinq ans après la création du SEPRA. Les avis et conclusions qu'il émet ne sont jamais sortis de l'enceinte du CNES. Les termes utilisés sont presque banals. Dans l'historique du phénomène OVNI, c'est pourtant la première fois qu'en conclusion d'une enquête qui aura duré plus de dix années, diligentée par un organisme d'état, qui aura mobilisé des spécialistes de multiples disciplines, un comité de scientifiques demande que l'on développe une étude approfondie sur les objets volants NON IDENTIFIABLES. Quand on connaît le rejet viscéral que provoque sur « l'Homo Scientificus » le phénomène OVNI, on saisit ce que revêt ici la reconnaissance implicite de l'énigme et de ses paramètres originaux par des hommes éduqués depuis toujours dans la dénonciation des sciences dites parallèles dans lesquelles généralement on contient le sujet. Avec ce rapport final, les huit scientifiques entérinent ce que ne cesse de véhiculer la rumeur, l'opinion, l'homme de la rue. A savoir que de bizarres machines volantes hantent les cieux de la planète, même si tout cela est exprimé en termes feutrés avec le souci de ne pas donner prise au sensationnel, et demeure dans le cadre strict de l'étude, sans volonté d'extrapolations ni conclusions hâtives.

Le Rapport final du Conseil Scientifique est avant tout une protestation. Celle d'un groupe de scientifiques, écartés sans concertation de l'étude sur le phénomène OVNI, dont les membres avaient investi compétences et savoir. Par cette publication, le Conseil affiche son indépendance vis-à-vis de l'institution qui l'a mandaté. Et se dédouane à l'avenir de l'accusation qui pourrait lui être faite d'avoir participé à la mise à l'écart, à la neutralisation insidieuse de ce dossier dérangeant.

Ce rapport, aussi sobre et pondéré qu'il fût, n'avait aucune chance d'atteindre le public. Il a le grave défaut d'accréditer la thèse que les OVNIS ne relèvent nullement du fantasme psychosocial, de l'erreur d'observation ou de toute autre explication que depuis des décennies on calque sur le phénomène. Qu'ici, nous avons de très fortes occurrences de penser qu'interviennent des structures volantes inconnues, évoluant en toute impunité dans l'environnement terrestre, avec une liberté et une aisance qui laissent loin derrière nos technologies les plus avancées. L'entretien du témoin de l'Amarante, tel qu'enregistré par les enquêteurs du GEPAN, que l'on lira, est ici on ne peut plus évocateur. Plus grave, qui se jouant des limitations de nos schémas mentaux et des restrictions de notre logique, savent se rendre transparents à nos investigations.

Dans la synthèse finale, on note la persistance du rapporteur à se référer au *« Service devant succéder au GEPAN »*. Depuis la création du SEPRA en 1988, auquel succède en 2006 le GE(I)PAN, issu de l'audit, on a eu largement le temps de constater que si les groupes d'étude successifs demeurent investis des charges et attributs du GEPAN 1977, comme le certifient les textes et les accords reconduits avec les administrations, le Centre Spatial maintient effectivement l'unité dans sa version de recueil de l'info, mais refuse toute extension exploratoire sur le plan scientifique. C'est à la science, dit-il, de trouver, dans le matériau mis à jour, matière à projets et explorations, et à venir frapper à sa porte pour s'instruire de ce qu'il possède. Encore faudrait-il que le Centre Spatial entreprenne une campagne de communication digne de ce nom, auprès de la communauté scientifique, sur l'exact contenu du dossier constitué par ses enquêteurs. Ainsi qu'en a fait le constat Yves Sillard, le Président du Comité de Pilotage, en février 2010 lorsqu'il a cherché à faire le point sur ses 5 années d'activité, celui-ci n'a pas cru utile de médiatiser la synthèse agréée par ses 13 membres qui confirmaient l'impérieuse nécessité de poursuivre et de développer l'étude. La discrétion affichée sur l'atelier CAIPAN, malgré l'incontestable énergie de Xavier Passot, son initiateur, pour éveiller la communauté scientifique à la question, participe de cet état d'esprit. On est alors amené à conclure qu'il n'entre nullement dans les intentions du CNES d'aller plus loin dans les investigations et recherches. Le scénario réédite celui qui aboutit à la disparition du Conseil Scientifique dont Perrin de Brichambaut décrivait les phases, et qui devait conduire en 1983 le GEPAN d'Alain Esterle à l'impasse que l'on a vue.

Il existe bien, effectivement, une volonté de ne pas tout dire sur ce que l'on sait sur le phénomène OVNI à certains niveaux étatiques. Ici il n'est pas utile d'invoquer l'existence de bases secrètes, contenant quelques épaves extraterrestres et leurs occupants, pour le penser. Le silence, le non-dit, sont des armes autrement plus efficaces qui vont grignoter peu à peu la prise de conscience et démobiliser le peu de personnes qui continuent à s'intéresser à l'affaire. Face à l'insondable gouffre dans lequel nous plonge le questionnement, où achoppent nos analyses, notre logique, les institutions officielles semblent ne pas vouloir se risquer à investir plus avant dans le dossier.

« Quand on veut enterrer un problème on crée une commission. » Assertion bien connue, attribuée à Georges Clémenceau. Homme d'état d'envergure – appelé aussi « Père la Victoire » pour sa magistrale façon d'avoir permis de gagner la grande guerre – n'aurait pas mis longtemps à saisir que le CNES avance à reculons dans l'affaire des OVNIS. Les éléments épars du puzzle, une fois réunis, n'autorisent pas le doute.

1978 – Claude Poher dénonce l'attitude frileuse d'un Conseil Scientifique qui ne tient pas compte des acquis scientifiques de l'étude pendant que la direction du CNES se défile, lorsqu'il l'invite à se joindre à une enquête de terrain. Cette même Direction qui avait toute capacité de motiver le Conseil Scientifique en lui signifiant l'intérêt que le Centre portait à l'étude et à ses développements, ce que de toute évidence elle ne fit pas.

1985 – Le Conseil Scientifique du GEPAN est écarté définitivement de l'étude comme en témoigne Perrin de Brichambaut, Ingénieur général de la météorologie, qui rapporte en 1992 l'interdiction faite à l'instance par la direction du CNES de diffuser son Rapport final, signé de ses 8 membres.

2003 – Claude Poher conclut son ouvrage « Les Universons » par une phrase sans ambiguïté sur la responsabilité du CNES :

« Il est à craindre que les générations futures ne comprennent pas pourquoi un service public s'est ainsi isolé et enfermé dans le mutisme sur un sujet aussi important, pendant plus d'un quart de siècle » (c'est lui qui souligne)

2010 – Yves Sillard révèle que le CNES retient dans ses tiroirs une synthèse sur les 5 années d'activité du Comité de Pilotage, dans laquelle ses 13 membres recommandaient le renforcement des moyens d'enquête, synthèse qu'il n'a pas obtenu l'autorisation, de communiquer à la Presse.

La fin de la mission en 1983 du GEPAN est justifiée, selon Alain Esterle, par le fait il n'y avait rien à espérer de la poursuite de l'enquête du CNES, les témoignages ne se prêtant pas, de par leur nature aléatoire, aux analyses de laboratoire. La science, aurait-il pu compléter, n'étant pas prête à créer les structures et les instruments autorisant de véritables percées sur la question.

De tout cela, la Direction du CNES n'ignore rien. Les documents publiés sont devenus aujourd'hui les preuves ineffaçables que le CNES, à son corps défendant, a atteint le cœur du problème.

Avec quels mots le dire à l'opinion ? Avec quelles conséquences pour l'institution et les projets qu'elle développe ? Face à la solitude de l'incommunicable conclusion, le CNES a choisi, prudemment, le silence.

Dans la synthèse des 5 années d'activité du Comité de Pilotage, Yves Sillard, son président, chiffre à 400 le total des notifications « D », qui désignent les INCONNUS de l'étude du GE(I)PAN. La quasi-totalité des cas n'a pas donné lieu à enquête particulière, seulement à une procédure de gendarmerie, avec éventuellement, réajustements de la classification, lors de la création de la section d'Inconnus, « D2 ».

C'est ici qu'apparaît le nouveau chiffre des *« 228 dossiers classés inexpliqués depuis 1977 »* cité en août 2014 par Xavier Passot au « Journal du Dimanche », et qui constituent le cœur du problème.

Les quelques études approfondies qui ont été réalisées sur les observations irréductibles sont le fait de l'unité d'Alain Esterle, et concernent moins d'une vingtaine de cas. Des 18 notes qui synthétisent ce travail durant la période 1978 / 1983, deux enquêtes émergent, auxquelles se réfèrent la plupart des intervenants, « Trans-en-Provence » Note 16, « L'Amarante » Note 17. Comme en fait état François Louange dans son entretien, la Note 16 fera l'objet d'une longue présentation de Jean-Jacques Vélasco à Pocantico, au symposium Rockefeller en 1997. Etonnamment le cas de l'Amarante, qui possède un fort caractère d'étrangeté, est très peu évoqué et n'a pas donné lieu à développements.

Le silence qui recouvre ce témoignage n'a d'équivalent, que les extraordinaires circonstances qui entourent l'observation, comme nous en prendrons la mesure en écoutant l'enregistrement effectué par les deux enquêteurs du GEPAN qui rencontreront le témoin sur le site huit jours plus tard. Un enregistrement auquel très peu de personnes semblent s'être intéressées, même au sein du CNES.

Clore ce long chemin avec ceux qui ont fait l'histoire du GEPAN, sur ce témoignage hors norme, va permettre de mesurer le mur d'obstacles auxquels se heurtent les enquêteurs dans un domaine où transparaît essentiellement la subjectivité, sur un évènement qui exigerait des suppléments d'enquête, bien au-delà des objectifs assignés à la petite unité du CNES. On percevra par ailleurs la difficulté, pour l'enquêteur indépendant, d'établir le contact avec un témoin figé dans une solitude sans retour sur une expérience hors norme, ainsi qu'on va le comprendre.

Jusqu'à se refuser désormais à tout échange sur son extraordinaire expérience.

L'Amarante, le cas le cas le plus riche de l'étude du GE(I)PAN, mais aussi le plus difficile à approcher, au sens strict et figuré du terme, sur lequel il m'ait été donné d'investiguer.

L'AMARANTE

CHAPITRE 14

La machine dans le jardin

Le 21octobre 1982, un homme d'une trentaine d'années, biologiste de son état, observe une structure ovoïde de 1,50 mètres de diamètre, de 0,80 mètre d'épaisseur, qui se positionne en stationnaire au-dessus d'un massif d'amarantes de son jardin, à... moins d'un mètre de lui, durant vingt minutes !! L'observation se déroule dans un quartier de la périphérie d'une grande ville de l'est de la France, Nancy.

Le GEPAN, alerté par les gendarmes, intervient sur place 8 jours plus tard, retenant, comme l'écrit le rédacteur de la Note 17 : *« Le brigadier de service nous explique que la personnalité, la situation sociale du témoin et le fait qu'il veuille conserver l'anonymat et la plus grande discrétion donnaient a priori une certaine crédibilité à son récit ».*

Le témoin rapporte que l'objet se divise en deux parties. La moitié inférieure est d'apparence métallique. La partie supérieure a la forme d'un dôme transparent contenant une matière indéfinie, couleur *« bleu-vert lagon »,* ainsi qu'il le mentionne sur le croquis qu'il réalise à la gendarmerie. L'observation est complétée d'informations faisant état de traumatismes des végétaux situés à la verticale de l'objet, comme le constatent le témoin et les gendarmes quelques heures plus tard.

L'engin semblait chuter du ciel et à l'issue de son long stationnaire, reprenant le chemin inverse, disparaît en une fraction de seconde ! Lors de sa fulgurante ascension, l'observateur note dans sa déposition *« ...que l'herbe s'est dressée droit, pour revenir rapidement à sa position normale. »* Aucun hélicoptère, aucun avion et encore moins de drone à l'époque, n'aurait pu effectuer dans un périmètre de quelques mètres carré, dans un silence total, les évolutions et le stationnaire décrit.

Deux raisons justifiaient à mes yeux de revisiter ce dossier emblématique de la période des enquêtes du CNES des années 80, dont on sait qu'elles furent les plus riches de l'étude. La première concerne l'incompréhensible indifférence qui, depuis trois décennies, recouvre les éléments d'observation réunis. Aucune contre-enquête de la part des autorités, qu'elles soient policières, militaires ou scientifiques. Pas la plus petite curiosité manifestée de la part d'un chercheur, d'un physicien, d'un ingénieur aéronautique sur les éléments recueillis par le GEPAN. Incompréhension d'autant plus forte que l'enregistrement, effectué sur place par les enquêteurs de la cellule du CNES, concerne un évènement hautement étrange, observé dans des conditions exceptionnelles. Ainsi qu'on va pouvoir s'en rendre compte en découvrant l'échange entre les enquêteurs et le témoin, dont pour la première fois, le public peut prendre connaissance.

Ignorée des scientifiques, l'histoire de l'Amarante recevra par contre une attention particulière de l'association qui s'est donné pour objectif l'éradication des « fausses sciences », la Zététique, dans laquelle elle inclut les « Soucoupes Volantes », les OVNIS. C'était là l'occasion, pour cette association de scientifiques de l'Université de Nice, de confirmer son rejet viscéral du dossier et par la même occasion de faire la démonstration du peu d'intérêt que représentent, aux yeux de l'orthodoxie scientifique, les travaux du GE(I)PAN.

Précisément, l'époustouflante manière dont la Zététique va « neutraliser » le témoignage constitue la seconde raison qui m'a incité à reprendre en profondeur le dossier de l'Amarante. Escomptant le faire ressurgir du néant dans lequel on l'a plongé !

LA ZETETIQUE : AVEUGLEMENT PARTIALE !

Le problème de la Zététique, c'est qu'à vouloir trop démontrer, elle ne démontre rien. Il y a ici inflation dans les explications qu'elle offre du témoignage, élaborées autour de constants réajustements qui annihilent la démonstration qui précède. Un peu comme l'aveugle qui, parcourant avec la main la surface d'un éléphant, lui trouve mille ressemblances avec d'autres animaux l'empêchant d'imaginer la forme finale. Eric Maillot, qui signe la « contre-expertise » de la Zététique, évoque une phase aiguë de migraine ophtalmique qui va transformer une banale vasque de jardin en la structure décrite par le témoin. Confronté à la précision et à la complémentarité des dessins, le premier exécuté chez les gendarmes, l'autre en présence des enquêteurs du GEPAN, on peut s'interroger sur la capacité d'une illusion optique à générer une vision de la qualité qu'en donnent les deux croquis, dont la comparaison prouve, en tout cas, une grande cohérence dans les déclarations successives. L'image reproduite telle qu'on la trouve dans la Note 17 du GEPAN – ainsi que le démontre l'entretien du témoin avec les enquêteurs du CNES et les gendarmes – n'a rien, c'est le moins qu'on puisse dire, qui ressemble au banal récipient de jardin que veut voir animer par le truchement de l'illusion oculaire le Zététicien enquêteur. Pour justifier le positionnement à 1 mètre au-dessus du sol de la structure – les croquis effectivement placent l'objet à hauteur du regard du témoin – Eric Maillot, son rapporteur, remplace alors la vasque, par la lune, qu'il désigne à cet instant dans l'axe de son observation. Il lui faut aussi adapter en permanence son récit explicatif pour le faire coller à la vraisemblance de sa théorie. Quand la migraine ophtalmique ne suffit plus à satisfaire la démonstration, il se rabat sur un trouble du comportement, générateur selon lui, d'une illusion visuelle de type délire, truffant son analyse de citations cliniques référencées qui apportent à sa démonstration une savante compétence, dont il pense qu'elle constitue la seule et pertinente cause du témoignage. Sans jamais se demander pourquoi les gendarmes, les enquêteurs du CNES parmi lesquels figurait un psychologue dont on peut penser qu'il n'ignorait pas les éléments cliniques évoqués par Eric Maillot, n'ont pas cru utile de proposer ces schémas explicatifs. En élargissant le raisonnement, on peut se demander pour quelles raisons les milliers de personne concernées par ce type de migraine ophtalmique ne se précipitent pas dans les brigades de gendarmerie pour y rapporter une rencontre rapprochée avec un OVNI. Je suis moi-même victime de ces dérangements oculaires, et je puis assurer qu'à aucun moment on ne saurait leur donner le pouvoir que leur attribue le Zététicien.

Pour compléter ce chapitre de production de délires en tout genre, il est pour le moins surprenant que la séquence rêvée, si l'on retient l'hypothèse, se soit traduite sur l'emplacement désigné de survol par une série de traumatismes des végétaux, même si l'analyse des plans, prélevés de manière inadaptée par les gendarmes, n'a pas permis de plus amples développements.

Quand on parcourt la synthèse de la Zététique et qu'on la compare aux documents, des gendarmes, du GEPAN, et plus particulièrement à l'enregistrement effectué par les enquêteurs sur le site en présence du témoin, on constate que celle-ci est en totale rupture, le mot n'est pas trop fort, avec le déroulement des faits. On retrouvera la même attitude lorsqu'on abordera le témoignage du capitaine Fartek et son épouse, dont le COMETA fait état dans son rapport.

REFUTER ! JUSQU'A L'ABSURDE !

Attardons-nous sur le processus de démolition du témoignage tel que pratiqué par la Zététique dans l'affaire de l'Amarante.

Le rapporteur fait état que l'appareil photo dont le témoin tente de se servir, pour fixer l'insolite présence sur la pellicule, était *« chargé d'une pellicule couleur ».* Précision jamais évoquée nulle part dans les deux enquêtes. On verra à ce sujet ce qu'en dit un témoin principal puisqu'il s'agit d'un des deux gendarmes que j'ai réussi à retrouver trente années plus tard. Par ailleurs, à défaut d'analyser des éléments d'enquête, le Zététicien reconstitue l'observation en introduisant des termes ne figurant pas dans les déclarations enregistrées. Lorsqu'il écrit, *« Le portrait que Monsieur Henri* – nom de substitution – *donne de l'objet flottant dans les airs, etc… »* *« flottant »* est effectivement conforme au récit hallucinatoire auquel le

Zététicien attribue l'origine de l'observation. Ici il est inapproprié, le témoin au contraire parlant d'un objet *« ... tout à fait stable » « d'un objet inerte, de neutralité absolue... »*. Le déconcertant n'est pas dans la difficulté pour le témoin à traduire la vision, chose évidente face à l'inconnu, mais de trouver les termes appropriés pour la rapporter, comme l'enregistrement va le montrer. Pour la Zététique, l'analyse du discours est prétexte au doute généralisé. *« Il éprouve les pires difficultés à décrire un « engin » qu'il aurait examiné à loisir durant 20 minutes »*. Ce qui renforce ici la vraisemblance du récit, face à l'intraduisible, devient suspect. Quand on écoute, ainsi qu'on le verra, le récit tel que restitué par l'enregistrement des enquêteurs, on constate, au contraire, que celui-ci offre de l'objet une description minutieuse, qui concourt précisément à conforter la haute étrangeté de l'évènement.

Eric Maillot de s'étonner que le témoin de l'Amarante ait été le seul à observer les manœuvres d'un engin survolant un quartier périphérique peuplé de 15 000 habitants, d'une agglomération – Nancy – comptant plusieurs centaines de milliers de personnes. Il interpelle le GEPAN sur le fait de ne pas avoir lancé dans la presse locale un appel à témoins, et déduit : *« Le GEPAN, n'a donc jamais tenté de croiser ce témoignage particulièrement étrange avec un autre. »*

Celui-ci fait semblant d'ignorer qu'un objet tombant à la verticale et repartant à une vitesse encore plus grande – page 18, note 17 du GEPAN *« ...c'est reparti 10 fois plus vite/...beaucoup plus vite que c'est arrivé... »*, que la brièveté de la trajectoire verticale, peut le soustraire à l'attention d'éventuels observateurs.

Quant à la détection radar, le Zététicien qui veut se persuader que le témoin a observé le passage d'un avion, – on sait que le survol d'une ville est interdit, mais que diable du détail ! – ne tient nullement compte qu'à l'heure indiquée, aucun écho significatif n'en fait mention. Pour m'être entretenu à plusieurs reprises lors de mes tournages aéronautiques avec des contrôleurs des centres radar, je sais qu'un aéronef peut échapper à la couverture radar civile ou militaire. Le contexte rapporté dans le cas de l'Amarante, correspond précisément à un de ces cas de figures. Un objet tombant du ciel et repartant à la verticale, nécessite la présence d'un radar d'altimétrie, seul capable d'enregistrer les translations, types hélicoptère.

Les déplacements d'avions correspondent eux, à un mouvement panoramique, le vecteur se déplaçant parallèlement à l'horizon. Un objet effectuant une trajectoire verticale, comme ce fut le cas ce 21 octobre 1982, se traduira, pour ce type de radar, par un écho fixe. Précision d'importance, un objet survolant une agglomération échappe pratiquement à toute détection, sa signature radar se confondant avec l'ensemble des échos fixes de l'environnement. Des précisions d'importance dont le professeur des écoles se garde bien d'instruire son lecteur. Probablement, les ignorait-il tout simplement.

Le pic de la mauvaise foi est atteint lorsqu'Eric Maillot note que, sur l'un des deux comptes rendus, le témoin parle d'un méplat dont la partie inférieure ferait 30 cm alors que sur l'autre il est fait mention de 25 à 30 cm ! Le raisonnement est appliqué également au temps alloué à l'observation, dont il est souligné des différences de 1 à 3 minutes, ce qui pourrait remettre en question – selon cette logique d'épicier – l'affirmation du témoin faisant état de vingt minutes de stationnaire de l'objet.

Dans ce déluge explicatif, la partie supérieure de l'objet où le témoin décrit *« une couleur bleu lagon, mer du sud »* s'apparentant à un gel (Note 17) devient *« le bouillon biologique bleu vert produit par « certaines algues bleu-vert, souvent visqueuses, qui prolifèrent dans des vasques où l'eau stagne. »* Sur l'action du témoin, qui entreprend quelques jours plus tard l'arrachage des plans d'Amarante fanés, la Zététique laisse entendre que le témoin supprime les seules preuves sur lesquelles les enquêtes auraient pu se développer. Le GEPAN, dans la Note 17 page 32, lève le doute sur ce point, ce dont la Zététique bien entendu ne parle pas !

On verra que l'analyse des conversations de l'enregistrement effectué par les deux enquêteurs du CNES, confirme effectivement les dires du témoin à ce sujet.

L'appareil photo qui ne fonctionne pas concourt également à la suspicion et on verra plus loin que la cause invoquée n'est, en fait, pas la bonne !

L'anonymat que dit rechercher celui-ci, sous prétexte qu'une chaîne de télé parvient contre sa volonté à s'en affranchir, est une nouvelle raison de s'interroger pour Eric Maillot, sur sa sincérité. Citant la déclaration de Jean-Jacques Vélasco *« Encore une fois, tout repose sur le témoignage »,* le Zététicien de traduire : *« Celui-ci n'incite guère à la confiance ».*

On comprend qu'Eric Maillot s'emploie à soulever les points litigieux de l'enquête du GEPAN, mais il est permis de s'interroger sur son intention quand il écrit *« L'insistance du témoin à rationaliser à posteriori cette expérience (découverte de « preuves » matérielles, utilisation d'une montre comme d'un instrument de mesure, tentative alléguée de photographier l'objet, recours à un vocabulaire technique...) aura réussi à dissuader le GEPAN de creuser plus avant cette piste, chose d'autant plus facile que celui-ci y était peut-être peu disposé... »*

L'attitude somme toute logique et sensée du témoin se transforme en suspicion, à laquelle la Zététique greffe un procès d'intention contre le GEPAN. En gommant le fait que l'analyse de cette observation n'est pas une action solitaire comme sa critique, mais la somme de constatations et d'éléments recueillis par deux groupes d'enquêteurs indépendants, celui de la gendarmerie, celui du CNES.

Aussi, l'argumentation qui suit n'a plus grand-chose à voir avec la science : *« Dans un contexte particulièrement difficile pour lui, il n'est également pas indifférent que le GEPAN, en quête de crédibilité, insiste sur le fait que notre témoin-scientifique « exprime sa satisfaction sur la réalisation de l'enquête, son étonnement quant à la rapidité d'intervention, et (tienne) à coopérer au maximum avec nous » (un service rendu « entre scientifiques » p.35).*

En somme nous avons donc un témoin providentiel, un « chercheur en biologie cellulaire » dont le récit confirmerait, d'une part, après Trans-en-Provence, l'existence de mystérieuses altérations de cellules végétales suite au passage d'un OVNI et, d'autre part, validerait, à un moment où le GEPAN doit défendre ses bricolages sur la MHD et les micro-ondes, sa démarche expérimentale, grâce au redressement opportun de quelques brins d'herbes. A partir de là, chacun conclura ce qu'il voudra... »

Le rédacteur de la Zététique, on l'a vu, s'est entretenu une fois avec Jacques Patenet et lui a donné à entendre ce que lui inspirait cette affaire.

Visiblement il n'est pas parvenu à le convaincre car il dira de cette rencontre *« Jacques Patenet persiste hélas dans la même voie, affirmant que même si bien entendu aucun bilan ophtalmologique n'a été effectué sur le témoin, une illusion visuelle, aussi complexe soit-elle, ne suffit pas à expliquer l'ensemble de éléments du témoignage, notamment les effets constatés sur l'environnement ».* Pour l'ex-chef du GEIPAN *« les plants ont subi des modifications un peu comme s'ils avaient été passés au micro-ondes ».*

Le « persiste » d'Eric Maillot, en dit long sur la frustration que lui procure cette position, une attitude éloignée du constat scientifique, épurée normalement de toute subjectivité.

Tout cela écrit, imaginé par un « enquêteur » qui n'a jamais pénétré sur le lieu d'observation, qui n'a jamais rencontré le témoin !! Eric Maillot ne semble pas s'être interrogé sur la forte occurrence que l'histoire reflète un évènement insolite qui ait effectivement eu lieu, fût-il en contradiction avec ses convictions et probablement nos connaissances.

CONDAMNE AU SILENCE

Les 30 notes de renvoi à la bibliographie et citations diverses, qui concluent la synthèse de la Zététique, donnent l'illusion d'une importante mobilisation d'enquêteurs indépendants autour de l'affaire de l'Amarante.

Rien n'est plus trompeur. Ceux-ci ne font que commenter l'enquête du CNES et ce travail ne constitue pas en soi un apport qui modifie l'éclairage de l'affaire.

Concrètement, l'enquête se limite à deux sources. Le récit du témoin fait à la gendarmerie le jour-même de l'observation. L'enquête effectuée 8 jours plus tard par le CNES sur le lieu d'observation.

Comme on sait, le témoin rejette tout contact avec la Presse et les Ufologues, à trois exceptions près. La première imputable au GEPAN, qui va communiquer les éléments de son observation à l'équipe Polac de TF1 et le convaincra de participer à l'émission « Droit de Réponse » en préservant son anonymat. La seconde au journaliste Jean-Yves Casgha qui l'interviewe sur France-Inter pour « Boulevard de l'Etrange ». Enfin 3ème intervention, celle de l'ufologue Gilles Munsch, qui s'entretiendra avec lui un peu moins d'une heure en présence d'un autre ufologue. Ces 3 entretiens constituent l'ensemble du matériau accessible sur le témoignage de l'Amarante.

Le CNES diffuse, en mars 83, la note 17 et son analyse de l'observation, dont l'accès au public comme toutes les autres notes qu'il édite à l'époque, sera produite à quelques centaines d'exemplaires. On ne peut pas dire que cette exceptionnelle observation ait connu une réelle médiatisation.

L'argument est pourtant évoqué par la Zététique, le groupe d'étude du CNES, selon elle, utilisant « *...dans un contexte particulièrement difficile pour lui...* » l'arrivée opportune de ce *« témoin providentiel »*.

La partialité de la Zététique et son obstination à réduire les histoires d'OVNIS à des analyses qui n'ont de scientifique que le nom, méritait quelques éclaircissements de sa part. Ignorant à l'époque qui était chargé de la question – la contre – enquête de l'Amarante n'était pas signée – j'avais adressé mes courriers à Henri Broch, le fondateur de l'association implantée à l'université de Nice. Nous aurons l'occasion de retrouver cette personnalité hors du commun lorsque nous aborderons la position de la Science, confrontée à l'énigme.

Aucune réponse aux différentes lettres que je lui ferai parvenir !! Pas même un refus poli !! Intention délibérée ou omission de sa part, il ne trouvera pas utile de transmettre mes courriers à Eric Maillot, son chargé de dossier.

Je n'eus pas plus de chance avec le témoin de l'Amarante.

Le projet d'entretien bascula dans l'enquête policière. Il s'agissait de localiser une personne dont je ne possédais pas le nom – seulement le pseudo, Henri – pas l'adresse, encore moins le nom de la ville où elle résidait. Avec l'interrogation, une fois ces infos réunies, de n'être nullement certain de décrocher un entretien. Deux années seront nécessaires pour voir aboutir ma recherche. Outre réussir à situer le témoin[19], je parviens à trouver son lieu de travail et à entrer en contact avec son ex-employeur. Bizarrerie que j'accueille comme un clin d'œil du hasard, il quitte en 1996 la périphérie de Nancy, où j'ai longtemps demeuré, lieu de l'observation, et s'installe dans la métropole où je réside aujourd'hui. La responsable de laboratoire du Centre de secours, avec laquelle le témoin travaille plusieurs années jusqu'à son départ à la retraite, à qui je fais part du but de mon enquête, apprend avec stupéfaction les informations relatives à son témoignage. « *Concernant son témoignage, J. L... n'a jamais, jamais évoqué cet incident, alors qu'il était assez bavard sur d'autres thématiques ; et cela m'a d'autant plus surprise quand vous m'avez contacté ; quand j'ai évoqué le sujet au téléphone, il n'a pas spécialement mal réagi.* » Je l'interroge sur mon

---

[19] La revue Ufomania et l'Académie Ufologique m'ont amicalement ouvert des pistes.

intention de contacter le témoin et sa réponse semble un encouragement, *« J.L... n'avait pas l'air contrarié d'un éventuel contact. »*

Je laisse passer quelques jours. Sonnerie... Voix sombre au bout de la ligne. Je me présente. Une vingtaine de secondes s'écoulent. Mots inaudibles puis l'interlocuteur raccroche. Durée de l'échange, 51 secondes ! 51 secondes, aboutissement insensé de deux années de recherches intensives !

Les ufologues sont de plus en plus nombreux à considérer désormais sans réel intérêt la réalisation d'enquêtes longues et dispendieuses sur les témoignages. Instruits par plusieurs décennies d'expérience, ils préfèrent se focaliser sur les évènements périphériques, les contactés, les mutilations animales, les enlèvements, etc... Ou disserter sur l'activité extraterrestre dont nous serions spectateurs, voire acteurs inconscients selon les thèses.

« L'enquête la mieux faite ne parviendra jamais de toute façon à faire basculer le réflexe de rejet des détracteurs ! » se désolent-ils.

Claude Poher n'est pas non plus favorable aux enquêtes parallèles sur les témoignages après intervention d'un service officiel, mais pour une toute autre raison. Le but est d'éviter un traumatisme s'ajoutant au premier chez le témoin, susceptible de le fermer à des investigations complémentaires. Il me le fera comprendre par personne interposée, lorsqu'il apprendra que j'effectuais des recherches sur le témoignage de l'Amarante. Mieux que personne il connaît néanmoins l'importance, pour l'enquêteur, que revêt la nécessité d'être au contact avec le témoin. *« Ça change tout de rencontrer les témoins soi-même »* ont confirmé unanimement les intervenants du CNRS, du CNES, les spécialistes des sciences humaines qui vont l'accompagner sur le terrain au cours des enquêtes qu'il effectue lorsqu'il crée en 1977 le GEPAN. Fort de l'enseignement, il écrira page 293 de son ouvrage Les Universons : *« La crédibilité des faits rapportés, la conviction qu'ils aient été réellement vécus, augmente dans des proportions considérables pour les enquêteurs par rapport aux non-enquêteurs. »*

A défaut de réussir à entendre le témoin, je vais m'évertuer à retrouver les personnes qui sont parvenues à l'approcher et qui avaient quelque légitimité à émettre une opinion sur lui. En premier lieu, les chefs du GE(I)PAN, dont je ne manque pas de solliciter l'avis sur ce cas, lors des entretiens qu'ils m'accordent.

LEUR AVIS SUR L'AMARANTE

Jean-Jacques Vélasco, l'adjoint d'Alain Esterle à l'époque, se déplace à Nancy en octobre 82, avec le psychologue Manuel Jiménez. En 1987, lors du 10 ème anniversaire de la création du GEPAN, je lui demande l'impact produit auprès de sa hiérarchie par cette époustouflante affaire. D'un ton neutre il me fait comprendre que peu de gens s'intéressaient au travail de la cellule et que le cas de l'Amarante était pratiquement passé inaperçu.

On est loin de l'opération de communication que laisse entendre la Zététique, qui prétend que les témoignages emblématiques des Notes 16 Trans-en-Provence, et 17 l'Amarante, serviront à asseoir la crédibilité du GEPAN. Plus tard, beaucoup plus tard, Jean-Jacques Vélasco affirmera des positions personnelles sur le dossier et le cas de l'Amarante constituera effectivement un argument de sa démonstration. Ce qui n'a rien de surprenant, si l'on veut bien considérer que le GEPAN, parvenu à un moment clé de l'enquête, était en droit d'en faire état dans l'opinion. Tout comme un chercheur ou un laboratoire le font, lors d'une découverte importante. En analysant au mot à mot l'enregistrement exécuté au cours de l'enquête sur place par l'équipe du GEPAN, on saisira que Jean-Jacques Vélasco a quelques solides raison d'affirmer aujourd'hui les convictions qui sont les siennes.

Jacques Patenet, qui prendra la succession de Jean-Jacques Vélasco, après la dissolution du SEPRA, échange avec Eric Maillot des informations sur ce dossier. Lors de notre entretien il marque sa différence sur divers points de l'enquête du GEPAN. La description des brins d'herbe qui se dressent au moment du départ de l'objet, l'intrigue.

« Précisément, l'histoire des brins d'herbe pose un sacré problème. Ce comportement de l'herbe a donné lieu à des investigations précises. Il a été mesuré qu'il aurait fallu à la distance mentionnée, pour produire l'effet, 200 ou 300 kilovolt/mètre pour arriver à soulever les brins d'herbe, en imaginant que l'objet possède un champ magnétique très puissant. Un moment le témoin dit qu'il se trouvait à 50 cm de la « chose ». Sous l'influence des 300 kilovolts/m le témoin aurait subi un phénomène capillaire de cheveux hérissés sur la tête au minimum !!

Q : Mais lorsque l'objet est en position fixe, le témoin est alors au plus près et il ne se passe rien. Le phénomène des herbes hérissées se réalise au moment où il est aspiré par le ciel et le témoin n'est plus alors aussi près !

J. Patenet : *J'ai fait dans une autre vie des études sur les phénomènes qui se développent autour d'orages lors de l'installation radar de détecteurs d'orage, au moment des lancements d'Ariane. Je suis bien au courant du sujet. Lorsqu'on arrive à des champs pareils on entre dans des situations à risque. Mais c'est vrai que le cas fait partie des éléments de l'enquête qui interpellent. Des cas qui entretiennent le doute.*

Sur le recueil des plants d'Amarante, Jacques Patenet me précise :

« Les prélèvements sur l'Amarante ont été mal faits. Les pieds des plants d'Amarante avaient été coupés, donc ça n'a pas été fait dans de bonnes conditions. Il y a des choses bizarres sur le plan biologique effectivement, comme l'a montré le professeur Bounias de l'INRA, qui a eu la responsabilité des analyses de végétaux auprès du GEPAN. La Zététique a critiqué ce travail, mais cela n'est nullement justifié car il constate des écarts sur des éléments de végétaux qu'on lui a fournis. Il ne les invente pas ! En conclusion d'analyses, il écrit qu'il n'y a rien de réellement

probant. Il constate des différences, mais elles peuvent s'expliquer par différentes raisons. Donc je ne vois pas pourquoi la Zététique critique le travail de Bounias. Ce qu'on peut critiquer, c'est la façon dont on a fait travailler Bounias. On ne fait pas intervenir un scientifique en lui disant que ce sont des éléments séchés par l'OVNI, ça ce sont les autres...Dans la procédure classique, on doit lui donner les échantillons en aveugle et il fait ses analyses.

Alain Esterle est le chef du GEPAN lorsque survient le cas de l'Amarante. Il connaît l'affaire et tout en regrettant l'absence d'autres témoins, elle constitue néanmoins, selon lui, un cas « *intéressant* ».

A.Esterle : « *Oui j'ai lu cette histoire. Je me souviens que c'était un témoin unique qui avait effectué une observation dans son jardin à très courte distance, puisque ça s'est passé entre lui et le mur de son jardin. Si je me souviens bien, il n'y avait pas eu de traces physiques ?....*

Q : Si, si il y avait des traces sur les végétaux...

A. Esterle : *Ah oui, un témoignage avec des traces physiques. Je ne me souviens plus précisément des détails...*

Q : Vous avez été alerté de quelle manière ?

A. Esterle : *Par la procédure que nous avions établie. Lorsque se produisait un cas qui semblait intéressant à analyser, c'est-à-dire avec un délai bref, une équipe est formée, c'est-à-dire 3 personnes, peut-être deux, qui se rendent sur place avec nos protocoles habituels. C'était un cas assez intéressant, encore qu'il n'y ait qu'un témoin et en ce cas l'histoire n'a pas la force des témoignages multiples.* »

Yvan Blanc n'a pas entrepris de démarches particulières sur le témoignage. Je lui demande s'il est prévu des compléments d'enquête pour des cas porteurs comme Trans-en-Provence et l'Amarante. S'il existe de manière générale un suivi des témoignages par le GE(I)PAN.

Yvan Blanc : « *Un suivi, non ! Par contre ces deux observations reviennent régulièrement sur les forums Internet et nous sommes interrogés sur ces cas. Pour l'instant on n'a pas programmé de complément d'enquête parce qu'on n'a pas d'éléments nouveaux.* »

Xavier Passot, ainsi qu'il en fait part dans notre entretien, sa première lecture de l'Amarante ne l'incite nullement à explorer plus avant le cas.

« *Il s'agit d'un témoignage unique, les traces ne valent rien ! Sur le terme de consistance du témoignage, échantillons, nombre de témoins, photos, etc, il n'y a pas grand-chose à évaluer.* » Un avis qu'il réajuste après écoute de l'enregistrement effectué sur le site, par cette petite phrase qui laisse percer l'interrogation : « *Je viens d'écouter ce fameux enregistrement, assez troublant : de toute évidence, ce témoin est sincère !* »

Aucun des chefs du GEPAN, hormis Xavier Passot, n'a apparemment eu l'opportunité d'entendre ce document sonore, ainsi que l'absence de référence dans leurs entretiens, tend à le faire penser. Ni n'a rencontré, à un moment donné de son passage à la tête du GE(I)PAN, cet exceptionnel témoin. Il l'aurait mentionné. Exception faite peut-être, d'Alain Esterle qui cite le cas en tête quand je lui demande s'il n'a pas été troublé par un témoignage. On peut le regretter car, comme le faisait remarquer Francine Fouéré du GEPA, le suivi du témoin dix, vingt ans plus tard, peut encore nous en apprendre sur son observation, sur lui-même. Le cas de l'Amarante, ainsi qu'on l'a vu, est cité dans le Rapport final de 1992 : *« ...mise en évidence de quelques cas totalement inexpliqués à ce jour (Amarante, Trans-en-Provence), etc... ».* On le sait, ce rapport demeurera confiné à l'enceinte du CNES, tuant dans l'œuf toute tentative d'en savoir plus sur cet extraordinaire témoignage. L'avis des rares enquêteurs indépendants qui ont approché le témoin et qui ont accepté de répondre à mes questions, n'en prend que plus d'intérêt et de valeur.

Gilles Munsch, est l'ufologue vosgien qui parvient à localiser, après analyse de la Note 17 du GEPAN, le lieu d'habitation où se déroule l'observation, et parvient à rencontrer le témoin en octobre 1984, avant son intervention sur TF1 dans l'émission de Michel Polac « Droit de Réponse ». Accompagné d'un ami astronome amateur, il rencontre un témoin partagé entre le désir de communiquer son extraordinaire expérience et une attitude de rejet pour des visiteurs parvenus à franchir le mur de l'anonymat qui le préservait. Particularité de Gilles Munsch : il connaît bien Eric Maillot, avec qui depuis des années il échange des informations sur les OVNIS.

Q : Comment s'est déroulé l'échange ? Il était prévenu de votre passage ?

G. Munsch : Non, non ! Nous nous sommes présentés à la porte, c'est tout !

*« Bonjour, vous venez pourquoi ? »*a-t-il dit en ouvrant. On explique la raison de notre visite. Il nous invite à entrer et ferme la porte. A clé !

Il nous dit alors : *« Vous ne ressortirez pas, tant que je ne saurai pas comment vous avez fait pour arriver jusqu'ici. »* Le ton menaçant a duré une minute. Il nous a fait asseoir et nous nous sommes entretenus de 18H4O à 19H50, donc 1H 10, sans effectuer d'enregistrement. Le contexte n'aurait d'ailleurs pas permis de le faire, si l'on songe à l'accueil de la rencontre. Il nous aurait très probablement jetés dehors !

Q : Au cours de cette rencontre avec le témoin, qu'est-ce qui vous a intrigué, qui a conforté son histoire ou qui a provoqué un doute chez vous ?

G. Munsch : Ce qui m'a conforté, même s'il était un peu agressif au départ. Ça me semblait conforme à sa volonté de garder l'anonymat. J'ai compris ainsi que la télé avait pris des précautions pour le présenter, selon sa demande. C'était en cohérence avec son désir de demeurer discret. C'était logique qu'au titre de scientifique et de sa vie familiale, il désirait qu'on le laisse tranquille.

Q : Vous êtes venu le voir, dans quelle intention précise ? Compléter l'enquête ou tester sa crédibilité ?

G. Munsch : Au départ, c'était compléter l'enquête, mieux comprendre par des constatations sur place. Cette observation venait du GEPAN, à la suite d'une enquête officielle de la gendarmerie, le fait était rapporté par un scientifique. Il y avait beaucoup d'arguments d'autorité qui laissaient entrevoir que cette affaire pourrait être une des observations majeures de l'époque et contribuer à un progrès dans la connaissance du phénomène OVNI.

Q : Donc votre analyse de l'Amarante, sujet qui nous intéresse, c'est quoi ?

G. Munsch : Elle est variable... Au départ, nous avions été frappés par une chose. Le cas de l'Amarante ressemblait étrangement sur certains aspects, à celui de Trans-en-Provence. Un seul témoin. Un « truc » qui vient et se pose quasiment. Qui repart. Les formes, une soucoupe, les dimensions qui ne sont pas très éloignées. C'était deux témoignages très forts successivement, l'un derrière l'autre, sur lesquels le GEPAN revenait sans arrêt. On s'était posé la question un moment donné, si le cas Trans-en-Provence ayant fait un « buzz » comme on dit maintenant, ayant contribué à la crédibilité du GEPAN et peut-être à l'octroi de crédits, on s'est interrogé alors si le cas de l'Amarante n'était pas un prétexte pour survivre ?

Q : Est-ce que l'analyse du cas vous a conforté dans cette réflexion, ou le contraire ?

G.Munsch : La seule preuve consiste en l'analyse des Amarantes, qui sont comme à Trans-en-Provence très critiquables, pas très solides, même si on les présente dans leur emballage scientifique, en réalité il n'y a pas grand-chose à en conclure. Ça arrive sur Nancy, à Laxou, sur une ville en plein midi et personne ne voit rien ! Rien que ça, c'est tout de même étonnant ! Il ne peut pas faire de photo, y a pas d'autre témoin ! Finalement, l'affaire repose sur la parole d'une seule personne, sur son seul discours. Dans ce cas-là, si on veut que le cas soit solide, il faut pister le témoin, le surveiller, dans le bon sens du terme, c'est-à-dire par un suivi médical, voir de quelle manière il évolue dans le temps par rapport à l'évènement. A mon avis ce travail n'a pas été fait. On peut dire ici que le GEPAN a pris l'affaire en marche avec une trop grande crédulité. Le GEPAN s'est laissé impressionner par la force du cas tel qu'il apparaissait à l'époque, en pensant qu'il se suffisait à lui-même ».

Plusieurs mois après mon échange avec l'ufologue vosgien, j'aurai une conversation téléphonique avec le second témoin de l'entretien, Didier Schreiner. Il retient de la conversation quelle confirme le contenu du témoignage rapporté par les gendarmes et le GEPAN. Que ce dernier, n'avait pas de sympathie particulière pour les enquêteurs privés, parlant de *« mouvements sectaires de l'ufologie »*. Il manifeste son agacement de voir *« débouler des journalistes »*. Didier Schreiner insiste sur la conviction qui est la sienne, que *« sans aucun doute c'était un objet manufacturé »*. Il était étonné, souligne-t-il, que *« personne d'autre que lui ne se soit manifesté après l'observation »*.

Ce sont les informations récoltées par Gilles Munsch qui vont servir à alimenter la synthèse réalisée par Eric Maillot. C'est par son récit qu'il s'autorise à affirmer – alors que lui, ne l'a jamais rencontré ! – que ce dernier affecte une attitude agressive envers les enquêteurs.

Jean Yves Casgha, l'animateur de « Boulevards de l'Etrange » sur France-Inter, parvient également à le localiser et l'interviewer. Dans son entretien, qui précède en 1983 la visite de Gilles Munsch, il décrit un personnage à l'opposé de celui dépeint par la Zététique.

J.Y. Casgha : J'ai frappé à sa porte au flan, il m'a ouvert et je me suis présenté. Il connaissait l'émission de France-Inter et m'a accueilli alors comme le fait un auditeur en confiance.

Q : Il vous autorise sans problème à pénétrer dans sa demeure ?...

J.Y. Casgha : J'avais un Nagra, un magnétophone lourd et encombrant, et il faisait très chaud. C'était en mai, juin. Il a vu que j'en bavais et m'a donc fait entrer et m'a invité à boire un coup. Il était seul. Je lui ai demandé de me montrer l'endroit où s'était produite l'observation. On est sortis « *c'est là !* ». C'était devant une petite terrasse, face à la porte d'entrée près du minuscule jardin.

L'engin ne devait pas être gros pour s'être positionné à un endroit aussi réduit. A ce moment-là, il m'a raconté ce qu'il avait vu et ce qu'il disait était extrêmement convaincant. Lui-même exprimait la stupéfaction produite par l'évènement qu'il observait. Il était technicien, m'a-t-il dit, dans un laboratoire, et il a parlé alors de « *la qualité du métal, le ressenti du touché...* »

Q : Ça veut dire quoi « *ressenti du touché* » ?

J.Y.Casgha : Et bien qu'il l'a touché, qu'il a touché l'objet !!

Q : Dans la note 17, il ne dit nulle part qu'il a touché l'objet. Il vous a parlé de la sensation ressentie ?...

J.Y.Casgha : On l'entend à l'antenne dire que c'était un métal très, très froid, froid et très lisse. L'engin lui paraissait très lourd « *ça m'a fait penser à du béryllium* » a-t-il précisé.

Q : Il disait que c'était froid et rien d'autre ?

J.Y.Casgha : Non, rien d'autre ! La description qu'il m'a donnée m'a fait penser sur le coup à celle évoquée par le témoin de Trans-en-Provence que j'avais enregistré avant. Il était très étonné que je sois parvenu à le trouver dans son lieu d'habitation malgré la neutralisation des infos sur la Note 17. Je lui ai expliqué notre travail trigonométrique et il s'est amusé de l'astuce.

Q : Il n'exprimait pas de suspicion particulière par rapport à votre démarche ?

J.Y.Casgha : Non ! Non ! Il était plutôt extrêmement embêté d'avoir ça sur les bras. Je l'ai appelé d'ailleurs quelques années plus tard lorsqu'il avait changé de ville, car j'avais gardé un bon contact avec lui. Il m'a déclaré

« *Je ne parlerai plus jamais de cette affaire, j'ai eu trop d'ennuis* ». Il était devenu très discret et j'imagine aisément que ça lui a effectivement pourri la vie sur le plan professionnel et en général dans sa vie personnelle ; ça se mélangeait.

Q : Est-ce que vous vous souvenez avoir parlé de sa tentative de le photographier ?

JY.Casgha : Oui. Il m'a dit en avoir été empêché pour des raisons très prosaïques ; il n'avait, en fait, pas de pellicule !

Q : A propos de l'engin, que ressentait-il en l'observant ? Que vous a-t-il dit sur la phase d'observation ?

J.Y Casgha : Il était vraiment « interdit » au sens littéral du terme. Sidéré !

Il ne l'a pas touché tout de suite. Il a d'abord attendu comme pour s'habituer à se faire à l'idée à ce truc extraordinaire...

Q : Vous avez le sentiment qu'il était un homme crédible, qui ne racontait pas d'histoires ?

J.Y.Casgha : Oui ! Oui, absolument ! Dans l'émission je lui ai demandé de raconter son observation. C'était du factuel et je ne cherchais pas à faire d'analyse particulière de cette affaire par rapport à la mouvance OVNI. Je lui ai fait raconter qu'une fois l'engin parti, il s'est rendu compte qu'il y avait un problème avec les amarantes.

Q : Quel comportement adoptait-il durant vos questions ? Il collaborait, il vous aidait...

J.Y.Casgha : Oui ! Je bénéficiais d'une sympathie ; je n'étais pas là pour l'enquiquiner. Il aimait bien ma manière de traiter les sujets dans l'émission, qu'il connaissait. Mais je pense surtout qu'il était encore dans la phase où il n'avait pas connu d'ennuis à cause de cette affaire. Il apportait en témoignant, devait –il penser, quelque chose à la science.

Q : Il vivait ça comme un acte scientifique ?

J.Y. Casgha : Oui, oui ! Il était sur un phénomène matériel et non expliqué. Dans son labo, j'imagine qu'il se trouvait face à des situations où ce n'est pas parce qu'on ne comprend pas que ça n'existe pas !

Le ton de l'échange est à l'opposé de celui retracé par Gilles Munsch, et plus encore des commentaires de la Zététique. Jean-Yves Casgha apporte un plus incontestable, révélant que le témoin dit avoir touché l'objet. Le procès-verbal des gendarmes et la Note 17 du GEPAN ne font aucune mention à cette précision de taille. Je n'ose imaginer l'interprétation qu'en donnerait la Zététique. Elle renforcerait évidemment sa suspicion envers le témoin : pourquoi n'a-t-il rien dit de cette action aux enquêteurs officiels ? Voulait-il par ce détail en mettre plein la vue aux auditeurs de « Boulevard de l'Etrange », émission qu'il connaît et apprécie comme le rapporte l'animateur Jean-Yves Casgha ? L'enregistrement du CNES, qu'on va entendre plus loin, n'évoque rien également à ce sujet. Toutefois au cours des échanges on entend le témoin interroger les deux enquêteurs du GEPAN, sur les effets produits par d'éventuelles radiations émises par l'objet. Une crainte qui pourrait alors avoir sa logique dans le fait que ce dernier n'a pu résister à l'imprudente tentation de toucher l'objet sur lequel il n'avait qu'à étendre la main. Mis en confiance par le reporter, ainsi que le traduit bien l'échange, il livre ce qu'il n'a pas osé dire aux gendarmes et au GEPAN ?

En 1997 Jean Yves Casgha dans la revue « Science et Frontières » qu'il édite, trace le portrait de Christian Perrin de Brichambaut décédé en 1995. Lors de l'interview que lui accorde l'ingénieur général de la météorologie peu avant sa mort, à la question : *« Y a-t-il des témoignages inattaquables ? »* ce dernier, apporte cette étonnante précision. *« Les témoignages, il y en a suffisamment de sûrs... Je ne vais pas tous vous les citer... C'est l'Amarante, avec cette vision de très près et du toucher de cet objet bizarre et volant, non identifié par le témoin et non identifiable par la suite. Et surtout Trans en Provence, etc... »*

Qui a communiquée au scientifique cette information capitale ?

Lui-même, aurait-il eu un contact avec ce dernier ? Une question sans réponse qui ajoute au mystère de cette stupéfiante observation. Et qui a pu contribuer à la prise de position de Perrin de Brichambaut condamnant en 1992, la dissolution du Conseil Scientifique du GEPAN et la mise en sommeil de l'enquête officielle.

Pour sa part, l'animateur radio n'exprime aucun doute sur la confiance qu'il accorde aux dires du témoin à ce sujet et sur l'ensemble de l'observation. Il n'est pas le seul. C'est aussi le sentiment que va exprimer le gendarme qui va enregistrer sa déposition, quelques instants après l'évènement. Son témoignage est capital. Avec son collègue, ils vont être les premiers à recueillir ses réactions, pratiquement à chaud.

Trente ans après les faits, retrouver l'équipe de gendarmes tenait de la gageure. L'un était décédé, l'autre à la retraite. Je resterai discret sur les obstacles franchis, précisant que le relationnel du reporter, quelques lettres bien ciblées et la forte empathie de l'ancien gendarme pour ma démarche vont aboutir à cet entretien essentiel.

Gendarme JM. Schneider

Madame et Monsieur Schneider m'accueillent dans leur appartement de Rosières aux Salines, une bourgade située à une vingtaine de kilomètres au Sud de Nancy, où le couple vit une retraite paisible.

J'ai face à moi l'ex-gendarme Jean-Michel Schneider, belle stature, visage énergique attendant avec curiosité mes questions. Mme Schneider est partie vaquer à quelques occupations, gardant une oreille discrète sur la conversation.

Q : Vingt-huit ans plus tard, quelle image conservez-vous de cette affaire ?

JM. Schneider : Quand ma femme est rentrée du travail le soir, je lui ai raconté notre rencontre avec le témoin. J'étais quand même retourné – au fond la pièce, la voix de Mme Schneider : « *...Je m'en souviens !!* » – On aurait été devant un hurluberlu qui raconte l'histoire, je ne l'aurais pas cru. Nous en réalité – le gendarme Schneider, l'adjudant L. – on n'a rien vu.

Seulement une trace plus ou moins rougie, et des feuilles fanées. Le gars a indiqué qu'il travaillait au CNRS et il a alors précisé qu'il ne voulait que personne ne le sache. Il nous a dit que c'était ovoïde, de couleur un peu bleutée, que l'objet avait l'allure d'une soucoupe volante comme on en voit dans les livres. On l'a entendu en fin d'après-midi à 18H. Et on y est retournés le lendemain, l'organisme du CNES nous ayant demandé de faire des prélèvements d'un peu de terre et des végétaux. A l'époque, j'ignorais que les plantes s'appelaient des amarantes. Je vous assure, personnellement j'ai été surpris par cette histoire.

Q : Quelle impression vous a fait le témoin. Est-ce qu'il vous paraissait crédible ?

JM. Schneider : Ah oui, crédible !! Ça, là-dessus, pas de doute ! En comparaison d'autres gens, c'est parfois difficile de savoir au début de l'enquête si on nous raconte des bobards ou pas. C'est par la suite qu'on voit si les enchaînements sont cohérents. Mais là le gars était crédible, ça c'est sûr !!

Q : Il s'exprimait bien ?

JM. Schneider : Très bien ! Il a tout bien détaillé en décrivant le dessous de l'objet. Il a raconté comment il s'est abaissé pour regarder sous la « Soucoupe ».

Q : C'est lui qui employait le terme de « Soucoupe » ?

JM. Schneider : Nous on disait comme ça…

Q : Lui aussi utilisait le terme ?

JM. Schneider : Oui ! Oui ! C'était la façon pour nous de désigner la chose. D'après lui, la forme ressemblait à celle qu'on peut voir dans les livres.

Q : Quand il parlait de l'affaire, de la « Soucoupe », était-il impressionné ? Quelle était son attitude ?

JM. Schneider : Il était calme et impressionné en même temps. Il racontait calmement mais il était en même temps très content de nous raconter ça...

Q : C'est vous qui avez prévenu les enquêteurs du GEPAN ? Comment saviez-vous à l'époque qu'il fallait les contacter ?

JM. Schneider : En fonction des situations, la gendarmerie entreprend les procédures qui conviennent et expédie les documents aux destinataires intéressés. Les gens du CNES étaient donc en premier concernés par cette information, et étaient également destinataires de la procédure, la FATAC de l'Armée de l'Air ainsi que la Préfecture. On n'a peut-être pas envoyé le PV, mais on les a prévenus.

Q : Vous n'avez pas ensuite été sollicités par d'autres services qui auraient pu s'intéresser à cette histoire ? Des ministères comme la Recherche, des Services comme la DST à l'époque, la DGA… ?

JM. Schneider : Rien de tout ça ! Je ne savais même pas en ce temps-là le nom du service, au CNES, chargé de ces questions. Je l'ai seulement appris quand vous avez pris contact avec moi et en parcourant Internet, et que j'ai découvert que ce cas s'appelait « l'Amarante ».

Q : Le discours du témoin vous semblait cohérent ?

JM. Schneider : Oui ! Oui ! Ça, pas de doute !! Il n'a pas varié du matin qu'on s'est déplacés sur place ou au soir quand on l'a revu, puis le lendemain pour faire des prélèvements. Il n'y a eu aucune modification de son récit du genre « *J'avais oublié de dire...* ». Non absolument pas !

Q : Qu'est-ce qui vous a le plus frappé dans sa description de l'objet ? Qu'est-ce que vous avez pensé ? Vous avez songé à un avion, à ...

JM. Schneider : Un avion ? Non ! Non ! D'après ce qu'il nous a raconté, ça ne pouvait pas être un avion. C'était quelque chose qu'on ne connaissait pas !

Q : La foudre en boule ?

JM. Schneider : Non ! Non ! Il a tout de même bien expliqué et décrit l'objet dans ses deux parties avec les couleurs correspondantes, gris pour le bas, bleu-vert pour le haut.

Q : Vous lui avez demandé pourquoi il n'a pas réussi à prendre de photos ?

JM. Schneider : Non ! Il nous a dit qu'il n'y avait pas de pellicule dans l'appareil, donc il ne pouvait pas prendre de photos !

Q : Il s'en est rendu compte sur le moment ?

JM. Schneider : C'est-à-dire que lorsqu'il a voulu faire la photo, il a ouvert l'appareil et vu qu'il n'y avait pas de pellicule. Il a dit, « *C'est dommage !* » car il aurait bien voulu nous montrer. Il a bien précisé qu'il était retourné dans sa maison pour aller chercher l'appareil photo. Il l'a trouvé ouvert ou je ne sais pas, mais a compris que c'était impossible. Il n'y avait pas de pellicule dedans !

Q : Et cette discrétion qu'il exigeait, il vous a expliqué pourquoi ?

JM. Schneider : Il ne voulait pas être emmerdé –dixit. C'est tout ! Pour que le gens ne se moquent pas de lui et racontent qu'il avait rêvé !! Non, non, il ne tenait absolument pas à ce que ça se sache ! Au départ il nous a prévenus : « *Attention, je compte sur vous pour ne pas en parler !!* »

C'était clair et net ! D'ailleurs la presse, à ma connaissance, à l'époque n'en a rien su.

Q : Votre collègue, l'adjudant, a commenté avec vous cette histoire après la déposition du témoin ?

JM. Schneider : On en a parlé entre nous, oui ! Vous savez comment c'est... On est partis à deux là-bas au moment de midi. Il n'y avait personne d'autre pour recueillir à ce moment-là l'histoire. Au retour on en a parlé à la Brigade et bien sûr tout le monde a écouté dans le bureau. Ensuite l'adjudant a téléphoné à la Compagnie et leur a expliqué en leur disant de bien regarder les notes – administratives – en rapport avec ce type d'évènement, pour savoir qui prévenir et faire une enquête et prendre éventuellement des photos du site. Ce qu'on a fait dès notre autorité prévenue, en prenant des clichés de l'herbe rougie, mais c'est tout !

Q : Votre collègue, vous a-t-il donné son sentiment par rapport au témoin, par rapport à son témoignage ?

JM. Schneider : Il a dit que ce gars ce n'était pas n'importe qui. C'était un type posé, qui se contentait de dire ce qu'il avait vu.

Q : A la Brigade avez-vous fait une enquête auprès de l'Armée de l'Air pour connaître les mouvements aériens ?

JM. Schneider : Non pas du tout. Ils sont destinataires du PV et ils ont des directives qui les concernent, dont nous ne connaissons pas la nature et nous ignorons donc ce qu'ils font dans de tels cas. Par exemple sur les vérifications de l'activité aérienne, ils ne nous informent pas du résultat de leur enquête. Dans un tel cas il n'y a de préjudice à personne, comme cela se produit lors du passage d'un avion occasionnant des dégâts.

Q : Quand le déposant fait un dessin de l'objet entrevu, il faisait des commentaires, il expliquait les détails de l'affaire ?

JM. Schneider : C'était tout frais, donc il se rappelait bien. Ce qui était étonnant c'était l'étroitesse de l'endroit où ça s'est produit. Le jardin n'était pas plus grand que cette pièce – il désigne alors le séjour ou nous nous trouvons qui couvre moins de 20 m2. C'était un jardinet coincé entre deux barrières. On se demande pourquoi ça s'est produit là ?

Q : Vous avez fait une enquête autour des autres habitations proches de celle du témoin ?

JM. Schneider : Non ! Non ! Le gars ne voulait pas que ça se sache et il voulait surtout que son nom n'apparaisse nulle part. Pas de pub, ni rien !! Donc personne n'a rien su. C'est resté à la gendarmerie au moment où il a déposé avec pour destinataires les services concernés, le CNES qui a été prévenu par téléphone et le Groupement à qui on a adressé un fax.

Q : Mais vos chefs, ne vous ont pas demandé un complément d'enquête, par exemple sur la crédibilité à accorder au témoin ?

JM. Schneider : Non ! Non ! On nous demande de compléter un PV quand il manque un élément déterminant. Ici il n'y avait rien de déterminant. C'était quelqu'un qui racontait ce qu'il avait vu, un truc phénoménal, c'est tout !

Q : Sur le PV il est marqué qu'il n'existait pas d'autre témoin. Cela voudrait dire que vous avez essayé d'en savoir plus ?

JM. Schneider : On a peut-être essayé de savoir autour si quelqu'un avait entendu un bruit ou vu quelque chose, mais sans plus. On n'a pas du tout fait allusion au témoignage dans nos recherches. C'est comme une enquête de moralité, de discrétion. On demande un renseignement sans préciser le rapport à l'évènement sur lequel on enquête.

Q : En gros, pour vous c'est la forme de l'objet qui vous a paru bizarre ? Mais ce qui vous a également impressionné surtout, c'est le personnage qui vous le raconte ?

JM. Schneider : Oui ! Question de personne, ça ne peut pas être quelqu'un qui s'est trompé à ce point. Il nous a raconté à notre première intervention entre 12H3O/12H45 et le soir à 18H, il a rapporté la même chose. Le lendemain on y retournés pour prélever de la terre et les plants des végétaux, il n'a pas dévié d'un iota dans ses déclarations. Après on ne l'a plus revu, ce sont les scientifiques qui l'ont pris en main.

Q : Vous avez une certaine habitude d'analyser la crédibilité d'un témoignage ?

JM. Schneider : Effectivement, les gens au départ on les écoute nous donner leur version des faits, et au fur et à mesure de l'audition on s'aperçoit rapidement de ce qui cloche, en disant un moment une chose ou en la transformant quelques minutes plus tard. Ce monsieur n'a jamais dévié d'une ligne. Ce qu'il a raconté le jour-même à 12H30/12H45, puis le soir, puis le lendemain, ça n'a jamais différé. Pour ma part, je vous le dis franchement, j'ai cru à ce que racontait cet homme.

Q : Votre collègue également ?

JM. Schneider : Oui ! On était même contents, car une histoire pareille, ça n'arrive qu'une fois dans une carrière. Ce n'est pas un évènement qui se produit tous les jours !!

Q : Il a dit pourquoi, il faisait une déposition à la gendarmerie ?

JM. Schneider : Non, il n'a rien dit, il a téléphoné. Il n'est pas venu directement à la gendarmerie, seulement le soir quand on le lui a demandé. Il nous a appelés en nous disant : *« Venez voir chez moi, il y a quelque chose de bizarre que je voudrais vous montrer. »* Il était une heure moins le quart, ça nous embêtait bien, on était en train de manger… On y a été et il nous a raconté son histoire et ensuite nous a fait voir l'emplacement.

Q : Donc ce qu'il disait, plus ce qui était visible, tout concordait ?

JM. Schneider : On a vu, par rapport à ce qu'il racontait, les effets sur la terre et les fleurs. Pour le reste on n'a rien vu d'autre ! C'est lui qui racontait. Mais il décrivait sans faille, sans se contredire, son histoire, comme moi je le fais aujourd'hui sans trop de détails, car il y a bientôt 30 ans que je l'ai entendue et j'oublie certainement des détails. C'était un homme très calme, très intelligent…

Q : Il n'y a pas eu de gens qui ont témoigné sur les OVNIS les jours qui ont suivi ?

JM. Schneider : Pas à ma connaissance. De toute façon, personne, à part nous, ne connaissait cette histoire. J'ignorais d'ailleurs jusqu'à votre appel qu'elle figurait dans Internet. A notre niveau on n'a même pas eu le suivi de l'enquête du CNES. Peut-être au Groupement ou à la Direction de la gendarmerie ? Pour notre part, on n'en a plus entendu parler. Mais c'est tout à fait courant, on n'a plus de nouvelles la plupart du temps des dossiers traités. Plus encore lors de dépositions où il n'y a pas de préjudices ou de suites pénales. Le Service venu ensuite était plus apte que nous à poser les bonnes questions. Nous, à ce stade, on n'était plus dans la course.

La collaboration du gendarme JM. Schneider à ma démarche pour tenter de reconstituer l'évènement est totale. Il attend mes questions et se contente d'y répondre sans chercher à se valoriser. Il fait bien comprendre qu'il est le gendarme qui suit les directives de l'adjudant à qui, on l'a compris, revient la responsabilité de l'enquête.

L'entretien avec le gendarme JM. Schneider révèle une information capitale, qui n'est mentionnée ni dans le procès-verbal, qu'il réalise en octobre 82 de la déposition du témoin, ni dans le corps de la Note 17 du GEPAN. La brigade de gendarmerie de Laxou a été alertée aux environs de 12 h 30 à l'issue de l'observation, et non pas au moment de la déposition du témoin à 18 h. Pensant que Jean Schneider commettait une erreur, je lui demande par mail qu'il me confirme pour ce jour-là le moment précis de son déplacement avec l'adjudant. JM. Schneider, quatre jours plus tard, répond :

« Je confirme bien que nous avons été appelés vers 12H30 et que nous nous sommes transportés sur les lieux pour y faire les premières constatations. Le soir-même la personne concernée s'est déplacée à notre bureau de la brigade où elle a été entendue. Le lendemain nous y sommes retournés pour y faire des prélèvements, suite aux instructions reçues de l'organisme de Toulouse qui coordonne ce genre de constatations. »

L'aparté du gendarme au cours de notre entretien sur le dérangement de l'adjudant s'apprêtant à déjeuner est tout autant mémorisé chez ce dernier que l'extraordinaire cause du déplacement. Il est tentant d'interpréter l'appel à la Brigade comme une confirmation des dires du témoin. Confronté à l'incroyable séquence, celui-ci alerte immédiatement la Gendarmerie comme le ferait toute autre personne devant une situation de stress intense, accident, agression ou autre.

La pièce maitresse du témoignage, dont on va prendre connaissance maintenant, est constituée d'un enregistrement de plus de 70 minutes, effectué par les enquêteurs du GEPAN qui, alertés par la gendarmerie, se rendent sur les lieux et entendent le témoin. J'ai eu le privilège de l'analyser en profondeur. Ce que raconte le témoin aux représentants du CNES conforte non seulement les points forts de l'observation et ce que nous en savions, en levant la plupart des interrogations sur la cohérence du déroulement des faits, mais surtout nous introduit au cœur de l'évènement, en donnant au témoignage une force, une densité littéralement palpable.

Les éléments de l'enregistrement, la grande cohérence du témoignage qui se dégage des échanges entre l'observateur et les enquêteurs du CNES, rendent plus ridicules encore les divagations de la Zététique.

Ce document, réalisé par l'équipe du CNES, fait la démonstration que quelle que soit l'importance des éléments d'enquête mis à jour, le phénomène OVNI demeure englué dans le déni qui l'exclut du débat scientifique.

CHAPITRE 15

Au cœur de l'enquête du GEPAN

L'enregistrement est constitué de deux fichiers. Le premier de 59'52" s'ouvre sur l'entretien libre au cours duquel le témoin décrit l'ensemble de l'observation sans qu'interviennent les enquêteurs Jean-Jacques Vélasco et Manuel Jiménez, le psychologue du GEPAN. Ceux-ci vont ensuite entreprendre une reconstitution, en demandant au témoin de reproduire les mouvements qu'il a effectués durant l'observation. Celui-ci se pliera à toutes les demandes, complétant bien souvent de commentaires instructifs ses divers déplacements sur le site. Le second de 10'47" est consacré essentiellement à la description de la partie supérieure de l'objet et aux couleurs émises par la structure.

L'enregistrement est par endroits inaudible. Il prend sa valeur dans le traduit de l'échange qui s'instaure entre les enquêteurs et le témoin. Un échange où transparaît le choc que constitue pour lui la séquence, la « sidération », a dit Jean-Yves Casgha. Les exclamations, les hésitations, les interrogations de l'observateur, qui ponctuent l'enregistrement, sont autant de précieuses indications sur la très forte émotion que lui procure la vision, la sensation de réalité qu'il émane d'elle. A ces instants se dessine une image précise de la morphologie de l'objet, jusque dans ses moindres détails. A l'aide d'une table comparative, les enquêteurs, tentent de lui faire préciser la couleur de la partie supérieure de la structure, qu'il nomme la « calotte ». La très courte distance qui l'en sépare lui permet de dresser un croquis précis, comme il l'aurait fait pour un véhicule en stationnement dans sa rue.

Le contexte détendu et confiant qui se dégage des échanges contribuera à faire ressurgir de précieux détails, qu'une enquête administrative comme celle des gendarmes ne saurait provoquer. Les enquêteurs n'en observent pas moins une certaine distance avec le récit et le témoin. Ils utilisent les termes de « phénomène », « évènement », pour désigner la manifestation. J'ai consacré de nombreuses heures à tenter de reproduire par l'écrit la totalité des sons, des interjections, des approximations du langage parlé.

Pour percer ce que dissimulaient un mot chuchoté, un terme inapproprié, une exclamation sans suite, j'ai parfois passé une dizaine de minutes sur un résidu de phrase, se concluant finalement par un « INAUDIBLE ». J'ai conservé certaines imperfections du langage qui traduisent la difficulté du témoin à décrire le contexte de l'observation. Le mot à mot s'impose quand il s'insère dans une conversation où le plus insignifiant détail peut aider à approcher au plus près la fantastique expérience, qui a été la sienne.

LE TEMOIN RACONTE

J'ai évoqué la frustration des 51 secondes qui concluent deux années de recherches et de tentatives de rencontre avec le témoin de l'Amarante. Auraient-elles abouties, je n'ignorais pas que près de 30 années plus tard, ce que rapporterait ce dernier n'aurait su représenter l'image fidèle de l'évènement, sinon un souvenir avec ce que cela signifie de restructurations inconscientes. Avec l'avantage, il est vrai, de permettre d'utiles comparaisons entre les deux récits.

Le document sonore s'ouvre sur le fichier de 59'52''. Le témoin et l'équipe du CNES font connaissance.

L'enregistrement est effectué le 29 octobre 1982. Sont présents sur les lieux de l'observation, outre le témoin, Jean-Jacques Vélasco et le psychologue Manuel Jiménez. Je reproduis l'essentiel de l'enregistrement, expurgé des passages redondants, dès lors que l'enquête cherchant à établir la cohérence du récit oblige le témoin à se répéter.

L'ENREGISTREMENT

TEMOIN : Donc je vais rendre service à votre mission de spécialistes...

JJ. Vélasco : Absolument, très bien...

TEMOIN : J'ai répondu aux gendarmes, mais je n'ai pas besoin de publicité d'autant que ça tombe dans ma vie privée...

JJ. Vélasco : Le point très positif si vous voulez, pour le travail qui nous attend, nous sommes passés ce matin à la gendarmerie, c'est que la presse n'est pas au courant...

TEMOIN : Je ne vois pas pourquoi !

JJ. Vélasco : ... et qu'il y a donc forcément des groupements privés, des personnes qui seront susceptibles de venir vous voir ...

TEMOIN : Je préfère vous voir vous, que ces gens !

JJ. Vélasco : Voilà comment on va procéder. Dans un premier temps, vous allez nous faire le récit de ce que vous avez vécu et ensuite on interviendra. La seconde intervention, sera une phase de reconstitution. C'est-à-dire qu'on se rendra dans votre jardin et puis on essaiera de recueillir à ce moment-là des éléments directionnels. Et puis le 3ème point concernera l'environnement...

TEMOIN : Bien !

JJ. Vélasco : ... et éventuellement faire des prélèvements à la fois d'herbes, puis de végétaux. Les gendarmes ont fait des prélèvements mais ils sont... Bon, on voudrait vous entendre pendant les séquences suivantes. Comment ça s'est passé ?

TEMOIN : J'étais dans mon jardin. J'étais en train de nettoyer ... INAUDIBLE J'étais penché au niveau de la terre et j'ai dû regarder vers le ciel. Sur le côté gauche du jardin, j'ai vu comme un avion. Je regardais et, dans les fractions de secondes, « mon » avion grossissait de plus en plus. J'avais l'impression que l'avion – l'avion n'est plus pour moi un avion-... Et puis de plus en plus cet appareil venait vers le jardin et à la limite ça avait l'air de freiner... Vous voyez, quelque chose qui vient vers vous, c'est-à-dire en freinant !!

J'avais l'impression, que ça allait tomber de l'autre côté du toit de la maison. Et puis à ce moment c'est vraiment descendu au-dessus du jardin, au-dessus de l'herbe, très près, dans l'entourage du jardin. J'étais complètement... Je ne peux pas dire... la panique... la trouille... J'ai vu un truc... Je me suis reculé vers la maison. Je pensais que c'était quelque chose qui allait vraiment tomber dans la terre. Cet objet est resté ... à peu près à un mètre au-dessus du sol. Moi je suis resté, mais vraiment ça... ça tremble.

Je vous assure, c'est de la peur... Vous vous demandiez vraiment ce que c'est ! Premièrement on ne se rend pas compte de ce que c'est ... »

« ÇA NE BOUGEAIT PAS !! »

« Et puis alors il y a toute une foule de choses qui vous apparaissent en tête. Je ne sais pas moi, un truc de guerre ? Une bombe ? Y a quelques secondes qui sont passées... et à ce moment-là, l'appareil était déjà là, j'ai regardé ma montre. Et puis l'appareil est resté, il n'a pas bougé du tout ! Je suis revenu jusqu'au milieu du jardin, j'ai bien regardé l'appareil. Et puis à ce niveau-là, je... INAUDIBLE... une minute en plus, à regarder un peu plus... ça faisait une dizaine de minutes en tout ! J'ai foncé chercher mon appareil photo. Alors je suis monté au premier étage. Je suis redescendu. J'ai un appareil... il m'est arrivé des tuiles et des tuiles invraisemblables, je dis bon, ben rebelote ! J'ai enclenché j'sais pas combien de fois ? INAUDIBLE. Je me suis remis dans la petite allée bordant le devant du jardin et je suis repassé sur l'allée qui est sur la droite. Cet objet était beaucoup plus du côté de la maison, par rapport aux vitres du jardin. Je suis arrivé à peu près, je ne sais pas à... 40/50 cm de l'objet !

« Je l'avais devant, vraiment devant moi, tout à fait stable ! Ça ne bougeait pas ! Il ne se passait rien ! Comme j'ai dit aux gendarmes, ni chaud, ni froid, ni des rayonnements dont le corps n'est pas capable de capter tout ça...

Je me suis même accroupi, pour regarder en dessous. Euh… mais vraiment à 10 cm près ! Je leur ai donné un dessin, une copie. J'aurais pu prendre un mètre et le mesurer complètement ! Je l'ai pas touché, mais… Tout ça, ça fait partie d'une crainte humaine toute simple… J'ai regardé par-dessous, comment c'était fait. Je vous assure, il y avait tout ! L'humain, ça ! la solitude ! Les gendarmes m'ont demandé, « *Vous n'avez appelé personne ?* »... Je n'ai appelé personne ! Je vous assure j'avais la langue au fond de la bouche, parce que ça, c'est l'imprévu ! »

« L'OBJET EST RESTE VINGT MINUTES ! »

« C'est quelque chose qui… C'est pas le fait divers de tous les jours ! C'est pas le petit truc qui arrive dans votre jardin comme un ballon de football. Et puis … J'observais toujours ça. Je me suis relevé. Je suis revenu devant le jardin et puis au bout… et là j'ai regardé ma montre. C'est une habitude de regarder sa montre, on s'en sert dans son travail pour voir aux « caisses »[20].

Ça fait vingt minutes ! Vingt ! C'est pas une vingtaine, c'est vingt minutes ! L'objet est resté vingt minutes ! Et puis alors il s'est… Il n'est pas parti comme il était venu, sur la partie gauche du jardin ! Il est monté vraiment comme aspiré, mais vraiment droit, droit, droit, droit ! Et il y avait une petite brillance par le soleil…

Il n'y avait pas de nuage, pas de brume. Il y avait un beau soleil ! C'était une belle journée d'automne. L'appareil est remonté, vraiment très, très droit, jusqu'à perte de vue d'un petit point brillant ! INAUDIBLE. Quand l'appareil est parti, il y avait rien du tout d'anormal. Rien, rien du tout ! La seule chose qui s'est passée quand l'objet est parti, c'est l'herbe qui s'est dressée sur la terre, vraiment droite ! L'herbe qui était humide, une herbe d'automne, de l'herbe d'une dizaine de centimètres, et c'est monté !! C'est monté ! Ils (les gendarmes) sont revenus plusieurs fois sur les questions de savoir sur l'entourage, s'il y avait des roses trémières qui montaient très haut, si elles avaient bougé. J'ai répondu aux gendarmes c'est certainement probable, mais mon attention ce n'était pas ça ! C'était l'objet, la terre, l'herbe et ça c'est… Mais ça montait alors d'un droit ! Et l'appareil est resté 20 minutes d'un bout !

Silence du narrateur.

« IL N'Y AVAIT NI VIS, NI SOUDURE !! »

JJ. Vélasco : Et ensuite, alors, vous avez…

TEMOIN : Alors oui, ensuite, oui... Et bon ben, les gendarmes ont emmené… Moi j'y ai passé l'après-midi. L'après-midi ça a tourné… Ça tourne tout seul dans son petit coin, on voit ceci, on pense plein de choses…

[20] « Caisses » : récipients d'expériences biologiques du labo, où travaille le témoin.

JJ. Vélasco : Votre épouse n'était pas là ?

TEMOIN : Non, non, elle n'était pas là. Je vais chercher mon épouse à cinq heures et je lui explique le problème, j'ai vu ceci, celà et je lui ai dit on va en parler aux gendarmes. Et on est monté à la gendarmerie.

Après sa déposition à 18h, le témoin retourne avec son épouse sur le lieu de survol de la structure et constate alors des modifications sur les végétaux.

TEMOIN : Elles étaient toutes intactes nos queues de renard, bien vertes et les quenouilles encore bien roses. Et il y en avait disons une partie du centre où était près l'objet, qui étaient complètement déshydratées, secs, mais secs, secs !! Celles qui étaient en dessous étaient dans un état impeccable. On regarde plus attentivement et il y avait des plantes complètement déshydratées, complètement sèches. Alors le lendemain j'ai rappelé la gendarmerie, ils sont revenus. Ils ont pris des photos et ont repris des plantes sèches et des plantes qui étaient à ras de terre.

JJ. Vélasco : C'est ça, ils nous ont montré lorsque nous y sommes allés. Nous avons pu voir la différence assez sensible. Vous avez mentionné tout à l'heure les conditions météorologiques. Elles étaient…

TEMOIN : … très bien ! Un ciel clair, un bleu ! Y avait pas de nuages, ni en bandes, ni en … Il y avait une belle journée d'automne, très claire. Le soleil était sur la droite. Et puis ni brume…

JJ. Vélasco : Vous avez donc pu distinguer parfaitement…

TEMOIN : … de A à Z, de A à Z ! Je leur ai même dit une chose que…

INAUDIBLE. Il n'y avait ni vis, ni soudure ! On dirait que c'était quelque chose qui avait été mis dans ….. ?

JJ. Vélasco : La descente a été longue ?

TEMOIN : La descente ? Elle a été lente mais pour moi elle paraissait rapide puisque arrivée à un certain… je ne sais pas moi… elle est passée par-dessus la maison. 12'54" – 12'55" INAUDIBLE. Quand cet appareil est reparti, il est reparti à une vitesse, mais alors euh…qui ne correspondait pas à une vitesse… Je n'en sais rien du tout, ça ne se chronomètre pas, c'est l'œil qui voit ça. Mais je peux dire de visu, c'est parti 10 fois, peut-être pas dix fois ? Beaucoup plus vite que c'est arrivé… Je vous assure ! C'est marrant parce que la grosseur de l'objet paraissait incluse, complètement dans le volume, la surface du jardin. On aurait un gros jardin avec des… Mais on a un petit jardin, avec un gros appareil dans un petit jardin !! Je vous assure c'est… c'est poignant. C'est l'impression que ça remplit ; que tout l'objet remplit… 13'35"- 13'41" INAUDIBLE

« J'AVAIS CET APPAREIL A BOUT DE NEZ… »

JJ. Vélasco : Vous avez pu apprécier un éventuel bruit ?

TEMOIN : Ah non ! Alors là, ça n'a pas fait de bruit ! Ça n'a pas fait de bruit. Je sais bien, ça se déplace dans l'air. Tout objet qui se déplace dans l'air…

Je vous assure que pour ma part, pour mon oreille tout marche bien, je n'ai pas de problème auditif !

JJ. Vélasco : L'appareil ne dégageait ?....

TEMOIN : ... ne dégageait, ni chaleur, ni froid, ni chaud, ni odeur !

Les gendarmes ont voulu savoir ce que je pensais de l'électromagnétisme, d'attirements... Je leur ai dit : « *Messieurs je n'ai rien ressenti de tout cela !* »

JJ. Vélasco : ... pas un petit tremblement, ni rien ?...

TEMOIN : Ah non ! Pas du tout ! C'est l'objet inerte, de neutralité absolue qui était là dans l'air ! ... ni antenne, ni hublots, y avait pas de hublots !

JJ. V : ... vous, vous en êtes approché de...

TEMOIN : ...Oh ! ... de 50 centimètres au moins ! D'ici de vous à moi ! Un demi-mètre... j'avais cet appareil à bout de nez ! L'appareil était proche...

JJ. Vélasco : Ça vous paraissait très solide...?

TEMOIN : Ah oui ! La masse volumétrique, pour moi, paraissait très lourde ! Je l'ai même comparée à du béryllium. Oui ! Le béryllium, on n'en voit pas tous les jours. Je sais que l'emploi est limité à l'aéronautique, ça servait dans l'aérospatiale. Il montrait[21] que, poli, ça fait une espèce de grain qui faisait un peu plomb-argent. Vous voyez ? Et je me rappelle du nom, j'ai rapporté à ma mémoire cette notion de béryllium. Ça faisait bleu argent poli. Ça ne faisait pas acier, ni ferreux, ni chromé, ni... Ça fait ce type de matériel, je ne sais pas, gris bleuté !

JJ. Vélasco : Mais lorsque vous l'avez vu...

TEMOIN : Ah oui, qui brillait ! C'est l'ensemble qui brillait. Donc sa coque extérieure... l'enveloppe extérieure était métallisé-brillant. Ça faisait métallisé-brillant. On voyait très bien ! Je vous assure, de loin on aurait pu prendre ça pour un avion. Donc ça arrivait un peu plus vite. On avait l'impression de le prendre dans le jardin, ça...

« UN BEL OBJET ! »

JJ. Vélasco : S'il y a une enveloppe, il y a sûrement des rivets ?

TEMOIN : Ah non ! Je vous assure, c'est ce que j'ai dit (aux gendarmes) : s'il y avait des vis, des clous, des pointes, on voit ! Il n'y avait rien d'une soudure, de finition manuelle ou autre. Il n'y avait aucune finition de petit matériel qui permet de situer de vis, de clous, de rien du tout, j'sais pas de métal ! J'ai regardé vingt minutes ! Ça fait long, ça fait très long ! Vous voyez par exemple une boîte de conserve ou un objet qui a un point de soudure, un problème ou j'sais pas quoi, une trace de soudure, ici rien du

[21] Le témoin fait référence à une exposition de l'Aérospatiale où étaient présentées des structures utilisant ce matériau.

tout ! Je vous assure, surfacé, lissiel, poli, net de bavure ! J'arriverais à dire un bel objet, un bel objet ! Quelque chose de joli !

JJ. Vélasco : Qu'est-ce que vous avez pensé immédiatement ?

TEMOIN : Moi j'avais l'impression que c'est quelque chose qui avait trait à l'armée, type E.R. (Engin de Reconnaissance). Ou je ne sais pas quoi... ?

JJ. Vélasco : Vous avez fait le balayage de l'ensemble des solutions possibles.

TEMOIN : Ah oui ! Ça cogite. On pense à tout ! Ou c'était dangereux, ou ça va éclater ? Ou on ne sait pas quoi ? Il va se passer quelque chose !

JJ. Vélasco : Malgré ça ... ?

TEMOIN : ... J'y suis allé, ah oui ! Les gendarmes et ma femme, tout le monde s'est dit, il s'est approché... Je vous assure vous pouvez me croire, il y a la peur pendant toute cette partie très longue. Vous regardez un objet ... Il y a la montre qui tourne. Ça fait vingt minutes que vous l'avez devant le nez... Je ne sais pas ! Ça ne paraissait pas être un truc de guerre. Ça ne paraissait pas être, je ne sais pas, un détonateur, avec des cônes sensibles, avec une antenne, avec un radar ? Ça ne représentait pas l'imagerie dans un petit coin du cerveau ! Non !

Après on passe dans le secteur soucoupe volante. Il y a un truc bizarre.

Il y a une soucoupe volante dans mon jardin ! Il y a... Le problème c'est que... Quand c'est approché, j'ai l'impression que ça allait tomber dans le jardin. Depuis le début je croyais que ça allait faire un cratère ou un trou. Bon, les 30 premières secondes l'appareil passe pour moi au-delà de la maison...

JJ. Vélasco : Il s'arrête comment ? Brutalement ?

TEMOIN : Non ! Parce que, même déjà, arrivé en l'air...

JJ. Vélasco : ... par décélération ?

TEMOIN : ... une décélération, bien entendu. C'est quelque chose qui arrivait déjà en l'air à la vitesse à ce qui correspondait à ce que j'ai déjà dit, en tant qu'avion.... Et ça faisait un rond, ça faisait ovoïde et puis je le vois dans le jardin. Je vous disais déjà pour moi je l'ai vu en haut, il est resté comme ça et puis j'ai cru que ça allait tomber ! Ma femme m'a dit en rigolant *« Les puissances étrangères sont descendues dans le jardin ! »*... INAUDIBLE. Moi ce qui m'embête (répété trois fois), c'est que je suis seul à l'avoir vu. 21'51"- 21'57" INAUDIBLE. Je suis quand même le seul à porter une espèce de tribut...

JJ. Vélasco : Bon, au niveau du témoignage je pense qu'on a recensé l'ensemble de vos avis...

M. Jiménez : ... à comparer avec un évènement ?

TEMOIN : Alors là, jusqu'au fond de ma mémoire, des évènements comme ça... 22'40" – 23'00" INAUDIBLE

M. Jiménez : Vous ne vous intéressez pas à la science-fiction, à... ?

TEMOIN : Non ! 23'15" – 23'58" INAUDIBLE

C'est arrivé comme ça ! C'est reparti autrement. Je ne sais pas au point de vue réalité. C'est naturel... semi-naturel ou pas naturel du tout ? Moi ce que j'ai du mal, c'est de... Ce qui me pose des problèmes, c'est ce que j'ai dit aux gendarmes, pourquoi c'est là ? De plus il choisit la maison presque enclavée. Pourquoi ici, pourquoi pas la campagne ? Pourquoi pas plus haut ? Pourquoi pas dans l'air ?

« C'EST UNE CERTITUDE A VIE ! »

JJ. Vélasco : On collecte les informations, on recoupe et on entreprend une activité plus approfondie auprès des services et donc c'est ce que nous allons faire. Ensuite nous allons travailler auprès de l'office météorologique et voir s'il y a des phénomènes qui se rapprochent d'un genre de composition de plasma.

TEMOIN : J'aurais vu ça, ça c'est clair ! Ce n'est pas ça ! De loin j'aurais cru voir une météorite ou un truc comme ça. A la limite vous savez, j'aurais bien aimé que ça soit ça, qui tombe dans le jardin. Il y aurait été encore ! Parce que rapporter une preuve pour moi, pour les autres, je n'ai pas besoin de fournir une preuve. Moi en tant qu'entité humaine, c'est une certitude à vie ! Les autres, je ne sais pas ce qu'ils pensent. Moi j'ai intérêt, je vous l'ai déjà dit...

JJ. Vélasco : Justement une partie de notre travail c'est à la fois de confronter votre discours avec l'ensemble qui aura été récolté sur l'environnement à travers les plantes, à partir de ce moment tenter de bâtir une analyse.

TEMOIN : Je reviens au point de vue des plantes. J'ai une chose à ajouter, c'est que toutes les plantes qui étaient retirées, aucun des pieds n'était abîmé. On aurait pu dire celui de la plante survolée, non, c'était un pied comme les autres ! En fait c'était un pied vivant. Au niveau de l'aérien, celles-là étaient toutes déshydratées, au niveau souterrain, au niveau de la racine, c'étaient des racines comme les autres.

JJ. Vélasco : C'était vivant ?...

TEMOIN : Tout à fait ! 27'40" – 28'20" INAUDIBLE L'angoisse... Pendant trois jours je vous assure...

JJ. Vélasco : C'est un élément important. Dans la mesure où ça perturbe les plantes, ce facteur a priori pourrait très bien perturber...

TEMOIN : ... le derme, le sphincter ...

Discussion sur l'intervention des gendarmes, qui permet à Jean-Jacques Vélasco de préciser la différence entre les deux enquêtes. Tout en assurant le témoin que *« De toute façon, les investigations, ça s'arrêtera là ! »* A un autre endroit de préciser : *« Comme on disait tout à l'heure, il y aura la plus grande discrétion. Ça ne sortira pas... »*

La reconstitution reproduit le même schéma descriptif, avec pratiquement les mêmes termes, le témoin désignant alors les places qu'il occupe au fur et à mesure du déroulement des 20 minutes d'observation. Ici transpire l'extrême émotion du témoin, confronté à cette masse de technologie qui ne laisse voir aucun signe d'activité.

« ÇA VOUS GLACE !! »

TEMOIN : L'appareil était là ! Il était plus du côté des fleurs que de mon côté.

JJ. Vélasco : D'ici vous pouviez le ... ? Comment, vous avez essayé alors... ?

TEMOIN : ...quelque fois, moi je suis ici ! Je vous assure j'ai... J'ai, j'ai eu peur. C'est une peur... J'ai circulé juste à la maison, presque jusqu'au mur de la maison. Vous savez j'ai regardé ça si longtemps que... Je n'ai pas reculé en courant, j'ai reculé mais euh... lentement. J'étais affolé ! Ça fait de l'effroi... Y a tout qui... Je vous assure, c'est... Ça vous glace ! C'est une explication qui est générale, mais...

Sur ses tentatives d'effectuer une photo de la manifestation, il explique :

TEMOIN : J'ai regardé l'objet, pendant j'sais pas moi, quelques minutes et puis après je suis remonté au premier étage. Le temps de prendre mon appareil, j'ai pas mis une minute et puis arrivé peut être à 1 mètre derrière vous (l'enquêteur), je suis revenu ici. J'ai essayé de réenclencher, de réarmer. J'avais déjà d'ici, j'avais regardé dedans. Puis je suis revenu là pour avoir... et puis l'appareil... et ben rien du tout ! Je suis revenu le long, là. Je suis passé là tout doucement, le long de l'allée et je suis venu ici...

40'50" – 40'56" INAUDIBLE. Vingt minutes ! Vingt minutes à la montre !! Mais alors là une certitude. Il y avait vingt minutes ! Vingt minutes et l'objet était là ! Vraiment là, dans l'air, à j'sais pas... ça faisait cette hauteur par rapport au bac... Il était là ! (Forte émotion dans la voix du témoin)

JJ. Vélasco : Ça ne bougeait pas... ?

TEMOIN : ... pas du tout !!

JJ. Vélasco : Vous n'avez constaté autour de vous aucun effet, ni sur vous, ni sur la végétation... ?

TEMOIN :(chevauchant la question) : ... Je ne constate aucun... ni chaud, ni froid !

JJ. Vélasco : Au moment de la disparition de cet évènement, de ce phénomène, comment ça s'est passé... ? Vous étiez où ?

TEMOIN : ... j'étais plus près de Monsieur...

Dialogue entre les enquêteurs en rapport avec l'enregistreur...

JJ. Vélasco : On prend en même temps pour relire après...

TEMOIN : ... oui, oui, bien entendu... J'étais à peu près ici. Moi j'en étais toujours à mon appareil (photo). Alors avant j'avais été ici, j'avais regardé l'appareil, tout ça, par ceci, par cela... Je ne suis pas allé là-bas, premièrement parce qu'il y a différentes fleurs... Et arrivé, un moment, ça a… ça a parti, mais alors d'un bond et en même temps, j'ai vu en une fraction de seconde… mon herbe qui montait… Et c'est monté (l'objet), c'est monté, c'est monté avec un point blanc. Je l'ai vu brillant ! C'est monté, vraiment tout droit. Et voilà !

Silence du témoin, ajoutant :

Ah ! je vous assure c'est …– éclat de rire nerveux -… J'sais pas, je n'ai pas l'habitude de raconter des … Il faut dire des choses qu'on a vécues comme ça, c'est poignant !

JJ. Vélasco : C'est une rare fois qu'on a un ensemble d'éléments qui sont décrits en un lieu si petit… Habituellement il y a des déplacements qui se font. C'est vraiment une des premières fois où tout est concentré… A la fois le témoin et l'évènement…

Le témoin, chevauchant le commentaire de Jean-Jacques Vélasco :

… Ah, oui ! Mais pour moi, la concentration c'est l'objet dans la cour intérieure. Ça fait un objet à la limite, je ne sais pas, une petite voiture dans un petit garage ?

Le témoin continuant à explorer le jardinet avec les enquêteurs, leur indique les plants d'amarante encore en terre.

TEMOIN : … il reste encore… voyez elles ne sont pas retirées, je n'ai pas fini mon boulot… Il y en avait ici, voyez ?

JJ. Vélasco : Ah oui, c'est intéressant parce qu'on va faire des prélèvements dessus…

TEMOIN : … comme vous voulez…

JJ. Vélasco : … dans la mesure où elles sont encore en terre et qu'elles…

TEMOIN : … et quand ils nous ont parlé de refaire des prélèvements et puis que c'était déjà nettoyé depuis 48 heures, ce n'était pas vieux… On n'a surtout pas touché… On a dit bon, on s'en servira pas, y aura encore des roses trémières des… amarantes qui étaient derrières. Et puis celles-là donc qui étaient toutes seules, celles qu'on n'a jamais semées, les voilà d'ailleurs…

Le témoin interroge les enquêteurs du CNES, sur la possible présence d'une radiation.

JJ. Vélasco : Je dirai que pour l'instant, le cas dans l'ensemble n'a pas été constaté. En l'occurrence les effets connus des champs de cet ordre décroissent rapidement dans le temps… Si vous effectuez rapidement une mesure, vous pouvez avoir notamment dans les rayons gamma, au bout de 8 jours, vous n'avez pratiquement plus rien…

On va voir la partie qui concerne à la fois la forme. On a une vingtaine de couleurs qui permettra d'apprécier… Les gendarmes nous ont montré le dessin que vous avez fait, il est…

TEMOIN : … je pense que ça apporte… que ça correspond à quelque chose que j'ai bien vu… bien nommé… Je pense que c'est bien nommé ![22]

« COMME DEUX COUVERCLES DE LESSIVEUSE… »

JJ. Vélasco : Au niveau de la dimension, comment l'avez-vous perçue, quand la première fois, votre œil a été attiré ?

TEMOIN : La seule chose que j'ai remarquée, ça correspondait en gros à deux couvercles de lessiveuses. Deux couvercles quand je les ai vus plus près, qui n'étaient pas pris côte à côte. Il y avait une bande, un espace pas vide, un espace rempli qui ne correspondait pas au dessin d'arc une fois réunis les deux couvercles.

JJ.Vélasco : On peut se rendre sur la terrasse et faire le croquis…

Le témoin dessinant et commentant :

TEMOIN : Alors tout ça, tout cela est métallisé. Ce n'était pas du métal ou c'était du métal ? Je n'en sais rien… Ce que simplement je peux vous dire à l'arrêt de ce décrochement, c'est qu'ici, (le témoin désigne « la calotte »), ce n'était pas une lumière. Ce n'était pas une vapeur. Alors là ça devient difficile… C'est certainement la partie de l'objet à définir, le plus difficile… Ça faisait comme rempli. Est-ce que c'était du plexiglas ? J'en sais rien !… ou quelque chose …? Ça faisait comme rempli d'un… La mer ? Vous savez je me suis mal expliqué devant les gendarmes… Ça faisait un peu comme les bleu-lagon, bleu-vert-lagon… Vous savez comme les mers pacifiques et les petits atolls. On dirait que la partie était remplie de cette… je dis bien remplie de quelque chose, d'un...

M. Jiménez : … comme une enveloppe ?

TEMOIN : Mais je vous assure… c'est ce qui est bizarre à l'œil… Il y avait ça, mais je ne sais pas comment c'est fait ? Je n'en sais rien ! Ce que j'ai vu c'était… était pour moi, avoir été dedans ! C'est quelque chose que j'ai été dedans, mais enfin j'en suis pas sûr du tout ! Bon, il y avait ce rond… Bon la lumière, je ne sais pas si elle est grise ? Mais je peux vous dire que ça fait une impression que cette calotte était remplie ! Ce n'est pas exactement le mot… Est-ce qu'elle était formée de … ? Ou est-ce qu'elle donnait l'impression de … ? Il y avait une espèce de masse jolie bleu verdâtre…

« …UNE ESPECE D'AQUARIUM… »

JJ.Vélasco : Quelles réactions vous avez eues, vis-à-vis précisément de cette partie ?

TEMOIN : On aurait pu définir qu'à la limite… ça c'est vraiment une discussion difficile et si je voulais être direct, je pourrais simplement vous

---

[22] *«…bien nommé » :* Ici transparait le souci du témoin d'offrir un descriptif le plus fidèle possible, de la vision, à l'identique qu'il le ferait lors de la retranscription d'une expérience de laboratoire.

dire qu'on avait l'impression que quelque chose allait sortir de là-dedans. C'est tout ! J'avais l'impression que c'était quelque chose qui était... Je sais très bien ce que j'ai dans ma tête ! Je sais très bien ce que j'ai vu, ce que j'ai ressenti ! Ce n'était pas une boue ! Ce n'était pas un gel ! Ce n'était pas une vapeur ! Ce n'était pas un liquide ! C'était tout ça en même temps ! J'ai l'impression que c'était...

JJ. Vélasco : C'était la partie qui vous attirait le plus le regard ?

TEMOIN : Ah oui ! Alors là, oui, oui ! Je vous assure parce que... Disons bleu vert lagon, ce qui paraît vrai, ce n'est certainement pas la meilleure définition. Il y en a une certaine, qui est meilleure, que je n'ai pas comme ça... Vous auriez enfermé la mer avec sa couleur dans une espèce d'aquarium comme ça bombé, ovoïde, vu de l'extérieur. Mais ça ne faisait pas un liquide ! Ça faisait cette couleur mais ça ne paraissait pas incolore ! Je ne sais si c'était métallique ou si c'était incolore ou en verre ou j'en sais rien ? Et je ne sais pas ce que j'ai vu, si ça venait juste de l'extérieur ou si ça venait de l'intérieur ? Ça paraissait venir de l'intérieur, mais je vous assure ça faisait quelque chose de très, très spécial au niveau de l'œil...

M. Jiménez : Vous étiez un peu fasciné par ça ?

TEMOIN : ... le « un peu »... paraît... un peu faible !

JJ. Vélasco : Et vous n'avez rien vu d'autre au niveau détails ? L'ensemble ne présentait aucun aspect du point de vue extérieur d'un détail apparent ? C'était uniforme ?

TEMOIN : La seule chose, alors là je suis formel ! Je pense que si la mémoire... – je pense qu'elle est bonne – qu'ici c'était soudé, enfin scellé avec cette enveloppe extérieure et ici, ça fait un décrochement d'une dizaine de centimètres. La seule idée de l'objet qu'on peut avoir vu de l'extérieur que tout est... tout ça c'est un tout et qu'on dirait que... la calotte, l'arc extérieur métallique ou j'sais pas quoi, est mis comme posé !

M. Jiménez : ... c'était très net ?

TEMOIN : Ah oui, alors là ! Certain ! C'était très, très net ! Là-dessus, que je sache ou ne sache pas ce que c'est, ou j'en sais rien, je vous assure, un humain, les yeux d'un humain, on se pose les questions, c'est sur le dessus...

De longues minutes de l'enregistrement sont consacrées à la définition des tons et coloris, en référence à l'échelle Brantone, qui permet au témoin de d'approcher au mieux les coloris entrevus. Sans pour autant satisfaire ce dernier. Les teintes que lui donnent à voir les enquêteurs du GEPAN demeurent à l'évidence, pour lui, comparativement à ce que la vision de l'objet lui a permis d'entrevoir, une approximation. Le témoin faisant référence à la partie supérieure de la structure – la « calotte », le dôme – qui constitue son point de fixation, conclut en ces termes sa tentative de description :

TEMOIN : « *...ça vous rive les yeux. ! Le dessus vous rive les yeux !* »

LES ENSEIGNEMENTS DE L'ENREGISTREMENT

L'image est parlante. C'est ce même regard incrédule, inquiet, que portent les grands singes observant le naturaliste les filmant. La métaphore illustre la difficulté de l'observateur à traduire, par des mots, un évènement non référencé dans sa culture technologique et plus généralement ses connaissances, qui ne sont pas négligeables comme sa formation de scientifique le laisse penser. Elle est le marqueur de l'incommunicable et celui-ci, consciemment ou non, sait qu'il aura toutes les peines à se faire entendre, à être cru. Remarque désabusée de sa part : « *Je n'ai pas besoin de fournir une preuve. Moi en tant qu'entité humaine, ça c'est une certitude à vie !* » Elle en dit long sur l'importance relative que le témoin accorde, après cette expérience, au jugement d'autrui. Qui explique certainement son refus à chercher à convaincre et son rejet de toute médiatisation de son histoire, ainsi que je peux en témoigner et comme le confirment les trois entretiens qui précèdent.

L'enregistrement, s'il ne permet pas de répondre de manière définitive à certaines interrogations soulevées, recèle toutefois des informations susceptibles de guider et forger notre jugement.

J'ai raconté plus avant que le gendarme Schneider et l'animateur Jean-Yves Casgha attribuent le fait de n'avoir pu effectuer de photo à l'absence de pellicule dans l'appareil. Les propos du témoin, tels que reproduits dans l'enregistrement, font état de pannes antérieures mais à un autre passage expriment la fébrilité qui est la sienne au moment où il tente d'effectuer le cliché : *« j'ai essayé de réenclencher, de réarmer. J'avais déjà d'ici, j'avais regardé dedans/.../ et puis l'appareil... et ben rien du tout ! ».* Des termes qui peuvent tout autant laisser penser qu'effectivement l'appareil ne contenait pas de pellicule. Il est tout à fait vraisemblable que, dans l'affolement de l'extraordinaire circonstance, celui-ci se soit perdu dans les manipulations, lui faisant attribuer le non chargement à un défaut du mécanisme !

Au cours de l'échange avec l'animateur Jean-Yves Casgha, qu'il reçoit ainsi qu'on l'a vu à son domicile, le témoin révèle avoir « *touché* » la structure, dont il précisera que la matière lui avait semblé « *très froide* ». Rien, dans l'entretien avec les enquêteurs du CNES, n'apparaît sur cette action, à moins qu'elle ne figure dans les parties inaudibles ou hors enregistrement. Dans un tel cas, il est impensable qu'elle n'ait pas donné lieu à une relance de la part des enquêteurs. Rien dans les échanges ne laisse paraître un tel fait.

Toutefois, des bribes de phrases peuvent laisser penser que le témoin a effectivement réalisé l'intention. *«... je me suis même accroupi pour regarder en dessous. Euh... vraiment à 10 centimètres près ! J'aurais pu prendre un mètre et le mesurer complètement... Je l'ai pas touché, mais...»*

L'entretien est porté par une cohérence qu'à aucun moment, Jean-Jacques Vélasco et Manuel Jiménez n'ont l'occasion de prendre en défaut, comme le traduit bien l'ensemble de l'enregistrement. Pourquoi alors cette révélation deux ans plus tard ?

Avec Jean-Yves Casgha, il n'avait plus à convaincre et pouvait se confier sur son contact physique avec la structure. C'est un point que j'aurais bien aimé aborder avec le témoin. Comme quatre années avant, je lui écris pour une demande d'entretien. Je ne recevrai aucune réponse de sa part.

Il est une question que l'enregistrement du CNES permet d'éclaircir. Celle de l'arrachage des plants après le passage des gendarmes. La Zététique avait suggéré que le témoin avait ainsi effacé toute possibilité d'en savoir plus sur le traumatisme des végétaux présents sur le site de survol.

Pour tout dire, la Zététique laissait insidieusement entendre que le témoin avait pu ainsi brouiller les pistes, obligeant les enquêteurs à s'en tenir à ses déclarations sur les plants d'amarante déshydratées, sans possibilité de les comparer aux autres plants du jardin. Quand les deux enquêteurs du CNES, 8 jours plus tard, interviennent, celui-ci s'en explique et, comme ils le constatent de visu ainsi qu'on l'entend dans l'enregistrement, le GEPAN recueillera d'autres plants du secteur de survol. Eliminant du coup la suspicion que la Zététique cherchait à introduire.

Dans l'enregistrement, le témoin précise que les gendarmes adresseront cinq copies de sa déposition à divers services, citant l'Armée de l'air et la Recherche, et confirme que le phénomène est ainsi pris en compte par d'autres administrations. Dans la copie de son PV, on peut également noter que le document a été transmis à la Préfecture. Pour quelle exploitation, dans quelles intentions ? A coup sûr l'indication contribuera à alimenter la rumeur sur l'existence d'officines secrètes exploitant ces informations. Le fait que le témoin de l'Amarante n'a pas eu à subir d'investigations complémentaires, comme me le déclarera le gendarme Schneider, tend à confirmer que l'affaire n'a pas connu d'autres extensions. On se doute que si cette enquête avait été récupérée par des Services, ils se seraient arrangés pour écarter du domaine public les éléments du dossier. L'accès à l'enregistrement démontre que ce type d'information ne relève pas du « Confidentiel Défense ». Plus préoccupant, il ne constitue pas, aux yeux des autorités, un sujet d'intérêt.

L'ensemble du témoignage ne déborde jamais de la volonté de la part de l'observateur de coller le plus exactement possible à la seule description des éléments de la structure et de ses évolutions. Avec une exception. Celle au moment où il s'emploie à décrire ce qu'il nomme « la calotte » et son indéfinissable contenu. A cet instant il déclare avoir *« été comme dedans »* et qu'il lui est impossible de dire si cette matière est à l'intérieur ou provient de l'extérieur. C'est la partie du témoignage, qui traduit bien la difficulté qui est la sienne à comprendre ce à quoi correspond cette moitié supérieure de l'objet. Comme il le pressent, elle constitue l'épicentre de la structure, peut-être le cerveau, le cœur du mécanisme qui l'actionne. C'est l'endroit qui donne à penser qu'il émane de cet endroit une activité, tout le reste affichant une totale neutralité, selon les termes du témoin. De quelle activité peut-il s'agir pendant les 20 minutes de présence de l'insolite machine ? Un échange subtil avec sa personne physique, mentale, entre lui et ce robot venu s'insérer dans les méandres neuroniques de son cerveau, comme le suggère sa phrase *« J'avais l'impression d'avoir été à l'intérieur... » ?*

Ou plus vraisemblablement celle liée à une mission d'exploration des végétaux du jardin, comme semble l'indiquer le traumatisme des amarantes, et dont on va voir la possible logique ?

Le descriptif qu'en donne le témoin imprime, sans ambiguïté, l'image d'une structure volante qui échappe aux canons et critères qui caractérisent les plus lourds que l'air. Ici pas de bruit, pas de flammes, pas d'à-peu-près dans les évolutions. *« Un bel objet »* comme le décrit le témoin, qui aurait pu évoluer dans votre salon, sans risque pour vous et les meubles. Quand on a l'opportunité de l'entendre rapporter mot à mot durant plus de 7O minutes cette époustouflante séquence aérienne observée durant vingt minutes, il est permis de se demander comment cette observation s'est trouvée reléguée au fond d'un tiroir.

Pied de nez spatial, alors que Philae le petit robot de la mission Rosetta, posé tant bien que mal le 12 novembre 2014 sur la comète Choury alors à 511 millions de kms de la Terre, passionne – à juste titre – l'opinion internationale, depuis plus de trente ans le CNES détient, dans la plus totale indifférence de la communauté scientifique, un document rapportant une visite de même ordre dans le jardin bien rangé d'un terrien, d'une banlieue d'une grande cité française !

A la décharge des scientifiques, malgré l'apparente bonne foi du témoin, comme permet de s'en convaincre l'enregistrement, aucun élément de l'observation ne représente en soi un élément décisif de sa réalité. Le traumatisme des végétaux, mal recensé, demeure un évènement conjectural ! Pas de photo ! Pas de prise en charge par un système radar ! Un seul déposant ! Ce qui fait peu pour justifier effectivement une mise en chantier et l'ouverture d'un budget, pour un témoignage qui demeure avant tout une expérience personnelle, loin, très loin d'être un évènement objectivement testable.

Depuis 70 ans, le même schéma de neutralité se répète et incite les institutions à ignorer la composante OVNI. On verra plus loin le cas se reproduire lors du double témoignage de Janine et Jean-Pierre Fartek, pilote de chasse, sur lequel j'ai longuement investigué, et qui figure dans le rapport COMETA.

Paradoxalement, il ne faut pas escompter de nos jours, malgré les moyens techniques de détection et d'enregistrement désormais en notre possession, pouvoir espérer trouver une réponse sans ambiguïté à la question. A l'heure du « Tout-Drone », militaire, policier, civil, de loisir, le phénomène OVNI se dilue dans le bruit de fond généré par ces nouveaux vecteurs aériens. Certes l'objet décrit dans le cas de l'amarante ne saurait être confondu avec ces mini-engins volants, encore faut-il des conditions exceptionnelles d'observation, comme celles rapportées, pour faire la différence. Il reste que tout observateur est désormais conditionné à ne pas prendre en compte ce type de manifestations, les assimilant instinctivement à la nouvelle donne aéronautique. Il ne faut peut-être pas chercher ailleurs le constat des spécialistes, invoquant la chute des témoignages. Le phénomène se dilue dans le paysage aéronautique renouvelé et s'efface progressivement des préoccupations des sociétés.

MISSION AMARANTE

Pour ma part, l'endroit où s'est réalisée l'extraordinaire séquence pourrait constituer, en soi, l'explication de l'insolite présence.

Les rares personnes qui ont visité le jardinet ont confirmé l'extrême étroitesse du lieu, s'interrogeant sur la raison pour laquelle la manifestation a choisi de se positionner dans ce volume minuscule. Le témoin, dans le discours libre qu'il donnera aux enquêteurs du GEPAN, se demande pour quelle raison, « *là plus qu'ailleurs* » ? L'anachronisme de la situation n'a échappé à personne et paradoxalement, à mes yeux, pourrait constituer un élément confirmant ses dires. Un récit inventé de toutes pièces présenterait des conditions d'observation donnant le moins possible appui à la critique. Celle notamment développée par la Zététique, qui remarque, non sans justesse, que dans un quartier de plusieurs milliers d'habitants, il est proprement incroyable qu'aucune autre personne ne se soit pas fait manifestée dans cette affaire. Le questionnement est d'ailleurs repris par le déposant devant les enquêteurs, qui s'étonne également d'être l'unique témoin.

Le survol par la mystérieuse structure de l'emplacement que rien ne prédispose aux manœuvres aéronautiques, dès lors qu'on est acquis à l'idée qu'il correspond à un fait objectif, doit obéir à une logique. L'engin s'est introduit dans le jardinet, non pas guidé par le seul hasard, mais pour une raison précise. Cette conviction s'est imposée à moi en lisant les annotations des personnes, enquêteurs de la gendarmerie, du CNES, unanimes à souligner leur surprise de le voir se positionner à cet endroit.

Le témoin, dans le PV de gendarmerie, exprime en ces termes le fait : « *...la forme de cet engin épousait étroitement la forme de mon jardinet* » L'objet est venu chercher quelque chose et, pendant les vingt minutes de sa présence, a conduit une action. Il n'a jamais touché le sol. Il s'en tient à distance d'un mètre, dans une rigidité totale. Ici il est tentant de se demander si l'objectif du survol de ce micro site, par cet étrange appareil, impliquant des technologies dont nous ne soupçonnons pas l'existence, n'était pas le massif d'amarante dont la déshydratation constatée est devenue le marqueur de l'intervention.

Quelques années après la publication de la Note 17 en 1983, une dépêche d'AFP relatant que la NASA s'intéressait aux qualités nutritionnelles du végétal l'amarante, m'avait intriguée. Plusieurs sites, signalés en 2011 par l'Académie Ufologique, mentionnent les travaux auxquels des scientifiques s'adonnent sur ces thèmes de nos jours. L'un d'eux « Amarante-Future-Food » détaille un projet d'étude et de développement sur les potentialités nutritives de l'amarante, lancé en 2006 par l'Institut Danois des Sciences Agronomiques (DIAS). La synthèse, faisant état de ces travaux, mentionne que *« le but du projet d'Amarante-Future-Food » est d'obtenir de nouvelles connaissances sur une utilisation durable de l'amarante, qui est l'une des plantes cultivées les plus anciennes au monde et qui a été une source importante de nourriture en Amérique latine depuis des années. »* L'information précisait que ses capacités de développement dans les zones sèches et arides faisaient de l'amarante un support idéal capable de »*fournir une nourriture bonne pour la santé et une utilisation industrielle dans des régions du monde où la chaleur et le climat sec, font de la culture de l'amarante une nécessité. »* Les chercheurs intervenant dans le projet tentent, pouvait-on lire, « *...d'élucider les propriétés des différentes espèces de cette plante dans le but de cultiver des variétés choisies, améliorant ainsi l'exploitation et la culture de l'amarante. »* « Amarante-Future-Food » est doté de 2,6 millions d'euros, 11 partenaires participent au projet représentant six pays différents. Il devrait s'étendre sur 40 mois.

Il n'est pas totalement déraisonnable de penser que les potentialités de ce végétal, sur lesquelles investissent les chercheurs de la planète, pourraient également intéresser quelque visiteur d'outre-espace.

Ce 21 octobre 1982, une sonde non humaine s'introduit dans un minuscule jardin d'une mégapole terrestre, et entreprend – l'analyse ? le décryptage ?- des plants d'amarante. Les conditions qui entourent le déroulement de l'évènement, telles que traduites par le témoin, pourraient rendre plausible ce scénario – à peine de Science-Fiction – si l'on se réfère aux études terrestres en gestation. Scénario d'autant plus réaliste, qu'il s'appuie sur la description des seuls faits, sur lesquels le témoin n'élabore apparemment aucun schéma personnel, offrant ainsi une raison de plus, selon moi, pour accorder crédit à ses dires. Schéma bien entendu réfutable, si l'on songe que l'amarante prolifère sur l'ensemble de la planète et que l'hypothétique visiteur pouvait intervenir sur des sites plus faciles d'accès et autrement plus discrets. Réplique de la réplique. Le lieu de survol pour une machine sophistiquée et outillée venant de l'espace, n'est pas plus complexe, au – dessus d'un site urbain grouillant de vie et d'activités, qu'ailleurs !

Le témoin de l'Amarante est comme tous ceux, dont aucune statistique du GEPAN ne rend compte, qui ont eu accès à une dimension se juxtaposant à la nôtre, avec pour unique preuve leur bonne foi, des mots incertains, ici quelques feuilles flétries. D'autres disposent de moins encore.

On comprendra avec l'histoire qui suit les raisons pour lesquelles ces personnes ne tiennent pas à faire partager l'extraordinaire expérience qui a été la leur. Etonnant récit que cette rencontre, qui ne connaîtra aucune publicité, ne fera l'objet d'aucune déposition officielle. Cet évènement hautement insolite n'existe pas aux yeux de la science, de la société. Ici Jean-Paul répond à la curiosité de Jean-Claude, qui aimerait en savoir plus sur une bizarre affaire d'OVNI.

« Une dame qui était sur la plage des Sables-d'Olonne avec ma mère (ma mère a habité les Sables-d'Olonne trente ans et elles se retrouvaient entre habituées tous les ans sur la plage) lui a dit un jour que son mari, directeur de banque à Poitiers, avait failli percuter un objet qui était posé en plein milieu de la route. Cela se passait à trois heures du matin sur la nationale qui se trouve entre Poitiers et la Chartre – je crois – qui est en ligne droite sur trente kilomètres. L'objet était gigantesque, puisqu'il faisait une trentaine de mètres.

Il s'est illuminé au bout d'un temps que je ne connais pas et est parti sans bruit. Il avait une forme de soucoupe. L'affaire remontait à plusieurs années et le mari avait demandé à sa femme de n'en rien dire, de peur de perdre sa clientèle. Je devais avoir une quinzaine d'années quand la femme du directeur de banque a raconté cela à ma mère, donc l'histoire s'est passée il y a 50 ans, c'est-à-dire en 57.

Ma mère est morte en 2001 et tous ces gens ont disparu très probablement. Je ne vais plus aux Sables – d'Olonne, quoiqu'étant propriétaire de sa maison. Je ne savais pas que je t'avais raconté ce fait. Depuis je pense que certaines de ces histoires ne sont pas des canulars et je considère la question comme vraiment sérieuse. »

Je n'ai pas investigué sur ce témoignage, ne possédant aucun élément sur les deux amis, dont je ne connais que les prénoms. Ici l'intention n'était pas d'affiner notre connaissance du contenu mais de présenter une information sur des faits qui n'atteignent jamais le domaine public et qui échappent alors aux statistiques et ne font l'objet d'aucune enquête de la part de services officiels. C'est le statut social du témoin – directeur de banque – et la crainte de perdre sa clientèle, qui vont réduire la diffusion du récit à une poignée de proches. Haute étrangeté du cas, forte crédibilité du témoin, occupant d'importantes responsabilités, écartent pour toujours des circuits de l'étude, ces observations. Un non-dit qui contribue au masquage du phénomène, dont on ne saura jamais la somme de personnes qu'il implique. Celui qui se risque à rendre publique son expérience par le simple fait d'une déposition dans un service officiel, a de fortes chances de connaître à son tour, l'épisode agité qui a été celui du témoin de l'Amarante. Paradoxalement la notoriété peut constituer un excellent garde-fou contre la dérision. Quand Andrew Danziger le pilote en 2008 de la campagne présidentielle d'Obama, a confié en 2015 au New York Daily News, avoir observé en 1989 lors d'une liaison du Kansas vers l'Iowa dont il était le co-pilote, durant une trentaine de minutes un disque blanc évoluant parallèlement à son appareil, personne ne songe à le ridiculiser. Même écoute respectueuse envers le célèbre journaliste sportif de télévision Nelson Monfort, qui en juillet 2015 raconte sur France Inter avoir observé durant une nuit étoilée un « *...objet extrêmement brillant, rectangulaire et silencieux qui a obliqué à 45 degrés et s'est enfui à une vitesse vertigineuse dans le ciel* » Le journaliste précisera, qu'il ne buvait pas d'alcool et qu'il n'avait jamais été saoul de sa vie... Ce qui ne semble pas tout à fait correspondre au portrait de Russel Crow, qui lui aussi se targue d'avoir été l'objet d'une expérience OVNI en 2013 et a produit trois clichés de l'évènement. Ils ont été réalisés au-dessus du jardin botanique de Sidney où l'acteur cherchait à réaliser des images d'animaux affirme-t-il. Outre que les clichés ressemblent fort à des superpositions de reflets parasites, les fans de la star connaissent son sens aiguisé du canular, surtout lorsqu'il correspond à une période de sortie d'un de ses films. Prochainement Russel Crow jouera le rôle d'un extraterrestre dans « Man of steel »...

On se doute que ce ne sont pas ces témoignages de people, qui feront basculer au sein des scientifiques les convictions. Et qui convaincront les observateurs, à se faire connaitre des autorités.

La création du GEPAN en 1977 n'a pas permis d'en savoir plus sur la nature de ce type d'observation, qu'on pouvait légitimement penser devenir la priorité des analystes du CNES. Le sentiment qui domine désormais, à ce stade de la question, est une expectative prudente de la part du Centre, le GEIPAN se limitant à l'archivage des témoignages sans exploration de leur contenu. Une critique exprimée par plusieurs chercheurs indépendants, qui dénoncent les temporisations et la léthargie de l'intervention officielle, pas seulement imputables, selon eux, à la difficulté d'identifier les paramètres et l'origine ou la cause du phénomène, mais probablement plus encore, à la volonté des institutions de marquer leur distance avec ce dossier difficilement gérable.

Le désintérêt de la science, et plus globalement de la société, est l'occasion d'initiatives dont certaines ont connu des développements conséquents qui peuvent être considérés sinon en concurrence, au moins complémentaires, à la prise en charge du CNES. Des Organismes Non Gouvernementaux se sont investis dans les créneaux délaissés ou ignorés par la cellule du CNES. Deux associations émergent du lot, la commission SIGMA de la 3AF, le COMETA.

Mon enquête m'a amené à m'intéresser au travail de ces entités, dont les analyses ne sauraient être négligées ou sous-estimées. Et de nous interroger sur leurs capacités à intervenir dans le débat scientifique, que l'on voudrait voir développer autour du phénomène OVNI.

LES ONG DE L'UFOLOGIE

CHAPITRE 16

La commission SIGMA

« La 3AF, en tant que société savante des domaines aéronautique, spatial et de défense, se sent particulièrement concernée par les phénomènes aériens non identifiés ; elle entend répondre de la manière la plus rigoureuse et objective possible à ce manque d'information. »

Manque d'information, imputable, selon Michel Scheller, le Président de l'emblématique association, lors de l'annonce de la création de la commission 3AF/ PAN –nom provisoire qu'elle donnera à celle-ci –, *« aux gouvernements de tous les pays, extrêmement discrets sur ces manifestations où bon nombre de témoignages ont été ignorés ou classifiés sous le sceau de la protection « Secret-Défense »*. Et le Président, dans son éditorial de la lettre N°5 de mai-juin 2008 de l'association, de conclure : *« Le travail de cette commission se fera en toute transparence, en recherchant la meilleure articulation avec les organismes officiels existants. »*

L'intervention de la 3AF dans le débat ufologique trouva un large écho dans les médias. A la séance de présentation officielle de la commission 3AF/ PAN, le 1er Octobre 2008 tenue dans les salons de l'Aéro-club de France, étaient présents, Le Monde, TF1, France 2, France 3, l'Express, le Figaro, le correspondant de la BBC. Ainsi que des responsables de la Défense, de la gendarmerie, de l'Aviation Civile et les attachés de Défense (AD), du Chili, de l'Espagne, de la Russie et de l'Allemagne. Avec ses 1500 membres, commissions techniques, conférences-débats et séminaires, auxquels participent les spécialistes de l'aéronautique et du spatial de la planète, elle est une des associations savantes de pointe en Europe et dans le monde. La photo des 8 membres de la commission sur les OVNIS parue à l'annonce de sa création, augurait du large consensus technologique, scientifique qui allait présider à ses travaux. L'implication de ces personnalités, dans un domaine dont on sait le discrédit qu'il signifie pour la plupart des scientifiques, représentait sinon un exploit, à coup sûr un évènement. Outre le Président de la 3AF Michel Scheller, Alain Boudier, le président de la commission PAN et Jean-Gabriel Greslé le chargé d'enquêtes, étaient présents autour de la table :

Pierre Bescond, diplômé de l'Ecole Polytechnique promotion 63, Ecole de l'Air, Supaéro promotion 68, Ingénieur général de l'Armement, Directeur du Centre Spatial de Kourou, Inspecteur Général du CNES. En 2013, il prendra la présidence du Comité de Pilotage du GEIPAN.

Jean-François Clervoy, spationaute, diplômé de l'école Polytechnique, Supaéro, Epner, ingénieur général de l'Armement. Il effectue trois missions spatiales à bord des navettes, dont la plus célèbre, la réparation du télescope Hubble. Nous le retrouverons lors de son entretien.

Khoa Dang Tran, secrétaire de la commission, ingénieur ENSEEIHT 68, Docteur-ingénieur en mécanique des fluides. A accompli toute sa carrière à l'ONERA. Rédacteur en Chef adjoint de « Scientifique Internationale Aérospace Science and Technology » jusqu'en 2006.

Jean-François Georges, Ingénieur civil de l'Aéronautique, Supaéro, ancien Directeur général des avions civils Dassault Aviation et Président de l'Aéro-club de France.

Paul Kuentzman, Ingénieur des Arts et Métiers, Maître ès sciences aérospatiales, Supaéro Licencié ès Sciences, Docteur d'état de sciences physiques. Carrière à l'Onéra, membre de l'Académie de l'Air et de l'Espace, Prix Science et Défense 1995.

François Louange, Docteur-Ingénieur, consultant de la DGA durant 10 ans, créateur du Centre Expérimental de Photo-Interprétation des Armées, le CEPIA, inventeur de la PIAO – Photo-Interprétation Assistée par Ordinateur. Son entretien nous a révélé les hautes compétences de cette personnalité.

Xavier Pascot, Maître de Recherche à la Fondation pour la Recherche Stratégique (FRS), Docteur en sciences politiques, Professeur associé Université de Marne-la-Vallée et Université de Washington, membre de l'Académie Astronautique, membre du Conseil économique et social européen. Rédacteur en chef pour l'Europe revue « Space Policy ».

Des scientifiques de premier plan, *« compétents sur les différents aspects du sujet qui nous concerne »,* soulignera dans son allocution Alain Boudier son président, ajoutant *« qui, retraités pour la plupart ne peuvent faire l'objet d'aucune pression et afficher ainsi une totale indépendance intellectuelle ».*

Alain Boudier de décrire les objectifs de l'instance :

« Sans exaltation et sans complaisance ni concession, notre commission abordera sa tâche avec la plus totale ouverture, en n'écartant aucune hypothèse de travail. »

Dans l'échange informel que j'ai avec Alain Boudier en mai 2009 se profilent les domaines dans lesquels prioritairement la 3 AF/PAN entend s'investir à l'époque. La rencontre se déroule dans une salle de l'IHEDN où se tenaient les réunions du COMETA. Ce dernier me remet la lettre, éditée par la 3AF, où est annoncée la création de la commission 3AF/PAN, accompagnée d'une synthèse de Jean-Gabriel Greslé étroitement associé à l'opération, ancien commandant de bord à Air France, cinq fois témoin, bien connu des ufologues pour ses positions sur le sujet.

Je fais un bref récapitulatif de mon approche et déclare, entre autres, mon scepticisme sur l'épisode du crash de Roswell et les rumeurs de récupération de structures et de corps de visiteurs. Alain Boudier me précise qu'il possède sur le sujet des informations qui tendent à confirmer certains scénarios. Ce dernier a la conviction que les Etats-Unis n'ignorent rien de ce que dissimule le sigle OVNI et entretiennent sur le sujet le flou le plus complet.

Le 31 mai 2010, présentation du Rapport d'Etape au centre Balard.

Près d'une centaine d'invités triés sur le volet, s'investissant dans le dossier, sont instruits des travaux de la Commission de la 3 AF/ PAN depuis ses deux années d'activité.

RAPPORT D'ETAPE : ABSENCE DES EXPERTS !

Les 8 présents à l'annonce officielle de la création de la Commission 3AF/ PAN le 1er Octobre 2008, ne sont pas autour de la table occupée par le vice Président de la 3AF, Paul Kuentzman, Alain Boudier le Président de la commission SIGMA et Jean-Gabriel Greslé. Il peut paraître surprenant que cette première synthèse, n'ait pas donnée lieu à une présentation collégiale. Des indiscrétions recueillies de part et d'autre, laissent filtrer que les commentaires et avis des rapporteurs qui vont intervenir, ne sont pas unanimement partagés. Que certains des membres de la commission, ne se considèrent plus liés à une étude reposant sur l'hypothèse extraterrestre à l'exclusion de toutes les autres ainsi que semble la privilégier les rapporteurs présents. De même, je note l'absence des médias nationaux, présents à l'annonce de la création, guère intéressés semble-t-il, par le suivi des travaux de la 3AF.

ADMINISTRATIONS EN VEILLE

Alain Boudier divulgue les noms de la douzaine d'organismes officiels et privés qui seraient impliqués, selon lui, dans l'acquisition d'informations. Pour les services relevant de l'Etat, il ne peut concrètement fournir une preuve de leur participation à l'enquête, se bornant à des supputations.

« La DGSE. Par définition il ne paraît pas concevable qu'un tel service occupant près de 5000 personnes, ne dispose pas d'une cellule de veille dédiée à cette recherche. De source « autorisée » elle existerait bien depuis le début des années 60.

La DCRI. La Direction Centrale du Renseignement Intérieur a adressé au second semestre 2010 un rapport à sa direction. Un contact entre des membres de la Commission SIGMA et des membres de sa direction est prévu au cours du second semestre 2010.

La DGA. La Direction Générale de l'Armement. Il n'existe pour le moment aucune certitude de preuves concernant la possible existence d'une Unité de recherche consacrée au phénomène, aux PANS. Cependant cette institution réunit tous les ingrédients tant humains que techniques pour entreprendre des recherches approfondies dans ce domaine si particulier, compte tenu des compétences scientifiques mises à sa disposition.

Ces équipes pluridisciplinaires ont de grandes qualités et ses collaborateurs de pointe peuvent être mis à contribution à tout moment. Si la DGA a accès à des informations sensibles ou même des éléments de récupération éventuelles, il est probable qu'elle se trouve très en avance par rapport à SIGMA en ce qui concerne certains aspects du problème. Et là, je pense notamment au cas de Trans-en-Provence.

Le SGDN. Le Secrétariat Général de la Défense Nationale. Un document de provenance officielle avait circulé il y a maintenant 10 ans faisant état de personnalités à haut niveau détachées du SGDN à l'étude des PANS. La mention d'habilitation rapportée par le document, était non seulement relative aux OVNIS, mais également aux OANIS, Objets Aquatiques Non Identifiés, et cela en toutes lettres.

La DGGN. La Direction Générale de la Gendarmerie Nationale. L'institution, forte de 100 000 personnes, dont dépend la collecte des P.V. relatifs aux observations de phénomènes inhabituels, présente un gage de sérieux et de compétence qu'il est inutile de rappeler. En effet, lors de l'affaire de Valensole, observation du 1er juillet 1965, l'atterrissage d'un engin dans un champ de lavande, l'enquête de terrain et le rapport d'expertise, le tout diligenté par la gendarmerie avait été en tous points remarquables, et cela 12 ans avant la procédure établie par le GEPAN.

L'ARMEE DE L'AIR. Forte de 65.000 personnes, soldats et officiers agissant en tant que capteurs d'observations aériennes, l'Armée de l'Air bénéficie systématiquement des enregistrements des postes radar lors de l'analyse des cas sensibles et là je pense à la soirée du 5 Novembre 1990.

La DRM. La Direction du Renseignement Militaire avait invité MM.

Alain Boudier et Jean Gabriel Greslé le 1er février 1995 à Creil pour une conférence devant plus d'une cinquantaine d'officiers supérieurs, à la suite de laquelle a été produit un rapport non classifié d'une trentaine de pages.

Selon Alain Boudier, *« toutes les informations recueillies par ces services convergent au 55 Faubourg St-Honoré. »* C'est-à-dire, l'Elysée !

Suit le bilan de la commission SIGMA depuis ses deux ans d'activités, qui illustre les relations qu'elle est parvenue à établir avec les responsables militaires, plus particulièrement l'Armée de l'Air. Le 21 octobre 2008, quatre de ses représentants se rendent à la B.A. 942 au Mont Verdun et y rencontrent le général Hervé Vourch, commandant le CDAOA (Commandement de la Défense Aérienne et des Opérations Aériennes), avec lequel ils abordent le dossier des observations effectuées par les centres radars militaires.

UN EXOBIOLOGISTE S'IMPLIQUE

Quand il intervient à son tour dans le déroulement de la conférence de presse, Jean-Gabriel Greslé constate le point mort du dossier. *« Pour tous ceux qui connaissent l'ensemble du dossier, nous n'apportons rien de bien nouveau depuis le 1er octobre 2008, et nous le regrettons tous un peu. »*

Il va alors énumérer les incontournables du phénomène, sur lesquels depuis près de 70 ans les physiciens et ingénieurs se cassent les dents : « *Accélérations longitudinales dépassant 10 G – arrêts soudains – virages extrêmement serrés – formes inconnues en sustentation – vols à très faible vitesse d'engins de grandes dimensions – etc…* »

Jean-Gabriel Greslé de retenir : *« Les appareils loin d'être non identifiés, sont parfaitement reconnaissables par les organismes de la Défense aérienne comme relevant d'une technologie très en avance par rapport à la nôtre. »*

A ce stade il aurait été intéressant d'entendre les avis que suscitent, chez les experts de SIGMA, les conclusions formulées par Jean-Gabriel Greslé dès la séance inaugurale de la création de la 3AF/ PAN, le 1er octobre 2008. A la fin de son exposé, celui-ci avait déclaré : *« …nous vivons selon moi depuis l'après-guerre une aventure extraordinaire : Un contact indirect avec des visiteurs étrangers à notre civilisation. »*

D'où ma frustration de ne pas avoir vu les experts intervenir au Rapport d'Etape en mai 2010. Le journaliste comptait les interpeller pour savoir s'ils se portaient caution de cette présentation des faits, formulée alors qu'ils n'ont pas pu matériellement prendre connaissance du contenu du dossier. Leur absence signifierait-elle qu'ils n'adhèrent pas aux analyses du Président dans sa désignation des instances militaires, suggérant que parallèlement au GEPAN, elles développent une double enquête, secrète celle-là ?

Lors de la conférence de presse, Alain Boudier annonçait que la commission allait s'enrichir de 2 recrues. André Brack exobiologiste au CNRS– ne pas confondre avec André BRAHIC astrophysicien, dont on sait tout le mal qu'il pense des OVNIS. Richard Wolstynski, ancien Chef d'Etat-– Major de l'Armée de l'Air. Détail intéressant : André Brack intervient en première page de la lettre N°9, celle où est diffusé le rapport d'étape. Titre de son éditorial : *« Sommes-nous seuls dans l'Univers ? »* Sur les OVNIS qui semblent retenir l'intérêt du nouveau membre de la commission Sigma, tout à son honneur si l'on songe à la distance affectée par l'institution scientifique – prudent, il interroge : *« Mais comment confirmer l'existence d'intelligences extraterrestres ? Au-delà de l'intérêt social évident, une visite de voyageurs extraterrestre confirmée scientifiquement répondrait de manière spectaculaire à cette attente. C'est le but que s'est fixé la commission SIGMA de l'Association Aéronautique – Astronautique de France, SIGMA 3AF, créée en mai 2008 et dédiée à l'étude des Phénomène Aérospatiaux non Identifiés (PANS) »*

C'était la première fois qu'un exobiologiste, dont on commence à connaître le travail dans le public, tendait la main aux ufologues. Initiative courageuse, logique, car l'une et l'autre investigation ont pour objectif d'ouvrir la piste qui pourrait conduire à la découverte d'êtres en provenance des étoiles.

André Brack ne fera qu'un bref passage au sein de la commission, la quittant, comme me le précise lors de notre entretien de septembre 2013 Alain Boudier, pour raisons familiales. *« Nous avons eu d'excellents rapports avec André Brack »,* me confie-t-il. Avec les évènements qui suivent, on comprendra que ce représentant de la science avait quelques sérieuses raisons de prendre des distances avec les représentants de SIGMA.

Au cours de la présentation du rapport d'étape de mai 2010, Jean-Gabriel Greslé se dit désolé de ne rien avoir à présenter à son auditoire. En mai 2013 paraît son 4ème ouvrage : « 47/ 54 : La Genèse d'un Secret d'Etat ».[23] L'analyse qu'il fait de la question alors est en rupture totale avec son propos, 3 ans plus tôt. Dans cet ouvrage, l'ancien pilote fait l'exégèse de documents émanant de l'Administration américaine, dont l'accès au public en 1974, est rendue possible par le « Freedom of Information and Privacy-Act ». Une source inépuisable, dont on peut supposer qu'elle peut servir aussi d'autres intentions que d'informer le citoyen.

GENESE D'UNE DERIVE

Jean-Gabriel Greslé développe sa logique sur des théories qui constituent une réécriture complète de l'histoire de la planète – trois Présidents des Etats-Unis ont dissimulé la vérité sur les incursions extraterrestres, les chefs d'Etat du monde entier se coalisent pour empêcher la divulgation de l'information. En assénant à toute occasion le « SI » du conditionnel, censé donner crédit à l'analyse des documents. Dans le « Post-scriptum », pour la seule page 309, on le retrouve trois fois : *« …SI les documents étudiés sont authentiques… » – « L'acquisition de matériaux fissiles, SI elle devait se confirmer… » – « SI le scénario évoqué par les documents de 1947 est exact… »* A priori, c'est l'auteur qui, dans la logique de l'enquête, lève le doute relatif à l'authenticité des informations. Sautant l'obstacle, Jean-Gabriel Greslé, sans autre explication, privilégie rumeurs et théories exotiques. Et quelles rumeurs ! Le physicien Robert Oppenheimer, responsable du Project Manhattan – la bombe atomique – Albert Einstein, -le père de la Relativité,- Werner Von Braun, le spécialiste des V1 sur lequel reposera le programme Apollo, – selon ces rapports auraient été aperçus sur

---

[23] « 1942-1954 : La Genèse d'un Secret d'Etat » Jean Gabriel Greslé Edts Dervy 2013

des lieux de crashs d'épaves, les deux premiers ayant récupéré des technologies et des matériaux permettant de réaliser la bombe atomique !

Ce n'est pas tout, page 302, il écrit :

« Certaines bribes de la technologie non terrestre semble avoir été récupérées très tôt par l'industrie américaine. C'est le cas des circuits électroniques miniaturisés, découverts dans les épaves et déjà étudiés au MIT quelques mois après leur récupération. »

Seize lignes plus loin, la liste des inventions imputables aux visiteurs s'étoffe : *« D'autres transferts technologiques comme ceux concernant les fibres optiques, le laser et surtout les premiers circuits microscopiques imprimés montreraient, S'ILS étaient confirmés, que certaines technologies exotiques peuvent être comprises et copiées. »*

On aimerait connaître le sentiment qu'inspirent ces révélations aux centaines de physiciens qui ont consacré leur vie à la mise au point de ces brevets, dont apparemment l'auteur fait peu de cas de leur capacité à inventer, à innover. Le lecteur se reportera à sa base de données Internet et constatera que toutes ces inventions n'ont pas eu besoin de la science de Visiteurs de l'espace pour voir le jour.

« LA FRANCE REDUITE AU SILENCE... »

Jean-Gabriel Greslé, s'engouffre dans un tunnel sans fin, postulant que les institutions étatiques, militaires, de renseignement de l'ensemble de la planète – mais essentiellement les Etats-Unis[24] – manipulent les opinions.

Selon ses vues, la dissimulation qui touche la France est totale ; l'informa- – tion étant limitée à quelques privilégiés au plus haut sommet de l'Etat.

Page 308, il écrit :

« En France, par exemple, depuis 1946, il semblerait que les seuls initiés soient le chef de l'exécutif, les directeurs de nos services discrets, les Etats-Majors et la défense aérienne. Ces « privilégiés » sont eux-mêmes réduits au silence par une habilitation qui leur interdit de partager ce qu'ils savent avec leurs collaborateurs. L'essentiel de la nation, les citoyens et leurs représentants, est soigneusement tenu à l'écart de l'inavouable vérité. Le temps n'est-il pas venu de faire partager au législatif, au judiciaire et à l'ensemble des Français la réalité d'une situation inattendue, certes, mais plutôt rassurante dans la mesure où nos visiteurs semblent faire preuve de retenue dans leurs contacts avec nous ? »

Analyse en total porte-à-faux avec ce que nous savons de l'historique de l'étude française, telle que nous l'ont exposée, au cours de leurs entretiens, les ex-chefs du GEIPAN, ainsi que par Xavier Passot, qui décrit avec

---

[24] L'affaire Snoden et les écoutes de la NSA révélées en 2013, confortent effectivement l'idée.

humour l'obsession des journalistes à se fixer sur les *« dossiers secrets détenus par le CNES »*. Cette courte mais édifiante analyse sur la spécificité française occupe la dernière page de l'ouvrage. Il serait vain de chercher sur quelles preuves ou documents se base l'auteur pour affirmer de telles choses. D'autant, que lors des déclarations publiques antérieures de Jean-Gabriel Greslé, celles effectuées lors de la création de la commission ou lors de la présentation du rapport d'étape, il ne fera aucune allusion au sujet. Hormis la curiosité calambourdesque des « Grosses Têtes », dont il est l'invité vedette en juin 2013, la presse généraliste pour sa part se garde bien de commenter, les « révélations » du membre de la commission SIGMA. La diffusion du livre ne déclenche pas non plus une déferlante de commentaires parmi les Ufologues. L'un d'eux tout de même se fera un devoir de dire la forte déception que lui inspire « l'enquête » de Jean-Gabriel Greslé.

Fabrice Bonvin, en août 2013, pond une synthèse de 13 pages qu'il intitule, « La Genèse d'une Régression », dans laquelle il s'emploie à rappeler que le MJ 12, source essentielle d'inspiration de l'auteur, n'est qu'un document *« ...bidon : origine douteuse et objectifs inavoués, contenu vide de substance et truffé d'erreurs, d'anachronismes et d'usages inconnus du monde militaire. »* A la fin de l'analyse, l'Ufologue qui dénonce *« l'Ufologie en fauteuil »* par opposition à la philosophie d'*« aller à la rencontre de sa matière première, le témoin, d'échanger avec lui... »* – contrairement à ce que revendique Jean-Gabriel Greslé, qui reconnait dans l'ouvrage ne pas s'intéresser aux enquêtes de terrain – de remarquer amèrement : *« Ce n'est pas en présentant des documents réputés truqués comme authentiques, que l'Ufologie gagnera en crédibilité, en reconnaissance, en respectabilité. »*

Il était intéressant de connaître le sentiment qu'inspire le contenu de l'ouvrage à Alain Boudier, qui, avec Jean-Gabriel Greslé, représentaient la partie active et visuelle de la Commission technique (CT) de Sigma à sa création. Savoir, par la même occasion, si les membres de la commission se portaient garants, de ces révélations. En septembre 2013, je le rencontre en Dordogne, au moment où celui-ci passe le relais à son successeur, Luc Dini, qui prend la tête de ce qui devient SIGMA 2.

ALAIN BOUDIER : « UN RAPPORT AUDACIEUX...

Q : Avez-vous commenté, avec les membres de la commission et son nouveau président Luc Dini, le contenu des révélations exposées dans le livre de Jean Gabriel Greslé, « La genèse d'un secret d'Etat » ?

A. Boudier : En ce qui me concerne, je trouve ce livre très professionnel, très bien documenté et bien écrit !

Q : Pendant qu'il écrivait son livre, Jean-Gabriel Greslé vous en parlait ? Est-ce que vous aviez un droit de regard ? Est-ce que vous considérez que la commission SIGMA est représentée dans ce travail ? En porte-t-il la seule responsabilité ?

A. Boudier : Jean-Gabriel Greslé en porte entièrement la responsabilité. C'est l'expression de distances intellectuelles par rapport à la commission SIGMA. Justement, il est complètement indépendant. C'est un ouvrage avant, pendant et après, qui est une œuvre personnelle. La commission SIGMA n'est pas impliquée en tant que telle, mais certains chapitres, certains extraits que nous avons utilisés dans notre rapport final, effectivement portent l'empreinte de Jean-Gabriel Greslé. Et il a reçu les félicitations de hauts personnages. Je suis désolé, je ne peux pas vous les citer !

Q : Est-ce que l'affirmation concernant la connaissance au niveau de l'Etat français des fondements des théories de Jean-Gabriel Greslé rapportant que de hauts responsables connaissent tout du contact établi entre les visiteurs et nous, vous paraît crédible ? Il cite que tous les chefs de l'exécutif, les directeurs des services secrets, les Etats-Majors et la défense aérienne, sont à priori parfaitement au courant de ce qui se trame et se déroule derrière le phénomène OVNI ! Il mentionne le fait à la fin du livre et d'ailleurs ne développe aucune démonstration sur ces affirmations.

Alain Boudier lit alors la page 308 du livre où figure le commentaire sur une omerta à la française de la question.

A.Boudier : Il me semble difficile de le dire autrement ! Effectivement c'est très audacieux, mais compte tenu des informations comme par exemple le survol de la Scandinavie avec les objets avec des vitesses supérieures à Mach 2, à l'époque ce n'étaient pas des sorcières sur leurs balais en train de chevaucher les cieux de 1946 !!

Q : Néanmoins hormis cette observation, il n'y a aucun document produit par l'auteur qui appuie ses affirmations à l'échelon de la France ?

A. Boudier : Les documents sur lesquels nous travaillons émanent du monde entier. Un des meilleurs documents authentifié et reconnu a été concocté avec l'aide de notre attaché de défense français à Stockholm, qui a été repris par l'attaché de défense des Etats-Unis – le capitaine de vaisseau Roscoe Hillenkoeker en poste à Paris en 1946 – qui deviendra en 1947 le premier directeur de la C.I.A. Il faut relire l'analyse des documents, qui est absolument remarquable – documents US Navy – à partir d'un document français qui a été réalisé en date du 13 août 1946. Les témoignages oraux peuvent servir de temps en temps. Mais nous avons essentiellement travaillé sur les documents historiques, sur les rapports encore une fois, des attachés de Défense...

Q : Vous ne trouvez pas bizarre par exemple, que la bombe atomique soit considérée comme redevable, dans ces théories, à la découverte de deux structures extraterrestres qui se seraient écrasées sur terre, comme le rapporte dans ses écrits de Jean-Gabriel Greslé ?

A.Boudier : Effectivement là, il s'agit ici d'une position audacieuse, plus qu'audacieuse ! Cela dit, il existe un point d'interrogation sur lequel on ne peut pas être certain à 100%... Mail il est probable que les suites de ce crash ont quand même donné un sacré coup de fouet à la recherche, tant scientifique que technologique pour les USA.

Q : Vous parlez des deux crashs qui, selon les informations de Jean Gabriel Greslé, se seraient produit en 1941 ou 1942, qu'il relie à l'apparition de la bombe atomique… ?

A. Boudier : …qui auraient pu provoquer une accélération !

Q : Jean-Gabriel Greslé, lui, l'affirme ! Il cite des documents faisant état de la présence, sur ces sites de crashs, d'Albert Einstein, Robert Oppenheimer, Von Braun…

A. Boudier : Je suis d'accord, à partir de certains documents qui semblent authentifiés. Là pour l'instant, on n'a pas de confirmation à 100 pour cent. C'est pourquoi dans la conclusion que je présentais en mars 2013 à Phoenix, certaines choses demandent à être confirmées. Mais on se demande, si ce n'était pas la vérité, quel type d'organisation serait capable de bâtir un tel scénario avec de tels attendus dans tous les sens ?

Q : Le rapport qui conclut les activités de SIGMA 1 est interne ou a-t-il vocation à devenir publique ? Sinon, sera-t-il diffusé auprès des responsables politiques ?

A. Boudier : Il a été diffusé à 15 exemplaires. Six pour les 6 rapporteurs et 9 pour la haute hiérarchie de la 3AF. Il fait 200 pages. Six rapports sont numérotés et neuf avec leur empreinte, c'est-à-dire s'ils fuitaient à l'extérieur, on saurait qui est l'auteur de la fuite. Le rapport a été très apprécié en haut lieu…

Q : De quel « haut lieu » s'agit-il ?

A. Boudier : Ce « haut lieu » est bien sûr celui de la 3AF ! Pour votre information, ce rapport a été qualifié de « très intéressant » par des membres éminents de la 3AF, lors d'une réunion restreinte devant témoins et en ma présence ! »

En février 2014, Alain Boudier me fait parvenir ce commentaire sur le contenu du document.

« Ce rapport (200 pages – il y avait matière à 100 pages de plus au niveau des annexes – 6 conclusions et 12 recommandations), ne dévoile pas en soi un scoop, mais a sérié soigneusement son approche de la manière suivante.

Nos quatre strates successives ont reçu l'assentiment unanime des 6 rédacteurs.

Le phénomène n'est pas naturel :

1) Les objets observés et étudiés sont bien matériels (bolt and nuts/boulons-écrous)

2) Ces objets dépassent « largement » au niveau technique et scientifique toute notre production aéronautique et spatiale

3) A partir de ces constatations – simple bon sens – il était inévitable d'extrapoler que : toutes les manœuvres observées, recensées et enregistrées depuis plus de 70 ans relèvent d'une forme d'intelligence « exogène » à la nôtre...

Dès lors, une des 6 conclusions s'imposait d'elle-même avec une formulation tout aussi diplomatique que les trois précédentes :

« L'origine non-terrestre de ces engins apparaît comme l'hypothèse la moins improbable aux yeux de la CT/ SIGMA »

Ceci n'est qu'une hypothèse qui, bien entendu, demande à être vérifiée. Cette conclusion est la résultante et la transcription fidèle de l'ensemble de nos travaux. »

Sous sa forme « soft » le rapport a obtenu l'adhésion des membres de la commission. Sa version « audacieuse » celle que traduisent les écrits de Jean-Gabriel Greslé, a certainement provoqué débat et rejet si l'on en juge par le refus de publication qui s'en est suivi.

SIGMA 2 : NOUVELLE FEUILLE DE ROUTE

Curieusement, la parution du livre de Jean-Gabriel Greslé, dont on a compris tout ce qui le sépare de la démarche scientifique, va entraîner une succession de décisions qui va contribuer à une redéfinition des objectifs de la commission SIGMA, avec des prolongements sur la mission du GEIPAN.

Fin octobre 2013, l'Académie Ufologique Coordination publie sur Internet un long communiqué de Luc Dini[25], qui va présider désormais aux destinées de la commission de la 3AF, désignée par le sigle SIGMA 2. Celui-ci fait l'état des lieux, analyse la problématique OVNI, avec en arrière-fond les débouchés scientifiques que la nouvelle instance entend privilégier.

Alain Boudier est nommé vice-président. Le travail de Jean-Gabriel Greslé fait l'objet d'une discrète mention et se trouve relégué à l'ensemble des travaux avec une sobriété qui tranche avec les révélations dont il est à l'origine, et dont il était précisé qu'elles étaient incluses dans les conclusions du rapport final de SIGMA 1. Luc Dini écrit quant à lui :

« Les principales conclusions de ces travaux préliminaires, n'excluent ni la possibilité de causes naturelles incomprises dans certains cas ; ni celle d'une hypothèse non-terrestre pour certains des phénomènes PANS, sur la base de nombreux témoignages (affidavits) de documents historiques et administratifs recensés et analysés par Jean-Gabriel Greslé (membre de la commission), certains non officiels et non authentifiés, et de l'existence des organisations traitant du sujet. En effet si les statistiques établies sur des

---

[25] Luc Dini : Ingénieur diplômé l'ENSICA 84. Ingénieur Militaire à la D.G.A./Direction Engin. En 1991 en charge chez Thomson CSF, des projets systèmes de défense antiaérienne, guerre électronique. Co-préside la conférence internationale Missile Défense 3AF. Membre de l'AIAA. Un profil de carrière qui prédestinait cette personnalité à diriger les travaux de la Commission Sigma 2.

témoignages conduisent souvent à des PANS d'origine naturelle, un pourcentage non négligeable subsiste pour des phénomènes sans explications naturelle ou scientifique en rapport avec les sciences et les technologies connues aujourd'hui. C'est un fait. »

On est loin du MJ 12, du mémorandum du Général Marshall adressé au Président Roosevelt décrivant la découverte de 2 épaves en provenance de l'espace qui aurait permis à l'Amérique de déboucher sur l'arme atomique ainsi que l'évoque longuement l'ouvrage de Jean-Gabriel Greslé.

Le point de Luc Dini a l'avantage de révéler que, parallèlement aux recherches connues et médiatisées de son rapporteur, de façon plus discrète certains de ses membres, entre autres, Pierre Marx – Khoa Dang Tran, Paul Kuentzman, continuaient à s'investir dans l'analyse des *« modes de « propulsion » pouvant être reliés éventuellement à une conjonction de phénomènes sans explication : absence d'aérodynamique classique et de bruit, des trajectoires à forte accélération défiant les lois de l'inertie, un comportement électromagnétique étrange, autant de caractéristiques recensées par la Commission car observées dans certains cas par des professionnels de l'aéronautique. »*

Luc Dini a conscience que ce travail, pour atteindre ses objectifs, nécessite des compétences et des moyens exclusivement consacrés à cette question.

« La constitution d'un réseau scientifique est donc recommandée pour exploiter les données et orienter des recherches pour tenter d'expliquer ce qui est inexplicable aujourd'hui, mais aussi pour recommander l'utilisation de moyens d'observation visant à compléter la connaissance des PANS. »

Luc Dini ouvre la coopération aux organismes oeuvrant dans le même esprit, ici avec le GEIPAN, à l'étranger avec le Chili. Il écrit :

« En accord avec le Président de la 3AF, le mandat fixé à la Commission SIGMA 2 est de poursuivre les travaux, avec en ligne de mire la recherche des faits scientifiques indiscutables, issus de bases de données détenues par des organisations françaises et étrangères, par exemple le GEIPAN pour la France ou le CEFAA pour le Chili. »

Le Président de SIGMA 2 de préciser que le Chili, qui possède une structure officielle de recueil de témoignages des pilotes, entretient depuis plusieurs années, avec la commission SIGMA 1, des relations d'échange et de coopération. Le long communiqué de Luc Dini, qui fait le point sur les nouvelles orientations de la mission d'étude de la 3AF, ne fait nulle part mention du rapport final de 200 pages dont parle Alain Boudier et encore moins aux supputations pour le moins *« audacieuses »* extraites du livre de Jean-Gabriel Greslé, dont certaines auraient servi à la constitution du document. Lorsque Luc Dini écrit : *« On peut formuler des hypothèses mais il faut alors les confronter aux données physiques quantifiées, sous peine d'échafauder des théories invérifiables »*, il assure les membres de la commission d'une réorientation des objectifs sur des critères rationnels. En oubliant les cachotteries de la CIA, de la NSA, du FBI et de toutes les officines censées dissimuler l'information sur les OVNIS sur lesquelles la science n'a pas prise.

La main tendue au GEIPAN va constituer l'information essentielle de ce communiqué de Luc Dini, président de SIGMA 2.

Intervient à l'époque la nomination de Pierre Bescond, qui appartenait à SIGMA 1, autrefois associé aux travaux du COMETA et qui remplacera à la fin de l'été 2013 Yves Sillard, à la tête du Comité de Pilotage du GEIPAN.

La lettre numéro 7 de la 3AF, en date de janvier 2014, aborde l'ensemble des points du communiqué de Luc DINI, en marquant plus encore sa différence avec l'esprit qui régnait à l'époque de SIGMA 1.

Luc Dini, dans cette lettre, réaffirme les objectifs de SIGMA 2 : *« Pour aller plus avant dans l'analyse, il faut envisager la constitution d'un réseau scientifique pluridisciplinaire et objectif, mais aussi ouvert aux recherches dans le domaine de la phénoménologie PAN. »*

Il décrit, en conclusion de son intervention, l'esprit qui doit désormais présider aux travaux de la commission SIGMA 2.

« C'est une tâche qui nécessite de la patience, du réalisme et de la modestie, pour juger avec impartialité des données disponibles et susciter de vraies démarches techniques, persévérantes et innovantes. »

La 3AF entend, souligne-t-il, *« se concentrer sur l'approche technique et scientifique pour l'analyse des cas »*, ainsi que son Assemblée Générale du 14 novembre 2013 le confirmera. Réunion à laquelle assiste Jean-François Clervoy qui présente un exposé sur la difficulté d'identifier dans l'espace objets et points lumineux, comme décrit lors de son entretien, q ui constituent un facteur de méprise et alimentent les rumeurs, sur les observations insolites attribuées aux astronautes.

La 3AF va participer à l'atelier CAIPAN du CNES, des 8 et 9 Juillet 2014.

Ce sera la première apparition publique de la commission SIGMA, nouvelle bouture. Ici, la rupture avec la démarche de l'équipe précédente, est patente, comme en témoigne l'intervention de Luc Dini. Le Président de SIGMA 2 est accompagné de Xavier Pascot – le presque homonyme de Xavier Passot – qui décrira le nouveau cadre dans lequel s'inscrit SIGMA 2. Une volonté de rigueur, reposant sur l'analyse critique de tout document ou témoignage liés au phénomène. Xavier Pascot dans son exposé de souligner, *« Cette vérification impose donc une garantie de traçabilité et d'intégrité du document tout au long du processus d'analyse, depuis la collecte de l'information brute : témoignage, signal physique, document officiel attesté. »*

Brève allusion au rapport final, qui aurait dû conclure le travail de SIGMA 1, dont on comprendra qu'il ne sera jamais rendu public, justifié par le fait que les conclusions « *audacieuses* » – dont parle Alain Boudier – exigent, selon les représentants de SIGMA 2, d'autres développements. Dans la revue Nexus[26], ainsi qu'on l'a vu, Jean Gabriel Greslé confirme sa rupture avec les membres de la Commission SIGMA 2, qu'il assimile désormais aux « désinformateurs » ainsi qu'il désigne les participants à l'atelier CAIPAN.

Janvier 2016, Luc Dini me transmet le « Rapport d'Avancement SIGMA 2 ». La synthèse complète les options définies en octobre 2013 et expose la nouvelle approche de la question. Sobriété et efficacité, tranchent avec les positions précédentes de SIGMA 1. Il y est fait référence aux Etats – peu nombreux – s'impliquant dans des projets d'études, avec pour ambition de développer une coopération internationale comme l'avait envisagé un temps l'ONU. L'idée qui prévaut est celle d'un partage des données, non pas de débusquer les tentatives de dissimulation des faits.

SIGMA 2 comme le souligne le rapport entend participer au côté du GEIPAN à *« une sélection de cas d'études à partir de données disponibles pour mener des investigation techniques ».* La position permettrait *« d'entamer une réflexion sur les manifestions physiques de ces phénomènes et leurs liens avec les sciences physiques »* C'est-à-dire dépasser la position d'attente qui prévaut actuellement au GEIPAN, qui se contente de collecter les informations sans les exploiter. Dans cette optique SIGMA 2 constitue une base de données informatisée sur laquelle développer les travaux. Ce travail d'archivage étendu aux cas étrangers devrait permettre de caractériser le signal à l'origine du phénomène et recenser les effets physiques sur l'environnement et les personnes. Un médecin de la commission, nous apprend le rapport, se penche sur les effets induits par d'éventuelles radiations dans les cas recensés et connus comme tels.

Plus globalement, SIGMA 2 tentera d'établir un lien entre les phénomènes non identifiés à ceux générés par des phénomènes naturels de grande ampleur en relation avec la physique des plasmas, la foudre en boule, les mécanismes de rentrée atmosphérique, les phénomènes météorologiques rares : nuages lenticulaires, nuages noctulescents, mentionnés par Jean François Clervois au cours de son entretien.

Dans la partie consacrée à une tentative de résolution des cas non identifiables, SIGMA 2 observe dans son Rapport d'Avancement :

« A ce jour aucune conclusion ne peut être tirée, si ce n'est que certaines observations de PANs sont difficilement explicables par des phénomène naturels connus. Elles pourraient être liées à des engins artificiels dont le comportement ne relève pas des technologies connues, même dans le cas de programmes d'engins militaires confidentiels, sauf à supposer que ceux-ci relèvent d'une physique très avancée, connue, ce qui serait très surprenant. Ces PANs artificiels pourraient faire appel à des technologies de propulsion inconnue, utilisant peut être une source d'énergie nucléaire, capable de développer de grandes puissances et des champs électromagnétiques très

---

[26] Selon Nexus– Sept/Oct 2014 N° 94 *« Aujourd'hui il (J.G.Greslé) poursuit ses recherches en toute toute indépendance. »*

élevés. Mais ce n'est qu'une hypothèse pour expliquer des comportements physiques qui ne respectent ni les lois de la physique connue, ni les technologies de propulsion conventionnelles. »

Ce travail constitue une pièce essentielle de la reconnaissance des paramètres originaux de l'énigme, confirmant la prise en compte d'une anomalie ne relevant d'aucun type d'explications. Le tout établi ne l'oublions pas par une équipe d'experts qui oeuvrent depuis la création de la commission Sigma en 2008 ; des experts à l'impressionnant back rand, dont les conclusions constituent le garant du constat. Les termes pour le signifier, utilisent une terminologie conforme à ce que l'on attend d'une commission d'enquête responsable, en recherche d'un consensus scientifique sur la question.

A coup sûr la forme qu'avait adoptée Jean Gabriel Greslé pour le dire, condamnait au discrédit les travaux de la commission. Un passage de la synthèse, fait d'ailleurs litière en ce qui concerne la France, d'une prétendue rétention de l'information comme il le rapportait dans son ouvrage. En mentionnant les contacts établis en 2015 avec l'Armée de l'Air, le Rapport d'Avancement précise : *« L'observation des PANs, n'est pas un tabou pour l'Armée de l'Air qui dispose de procédures pour recenser les cas et fournir au GEIPAN les données lorsqu'elles sont enregistrées./ L'Armée de l'Air est ouverte pour fournir des données mais à de nombreuses missions à remplir et les cas de PANs observés sont quasi-inexistants, donc non prioritaires vis-à-vis des nombreuses opérations aériennes menées quotidiennement. »*

Le ton de la synthèse ouvre la voie au dialogue, avec les instances scientifique, élargie aux institutions internationales.

« La tenue d'un workshop scientifique international est vivement souhaitable. Elle permettrait un échange de point de vue entre scientifiques en nombre limité, sur les cas sérieux répertoriés et étudiés avec des données physique, sur leur interprétation comme sur les techniques d'observation. Cela pourrait permettre ainsi la construction d'un véritable réseau scientifique et l'intérêt de quelques physiciens sur les données publiées et celles à venir. »

Luc Dini n'ignore pas qu'il y a loin de la coupe aux lèvres. En complément au Rapport d'Avancement, il m'adresse quelques temps plus tard un commentaire qui résume les blocages qui freinent universellement la prise en compte de l'énigme.

« Force est de constater que nombre de pays ont observé et enregistré beaucoup de manifestations étonnantes...sans vraiment les expliquer, voire en arrêtant les investigations officielles « militaires », pour certains, sur la conclusion de l'absence de risques pour la sécurité, tout en admettant la réalité voire les effets éventuels surprenants vis-à-vis du monde aéronautiques. La divulgation d'un certain nombre d'archives est un fait. Le sujet PAN semble pourtant être délaissé par la science et la recherche scientifique en coopération.

L'implication de la 3 AF dans une démarche rigoureuse, satisfaisante pour sinon la résolution, au moins une connaissance approfondie des données du problème, est une excellente nouvelle pour le GEIPAN. Le travail d'archivage et de recueil du témoignage par Sigma 2 va logiquement constituer un booster pour l'avenir de la cellule du CNES. Une impulsion salutaire pour un dossier actuellement au point mort, car comme le souligne la synthèse *« les cas avec des données physiques incontestables, sont rares »*[27]

L'audit de 2002 de François Louange, l'atelier Caipan dirigé par Xavier Passot, le Rapport d'Avancement de Sigma 2 confirment que le phénomène OVNI continue à interpeler et représente une interrogation pertinente pour les décideurs qui ont pris le temps et la volonté d'approfondir le sujet.

Ceux-ci on l'a vu tout au long de cette enquête, se comptent sur les doigts de la main avec pour conséquence de freiner le processus de médiatisation qui, on le veuille ou non, représente le nerf de la guerre susceptible de favoriser l'ouverture de budgets, le lancement de projets d'études.

Sigma 2 dans cette analyse qui précède la probable publication d'un rapport final, officialise ni plus ni moins le contenu « ingérable » de l'énigme.

« Si des cas inexpliqués avec des données physiques sont déjà identifiés, aucune explication n'a pour l'instant pu être apportée par Sigma 2, hormis le recensement de certaines théories physiques qui restent aussi à démontrer. »

Un constat qui aboutit à l'impasse où sont heurtées les différentes instances et commissions, cherchant à approfondir la question. On l'a vu avec les études de Claude Poher, les travaux d'Alain Esterle, les délibérés du conseil scientifique du GEPAN de 1992, la synthèse du Comité de Pilotage sous la directions d'Yves Sillard en 2010.

Dans le courrier qui complète l'analyse du « Rapport d'Avancement », Luc Dini, décrit la démarche qui préside, aux travaux de la commission Sigma.

« Comme vous l'aurez noté notre rapport d'Avancement commente à la fois notre point de vue sur l'environnement global scientifique, sur les cas présentant des caractéristiques physiques pouvant susciter des études, une réflexion sur l'état des connaissances ce qui évidemment constitue une limite et une réflexion sur les techniques d'observation. A défaut de tirer des conclusions claires sur l'interprétation des phénomènes, nous essayons plutôt de déterminer une typologie, d'établir des liens éventuels entre observations et physique et constatons que certains phénomènes ne correspondent pas aux connaissances. A défaut de les connaître, on peut en déduire quelques idées pour mieux les observer. »

---

[27] Se reporter au constat établi par Xavier Passot sur son expérience de 4 ans à la tête du GEIPAN.

Le Président de Sigma 2 de noter sur ce point :

« Le champ des investigations est ouvert. Nous verrons si des observations caractérisées surviennent et permettent de compléter le catalogue des connaissances. Le manque de mesure mises à disposition est évidemment l'un des problèmes majeurs pour progresser, car si les témoignages abondent, les enregistrements ne sont pas nombreux... sur la place publique. »

Une manière discrète de saluer le précédent travail d'investigations de Jean Gabriel Greslé...

Ce document trouvera-t-il un impact auprès des décideurs scientifiques, politiques, médiatiques ? Le temps s'y prêtent mal, face à une société paralysée par la menace terroriste mondiale, qui depuis deux ans, répand le désordre sur la planète. Dans une période de moindre tension, les attendus exposés, les interrogations formulées par les experts de la 3AF, connaitraient à coup sûr, d'autres débouchés, une probable médiatisation conséquente.

La discrétion qui entoure désormais le domaine a l'avantage de conférer au dossier le recul et la réflexion qui conditionnent généralement les avancées de la science. En se souvenant que l'énigme depuis 70 ans se distingue par sa formidable capacité à rebondir et que par sa nature, elle ne saurait se laisser enfermer dans les limites et cadres que lui confère l'habitant de la planète bleue. Rassurons-nous, le plus extraordinaire est à venir.

Le COMETA s'emploie, quant à lui, à dénoncer le déni qui entrave la prise en charge de la question par la science, les sociétés, en se donnant pour mission d'interpeller le sommet de l'Etat. Selon cette approche effectuée par un groupe d'ex-officiers supérieurs regroupés au sein du Comité, l'analyse des observations de pilotes, de radaristes, de spécialistes du ciel et de l'espace, porte à envisager qu'une forme d'intelligence interfère dans les activités de la planète. Ces témoignages de spécialistes, la référence aux travaux du GEIPAN, conduisent les membres du COMETA à alerter la tête de l'Etat sur le risque ethnocidaire que ferait courir à la planète une intrusion extérieure. Quatorze ans après sa parution en juillet 1999, que reste-t-il du travail de cette association ?

CHAPITRE 17

Le COMETA : « Comité d'expertises avancées »

En 2010, j'ai rencontré le Général Letty, vers qui convergeaient les informations réunies par les membres du COMETA, et qui va commenter les réactions que la publication du rapport a suscitées à la tête de l'Etat, au sein des Armées, auprès de l'opinion. Nous complèterons notre connaissance des travaux et analyses du comité, en nous intéressant à l'une des observations-clé du rapport – le témoignage de Jeanine et Jean-Pierre Fartek – pilote de chasse – qui a constitué le panel des témoignages du COMETA.

Le général Denis Letty me donne rendez-vous au Cercle des officiers, place St-Augustin à Paris.

Le général me précise que son approche du dossier OVNI sera, au cours de sa carrière, progressive. Il recueillera de manière fortuite, voire accidentelle, des témoignages de pilotes alors qu'il exerçait des fonctions de commandant de base ou de responsable de région militaire. Il va ainsi se trouver confronté parfois à une véritable loi du silence imposée par des responsables d'escadrons nullement enthousiasmés par le fait de posséder parmi leurs pilotes un « voyant » d'OVNI qui aura la mauvaise idée d'établir une procédure.

Q : Si vous aviez à écrire à nouveau le rapport COMETA, qu'est-ce que vous changeriez ?

D. Letty : On a souvent songé à faire une mise à jour avec des phénomènes nouveaux. Ou commenter les assises de colloques ou d'évènements survenus depuis jugés intéressants. On aurait pu apporter ces compléments. Sur le fond du sujet, on reste fermes sur nos convictions !

LIONEL JOSPIN LECTEUR DU RAPPORT

Q : Est-ce qu'au niveau de la Présidence et du Premier Ministre, auxquels était adressé le rapport COMETA, vous avez eu des retombées ?

D. Letty : Non ! Par contre on est certain que M. Jospin l'a lu. Par une anecdote, on l'a compris. Le président des anciens de l'IHEDN n'était guère motivé de voir mêler l'Association à l'affaire. Il est allé voir M. Olivier

Schrameck, le Directeur de Cabinet du Premier Ministre et lui a expliqué que le rapport était publié sous son patronage, mais qu'il ne fallait pas trop en tenir compte. Il voulait se démarquer de la publication d'un ouvrage traitant un tel sujet. Le Directeur de Cabinet affectait alors un bizarre sourire. Intrigué, le Président de l'Association des anciens auditeurs, lui en demande la raison. *« Pourquoi je souris, interroge M. Schrameck ? Parce que le rapport que vous critiquez entre guillemets, le Premier Ministre Monsieur Lionel Jospin l'a lu durant le W.E., et nous l'a rendu annoté pour marquer son intérêt !! »*

Grand éclat de rire du général Denis Letty.

D. Letty : Je dois souligner que c'est le Président en personne de l'Association, qui m'a rapporté l'anecdote en toute honnêteté. Il a eu l'humilité de le faire et je trouve ça très sympathique !!

Q : Au niveau de la Présidence, avez-vous connaissance d'un avis émis de ce côté ?

D. Letty : Non ! Rien à ce niveau. A mon avis c'est demeuré à l'échelon du cabinet militaire de Chirac. Par contre je pense en toute humilité qu'à l'époque il était question de faire disparaître le SEPRA et que son maintien est dû à notre action !

Q : Et chez les militaires, vos collègues, avez-vous eu des réactions ?

D. Letty : Je vais commencer par vous parler de ce qui s'est produit avant la publication du rapport. A l'époque, les anciens élèves de l'Ecole de l'Air réunissaient les anciens 2 à 3 fois l'an pour présenter des conférences sur un sujet déterminé. Quand nous avons proposé le thème des OVNIS, tout le monde a crié bravo ! Le jour de la conférence la salle était comble ! Au cours de l'exposé, des pilotes présents dans la salle sont montés sur l'estrade et ont témoigné spontanément. Je ne veux pas citer les noms de collègues généraux, mais l'un d'eux, commandant la FATAC, m'a dit après :

« Finalement ce dossier n'est pas complètement farfelu... »

Ce dont je me souviens très bien, c'est que ce haut responsable de l'Armée de l'air était violemment opposé à toute information sur la question. Il n'était pas opposé à la question, il était pour qu'on n'en parle pas, par crainte du ridicule ! Et c'est ici qu'intervient l'incident Fartek.

Jean-Pierre Fartek était un pilote de chasse à la 2ème escadre de la FATAC à Dijon. Son commandant était le Colonel R…, un ancien de l'Etat-Major de la FATAC, alors chef du bureau plans. Il avait pris le commandement de la base. Je me souviens, nous étions en réunion avec le grand chef de la FATAC, et son chef de cabinet entre pour lui annoncer : *« Le Colonel R... veut vous parler... » « Pour quelle raison ? »,* interroge le général, surpris qu'on vienne le déranger en plein briefing, chose tout à fait compréhensible à ce niveau de responsabilité. Et le chef de cabinet de répondre alors : *« Le Colonel R... de la 2 tient à vous communiquer qu'un pilote de la 2 a vu une soucoupe ! »*

Le chef de la FATAC a alors tapé du poing sur la table :

« Je vous demande de donner l'ordre à R..., qu'il n'y ait pas un mot de cette histoire, qu'elle ne sorte pas de la Base !! »

Rire joyeux et moqueur du général Letty :

« J'étais présent ! »! Le même, plusieurs années après, me disait :

« Finalement c'est du sérieux ces histoires... »

Q : Quelle motivation vous a poussé à créer le comité de réflexion sur le phénomène ?

D. Letty : C'est simple. J'étais au 3ème bureau opération de la FATAC. Dans les années 78 je voyais passer des rapports de gendarmerie, dont un m'a interpelé car il concernait des personnes que je connaissais, notamment le colonel Giraud, pilote de Mirage IV. Là-dessus arrive l'affaire Fartek et j'étais en train de prendre le commandement de la base de Strasbourg en février 80. En mars 81, le capitaine Jean-Pierre Fartek vient passer sa visite médicale au centre d'Expertises Médicales des personnels navigants de ma base. Après ses examens, je lui demande de venir me raconter son témoignage. Il m'a alors dit mot pour mot : *« Mon colonel je suis désolé, je n'y croyais pas du tout, mais après ce que j'ai vu, je suis certain que ça existe !! »* Connaissant ces deux témoins majeurs, Giraud, Fartek, témoins à mes yeux hautement crédibles, les rapports que j'avais lus en relevant les PV de gendarmerie, plus ces deux affaires, le tout m'a convaincu qu'il fallait faire quelque chose. C'est ainsi qu'est née ma démarche !

Q : Sur de nombreux sites d'Internet sont diffusées de prétendues révélations alimentant les théories de la conspiration. Dans le rapport COMETA vous faites assez largement état de certaines de ces thèses, notamment lorsque vous citez les écrits du Colonel Corso. S'il s'était produit de tels évènements, ne pensez-vous pas que la France l'aurait appris par ses services de renseignement ?

D. Letty : En Angleterre, ils ont sorti leurs dossiers. Je n'ai pas lu la totalité des documents, mais ils sont accessibles sur Internet. Le cas des Etats-Unis est tout de même différent, car ici on a vraiment l'impression qu'ils cachent quelque chose depuis longtemps, notamment sur le fameux cas Roswell, qui n'est tout de même pas clair. Il y a ici des témoignages ne serait-ce que sur les débris découverts qui ne sont pas clairement identifiés. Il reste également non élucidé le fait de savoir s'ils ont repéré ou pas des corps. Nous posons alors la question : s'il n'y a rien, pourquoi ne donnent-ils pas accès aux dossiers ? Ici on a un peu l'impression qu'ils gardent des informations par devers eux ...

UNE CONSPIRATION ?

Q : Vous continuez à penser que sur ce chapitre, il existe côté américain une volonté de dissimulation ?

D. Letty : Oui je pense !

Q : Depuis la parution du rapport COMETA, vous avez des infos qui viennent confirmer cette conviction ?

D. Letty : Non ! Non !

Q : Qu'est-ce que vous inspire la neutralité, pour ne pas dire le rejet qu'affecte la science par rapport à l'étude du Phénomène OVNI ?

D. Letty : Permettez-moi de vous rapporter une anecdote en rapport avec le positionnement de la science en la matière, propose en souriant le général Letty.

Il existe un groupe de réflexion sur la guerre électronique qui s'appelle Guerrelec dont j'étais membre. Après ma carrière militaire, on avait constitué une société de services et on faisait de la guerre électronique pour entraîner nos camarades. Au cours d'une réunion de Guerrelec, on avait invité le patron pour l'Europe du SETI, Jean Heidmann[28]. Il était venu faire sa conférence sur l'écoute radio des civilisations extraterrestres en nous présentant le travail du programme SETI installé à Arécibo au Mexique.

Il nous précisa que l'écoute était permanente depuis 1990 mais qu'aucun signal n'était jamais parvenu. Il fallait néanmoins, nous déclara-t-il, demeurer vigilants. A la fin de la conférence un type de chez Thomson lui alors posé la question : *« Que pensez-vous des OVNIS ? »* A ce moment-là Jean Heidmann s'est littéralement pris de colère. Grand éclat de rire du général. Pour moi c'est incohérent : d'un côté on écoute où il n'y a peut-être rien à entendre ! De l'autre on refuse d'examiner ce qui se donne à voir !

Q : La science se désintéresse des OVNIS ?

D. Letty : Pour moi il y a une volonté de cacher ! Pour ne pas faire peur ?

Q : Vous croyez vraiment ?

D. Letty : C'est une question que je me pose !

Q : Que faudrait-il pour que le COMETA relance le débat ?

D. Letty : Un évènement hors du commun qui permettrait de réactiver l'intérêt pour la chose. On voit des tentatives comme ce fameux colloque de Washington de 2007. Mais en France on n'en n'a jamais entendu parler. Et pourtant leur volonté là-bas c'était de faire ressortir cette affaire. Il y a des affaires qu'on enterre complètement !

Q : Pour le COMETA la relance de la question est liée à l'évènement extraordinaire, en attente ?

D. Letty : Ou alors qu'au niveau gouvernemental ou européen soit élaborée une tentative laissant espérer qu'une étude soit mise en place, dont l'initiative reviendrait à un des Etats de l'Europe.

Q : Est-ce que vous connaissez le cas du GEPAN dénommé « l'Amarante » ?

Le témoin durant vingt minutes, observe une structure stationnée au-dessus de son jardin et de façon très rapprochée. On constatera quelques heures plus tard, des traumatismes au niveau des végétaux du jardinet.

---

[28] Jean Heidmann : Astrophysicien 1923/2000 correspondant du SETI pour la France.

D. Letty : C'est effectivement ahurissant, cette affaire de l'Amarante ! Votre question est intéressante. Nous connaissons tous des témoignages sortant de l'ordinaire, un peu chacun de notre côté.

Hier, je lisais un compte-rendu de Guy Somek du CHEAR[29], sur un phénomène qui s'est produit en 1975 à Solenzara, en Corse. L'histoire s'est déroulée en mer. Une patrouille de chasse rentre de mission. La tour et l'approche les envoient sur un contact, qu'ils viennent d'enregistrer sur leurs radars. Les pilotes se rendent à la hauteur du site indiqué par la tour. Il n'y a rien de visuel ! Le « contact » plonge alors en direction de la mer.

L'approche leur demande de suivre un cap précis où ils se rendent, sans rien trouver une fois sur place ! Au moment du survol du secteur, les pilotes voient alors sortir comme une espèce d'énorme « lentille d'eau ». Le contact disparaît et les jets redressent en limite de B.A. pour ne pas percuter l'eau. Ils constatent à ce moment-là, en rasant la mer, qu'il n'y a pas une ride sur l'étendue !!

Quand un responsable militaire de la compétence du général Letty – il occupera les postes les plus élevés de la hiérarchie – fait part d'informations débouchant sur les constatations dont on vient de faire état, il serait mal avisé de les ignorer !

Se pose ici la question de la justification d'initiatives de type SIGMA et COMETA. Ces interventions ont provoqué certes un sursaut d'attention de l'opinion sur l'énigme. Mais sans suite ! Ne débouchant sur aucune prise de position politique ou mobilisation d'instances scientifiques sous la forme de contrats d'étude. Pas plus qu'on ne connaîtra l'impact produit chez les militaires et si des moyens spécifiques ont été affectés, par exemple, à la détection des OVNIS à la suite de la diffusion du rapport COMETA. Fréquentant ces milieux, je n'ai pas eu retour de tels échos qui nécessairement finissent par se propager, fussent-ils couverts par le « Secret Défense ». Aucune décision officielle, seulement cette réaction discrète en provenance du cabinet du Premier Ministre Jospin, mais qui ne nous informe en rien sur le sentiment qu'a inspiré au second personnage de l'Etat, le contenu du Rapport. Quant au Président de la République Jacques Chirac, on ignore s'il l'a personnellement lu !

La partie du document consacrée au dossier américain, le Cover-Up qui dit-on le recouvre, qu'évoquent sans relâche les Ufologues, auquel semblent adhérer en partie le COMETA et plus encore SIGMA1, a probablement contribué, selon moi, à diminuer sa portée, son impact auprès des instances des politiques et d'une opinion pour lesquelles ces thèses ressortissent essentiellement de surenchère journalistique, pour tout dire de la rumeur. Et du même coup les incitent à un réflexe de rejet, de l'ensemble du contenu du dossier.

---

[29] CHEAR : Association des anciens du Centre des Hautes Etudes de l'Armement, située à l'Ecole Militaire, à côté de l'IHEDN.

En fixant leur action exclusivement sur le dossier français, une mine inépuisable d'informations recueillies aux meilleures sources, le COMETA, la commission de la 3 AF, auraient probablement connu d'autres prolongements, d'autres ouvertures. SIGMA 2 l'a compris, qui en 2016, ainsi qu'on l'a lu dans son « Rapport d'Avancement » fait état d'une mise en commun des éléments d'enquêtes avec le GEIPAN et d'autres organismes à compétences scientifiques.

Trois mois à peine après l'atelier CAIPAN d'août 2014, les prémisses d'une collaboration technique GEIPAN-SIGMA 2 se dessinent effectivement, à laquelle fut associée une commission d'enquête étrangère. Le 28 octobre de la même année, se déroule à Paris une réunion d'informations où avaient été conviés, des représentants de la commission d'enquête militaire chilienne – la CEFAA – représentée par son directeur le général Bermudez et le colonel Jorquera. Etaient présents outre le chef du GEIPAN, Xavier Passot, le président du Comité de pilotage, Pierre Bescond et les membres de SIGMA 2 Luc Dini, Paul Kuentzman, Alain Boudier, François Louange.

Quant à vouloir fédérer les compétences et les bonnes volontés, on peut s'étonner que n'aient été pas associés à la nouvelle donne les officiers ayant constitué le rapport COMETA. En tout cas ne figurait pas sur le cliché emblématique de ce 28 octobre un seul de ses représentants. On peut imaginer qu'à défaut de les compter dans leurs rangs, les experts SIGMA/GEIPAN, s'intéresseront aux témoignages réuni par ses rapporteurs. Un matériau qui constitue un échantillon des plus riche relevant de la classification des observations non élucidées comme va nous en donner l'illustration, l'affaire Fartek.

Le témoignage du pilote instructeur Jean-Pierre Fartek – une des observations phares du rapport – nous fait saisir tout le travail qui demeure à entreprendre sur ces cas d'exception. Avec ce double témoignage – c'est l'épouse du pilote qui, la première, voit l'objet – on va comprendre qu'ici tout reste à faire.

« J'attends toujours depuis 30 ans qu'un scientifique vienne me voir ! » me confie Jean-Pierre Fartek, en juin 2011.

CHAPITRE 18

Un pilote interpelle la science

Les témoignages des pilotes de chasse René Giraud, Claude Bosc, Jean-Pierre Fartek et du pilote civil Jean-Charles Duboc, ont constitué la charpente de la partie française du rapport COMETA. Ces observations ont fait l'objet de nombreuses publications ou diffusions télé. Le commandant Giraud, fatigué de ces sollicitations, ne répond plus aux demandes d'interview, ainsi que me l'a confié un producteur.

Le cas Fartek n'a pas connu cette médiatisation. A part quelques articles dans les journaux locaux, dans la revue l'Inconnu, une interview à la Télévision régionale, les époux Fartek n'ont pas eu l'occasion, en France, de commenter en profondeur leur observation. Par contre, une équipe d'une chaine de télévision américaine, conduite par la journaliste Leslie Kean, se déplacera des Etats-Unis pour venir recueillir leur témoignage !

Comme pour l'affaire de l'Amarante, la Zététique employa beaucoup de talent à construire un scénario explicatif où on retrouve ce parti pris de ne pas tenir compte des déclarations faites par les témoins.

Les époux Fartek, lors de mon entretien de mai 2011, habitent la même maison que ce jour de l'observation du 9 décembre 1979. Trente-deux années plus tard, l'environnement spatial du lieu a changé. La vision qu'ils avaient sur les champs, d'immenses étendues où poussent les blés, est occupée par des habitations qui coupent la vue directe sur le site d'apparition du phénomène.

Hormis ces constructions, qui font désormais écran, le lieu de survol est toujours le même, comme me l'explique sur place Jean-Pierre Fartek. C'est-à-dire qu'est demeurée la rangée d'arbres qui délimite les champs, devant laquelle l'objet se plaça en stationnaire, et qui leur permit de préciser par comparaison ses dimensions.

Q : Mme Jeanine Fartek, c'est vous qui apercevez en premier ce 9 décembre 1979 la structure ?

J. Fartek : En ouvrant la porte fenêtre comme tous les matins, mon regard a été attiré par une sorte de gros engin qui « bougeait ». Je me suis demandé ce que c'était et j'ai aussitôt appelé mon mari, qui lui, a l'œil habitué à observer. Il a dit, *« Oui il y a quelque chose de pas clair... »* On a regardé tous les deux et le sentiment que j'avais, était effectivement que c'était gros, puisque les arbres font à peu près 5 à 6 mètres et ça a obturé au moins les deux tiers de la hauteur.

Q : Vous avez appelé votre époux combien de temps après avoir découvert cette présence ?

J. Fartek : Aussitôt, puisque nous étions en préparation du petit déjeuner, vers 9h15, et il est venu immédiatement voir.

Q : Jean-Pierre Fartek, votre épouse vous appelle...

JP. Fartek : ... *« J'observe quelque chose de bizarre à l'extérieur. Est-ce que tu peux venir voir ? »* Par la fenêtre de la cuisine, à environ 200 mètres – après avoir mesuré par la suite au GPS cela fait à peu près 225 mètres, 230 mètres – j'ai vu effectivement une sorte d'objet qui se trouvait devant une rangée d'arbres – qui existe toujours, comme vous pourrez constater sur les lieux – qui de profil avait une apparence de soucoupe, de deux assiettes renversées, l'une au-dessus de l'autre. L'objet avait une couleur gris bleu métallique sur le dessus, et gris par en dessous. La couleur « gris bleu » peut s'expliquer par le fait qu'il faisait très beau, le dessous paraissait plus sombre. La couleur générale était peut-être la même, mais rendue différente par l'éclairement de la zone. Cet « engin », par rapport aux arbres, semblait avoir entre 2 à 3 mètres d'épaisseur, entre 9 et 15 mètres de long environ. Il affectait une position de stationnaire, comme s'il recherchait son équilibre au-dessus du sol, à 1 ou 2 mètres approximativement. Il n'y avait pas de bruit. On ne distinguait aucun hublot. Pas de trace de fumée, donc pas de trace d'une propulsion quelconque. En définitive il oscillait en stationnaire, comme le ferait pratiquement un hélicoptère.

Q : Mme Fartek, vous le voyiez de manière très distincte ?

J. Fartek : Oui, oui ! Il n'y avait qu'un bosquet et il était devant. On ne pouvait pas le manquer ! C'était impressionnant à voir. Ça oscillait, ça oscillait tout le temps ! C'était bizarre, lentement, très lentement... Et puis d'un seul coup, ça a un peu dévié vers le côté nord et il est parti ! Vous voyez là-haut il y a une petite butte et on l'a vu passer vers ce secteur très bas. J'ai dit mon dieu, est-ce qu'il l'a franchie ? On a aussitôt pris la voiture pour voir ce qu'il était advenu. Je me souviens, il avait plu et il était difficile alors de passer dans le chemin qui menait sur le lieu.

Q : Vous êtes sûre de l'endroit du survol où se trouvait l'engin ?

J. Fartek : Il n'y avait qu'une rangée d'arbres et c'était l'endroit où il se situait. On ne pouvait donc pas se tromper. C'est ainsi que nous avons pu déterminer avec ces repères, les métrages de l'engin et son déplacement. Jean-Pierre à l'œil habitué à ces évaluations.

J.P. Fartek : Au bout d'un instant j'ai eu envie d'aller chercher un appareil pour le prendre en photo. Ça aurait été très intéressant de pouvoir le faire. J'ai eu peur que, dans l'intervalle, il s'en aille, que l'objet disparaisse.

Je suis donc resté sur place pour continuer à observer avec mon épouse. A un moment il s'est incliné dans le sens du déplacement. J'ai estimé le basculement à 2 ou 3 degrés comme le feraient les pales d'un hélicoptère au démarrage. A cet instant il est parti à très grande vitesse au ras du sol. Il a alors disparu derrière le relief, en un temps que j'estime à 2 ou 3 secondes ! Combien a duré l'observation ? C'est difficile d'apprécier, comme j'ai pu en faire l'expérience lors de divers incidents d'évènements aéronautiques. Au titre d'observateur, j'avais estimé que la durée avait été d'un temps X, en définitive la durée avait été beaucoup plus courte. Donc je dirai pour cette affaire que le déroulement s'est réalisé dans un créneau de 30 secondes à 2 minutes maximum.

Q : Vous échangiez vos impressions ?

J.P. Fartek : Pas trop, on regardait surtout ! Mon épouse à un moment donné s'est demandé si ça ne pouvait pas être un hélicoptère. Je lui ai dit *« Ça ne peut pas être un hélicoptère !! »* De plus, l'engin se trouvait devant les arbres, il n'était pas transparent. (Sous-entendu comme le sont en partie les hélicoptères) Le bouquet d'arbres était vraiment masqué par la structure de l'objet. On a ensuite pensé à autre chose, tout en s'interrogeant. Un avion ? Impossible ! En tant que chasseur, j'ai assez vu d'appareils pour être capable de les reconnaître à très grande distance. Je ne peux pas confondre ça avec un ballon, avec une baudruche quelconque ! Aller chercher ce genre d'explications ne m'apporte pas une réponse valable ! »

Jean-Pierre Fartek fait ici allusion à l'explication que propose de l'évènement, sur Internet, la Zététique. Eric Maillot nous a habitués, ainsi qu'on l'a vu pour l'Amarante, à jongler avec des hypothèses dont les solutions le disputent en extraordinaire avec le mystère qu'elles prétendent résoudre. Ici on va atteindre le sublime. Un sublime qui est une véritable insulte pour le professionnel qu'est, des choses de l'air, le pilote instructeur Jean-Pierre Fartek. L'intitulé de l'enquête sur ce double témoignage est déjà en soi une belle figure de rhétorique : *« Examen d'un OVNI par un pilote de chasse. Eric Maillot-Laboratoire de Zététique »*

Ainsi qu'on va le comprendre, l'examen de l'OVNI, est celui qu'en donne la Zététique, pas celui du pilote de chasse !

Après avoir effectué une synthèse de l'observation, inspirée de comptes – rendus de presse faisant dans l'à peu près, Eric Maillot détaille les informations que lui considère erronées. Et de les énumérer comme un entomologiste prenant en défaut un confrère qui aurait égaré une patte de drosophile. Leur présence décrédibilise, à ses yeux, témoins et enquêteur.

« On notera que ce rapport COMETA – remis au Premier Ministre et au Président de la République – indique pour cette affaire :

1) Une date différente de celle donnée à l'époque dans toutes les publications : samedi 8 décembre 1979.

2) Une heure différente de celle donnée à l'époque : 9H45 ou 9H52 selon les sources.

3) Une taille de l'OVNI augmentée – dans des proportions significatives.

4) Une hauteur des arbres augmentée également.

5) Un grade de Lieutenant-Colonel pour le témoin, alors que le grade de capitaine au moment des faits n'est pas mentionné.

6) Que le phénomène observé est considéré comme non identifié sans explication, sans faire état d'aucune vérification des hypothèses explicatives. »

N'ayant jamais rencontré Mme Fartek et lui-même, comme me le confirmera le pilote, se reportant exclusivement aux sources de presse, comme on peut le lire à plusieurs reprises dans sa synthèse, à aucun moment Eric Maillot, ne s'interroge sur le crédit à leur accorder. Il préfère se fier aux articles des journaux, alors qu'il détient le rapport COMETA dont les informations proviennent de la gendarmerie et du pilote. Pour ma part je possède la plupart des écrits sur cette affaire et n'ai jamais lu qu'elle eut lieu comme l'écrit Eric Maillot, en 1) le 8 décembre, en 2) à 9H45 ou 9H52.

Quant aux prétendues erreurs, en 3) sur la taille de l'OVNI, en 4) la hauteur des arbres, en 5) la mention du grade de Lieutenant-Colonel et en 6) l'absence d'hypothèse explicative, il va y être répondu le long de l'entretien que m'accorde le couple Fartek.

Sans prendre le temps d'examiner les circonstances rapportées par Janine et Jean-Pierre Fartek, Eric Maillot s'autorise toutes les extravagances sur l'origine de l'observation, ainsi que le montre l'hypothèse qu'il en propose.

Ce dernier écrit :

« Divers éléments du récit suggèrent pourtant une explication très simple et largement cohérente avec divers détails relatés. Les deux couleurs nettement séparées et l'aspect métallique d'une des parties. La forme arrière dans la position de l'objet de demi-lune ou de croissant, cigare, roue ou ellipse aplatie, triangle aplati. Les mouvements, ondulations, oscillations, balancements, montée et descente très près du sol (faux), quasiment sur place et inclinaison de l'assiette avant départ et montée en accélération. Il s'agit très probablement d'un ballon d'enfant biface bleu marine argenté, souvent en forme de coussin ou de cœur gonflé à l'hélium, qui flottait au – dessus du champ et qui aurait été emporté par un coup de vent derrière le relief proche vers le Nord-Nord-est selon les versions. Le trait continu donne l'impression de soucoupes renversées l'une sur l'autre avec un aspect d'ellipse aplatie. Sous d'autres angles il pourrait être vu sous la forme d'un croissant ou d'un triangle aplati. Le pilote, dans l'incapacité d'estimer objectivement lui-même la taille et la distance de l'objet qu'il observait (faux) aurait commis une seule petite erreur dans ses calculs qui l'aurait éloigné de la solution. Ce n'est pas parce que l'objet observé par son épouse se découpait sur fond d'arbres qu'il était réellement observé par son épouse à la distance correspondant à la haie d'arbres, c'est-à-dire 200 à 250 mètres. Il était simplement et bien plus probablement entre 20 et 40 mètres d'elle au début, phase ou le pilote n'était pas présent à la fenêtre (faux). Ces

ballons d'enfants peuvent mesurer pour les grandes dimensions environ, 0,60 mètre de long, sur 15 cm d'épaisseur. L'erreur du pilote est compréhensible, lui n'ayant vu l'objet qu'à longue distance sur fond de ciel (faux).

Dans cette affaire on ne peut que regretter que, pas plus que le GEIPAN, le SEPRA ou les généraux du COMETA aient examiné cette hypothèse et les éléments vérifiables avec les sens des vents locaux et la recherche des activités aériennes locales des alentours de Dijon. On s'étonnera enfin qu'aucune investigation n'ait été menée par ces organismes auprès des autres résidences proches du lieu, dont certaines sont connues comme témoins.

Le couple quant à lui avait pourtant pensé à l'hypothèse du cerf-volant, logiquement possible ici à cause des enfants qui, d'après eux, jouaient souvent à cet endroit (faux).

Fin de la synthèse Eric Maillot. Le commentaire est illustré d'images, des différents modèles de ballons hélium qu'utilisent les enfants dans leurs jeux.

PILOTE AU PARCOURS EXCEPTIONNEL

Jean-Pierre Fartek compte une carrière aéronautique des plus riches. Il a volé sur tous les types d'appareils utilisés dans l'Armée de l'Air, à hélices ou à réaction, de 1954 à 1985. Y compris les appareils américains utilisés à certaines époques pour la formation des pilotes français, qu'il va encadrer durant de nombreuses années. C'est lui qui forme les équipages marocains sur Alpha-Jet, qui va devenir, dans les années 82, l'avion d'entraînement des écoles de chasse. Un actif de pilote militaire et civil, pour lequel on lui attribuera de nombreuses décorations. C'est l'acquis de cette carrière qui lui permet de mesurer tout ce qui sépare la structure entrevue durant 2 minutes, de ce qu'il connaît en aéronautique. A sa compétence de pilote, se greffe une formation de mécanicien et, parmi les chasseurs, il est peut être le mieux placé pour saisir ce que peut avoir d'anachronique, pour ne pas dire d'aberrant, cette « chose » d'une quinzaine de mètres de long sur trois de largeur, qui stationne en oscillant, sans bruit, sans apparente combustion, en un lieu ne constituant en rien un objectif digne d'une mission de chasseur. Le pilote ne peut être qu'impressionné, face à la séquence aberrante que lui donne à voir l'objet, impossible à classer dans le vécu aéronautique qui est le sien. Aussi quand le professeur des écoles Eric Maillot, de la Zététique, statue que lui et son épouse ont été victimes d'une méprise et l'ont confondu avec un ballon à hélium, manipulé par quelques gamins farceurs, on imagine la réaction du professionnel.

J.P.Fartek : Eric Maillot a écrit n'importe quoi concernant notre affaire ! Il aurait pu lire le compte-rendu que j'ai donné à la Gendarmerie, qui l'aurait éclairé sur notre témoignage. Il raconte que j'aurais dit être colonel alors que j'étais capitaine. Je ne vois pas pourquoi je m'attribuerais ce grade sans l'avoir obtenu ? On peut se demander – si ce n'est vouloir me discréditer – en quoi ça change le contenu de notre témoignage ? Il n'a même pas cherché à me contacter pour obtenir des infos sur notre observation.

Je pense que j'ai été reconnu professionnellement dans l'Armée de l'Air, suffisamment pour avoir obtenu la médaille militaire, la médaille de l'Aéronautique, la Légion d'Honneur, l'Ordre National du mérite ! Tout ça je ne l'ai pas trouvé dans une pochette-surprise !

La Zététique en définitive essaie de détruire ce que les gens ont observé, en insinuant qu'ils ont eu des hallucinations, qu'ils ne savent pas identifier ce qu'ils observent. Ils avouent implicitement qu'ils sont incapables de trouver une réponse. La solution la plus simple, pour eux, est de dire que les gens ont rêvé, ont divagué. Ici ce n'est pas du tout le cas !!

RETOUR SUR LE SITE

J.P.Fartek : L'endroit, à l'époque, était totalement dégagé. Entre notre maison et cette rangée d'arbres où s'est produite l'observation, il n'y avait que des champs. L'arbre le plus haut de la rangée que l'engin masquait fait entre 10 à 12 m. Aussitôt après l'observation, avec mon épouse, nous nous sommes rendus sur le terrain, pour voir s'il existait des traces. Il n'y en avait aucune ! Pas de marques brûlées au sol, rien du tout ! On n'a pas constaté au moment du départ de l'engin, d'indices particuliers de combustion. Aucun bruit ! Aucune manifestation hostile !

Q : Des gens du proche voisinage ont déclaré avoir également assisté à la séquence. On sait ce qu'ils ont vu ?

JP.Fartek : Ils ont préféré ne pas témoigner. On ne peut obliger les gens à s'exprimer. Ils le font d'eux-mêmes s'ils ont envie de raconter leur histoire.

C'est un peu dommage, car ça aurait pu conforter l'observation que nous avons faite.

Q : Vous dites que l'objet était à 200/220 mètres à peu près de votre habitation. Qu'est-ce qui vous permet de le situer si précisément ?

J.P. Fartek : Deux cents mètres – en réalité 225 m au GPS – c'est très proche pour moi ! Il m'est arrivé de pouvoir détecter en vol entre 7 et 12 nautiques[30] à vue d'œil. Donc à près de 200 mètres, je n'avais pas de difficulté à observer quoi que ce soit !

Q : C'est la place occupée par l'objet dans le paysage, sur ce fond d'arbres, qui vous a permis de déterminer son volume, son épaisseur et son diamètre ?

JP.Fartek : Oui ! C'est pour ça que je disais – c'est approximatif, car j'ignorais à ce moment-là la hauteur des arbres – qu'il couvrait le tiers de leur hauteur. Si on sait que les arbres faisaient 10 ou 12 mètres de haut, on peut estimer la fourchette de son épaisseur entre 3 à 5 mètres. Pareil pour la

[30] 7/12 nautiques : Valeur du nautique : 1,852m, soit 12 km et 22 km.

longueur, j'avais estimé que ça pouvait faire 3 fois l'épaisseur. Ça pouvait donc être, entre 9 et 15 mètres pour une hauteur de 3 à 5 mètres. Tout cela, je le répète, est approximatif !

« JOUR ANNIVERSAIRE DE NOTRE MARIAGE ! »

Q : Sa position dans l'espace ?

JP.Fartek : Il était très bas, près du sol, on l'a situé entre 1 à 2 mètres au-dessus du sol. Et durant tout le temps de l'observation, on avait l'impression qu'il était en recherche de stabilité. Il était fixe, mais toujours avec des mouvements d'oscillation permanente. Lorsqu'il est parti, il semblait chercher une assiette, comme le changement de pas d'un hélicoptère dont les pales s'inclinent pour lui permettre de créer une force d'appui pour déclencher le mouvement. Il s'est éloigné à très grande vitesse, dans le sens qui devait correspondre à peu près à celui du chemin qui coupe les champs en face de nous. Il a disparu derrière ce sommet de colline, sans qu'on sache depuis notre point de vue, s'il a poursuivi sa route près du sol, ou sur l'horizon.

Je vais vous donner une précision amusante. Ce jour du 9 décembre 1979, était celui de notre anniversaire de mariage ! Je puis vous garantir que la veille nous n'avions pas fait la fête !! Aussi nous n'étions pas sous l'emprise, de l'alcool ou autre chose. Nous avions très bien dormi et au moment où nous avons observé, on avait les idées claires, on était lucide. C'était somme toute notre cadeau d'anniversaire !! Cette observation a été faite de jour, par une très belle météo, donc c'est sans ambiguïté que j'ai pu décrire, ainsi que mon épouse, ce que nous avons pu observer. Si cela c'était produit de nuit, je me serais posé des questions et nous n'aurions pas fait de rapport ! On peut créer une forme par un éclairage de nuit. On a déjà vu les lasers se baladant sur les nuages. On a déjà vu pas mal de choses de ce genre.

Q : Pour vous, ici il n'y a pas de doute ?

J.P. Fartek : Là, dans mon esprit, il n'y a aucun doute !

Q : Lorsque l'objet s'est déplacé près des arbres, il ne s'est produit aucun effet visible ?

J.P Fartek : Rien ! Je comprends votre question. Lorsqu'il y a un jet, réacteur ou quelque chose, effectivement ça crée un souffle qui peut amener les feuillages de l'arbre à bouger autrement que par le vent. Là ce n'était pas le cas du tout ! Rien ne bougeait, absolument pas ! Je confirme ! J'ai l'impression, même 30 ans après, de le voir encore maintenant. Bien sûr, j'aurais bien aimé le revoir au moins une fois…

Q : Avec le vécu qui est le vôtre, pilote militaire, instructeur, créateur d'école de chasse, être témoin d'une telle chose est un sacré évènement ?

JP.Fartek : Oui c'est un évènement, d'autant que j'ai l'habitude d'observer des avions en vol et bien d'autres choses dans le ciel durant mes deux carrières aéronautiques. C'est pourquoi je disais que, pour ma part, il n'y a pas d'ambiguïté du tout ! Les phénomènes météo, je connais. Les nuages lenticulaires, je connais !! Par ailleurs, j'ai également observé des phénomènes posant problème et qui ensuite ont abouti à une explication.

Des explications sur des phénomènes aériens bizarres, je peux en trouver. Ici j'essaie de trouver une solution et j'attends que les scientifiques, s'ils en ont les moyens intellectuels, nous l'apportent. A ce moment-là, ils seront crédibles. Quand je lis les articles d'Eric Maillot, qui avance n'importe quoi, qui en plus, ne me connaissant pas, vient dire que j'aurais influencé mon épouse pour qu'elle puisse raconter les mêmes choses que moi, je lui suggère qu'il vienne me voir. On en discutera !

Q : Les OVNIS, avant, ça vous disait quelque chose ?

JP.Fartek : Jamais ! Je ne me souviens même pas en avoir entendu vraiment parler. Ou alors de manière anecdotique, sans plus. Je n'étais pas intéressé par ça !

LES PILOTES SE TAISENT

Q : Et maintenant, vous vous intéressez au sujet, vous cherchez des infos ?

JP.Fartek : Non, pas particulièrement !

Q : Dans le scénario que je possède, il est dit que le responsable de votre escadron a communiqué l'info lors d'une réunion du chef de la FATAC ?

J.P. Fartek : je n'en n'ai pas parlé, seulement au chef d'Escadron, mais également à mes collègues en expliquant ce que j'avais vu. Sans plus !

Q : Que disaient-ils ? Quelles réactions ont-ils eu ?

JP.Fartek : Certains m'ont alors déclaré qu'ils avaient été également témoins de différents phénomènes. Ceux-là n'ont pas été surpris. D'autres avaient rapporté des récits similaires en vol. D'autres ont vu au sol aussi, de nuit, des luminosités inhabituelles pouvant, pour certaines, avoir des explications. Je sais que des pilotes ont vu des choses, mais ils préfèrent ne pas en parler. J'ai leurs noms, mais il ne m'appartient pas de les faire connaître. Il leur revient de décider par eux même ce qu'ils veulent faire de leur témoignage.

Q : Ils ne les ont pas fait connaître officiellement, mais ils vous en ont parlé ?

JP.Fartek : Ce sont des choses qu'on raconte entre nous…

Q : Vous pouvez me confier une de ces histoires, sans citer de noms ?

JP.Fartek : Non ! Non ! Ce sont des observations comme en a fait Krine en vol, c'est tout à fait dans ce style, pour vous donner une idée. Ou celle effectuée depuis le Mirage IV par le Commandant Girault. Girault, n'est pas un affabulateur ! Krine n'est pas un affabulateur ! J'ai dû voler 5 ou 6 fois en T33, lorsqu'il était mon stagiaire. C'est un pilote que j'appréciais beaucoup.

Q : A votre tour, votre chef vous a conseillé : *« Sois prudent, n'en parle pas »* ?

JP.Fartek : Non ! Il n'y a pas eu de consigne de ce genre ! De toute façon, je n'en n'aurais certainement pas tenu compte ! Personne ne m'empêchera de rapporter ce que j'ai vu ! Je ne suis pas très influencé par les personnes qui veulent me faire dire le contraire d'une chose.

Q : Mais vous, ça ne vous gênait pas d'en parler si on vous posait la question ?

JP.Fartek : Non pas du tout, au contraire ! Je pense que c'était intéressant d'expliquer ce qu'il nous était arrivés. C'est important, c'est intéressant ! C'est comme lors d'une mission de reconnaissance, on rapporte à l'officier de renseignement les informations qu'on a pu recueillir. Je trouvais tout à fait normal de faire un compte-rendu.

« J'ATTENDS UNE REPONSE CREDIBLE… »

Q : Néanmoins vous n'avez pas personnellement communiqué votre témoignage à un supérieur ou à un responsable de la Base ou à un autre service ?

JP.Fartek : Non ! C'était la gendarmerie de l'Air qui était apte à recueillir des dépositions. Le dire au commandant d'escadron ou au commandant d'Escadre n'était pas utile. Ça leur passe au-dessus de la tête. Ils sont comme les autres : ils peuvent être sceptiques et comme n'importe quel interlocuteur penser, *« Il a bu un coup. Il a eu une hallucination. Il a fait un mauvais rêve, un beau rêve… »*. Ça dépend comment on interprète ce type d'évènement.

Q : Vous vous êtes posé la question sur une visite extraterrestre ?

J.P.Fartek : Non, non pas précisément. Je ne me suis pas posé la question si des gens venaient d'une autre planète ou quoi que ce soit.

Q : Depuis votre observation, Madame Fartek, vous essayez de compléter votre information sur les OVNIS ?

J.Fartek : Avec les émissions auxquelles on a participé, on essaie de s'informer, mais c'est tout ! Ce n'est pas une de nos préoccupations majeures.

J.P. Fartek : Pour moi c'est exactement la même chose. J'attends qu'on puisse nous donner une réponse aux observations qui sont faites, une réponse crédible.

Q : Vous n'avez pas été contacté par un attaché militaire étranger, par des gens du renseignement, par des gens de la DGA, par des ingénieurs de l'Armement ?

JP. Fartek : Non, absolument par personne !

Q : Même pas le GEPAN, qui en connaissant votre déposition auprès des gendarmes aurait pu vous relancer par téléphone car vous n'aviez pas répondu à son premier courrier ?

JP. Fartek : Mon problème était alors que j'étais absent de France. J'étais en mission à l'étranger de manière répétée. Du fait que je ne leur ai pas répondu lors de leur envoi de questionnaire, ils en ont probablement conclu que je ne voulais pas témoigner. Ce n'était nullement le cas, mais à l'époque je n'ai pas pensé à les rappeler. Je me suis dit que s'ils avaient besoin de renseignements, il leur suffisait de reprendre le compte-rendu que j'avais fait à la Gendarmerie de l'Air sur la Base. C'était le plus simple ! Pour plus amples renseignements, effectivement, soit ils auraient pu se déplacer, soit me contacter par téléphone. Personne des organismes que vous me citez ne l'a fait par ailleurs ! En fait, Il n'y a que les gens du COMETA qui se sont intéressés à notre témoignage.

« CETTE AFFAIRE SE HEURTE A TOUTE EXPLICATION ! »

Q : Lorsque j'ai rencontré le général Letty pour un entretien, il m'a précisé que vous lui auriez fait ce commentaire, qui va devenir le mot qui sera repris sur Internet : *« Je n'y croyais pas, je sais maintenant que ça existe ! »*

JP. Fartek : Je voulais dire *« que les observations existent ! »,* et je ne parlais de rien d'autre. Ne pas déformer la phrase. On ne peut pas dire que les OVNIS existent, mais les observations, elles oui ! Quand on dit *« Ça existe ! »* il faut dire quoi existe : les observations ! L'OVNI lui-même reste à définir, c'est impalpable !

Q : Par rapport au volume d'un avion connu, quel est celui qui se rapproche le plus de la forme entrevue ? Un Airbus 720 ? Un Boeing 747 ? Un hélico Puma ? Un Alpha-Jet ? Un Rafale ? Tout ça n'a rien à voir avec votre structure décrite, mais en volume lequel s'en approche le plus ?

J.P. Fartek : A l'époque l'Alpha-Jet n'existait pas ! Je sais très bien car j'ai créé en 82 au Maroc un escadron d'Alpha-Jet ; l'appareil venait d'être construit. De point de vue dimensions, il pouvait avoir l'envergure d'un Mirage, disons une taille approximative. La comparaison s'arrête là !

Q : Est-ce qu'au moment de votre observation se déroulaient des mouvements aériens ? Les radars étaient probablement en activité de toute façon ?

JP.Fartek : Pour un phénomène aérien se déroulant dans le contexte décrit, c'est-à-dire se produisant à ras du sol, le radar ne peut pas l'observer. Au contrôle radar, personne n'a fait pour ce jour état d'un écho en rapport avec notre observation. Je pense qu'on se serait empressé de me le faire savoir d'une manière ou d'une autre.

Q : Vous ne vous êtes pas interrogé sur la présence de cette structure et la proximité précisément de la base. Vous n'avez pas pensé à un engin secret, qui viendrait se renseigner ?

JP.Fartek : Les Américains nous ont habitués à cacher toutes leurs nouveautés. On l'a vu avec le F117 A ou d'autres engins dans leurs cartons. Qu'est-ce qu'un tel engin aurait comme intérêt à venir observer ce plan de campagne et ma maison, car à l'époque il n'y avait pas de construction et nous étions seuls dans le paysage ? On a beau chercher, cette affaire se heurte à toute explication ! C'est, croyez-moi, mon objectif quand j'y repense. Trouver l'explication qui sonne juste et, tout aussi important, pouvoir en discuter avec des gens compétents qui échangeraient leurs informations et leurs avis. Et qui sait, finir par trouver une solution à tout ça ? Une explication somme toute qui tienne la route. »

UNE OBSERVATION POUR RIEN ?

La thématique de la Zététique n'est pas très originale, mais a le mérite de l'efficacité. Dans l'affaire de l'Amarante, en cherchant à insinuer que le témoin, un scientifique qui plus est un chercheur, se laisse aller à ses impulsions, elle parvient à fragiliser son témoignage. En relativisant l'observation du capitaine Fartek, l'accusant de récupérer à son compte le témoignage de son épouse, elle réduit à des extrapolations les indications qu'il apporte sur l'ensemble de l'observation. Une tactique payante, car chacun de nous est forcément sensible aux arguments soulignant les faiblesses qui conditionnent le témoignage humain émanerait – il d'un chercheur en biologie, d'un pilote de chasse émérite.

Pour ceux qui ont vécu ces évènements hautement insolites, l'indifférence de la société, de leur environnement professionnel, devient un réel traumatisme qui les conduit à enterrer au plus profond d'eux l'expérience vécue. On a ainsi noté le peu d'écho qu'a, dans son escadron, la déposition de Jean-Pierre Fartek. Il se montre lui-même peu disert quand je l'interroge sur le « No Comment ! » décrété par le général de la FATAC, comme le révèle Denis Letty, le rapporteur du COMETA.

Il affecte réserve et discrétion lorsque je l'invite à me confier des récits recueillis auprès de ses collègues pilotes. Il ne s'agit pas, n'en déplaise aux conspirationnistes de tous bords, d'une quelconque omerta de la part de l'autorité. Plus simplement d'un positionnement global sur un sujet sur lequel la société, à l'évidence, n'a pas prise. Ici on comprend d'autant mieux l'attitude du témoin de l'Amarante s'enfermant dans le silence. Celle du banquier qui a eu la prescience de limiter le récit de son observation de l'objet barrant sa route, à ses proches.

Cela n'en rend que plus valorisante la position d'un Jean-Pierre Fartek et de son épouse, défendant l'idée que la Science doit impérativement se mobiliser. Position d'autant plus intéressante qu'ils sont en butte au silence des pouvoirs publics et se retrouvent face à un détracteur qui affecte un comportement relevant plus de l'obscurantisme que de la démarche scientifique dont il se prévaut. Ils font l'expérience du profond isolement dans lequel se débattent les observateurs, confrontés à des évènements ne s'inscrivant dans aucun schéma connu. Un moment intense qui les plonge, depuis trente ans, dans l'interrogation, le doute. Le doute sur eux ! Le doute sur l'institution scientifique, qui ne leur a été d'aucun secours !

Des structures bizarres faisant du stationnaire dans nos jardins, sur nos routes, dans nos campagnes, il n'y aurait rien d'étonnant à les retrouver dans le sillage des missions spatiales, Navettes, Soyouz. A Patrick Baudry, Jean-François Clervoy, j'ai demandé de nous dire ce qu'il faut penser des informations qui en font état.

La mort de Neil Armstrong, en 2012, fut une fois de plus l'occasion d'alimenter un chapitre ouvert depuis les premiers jours de la conquête spatiale. Tentons de mettre un peu d'ordre dans des récits sur lesquels les informations les plus contradictoires circulent.

PAROLES DE SPATIONAUTES

CHAPITRE 19

Rumeurs spatiales

Le livre fait 21cm sur 17cm. Un livre minuscule intitulé *« J'ai marché sur la Lune »*. J'ai cru d'abord qu'il s'agissait d'une bibliographie d'ouvrages consacrés à la saga Apollo. Plus modestement, les 87 pages racontent la 11 ème mission, avec en toile de fond l'émergence de la vocation d'un pilote hors pair, aussi discret que talentueux, Neil Armstrong. Cette discrétion qui fait aujourd'hui l'étonnement d'une civilisation du tout médiatique !

A Pégase, le magasine de l'air de la Trois auquel je collaborais, nous savions l'homme pétri de retenue, d'une profonde modestie. En 1994, lors du 25ème anniversaire de l'alunissage, avec beaucoup de gentillesse, il avait décliné l'invitation du producteur Bernard Chabbert à venir raconter ce mémorable 20 juillet 1969. Le 25 août 2012, à l'âge de 82 ans, il décède, et le monde entier d'honorer la simplicité de l'homme, le talent du pilote.

Quelques jours plus tard, l'écrivain conférencier Michel Mahler rapporte, sur son site[31], les commentaires de Neil Armstrong au moment où il sort du LEM, tels que les auraient enregistrés, selon l'écrivain-conférencier des radio-amateurs, branchés sur les circuits de la NASA.

« NASA : *« Qu'est-ce qu'il y a là-bas ? »*

Apollo 11 : *« Ces « trucs » sont immenses, énormes ! Oh mon Dieu ! Vous ne le croirez jamais ! Je vous le dis, il y a d'autres engins spatiaux ici, alignés sur le bord éloigné du cratère. « ILS » sont sur la Lune en train de nous surveiller ! »* Plus tard Neil Armstrong aurait déclaré : *« C'était incroyable. Bien sûr nous savions que la possibilité n'était pas à exclure, en fait nous avions été prévenus. Je ne peux pas entrer dans les détails, je peux juste vous dire que leurs vaisseaux sont largement supérieurs aux nôtres, à la fois en taille et technologiquement. Mince, ils étaient immenses ! »*

Ce message, poursuit Michel Mahler, fut censuré par la NASA et le public ne l'a jamais entendu. Il ajoute que Buz Aldrin tourna un film couleur

---

[31] (michel.malher.free.fr/News/5490_OVNI_Témoignages d'astronautes et de cosmaunotes.htm)

depuis l'intérieur du module lunaire, alors qu'Armstrong observait les engins depuis l'extérieur. Armstrong aurait confirmé la véracité de ce récit, mais refusait d'entrer dans les détails. Il admettait simplement qu'*« on » avait organisé la dissimulation de ce genre de chose. »*

Michel Mahler de préciser qu'en 1979 un ex-employé de la NASA aurait révélé que *« les observations d'OVNIS sont connues de la NASA, mais personne n'en parle. Tous les vols Apollo et Gémini furent suivis et quelques fois de très près par des véhicules spatiaux d'origine extraterrestre. Les astronautes signalaient leurs observations et les autorités leur ordonnaient le silence absolu ! »*

Ainsi l'ensemble des hommes de l'espace auraient été confrontés, selon ces sources, à des rencontres au cours de leurs missions spatiales. Michel Mahler clôt son commentaire sur cette page de l'ufologie spatiale avec prudence, sans remettre en cause cependant la véracité des récits.

« Je rappelle que je ne veux rien prouver, je me contente de relater des faits, des témoignages, chacun est libre ensuite de penser ce qu'il veut. Vous pouvez penser que les astronautes américains ou les cosmonautes russes étaient des illuminés, mais, pour moi, leurs témoignages méritent au moins qu'on s'interroge. Je ne pense pas sincèrement que l'Amérique ou l'URSS (la Russie) envoyaient des détraqués dans l'espace et sur la Lune. »

La discrétion légendaire d'un Armstrong se prête mal, pour ma part, à ce type de déclarations telles que les répercutent les blogueurs. Par ailleurs, les faits évoqués seraient censés être confirmés par les images tournées par Aldrin, le numéro deux de l'alunissage, filmées depuis la fenêtre du LEM. Images que personne n'a jamais vues et dont il n'est fait état, nulle part.

Drôle de destin que cette mission Apollo 11, dont certains prétendent, qu'elle n'a jamais eu lieu si ce n'est dans les studios de Stanley Kubrik. Sentiment encore partagé par une partie – marginale – de l'opinion américaine, comme on l'a entendu à l'annonce de la mort d'Armstrong ! Qui, à l'autre extrême, aurait concouru, dit-on aujourd'hui, à la dissimulation du plus formidable secret de la conquête spatiale : les astronautes d'Apollo 11 – et ceux des missions suivantes – n'étaient pas seuls sur la Lune.

Comment imaginer un seul instant que si tel avait été le cas, un homme de l'envergure d'un Neil Armstrong se serait cantonné toute sa vie dans le silence sur cette question ? On lui a reproché de ne pas s'être suffisamment investi, à l'image de son coéquipier Buzz Aldrin, en faveur de la reprise des vols lunaires. Après avoir connu le pire – la longue agonie durant un an de sa fille atteinte d'une tumeur au cerveau – il avait, il est vrai, quelques bonnes raisons de ne plus chercher à jouer de rôle dans la conquête spatiale, lui qui avait occupé le premier d'entre eux. De là à taire ce qui constitue une des raisons d'être de la conquête spatiale – l'éventuelle rencontre avec une autre forme d'intelligence – l'homme responsable qu'il était, s'y serait refusé. Par ailleurs, on peut logiquement penser que ces observations se seraient renouvelées à chaque mission Apollo, chacune confirmant la précédente par les déclarations recueillies et les documents rapportés.

Jean-Claude Sidoun, présenté comme ex-consultant du GEPAN, lors d'une conférence à Lyon en Juin 2012, tenue dans le cadre des « Rencontres des Sciences et de l'Inexpliqué », est persuadé pour sa part, de l'existence d'un Cover-Up généralisé.

« Des dizaines d'anomalies lumineuses apparaissent sur les photos officielles de la conquête spatiale. La NASA conclut toujours par l'explication d'étoiles, qui apparaissent en arrière-fond. L'argument de déchets éjectés des modules spatiaux est parfois mis aussi en avant. Cela ne colle pas avec l'analyse des photos que j'ai fait réaliser. Les tailles, couleurs, trajectoires, ne correspondent pas à des étoiles ni à des déchets, et encore moins à des artéfacts ou autre reflets. Ces derniers étaient totalement repérables. Il s'agit d'autre chose ! Et puis il y les témoignages des astronautes, qui, une fois quitté le service actif, contredisent encore les thèses de la NASA. Durant 20 ans j'ai travaillé sur ce sujet et j'affirme que bon nombre de photos officielles originales de la conquête spatiale, parfois censurées ou retouchées, montrent des anomalies lumineuses, que rien de naturel ne peut expliquer »

Claude Sidoun de conclure : *« Ils (les astronautes) n'étaient pas seuls là-haut !! Des anomalies ont été constatées ! »*

Quelques remarques sur l'extrait qu'on vient de lire.

En janvier 2010, un membre de l'Académie Ufologique publia le chiffre du nombre de photos rendues publiques par la NASA. Il apparaît selon lui que pour l'ensemble des 7 missions Apollo, seulement 3% furent digitalisées, donc exploitables pour la diffusion. Cette publication était assortie du commentaire, *« La raison de cette rétention, nous le croyons, doit être impérieuse. »* D'un côté, on accuse la NASA de publier moins de 3% des images des missions Apollo, dans l'intention de dissimuler que « quelque chose » était sur la Lune. De l'autre, de retoucher ce reliquat, action on ne peut plus illogique de la part des sélectionneurs de photos des missions lunaires, qui avaient tout loisir de dissimuler dans les 97% d'images non publiées, les documents contenant des « anomalies ».

Le problème de l'Ufologie tient à son extraordinaire capacité, via Internet, de publier tout et son contraire, sans réelle attitude critique, sur les informations contradictoires qui truffent les récits.

EDGAR MITCHELL « UN COMPLOT GOUVERNEMENTAL ! »

Plus que les autres participants des missions Apollo, Edgar MITCHELL[32] va être associé à la saga ufologique.

---

[32] Edgar Mitchell est décédé le 4 février 2016 à l'âge de 85 ans en Floride, à la veille du 45ème anniversaire de l'expédition Apollo 14, à laquelle il avait pris part.

Le 31 Janvier 1971, il s'envole avec Shepard, Stuart Rosa à bord d'Apollo 14, avec double mission. Faire oublier le raté d'Apollo 13, et relancer l'intérêt de la nation américaine pour les missions spatiales, dont on avait fini par sous-estimer les risques encourus. Alan Shepard, lors de cette mission 14, parviendra à dérider les téléspectateurs par une séance de golf sur la Lune, dont le monde entier diffusera l'image.

Trente-sept ans plus tard, Edgar Mitchell devient l'astronaute par qui le scandale arrive, pour la plus grande joie des ufonautes. Le 23 juillet 2008, lors d'une émission de la radio de Birmingham Edgard Mitchell, alors âgé de 77 ans, déclare que les services de renseignement US font de la rétention d'information sur le phénomène OVNI ! Qu'existe un complot gouvernemental sur le sujet ! Qu'il sait des choses !! Autre raison qu'il a de s'impliquer dans l'affaire, soulignent ceux qui retiennent son intervention : il est né à Roswell, où s'est déroulé le 8 juillet 1947, lorsqu'il était âgé de 17 ans, le fameux crash d'OVNI sur lequel l'armée, affirme Mitchell, mais aussi d'autres, font des cachotteries. Bon sang ne saurait mentir !

Parmi les nombreuses déclarations de l'astronaute sur le thème, on retiendra «... *un pouvoir parallèle très puissant interdit aux protecteurs de la Constitution et du peuple américain* – le Président, le sénat – *de s'intéresser de trop près au problème OVNI. Lorsqu'ils l'exigent, ils se font jeter ! »* (http://dsc.discovery.com/space/qa/alien-ufo-edgar-mitchell.html)

Lors de sa mission lunaire *« il avait ressenti comme une manifestation d'une conscience universelle »,* racontera-t-il lors d'une vidéo conférence en octobre 2009. Expérience qui lui donnera l'idée de créer en 1973, l'Institut des sciences Noétiques. Un an plus tard, il publie un ouvrage intitulé « L'exploration psychique : un défi pour la science ». En octobre 2011, son nom quitte les sites ufologiques pour la rubrique « Faits divers ». La NASA lui intente un procès pour ne pas avoir rendu la caméra 16 mm de sa mission lunaire, qu'il aurait tenté de vendre pour la rondelette somme de 60.000 – 80.000 dollars. Caméra que l'agence, pendant 40 ans, lui demandera de restituer, pour son musée de l'espace. En vain !

Des révélations d'un Edgar Mitchell, impossible de vérifier quoi que ce soit. Il faut s'en tenir à la parole de l'astronaute. Parce que paroles d'astronaute, les milliers d'ufologues font de ses interventions et commentaires, la pierre angulaire de leurs déductions et conclusions. C'est ici que le journaliste spécialisé apporte le plus, qui sans établir définitivement la vérité, concourt à l'approcher. Dans ce chapitre je donne la parole aux français de l'espace, les Spationautes. Les français ont l'avantage d'avoir connu une double culture spatiale. L'aventure commence chez les russes à Baïkonour, où Jean-Loup Chrétien effectue le premier vol à bord d'un Soyouz, le 25 juin 1982. Pour déboucher sur les vols américains à bord des navettes. Patrick Baudry participe à la mission Discovery du 17juin 1985.

En juillet 2011, avec Stéphanie, il reçoit un ex – collègue de la NASA, Joe Allen et son épouse, dans sa belle maison de Lacanau. C'est un civil, docteur en philosophie et diplômé de physique nucléaire de l'Université de Yale. Il appartient au laboratoire de physique nucléaire de l'Université de Washington, au moment où il est sélectionné pour les vols spatiaux. Il accomplira deux missions spatiales à bord de Colombia et Discovery. Au cours de l'une, il participera au sauvetage de deux satellites. Comme ne l'indique pas la souriante décontraction du petit bonhomme qui me fait face, Joé Allen connaîtra la déception de vivre la clôture des missions lunaires. Il avait été retenu dans la 2ème équipe d'Apollo 18, mission qui n'aura jamais lieu, comme on sait.

Les OVNIS ne l'intéressent pas particulièrement. Ce qui l'intrigue, me fait-il comprendre, c'est qu'on ne soit pas capable, considérant la somme importante d'observations recensées dans le monde, de détenir quelques photos indiscutables de ces manifestations, alors que chaque jour des millions de clichés sont réalisés autour de la planète, sur la Terre, sur tous les sujets. Les clichés des missions spatiales, il en a vu des milliers, précisément ceux ramenés par ses collègues qu'il a pu tout à loisir analyser, lui qui occupa deux importantes fonctions à la NASA après ses vols. De 1975 à 1978 il fut administrateur adjoint et dans les années 1980, fut nommé Directeur des entraînements des astronautes et des opérations, de l'agence. Sa remarque confirme, de manière indirecte, que les missions spatiales ont été l'objet d'examen minutieux de la part des spécialistes, contrairement à ce qu'affirme Jean-Claude Zidoun. Chaque image, chaque plan de film, ont été forcément analysés, et apparemment de ce côté, malgré ce que prétendent certains, rien d'intéressant – sur le sujet des OVNIS – n'a été relevé. Joé Hallen, dans le bref échange que j'ai avec lui, ne dit pas précisément ces choses, mais me fait comprendre que ce n'est pas ici au vu de la médiocrité des documents que l'on prétend dire exister, qu'on trouvera matière à approfondir notre connaissance de l'énigme. Lorsque je lui parle d'Edgar Mitchell, qu'il connaît forcément, il évoque l'aspect bizarre, poétique du personnage, qui pourrait justifier selon lui ses positions sur le sujet des OVNIS et celles qu'il affecte sur la spiritualité.

Un spationaute, dont je tairai le nom, émet quant à lui les plus extrêmes réserves sur l'astronaute certainement le plus médiatisés des missions Apollo, sentiment renforcé à ses yeux par l'épisode de l'emprunt de la caméra, jamais restituée. En résumé, Edgar Mitchell devra surtout convaincre ses collègues pour parvenir à donner aux étonnantes informations sur la conspiration qu'il évoque, à propos des OVNIS, consistance et réalité.

J'ai demandé à Patrick Baudry, Jean-François Clervoy, la résonance qu'a pour eux le sigle OVNI. Et ce que leur inspirent les observations, qu'on attribue aux hommes et femmes de l'espace, au cours des missions spatiales.

CHAPITRE 20

Patrick Baudry : sceptique – pragmatique

Jean-Loup Chrétien et Patrick Baudry, fin décennie 1970, sont désignés pour constituer le premier équipage français des vols habités. Patrick Baudry compte 13 000 heures de vol – 11 000 heures sur avions à réaction – sur 300 types d'appareils. Après son vol et sa carrière de pilote de chasse, il devient pilote d'essai chez Airbus où il participe à la mise au point des prototypes qui constituent aujourd'hui la flotte de la Société.

Je connais Patrick Baudry depuis l'époque héroïque – milieu des années 70 – où, sur Jaguar, il faisait la démonstration de ses talents de pilote à la FATAC. Sa passe de tir très basse altitude avec déclenchement simultané lui avait valu de mettre la panique à la tribune officielle du Président Ayadéma, lors du 10 ème anniversaire des fêtes commémoratives de sa présidence en 1976, auxquelles avait été invité le 3/11 l'escadron de Toul ou était affecté le jeune pilote.

Je fais précisément connaissance du pilote au cours de ce déplacement, que je couvre pour la station régionale de France Trois Lorraine de Nancy. Je suis dans l'avion ravitailleur des Jaguar, le KC 135, la barrique, qui avec sa perche donne le biberon par trois fois pour couvrir les 3000 kms. Je partage le quotidien des pilotes en filmant les à-côtés de la manip.

A l'époque vient de sortir mon bouquin sur les dossiers détenus par l'Armée de l'air, et je constate que le sujet est totalement inconnu des arpenteurs du ciel avec lesquels je partage le périple togolais. Patrick Baudry, comme ses collègues pilotes du 3/11, ignore tout de la question et ne manifeste pas particulièrement d'intérêt pour ces bizarreries volantes, dont le Bureau « Prospective et Etudes » à l'Etat-Major de l'Armée de l'Air, boulevard Victor, vient de révéler qu'il possède une trentaine de cas. A ce moment, l'énigme ne constitue pas parmi le personnel navigant, comme je le constate, un objet particulier d'intérêt, encore moins de préoccupations. C'est moi qui, la plupart du temps de manière fortuite, informe de l'existence du dossier, les officiers impliqués dans la préparation du reportage, qui me vaut de les côtoyer.

Patrick Baudry, homme pragmatique s'il en était, n'a jamais varié dans sa position sur le sujet. Aucun évènement de sa longue et riche carrière de pilote de chasse, de pilote d'essai, ou de Spationaute, ne l'a amené à vivre une expérience OVNI, pas plus à rencontrer de témoins dans la sphère aéronautique où il a gravité pendant près de 4 décennies. L'entretien du pilote, conforte tout à fait ce sentiment. Quand il me reçoit, il revient des Etats-Unis où il se rend de manière régulière pour des conférences ou pour retrouver ses potes astronautes. Il vient d'assister quelques jours avant aux exhibitions du Lookheed F 22 Raptor, le « Chasseur Ultime » comme l'appellent les pilotes. Patrick Baudry commente parallèlement les performances du F35, l'autre chasseur emblématique de l'US Air Force, que la poussée vectorielle, transforme en une danseuse libérée de la gravitation. Pour Patrick, *« l'OVNI, c'est lui ! »* C'est le terme qu'avait utilisé lors des années I99O l'hebdomadaire VSD, sous la signature de Bernard Thouanel, qui désignait alors le F117A, responsable des observations de la vague belge. Sauf que le premier furtif, qui devait ouvrir la première guerre du golfe, volait comme un fer à repasser, et qu'il ne possédait nullement les capacités du Raptor et encore moins du F35, dont parle Patrick Baudry.

Q : Quelle perception avez-vous du contenu du dossier constitué par les services officiels ?

P. Baudry : Je crois savoir que depuis 1973 est archivée, au fort de Vincennes, une masse de documents se rapportant aux témoignages enregistrés par les services de Gendarmerie et de Police. D'après les commentaires de Jacques Patenet, alors chef du GEIPAN, avec lequel je me suis entretenu à l'époque, rien de franchement surprenant ne transparaît dans ses archives. Il existe toutefois un reliquat de non expliqués qui ne diffère pas, selon moi, du pourcentage de choses qu'on ne sait pas identifier. Un certain nombre, quand on gratte un peu plus loin, demeure non identifié, selon cette analyse. Je n'en conclus pas pour autant que ce résidu de non expliqués serait attribuable à des visites extraterrestres. Encore de nos jours, il y a des tas de choses qu'on ne comprend pas ! Nous en sommes toujours aux balbutiements dans l'avancement des connaissances. On peut être fiers de ce qu'a apporté à la science un Einstein, on peut être fasciné par les gadgets électroniques produits par les Chinois. On vole à des vitesses subsoniques ridicules. Dans l'espace, ça fait 50 ans qu'on fait les mêmes choses, celles qui ont vu l'envol de Gagarine, les missions lunaires américaines Apollo !

« ILS AURAIENT LAISSE DES TRACES ! »

P. Baudry : Pour en revenir aux OVNIS, je dirai que pour ma part, et c'est une quasi-certitude que j'exprime, qu'ils n'ont rien à voir avec des explications impliquant la visite d'Extra-terrestres ! Rien dans cette explication ne me paraît convenir à ce que rapportent les témoins. C'est ma conviction profonde ! Si des gens d'ailleurs avaient eu accès à la Terre sous une forme intelligente, organisée, c'est-à-dire qu'on ne saurait attribuer au hasard, donc par la production d'une manifestation intelligente, ces gens auraient nécessairement communiqué avec nous. Ils auraient laissé des traces, ils auraient envoyé des messages organisés. Même si nous n'avions pas été capables de les déchiffrer, on aurait été capables de comprendre que c'étaient des messages de quelqu'un d'intelligent. Pour ma part, cette convergence ne s'est pas réalisée ! Cela peut arriver n'importe quel jour, mais lorsque cela se produira, on ne confondra pas cette manifestation avec une pomme de terre qui se balade la nuit, ou une citrouille lumineuse qui vole.

Q : Vos collègues, pilotes ou Spationautes, vous ont-ils fait part d'infos ou de leurs sentiments sur le sujet ? Il existe une série de témoignages autour de révélations faites par les hommes de l'espace que ce soit en Amérique ou en Russie. Qu'y a-t-il de vrai dans tout cela ? On parle de documents détenus par la Nasa ?

P. Baudry : J'avoue ne pas m'être intéressé plus que ça à la question, ce que je peux dire avec certitude, c'est que parmi les Cosmonautes, Astronautes et autres termes qualifiant aujourd'hui les personnes ayant été dans l'espace, cela n'a jamais constitué motif à une conversation. Jamais ça n'a été une occasion d'échanges, que ce soit dans les congrès où on se retrouve tous. Jamais, et je dis bien jamais, je n'ai été dans une conversation où le sujet ait été lié aux Extra-terrestres ! Je parle des Extraterrestres par extension aux OVNI, auxquels généralement on les lie. On sait aujourd'hui que les prétendues bizarreries attribuées aux OVNI ont été identifiées comme les produits de combustion dispersés dans le proche espace des Navettes ou comme des objets échappés de la soute lors des activités extravéhiculaires.

Q : Possédez-vous des infos sur d'éventuels dossiers constitués sur le sujet au sein de la NASA ou de l'ESA ?

P.Baudry : Aucune connaissance ! La seule mention d'une étude dont j'ai entendu parler est celle concernant le GEPAN, que je découvre en 1979, au moment de ma sélection pour le premier vol Franco-russe pour lequel Jean-Loup Chrétien et moi-même avons été retenus. Nous sommes alors accueillis par le CNES dont, durant la visite des locaux, nous sommes mis au courant de la création de l'unité d'investigation sur les OVNIS, que Claude Poher s'apprête à quitter au bénéfice d'Alain Esterle, que je croiserai deux ou trois fois durant ma mission. »

Je demande à Patrick Baudry s'il possède des informations sur la Zone 51. Il ignore tout de la symbolique extraterrestre attachée à cette base. Je lui rapporte les rumeurs sur l'apparition des avions furtifs F 117-A et le bombardier B2, dont les technologies, dit-on, seraient inspirées d'échanges d'une civilisation extraterrestre avec les Etats-Unis. Patrick Baudry répond par un énorme éclat de rire et une bordée de jurons envers les ignares colportant de telles c…, faisant basculer la conversation en un savoureux dialogue à la Audiard. Et de préciser sur ce thème des percées technologiques : « En janvier – 2010 –, je me trouvais en Virginie et j'ai visité le 27 Squadron, celui qui possède le Raptor, le Lookheed F 22. Une merveille ! Une fois qu'on voit la manière dont les pilotes s'en servent, nos avions européens de pointe, comme le Rafale ou Eurofighter, paraissent très loin en arrière. Les autres n'existent pas à côté de cette machine. Il y a un siècle de retard entre eux et nous. Les Américains m'ont expliqué que le Raptor était la 5 ème génération des chasseurs[33]. Notre Rafale, qui est notre référence nationale, en est à la 4ème génération. Les Américains préparent aujourd'hui la 6 ème génération ! C'est-à-dire des chasseurs qui auront des capacités dynamiques et une puissance comme le Raptor, mais où il n'y aura plus de pilote. Nous ne sommes pas encore parvenus à ce concept, sinon pour une lointaine, voire incertaine programmation. Même si le Rafale est un bon avion, chez les avionneurs du futur il n'y a plus place pour ce type de chasseur. Avec le F35, c'est encore plus vrai. Avec cet appareil, le pilote se balade dans tous les positionnements spatiaux avec une maestria qui coupe le souffle. Il fait du sur-place, décolle à la verticale, faisant de ces capacités son arme fatale. C'est un adversaire mortel dans les combats pour ceux qui chercheraient à le flinguer !

LE F 35 : L'OVNI US !

Q : Quel type de vol, quelles sont les figures qui peuvent être exécutées sur le plan aérien par le F35 ?

P. Baudry : Personnellement j'aurais la chance d'être pilote sur le F35 durant une confrontation, je me mettrais dans un coin et ferais du surplace évidemment, comme un super-hélico. Pour un pilote qui garde en mémoire la panoplie classique Boeing, Airbus, Mirage, Phantom tous ces avions mythiques basés sur l'aérodynamique, il regarde l'appareil et conclut qu'il ne s'agit pas d'un avion. S'il n'a pas suivi les évolutions technologiques aboutissant au Raptor et au F35, qu'il voit ces engins évoluer, pour lui il s'agit d'OVNIS. C'est comme la première fois au Bourget lorsqu'on a vu le Sukoï 27 faire le Cobra, tous les types étaient en admiration et incrédules. Le F35 exécute le Cobra comme il veut comme toute figure que lui autorise sa poussée vectorielle, de la position zéro vitesse au démarrage foudroyant dans tous les angles de l'espace. Le F35 arrive devant son objectif, s'immobilise, demeure en stationnaire, translate à vitesse lente ou accélérée, redémarre comme un boulet sous les yeux ahuris de Terriens qui, le découvrant, auront tôt fait de l'assimiler au surgissement d'un OVNI, tant il en a copié les

[33] RAPTOR : Selon des experts militaires, son premier engagement au combat dans la nuit du 22 au 23/9/2014 contre l'état Islamique, *« sera très efficace ! »*.

évolutions. Les types qui ont fait les essais en vol ont dû se régaler et impressionner plus d'un paroissien, conclut, rigolard, Patrick Baudry.

Q : Après le RAPTOR, le F35, que verra-t-on voler dans la catégorie des avions de chasse ?

P. Baudry : La mouche ! Un avion qui évolue comme une mouche dont le F35 s'approche d'ailleurs dans ses évolutions ! Quand on arrive à combiner l'aérodynamique, les forces naturelles d'appui sur l'air et les forces motrices embarquées, et qu'on peut les diriger dans n'importe quelle direction et que, pour englober le tout, intervient une capacité des logiciels de contrôle et de l'altitude, on possède ainsi un contrôle permanent. L'avion part en vrille sur la droite, on envoie un peu de poussée vers la gauche et il se stabilise. La combinaison des 3 paramètres, aérodynamique, poussée vectorielle dans n'importe quelle direction – ce qui n'est pas encore le cas totalement mais dans le délai d'une dizaine d'années, le sera – capacité de contrôle de vol, on fait faire alors à l'appareil tout ce qu'on veut. On peut résumer par une image : avec le F35 on possède les qualités de l'hélico alliées à celle de l'avion de chasse de pointe.

FRANCE – USA : LE GOUFFRE TECHNOLOGIQUE !

P. Baudry : Ce que les gens ignorent en France, ce sont les sommes considérables que dépensent les Américains pour parvenir à cette suprématie. Par exemple, quand nous participions à des manips inter-nations en Allemagne où étaient présents les Américains, ceux-ci envoyaient sur place l'équivalent de la FATAC !![34]

Autre image parlante. L'escadron du Raptor que j'ai été visité il y a quelques semaines, situé près de Langlay en Virginie, ce simple escadron, c'est l'équivalent du Q/G de l'Armée de l'Air française !! Je me suis rendu ensuite sur une base en Californie où en nombre d'appareils, se trouvait rassemblée toute l'armée française, sur une seule base !! Ce n'est pas la même échelle du tout. La potentialité militaire des Etats-Unis est hallucinante !! Si on devait comparer les chiffres du développement du Rafale, une somme énorme en soi, à celle investie dans le B2, c'est ridiculement petit. Les Français sont restés à cette idée simpliste d'être les meilleurs en tout, avec cet arrière-plan des années 50/6O où c'était un peu vrai, car à l'époque le stade d'évolution était plus ou moins comparable. Mais depuis les années 60, chaque fois qu'on mettait 1 million pour développer un matériel nou- -veau, nouveau chasseur, nouvel armement, les States mettaient cent millions ! Au bout de 5 années la distance était trop grande pour prétendre à la comparaison. Donc ce n'est pas la peine de faire appel aux E.T. pour comprendre qu'existent aux Etats-Unis des technologies

[34] La FATAC, avant la chute de l'URSS en 1989, représentait la principale composante aérienne de l'Armée de l'air, avec près de 200 avions répartis sur les bases de la façade Est de la France.

surpassant celles de leurs concurrents, adversaires ou amis. Le budget de la défense américaine doit équivaloir à 10 fois celui de la France, je parle du budget global de la France, pas celui du Ministère de la Défense…

En réponse aux théories attribuant les avancées technologiques en aéronautique aux relations entretenues avec une entité extraterrestre en liaison avec les américains, Patrick Baudry réplique :

« Aux US, les budgets aux armées n'ont aucune mesure avec ceux des nations européennes, et ce n'est pas forcément facile à comprendre de ce côté-ci de l'Atlantique. Les non-avertis n'ayant pas conscience de ce fait, peuvent alors se laisser aller à des divagations sur l'origine des progrès et avancées effectuées ces dernières décennies. Ce que l'on voit désormais dans le ciel nous est totalement étranger sur le plan technologique, parce qu'on ne sait pas faire. Et certains de sauter le pas en concluant que ça vient d'ailleurs. Mais c'est aussi loufoque que les théories de Da Vinci Code, pour expliquer les conspirations de la religion.

« PAS D'OVNIS DANS LES LABOS ! »

Q : Vous n'avez pas reçu de circulaires, de fiches à remplir au titre de pilote ou de spationaute, qui auraient trait au phénomène OVNI ?

P. Baudry : Non jamais !

Q : Que faudrait-il pour que la Science prenne en compte le phénomène OVNI et se décide à lui consacrer efforts et moyens ?

P. Baudry : Pour ma part j'imagine mal l'éventualité. Par exemple, je ne vois pas ce qu'on pourrait tirer du contenu des observations telles qu'elles sont rapportées aujourd'hui. Ce ne sont pas les OVNIS qui font avancer la science. Dans ce cas je ne vois pas pourquoi un scientifique s'y intéresserait.

Q : Et si derrière les OVNIS, il y avait quelque chose d'autre, indiscernable au genre humain ?

P. Baudry : Justement, en tant que scientifique je ne me sentirais pas attiré par le sujet car a priori aucune réalité ne s'accroche à la question. Pour ma part, les OVNIS, comme je l'ai déjà dit, le sujet n'a rien d'extraterrestre. Le but de la science est d'observer, expliquer, déduire et donner un avis. La science étudie les domaines accessibles en tâtonnant, en évoluant au petit bonheur la chance des découvertes. Si Newton dort sous un pommier et que soudain la chute hasardeuse d'une pomme le met sur la voie de la gravité, c'est intéressant pour l'humanité.

Le problème des OVNIS, c'est tout et n'importe quoi. Ça embrasse trop de domaines pour que ça débouche sur un secteur d'investigation précis. Pour qu'une observation soit intéressante sur le plan scientifique, il faut qu'elle soit bien définie, bien rapportée. Il faut également que l'observateur en tant que tel, ses compétences, qualités, limitations physiques, le soient également. C'est un tout : le sujet observé, l'observateur. Un chercheur dans son labo fait des observations, met en place des simulations, reproduit à l'échelle un évènement. Certains se produiront sous le fait du hasard mais avec la maîtrise et l'impulsion du chercheur. Une manifestation OVNI, n'obéit pas du tout à ces critères de rigueur que reproduit dans son labo l'analyste, et nécessairement ne saurait intéresser un scientifique porté par sa volonté de maîtriser les paramètres du protocole d'étude. J'avoue comprendre parfaitement que les faits OVNIS, avec ce que ça signifie de vague, d'incertain, ne puissent nullement motiver un scientifique. Son rôle, à la limite, peut se cantonner à recenser les témoignages, comme le fait le GEIPAN, et attendre peut-être le cas béton qui pourrait alors justifier le temps à consacrer à cette bizarrerie. Je ne vois pas mieux pour le moment !

« UNE AFFAIRE DE SOCIOLOGUES ? »

Q : Pour qualifier les témoignages, on s'appuie sur le caractère d'étrangeté de l'observation. Un objet décrit de manière très structurée, laissant des traces qui appuient la réalité physique de l'évènement et son caractère hors norme par rapport aux phénomènes naturels ou aux technologies humaines, peut-il devenir un élément d'étude concret ?

P. Baudry : Le problème c'est que les chercheurs, ancrés dans leur spécialité, marqueront un désintérêt pour l'évènement qui n'appartient pas au domaine où ils opèrent habituellement. Une structure volante bizarre qui sera apparue et dont on peut démontrer que l'incident s'est bien produit par des traces, des témoignages concordants, n'intéressera pas forcément un astrophysicien, un biologiste, un spécialiste du nucléaire dont aucun élément de l'observation ne se rapporte directement à sa discipline. D'où cet apparent détachement des scientifiques pour le sujet.

Q : Pour résumer votre position, il est compréhensible que la science ne se passionne pas outre mesure pour une question aussi hasardeuse, sans réelle accroche pour la plupart des disciplines scientifiques ?

P. Baudry : De manière globale, les OVNIS posent peut-être d'utiles questions sociologiques, psychologiques, peut-être astronomiques, météorologiques. Je pense ici à la foudre en boule par exemple. Mais c'est tout ! Les OVNIS relèvent surtout, selon moi, des sciences humaines. Il suffit de se plonger dans Internet pour comprendre que les témoignages appartiennent essentiellement aux sciences du comportement. La plupart des débats sur les OVNIS sont de même nature que les dérives autour de la chute des Twin Towers, de l'attaque du Pentagone, des fausses missions Apollo. N'importe quel olibrius, qui délire sur n'importe quel thème, va attirer l'attention de millions d'internautes qui, par essence, cherchent à adhérer à des idées non conformes à l'establishment en apportant ainsi un peu de saveur à un quotidien terne et sans risque. D'où le développement des théories du complot où les gens mettent tout ce qu'ils veulent pour tenter de rendre intelligible un monde qui leur échappe et où on oublie de les faire participer. Les OVNIS, comme le montrent certains sites Internet, sont dans cette logique conspirationniste. C'est ce qui, selon moi, enlève tout crédit à toute tentative d'étude du phénomène OVNI, et explique pour une bonne part également le rejet de la science.

CHAPITRE 21

Jean-François Clervoy : interpelé – à l'écoute

Jean-François Clervoy effectue trois missions à bord des navettes. Il est au sein de l'ESA, spécialiste des systèmes robotiques embarqués. En 1994 à bord d'Atlantis, il place en orbite avec le bras manipulateur le satellite SPAS, pour le compte de l'agence spatiale allemande. Le 24 mars 1997, il assiste à l'amarrage de la navette Atlantis avec la station MIR et au transfert, durant les 9 jours de la mission, de 4 tonnes de matériel. Enfin le 19 décembre 1999, il participe à la réparation du télescope spatial Hubble, incluant trois sorties extravéhiculaires.

Il me reçoit dans les locaux parisiens de Novespace, qui gère les vols Zéro-G. Près de son bureau se tient une maquette géante de l'appareil A 300 à bord duquel, une dizaine de fois, je me suis initié aux sensations savoureuses de l'absence de gravité.

Jean-François Clervoy se dit interpelé par l'énigme, mais de manière plus large, précise-t-il, par les recherches, les investigations scientifiques attachées à la résolution de la question sur l'existence de la vie extraterrestre, qu'elle soit embryonnaire ou élaborée. Il explique son adhésion à la commission 3AF/PAN plus comme une série de circonstances indépendantes de lui que comme une volonté de s'impliquer dans la résolution du dossier OVNI. Il était un des rares membres honoraires de l'Association aéronautique, et il faut considérer sa présence dans cette commission OVNI comme la continuité naturelle de sa relation avec l'instance.

Le sujet l'intéresse, l'intrigue. Il se dit ouvert à toutes les hypothèses, même les plus extravagantes ! Il émet un doute sur les théories de l'extrême, genre Roswell, et autres complots gouvernementaux.

Il n'exclut cependant pas que certains aspects du dossier demeurent inaccessibles et adhères à l'idée que très probablement nos gouvernants ne disent pas tout. Avec en toile de fond ce doute, qu'il manifestera à plusieurs reprises : *« Ça se saurait tout de même, si les ET étaient parmi nous, ou entretenaient des relations avec un état... »*

Je l'interroge sur les observations d'OVNIS effectuées, dit-on, par ses collègues américains en orbite, dont la NASA posséderait des témoignages. Il confirme avoir entendu parler de telles choses. Personnellement il ne connaît pas de tels cas. Il m'informe avoir abordé une fois avec Aldrin – le 2ème homme sur la Lune lors de la mission Apollo 11 – la question. Ce dernier selon lui, ne possède également aucune information sur cet aspect.

Jean François Clervoy commentera longuement les « OVNIS » entrevus par lui durant ses trois missions à bord des navettes et pendant la réparation du télescope Hubble. Ceux-ci se matérialisent essentiellement au moment de l'évacuation dans l'espace des liquides libérés par la navette sous forme de glaçons devenus autant de bolides tournoyants, réfléchissant la lumière solaire.

Pour ma part j'ai visionné, comme de nombreux internautes, ces séquences que se sont appropriés les Ufologues qui se donnent pour mission de débusquer les secrets détenus par les gouvernements sur les OVNIS, ici l'administration de la Nasa. Je trouve qu'il faut un puissant imaginaire pour assimiler ces mini-objets volants qui ne se distinguent par aucune originalité spatiale à une technologie transcendant la nôtre. En observant attentivement les films, on ne met pas longtemps à saisir que leurs évolutions sont calquées sur celles de la navette et que l'évènement, prétendument insolite, relève en fait de sa présence. Certaines bizarreries vues du ciel sous forme de mouvements à angles brisés, voire affectant des trajets à reculons ne sont pas plus concluantes. La rentrée dans l'atmosphère de météorites explosant ou rebondissant sur les couches d'air peut donner lieu, vue du ciel, à ces trajectoires compliquées sans qu'il soit nécessaire de les imputer aux Visiteurs de l'espace.

Jean-François Clervoy évoque aussi la forte impression que provoqua sur lui les images d'étoiles filantes, observées sur fond de Terre.

« CE QUI EST MYSTERIEUX, M'INTERESSE... »

Q : Quel regard jette le spationaute sur le dossier OVNI ? Comment êtes-vous venu à vous y intéresser ?

JF.Clervoy : Ma motivation initiale pour le phénomène OVNI peut être mise en parallèle avec le fait qu'au CNES, je travaillais avant ma nomination au sein du groupe des Spationautes, dans un bâtiment jouxtant celui où intervenait Jean-Jacques Vélasco, qui s'occupait alors du GEPAN et du SEPRA ensuite. J'ai souvent abordé le dossier avec lui et, par la suite, je me suis constitué une doc personnelle et ai assisté à des conférences sur la question. Il y avait toujours dans ces manifestations un mélange de sensationnel, de recherche de médiatisation imputable à l'inconnu au cœur-même du sujet. Mais ce qui ne fait plus de doute aujourd'hui, c'est qu'une part des observations recèle un pourcentage de cas irréductibles qu'on ne peut pas expliquer, du moins pour ceux avérés physiquement après enquête.

Je n'ai pas été témoin mais je connais des pilotes, des personnes en qui j'ai totalement confiance, et qui ont été assez secoués mentalement par leur observation. Ce qui est mystérieux m'intéresse. Constatant qu'il existe des cas réels ne recevant aucune explication, j'ai été attiré par le sujet et n'ai pas hésité pour cette raison à être associé à une équipe – la commission SIGMA de la 3AF – se donnant pour mission de faire progresser notre connaissance sur cette question.

Q : Avez-vous connaissance de cas d'observations effectués par des Astronautes ?

JF. Clervoy : Personnellement je ne connais aucun collègue de travail ou rencontré, avec qui j'en ai parlé, qui ait eu une expérience OVNI. Je sais qu'il y a des témoignages de certains d'entre eux. On a parlé d'Edgar Mitchell. On cite Buzz Aldrin, qui aurait fait allusion à une forme géométrique sur Phobos, le satellite de Mars.

Les gens bâtissent des théories sur ces thèmes, élucubrent et déforment ces déclarations. Je connais Buzz assez bien, mais ai peu parlé du sujet avec lui. Lorsque c'est arrivé une fois, la discussion fut directe, honnête sans faux fuyant. Pour sa part, il n'a jamais été témoin, ne possède pas de conviction particulière dans un sens ou dans l'autre, ai-je conclu après notre discussion. Je connais pas mal d'astronautes, je dois préciser que je n'ai jamais assisté à des échanges où l'un d'entre eux faisait part de témoignages rapportant une expérience OVNI. On connaît maintenant certains phénomènes qui n'étaient pas compris et dont faisaient mention des Astronautes. Notamment quand ils parlaient de lucioles entourant la capsule. On sait maintenant qu'il s'agissait de matière combustible ou d'évacuation de réserve d'eau. J'ai assisté à l'éjection de certaines de ces substances, je peux vous dire que c'est un spectacle féérique qui, la première fois, peut surprendre. C'est très beau, comme d'ailleurs tout ce que nous renvoie en images et sensations, l'espace. Visuellement, ça se présente sous la forme d'un jet provenant d'une tuyère de quelques millimètres de large, positionnée non loin des hublots, qui forme un cône divergent de particules d'eau qui se cristallisent instantanément et qui tournoient sur elles. Elles sont alors éclairées par le soleil en générant des millions d'étoiles qui scintillent et partent dans tous les sens.

« DES MILLIERS D'OVNIS AUTOUR DE LA NAVETTE... »

JF. Clervoy : Au cours de tous mes vols en navette, quand on ouvrait les portes de la soute, j'ai toujours vu, deux, trois, parfois plusieurs petits objets brillants en rotation, qui tournent sur eux-mêmes, qui tout doucement s'éloignent de la navette, et qui provoquent un sentiment de surprise car ils ne reflètent pas le soleil comme les autres objets de la navette. Ils donnent l'illusion d'avoir une existence propre, en fait le sentiment qu'ils n'appartiennent pas à la navette. Après quelques minutes d'interrogation, on découvre qu'il s'agit de petites rondelles ou de vis oubliées, provenant des milliers de composants manipulés par les techniciens qui préparent la navette et par ceux qui positionnent les satellites qu'on va mettre sur orbite.

Il m'est arrivé ainsi, lors d'une sortie dans l'espace, par contre de voir un objet un peu plus long. Quand un objet tourne sur lui-même on a du mal à voir ce que c'est. L'objet se trouvait en réalité à un mètre derrière le hublot. Sur fond noir d'encre du cosmos, c'est très difficile d'observer les distances de petits mobiles isolés. C'était en l'occurrence un phénomène aérospatial non identifié, jusqu'à ce qu'on arrive enfin à comprendre à l'aide de jumelles qu'il s'agissait de l'un de nos…stylos ! Perdu dans l'espace lors d'une de nos sorties extravéhiculaires, il dérivait de manière bizarre et nous l'avons très bien identifié, même s'il a constitué durant quelques instant une vraie énigme. La plupart du temps on trouve l'origine des objets dérivant autour de la navette.

Cela dit, il y a des phénomènes recensés depuis 40/70 ans, même plus, dont on ne sait pas expliquer les caractéristiques, sur lesquels on ne sait pas expliquer les évolutions en termes de mécanique classique. Ils sont animés d'accélérations stupéfiantes, effectuent des virages ou des disparitions qui tiennent de la magie.

Si les scientifiques semblent ne pas s'intéresser au phénomène, c'est parce que certains ont peur pour leur réputation de voir leurs noms cités dans la presse et être ainsi discrédités. D'autres échappent à la question car les phénomènes se refusent aux procédures scientifiques classiques, notamment ne sont pas reproductibles en labo. Il est en effet difficile, en ne détenant qu'une bande radar ou un film pris d'avion, de développer beaucoup de recherches. Heureusement qu'à côté existent des associations ufologiques ayant à leur tête des gens sérieux, qui possèdent désormais suffisamment de données qui permettent un suivi du dossier et de poursuivre le recueil de l'information.

Q : Qu'est-ce que vous inspire aujourd'hui la façon d'aborder l'énigme ?

JF. Clervoy : Ce qui m'interpelle, c'est qu'on ne cherche pas à aller plus loin chez les scientifiques, certainement pour les raisons exposées plus haut. Lorsque je rendais visite à Jean-Jacques Vélasco, dont le bureau était proche du mien, ça n'allait pas plus loin qu'une simple conversation. Ce n'est que plus récemment, depuis moins d'un an, que par l'intermédiaire de la 3AF/SIGMA – c'est elle qui m'a contacté en me précisant son intérêt d'avoir parmi ses membres un spationaute – je peux aller plus loin dans la réflexion. Quand je mentionnais tout à l'heure l'apparition dans l'espace de ces rondelles ou boulons, j'avais pendant quelques minutes devant moi un Objet Volant Non Identifié ! Et la première fois que j'ai observé de nuit, depuis le hublot de la navette, la Terre, j'ai retrouvé cette même sensation de non identifié en découvrant de grandes trainées blanches zébrant la Terre défilant sous nous. Il s'agissait d'étoiles filantes, pénétrant au-dessus de la couche terrestre sur fond de Terre. Pendant quelques secondes, c'était pour moi un phénomène non identifié et constituait à mes yeux l'inconnu. C'était très beau, car on voit ces manifestations parfois sur fond d'orage ou surgissant sur fond de lumières des villes, lorsque nous survolions des zones sans nuages.

« IMPOSSIBLE QUE L'ON SOIT SEULS !! »

Q : Quand on voit la Terre depuis la navette, on doit se poser des questions par exemple sur l'existence d'une vie extraterrestre ?

JF. Clervoy : Oui, oui ! J'ai résumé ça dans mon livre[35]. Dans la navette, les lumières sont allumées pour la lecture des check-lists, donc nos pupilles sont contractées. On regarde à ce moment-là, la Terre qui nous renvoie toute sa magnifique lumière. On est tout d'abord frappé par l'extrême minceur de la couche atmosphérique, qui paraît épaisse comme du papier de cigarette ! De telle sorte, que le dessin du globe terrestre apparaît très net vu depuis le ciel, comme si l'atmosphère n'existait pas. Au-delà de cette limite, c'est le noir dense. Il y a le soleil, la Lune, la Terre et rien d'autre ! Et là on peut dire qu'on est vraiment seul dans l'univers ! On prend conscience à cet instant qu'on est paumés sur ce petit vaisseau spatial, notre planète, et on tient à la préserver car nous n'avons que ça pour porter nos enfants, nos petits-enfants. C'est un sentiment très fort qui vous habite à cet instant ! Mais si on pense à éteindre toutes les lumières dans l'habitacle, c'est-à-dire tout qui contribue à distraire la pupille et que l'on s'oriente de façon à avoir le soleil dans le dos et que l'on fait ainsi face à la nuit, la pupille s'ouvre au maximum. Et là c'est l'inverse. A ce moment, c'est tapissé de blanc. Ce n'est pas plus lumineux que lorsqu'on observe le ciel depuis les hauteurs d'une montagne ou le désert. Mais ce qui change alors, c'est la vision qu'en donne le site de la navette : c'est l'absence de scintillement des étoiles et on a alors l'impression de les voir différemment. C'est magnifique ! Et là on se dit qu'il est impossible que l'on soit seul !

J'aime bien la réponse d'Hubert Reeves, dont j'étais allé voir les conférences et qui répondait à une question sur les E.T. Il avait dit : *« On ne peut pas démontrer qu'ils n'existent pas et chacun peut croire ce qu'il veut »* en ajoutant *« L'absence de preuve n'est pas la preuve d'absence ! »* Pour moi c'est la bonne réponse. On ne peut pas dire, que tel ou tel, à tort de penser à la manière dont il répond à la question. Pour chacun, sa propre réponse est la bonne réponse. Pour moi la bonne réponse, est que j'aime bien l'idée, que nous ne sommes pas seuls. Quand je dis *« pas seuls »,* ce n'est pas forcément la vie intelligente, je pense à la vie tout court et c'est déjà une réponse. Il n'y a pas à « croire » ou « ne pas croire ». Ce n'est pas une question de cet ordre, mais juste une idée.

Q : Que vous inspirent les théories faisant état de la présence des Extraterrestres parmi nous ?

---

[35] « Histoire(s) d'Espace » Jean François Clervoy Editions Jacob-Duvernet 2009

JF. Clervoy : Je ne sais pas ! Ce que je sais, c'est qu'on a des documents classifiés. On n'a pas accès à tous. Par exemple, l'armée de l'air ne permet pas de voir toutes ses archives radar...C'est vrai qu'en France l'ouverture des archives militaires n'est pas aussi poussée qu'aux Etats-Unis. Il y a certains cas d'observations où les mesures, les enregistrements ne sont pas publiés. Cela ne veut pas dire que derrière il y a un complot ! Cela peut aussi signifier que l'étude des données peut faire apparaître des performances d'appareillages, de matériels militaires sensibles.

Moi je suis militaire d'origine, j'appartiens à la D.G.A. Je me mets donc à la place des personnels des responsables radar qui tiennent à conserver à l'abri des regards des curieux les performances réelles d'un avion de chasse ou d'une caméra. Ainsi toutes les procédures disent que les enregistrements caméra qu'il y ait un OVNI ou pas doivent être classifiées. Cela signifie que les règles de secret n'ont pas forcément une signification de dissimulation en rapport avec le phénomène. Je ne suis donc pas choqué qu'il y ait des documents classifiés. Mais qu'ils le soient par ce que les gouvernements ont peur que ces documents révèlent que les E.T. soient venus nous rendre visite et qu'ils tiennent à le dissimuler au public, même en essayant de me mettre à la place des hommes politiques, je ne le comprendrais pas ! Mais qu'une telle chose se soit produite, ça m'étonnerait beaucoup !

Q : La Zone 51, dont les ufologues disent qu'elle contiendrait des restes de vaisseaux spatiaux, Roswell avec son crash de 1947, y croyez-vous ?

R : J'avoue que sur cette histoire je ne sais pas ce qui est vrai, ce qui est faux. Je pense qu'il y a les deux. Je n'ai pas personnellement eu accès à des témoignages de première main, je n'ai pas investigué personnellement. Je suis cartésien avant toute chose. Je ne suis pas fermé mais je ne suis pas un croyant fanatique comme les intégristes qui ont une foi inébranlable. Je n'ai pas ça pour les OVNIS. Je suis ouvert. Le jour où on m'apporte une preuve sur la table...

Aujourd'hui quand je dis que je suis ouvert, je pense qu'il n'y a aucune preuve que les E.T. n'existent pas, que la vie n'existe pas ailleurs. Mais à ce jour, dans les mains, je n'ai également aucune preuve que l'inverse est également vrai...

« DEPASSIONNER LE DEBAT »

Q : Est-ce que le suivi scientifique du phénomène OVNI vous satisfait ? Qu'est-ce qu'il y aurait à changer selon vous ?

JF. Clervoy : On ne peut pas dire qu'il y ait un suivi scientifique, ou si peu... Pour les enquêtes on fait parfois appel à un chimiste ou à un technicien, mais ça ne va jamais très loin. J'ai l'impression qu'à ce jour en France on a surtout collecté les données, mais pas autant qu'on pourrait le faire. Si on mettait des équipes très importantes, des labos, des moyens conséquents, peut-être ? Je pense que ce n'est pas une priorité du monde scientifique, de nos sociétés aujourd'hui.

Q : Avez-vous connaissance de l'existence d'organismes enquêtant de manière discrète sur le sujet ?

JF. Clervoy : Non ! Mon ouverture par rapport à certaines théories dont vous faites état, constitue une forme de tolérance pour les hypothèses de l'extrême. Celles qui pensent pour des raisons religieuses, scientifiques que la vie à part l'exemple de la Terre, n'existe nulle part ailleurs fût-ce à l'état embryonnaire. Celles à l'autre bout de la chaîne qui affirment que les Extraterrestres sont déjà parmi nous. Je respecte les gens qui expriment ces deux convictions. Ce n'est pas parce qu'ils représentent les parties extrêmes de la question que je ne vais pas les écouter. C'est l'aspect humain de la démarche qui m'intéresse. Voir comment des personnes qui ont la même éducation que moi, le même cursus, peuvent devenir pour certains des anti-PANS (OVNIS) ou d'autres qui soutiennent le contraire, c'est-à-dire l'hypothèse extraterrestre des mêmes PANS.

Q : Parlez-vous des OVNIS dans d'autres cercles ? Effectuez-vous des investigations personnelles sur le sujet ?

JF. Clervoy : Je n'en n'ai pas le temps. Sauf si le hasard me met sur le chemin de pilotes, ça m'arrive alors d'en parler. Certains m'ont rapporté des expériences où eux-mêmes jouaient le rôle de l'OVNI quand par exemple ils effectuaient des manœuvres avec des fusées Jato, notamment lors de missions en Mirage IV pour obtenir de la poussée. Quelques jours plus tard apparaissait dans la presse une série d'articles faisant état d'observations d'OVNIS dans la région concernée...Mais hormis ces cas indirects, je ne suis nullement actif à chercher moi-même, je n'ai pas le temps, mais surtout j'ai d'autres pôles d'intérêt comme vous devez l'imaginer.

Q : Vous est-il arrivé d'intervenir auprès d'organismes comme la NASA, l'ESA pour recueillir éventuellement des infos ou des avis ?

JF. Clervoy : Non ! Dans la commission on m'a demandé sur ce chapitre de faciliter un contact. Mais à ce jour il ne m'est pas arrivé d'être porte-parole ou intermédiaire pour provoquer une réunion ou un débat auprès de gens à responsabilité au sein des organismes spatiaux. Je suis à la 3AF/SIGMA à titre perso. En fait je suis membre d'honneur de la 3AF depuis la création du titre en janvier I995. En tant que membre de la 3AF j'anime des conférences auprès de ses auditeurs sur l'espace et le spatial.

Q : Que pouvez-vous conclure de votre approche du phénomène OVNI ?

JF. Clervoy : En résumé, il faut dépassionner le phénomène PAN, ne pas le dramatiser comme certains s'y emploient. Il faut rester ouvert sur ce que d'autres pensent de la question, même s'ils expriment des idées qui peuvent paraître extrêmes, bizarres, parce que ce sont des humains respectables en soi. Si l'homme se désintéresse de choses parce qu'il ne les comprend pas, il régressera au sens large du terme. Pour moi, l'intérêt que je porte aux PANS relève de la même attirance que j'éprouve pour l'exploration spatiale au sens large, et tout ce qui la concerne. Aller voir où on n'est jamais allé et essayer de comprendre des choses qu'on a toujours pas expliquées. C'est ce qui fait avancer la connaissance. Dans ce domaine des PANS, on a des informations qui parfois permettent de comprendre qu'il s'agit de phénomènes naturels. Ainsi récemment on a découvert la présence des nuages noctulescents et de phénomènes lumineux transitoires, situés à 80 km d'altitude, dont l'existence était inconnue et dont les manifestations lumineuses des rayons solaires rasants étaient parfois assimilées au phénomène OVNI. Il faut être ouvert, accepter qu'il existe des phénomènes non expliqués. Se refuser aux positions extrêmes mentionnées précédemment. Ni prétendre systématiquement, qu'il s'agit d'élucubrations dans le cerveau de certains humains !

Q : Précisément la solution du problème – ou une partie – ne résiderait-elle pas dans une composante psycho-sociale, les mythes, le stress des sociétés en mutation, générant elle-même fantasmes et rumeurs ?

JF. Clervoy : J'ai un frère jumeau psychiatre. Les patients qu'il voit et qui ont subi des chocs émotionnels rapportent des hallucinations relevant pour eux de la réalité. Parfois des sujets qui le consultent décrivent une expérience d'abduction liée aux OVNIS, et pourtant par ailleurs ne souffrent d'aucune pathologie mentale. C'est dire qu'il faut savoir écouter ces gens. Ce que me dit précisément mon frère c'est que lorsqu'une personne décrit avec beaucoup de détails une expérience et la ressent comme si c'était vrai dans le monde physique quotidien, nous devons l'écouter et ne pas nécessairement chercher à déterminer le degré de véracité du récit. Il faut l'écouter et essayer de comprendre comment c'est arrivé dans sa tête. Je n'ai jamais rencontré de témoins ayant vécu une telle expérience. Ça va très loin dans certains récits. L'ET parle la langue de l'abducté. Il fait visiter le vaisseau ou même le fait participer à un voyage spatial.

Je suis ouvert, je n'ai pas de conviction sur cette affaire car dans un sens ou un autre, moi j'ai tendance à me laisser séduire par les dérivés du théorème de Fermi. Si les ET existaient vraiment et s'ils étaient parmi nous, ça se saurait quand même ! J'ai une légère tendance à ressentir ça, mais je reste ouvert. Le fait qu'il existe des phénomènes qui laissent des traces physiques quelque part et qu'on ne saurait pas expliquer, ça m'intéresse d'être un des premiers à le savoir, quelle que soit l'explication le jour où on la trouvera, même si elle est totalement naturelle, voire banale !

Je crois que ce qui m'attire ici, c'est justement l'aspect inconnu. J'aime bien voir la connaissance progresser. J'aime bien aller vers les choses sur lesquelles on n'a pas d'explication au sens large, dont les phénomènes PANS. Mais c'est par pure curiosité et non par conviction ! Je n'ai sur la question, aucune certitude personnelle. Je suis totalement ouvert à tout ! Je n'ai jamais été témoin de quoi que ce soit, exception faite des bizarreries dont je vous ai parlé au cours de mes vols. »

Comme il en a été pour les incidents qui se seraient produits, dit-on, sur les sites de la composante nucléaire française, une fois rassemblés les pièces et les avis des spécialistes directement impliqués, il est impossible, dans l'affaire des vols spatiaux, de trouver une quelconque confirmation des évènements allégués. Qu'il y ait des structures bizarres venant fureter autour des navettes, peut-être ! Pourquoi pas ? Mais pour l'instant ce ne sont pas les documents images qui sont censés en fournir la preuve ni le contenu de nos échanges avec Patrick Baudry et Jean-François Clervoy, qui convaincront de la réalité du fait.

Jean-Loup Chrétien, devenu premier français à voler dans l'espace, à qui je demandais un jour, s'il avait recueilli quelques confidences auprès de ses collègues américains et soviétiques sur une éventuelle rencontre avec un OVNI, lança en riant cette réponse qui résume bien toute la question :

« Non, jamais entendu parler ! Mais on aimerait bien qu'il y en ait ! »

Les commentaires lucides des deux spationautes sur l'absence de la Science dans le débat, est un sentiment partagé par l'ensemble des intervenants.

Le moment est venu de tenter de décrypter le processus de déni qui a conduit la grande Dame à ignorer une énigme qui, depuis sept décennies, frappe à la porte. Et au-delà, nous informer des limitations de l'institution, dont les OVNIS pourraient bien constituer l'infranchissable frontière.

SCIENCE ET OVNIS

LA LOGIQUE DU DENI

CHAPITRE 22

La zététique : pathos du doute

« OVNIS, La Science avance », avaient titré en 1993 leur ouvrage, Jean-Claude Bourret et Jean-Jacques Vélasco. La quatrième de couverture s'achevait par cette profession de foi, qui se voulait visionnaire :

« Au-delà-de l'information d'un public passionné, puisse cet ouvrage conduire, selon les vœux de ses auteurs, à une extension des études officielles, dans un cadre élargi à certains pays d'Europe, et, dans un avenir proche, à la plupart des Etats de la planète. »

A l'époque Jean-Claude Bourret était l'incontournable « Monsieur OVNI ». Les radios et les télés ne manquaient jamais de rappeler l'implication du présentateur vedette de la Une, dans ce qui finissait par ressembler à une croisade. Vingt ans avant, en 1973, il avait ouvert les vannes de l'ufologie avec sa célèbre émission « Pas de panique » sur France-Inter, à laquelle certains attribuent l'origine de la vague d'observations qui déferla durant cette décennie, sur la France. Son aura médiatique ne fut certainement pas étrangère à sa présence – photo sur la couverture – dans l'ouvrage de Jean-Jacques Vélasco, en réalité le maître d'œuvre.

Jean-Claude Bourret, trouvant probablement que la Science fait du sur place, n'attend plus ses avis et décrète *« 1999, année du Contact ? ».*

Le thème du livre se calque sur les annonces de fin du monde qui saluaient, alors l'entrée du nouveau millénaire et où les extraterrestres, supputaient certains, auraient leur rôle à jouer.

Jean-Jacques Vélasco, qui s'impatiente également, passe la vitesse supérieure et publie « OVNIS l'évidence », où la quatrième de couverture le dépeint en ces termes :

« Un seul homme en France pouvait répondre à cette question : les OVNIS existent-ils ? L'homme se nomme Jean-Jacques Vélasco. Il est directeur au sein du CNES (Centre National d'Etudes Spatiales) de l'un des rares services officiels d'enquête sur les OVNIS de par le monde. Sa réponse attendue depuis des années est sans ambiguïté : oui les OVNIS existent. Les preuves sont scientifiquement établies. »

Le silence abyssal qui accueillera *« les preuves scientifiquement établies »* sanctionne en réalité un travail en solitaire, nullement représentatif de la démarche scientifique établie sur des protocoles rigoureux, auxquels doit se conformer une équipe intervenant sur un projet d'étude. Des preuves qui, une fois exposées et démontrées, auraient dû être suivies de bouleversements retentissants, dans tous les secteurs de la société, la science, les armées, la culture, les religions, etc... Des chemins chaotiques et incertains que le CNES, en l'état, ne pouvait en aucune manière emprunter.

Au cours de ces années consacrées à cette longue enquête, je vais tenter de convaincre quelques scientifiques de me confier leur sentiment sur le contenu du dossier. J'ai écrit aux plus célèbres d'entre eux, imaginant, qu'en une phrase, une belle formule, ils répondraient à mon attente.

J'ai contacté Lee Smolin[36], éminent physicien, appelé le « le nouvel Einstein », qui s'est interrogé en 2007 sur les acquis de la Théorie des cordes. Pas de réponse !

Trinh Xuan Thuan[37], l'astrophysicien qui voit dans le principe anthropique la preuve du réglage de l'Univers qui devait aboutir à l'apparition de la vie. Pas de réponse !

Etienne Klein[38], éminent spécialiste de physique théorique, a répondu, à ma sollicitation avec gentillesse. En quelques mots malicieux, il se déclare incompétent à intervenir.

« Je vous remercie de votre lettre et pour votre invitation à m'entretenir avec vous à propos des OVNIS. Je vais malheureusement la décliner, car j'ai pour principe de ne parler que des sujets sur lesquels j'ai (au moins un peu) travaillé ou sur lesquels j'ai quelques compétences. Or, je ne connais que très mal le dossier des OVNIS, ce qui me condamnerait à ne faire qu'« opinionner » sur un sujet à propos duquel trop de gens opinionnent déjà. J'en suis désolé. Bien à vous. Etienne Klein »

L'image déplorable que véhicule le phénomène OVNI incite les personnalités qui auraient quelque raison ou autorité à émettre des avis, à botter prudemment en touche. Rares sont les scientifiques acceptant de collaborer aux investigations du GEPAN.

François Louange fait partie de ceux-là, ainsi qu'on l'a vu. Mais également Jean-Pierre Rospars, statisticien à l'INRA, sollicité à plusieurs occasions par l'équipe d'Alain Esterle dans les années 80. Il va décrire pour nous, le climat exceptionnel de cette époque, où furent réalisées les avancées majeures de ce qui était une authentique recherche.

J'ai demandé à Alain Cirou, directeur de la rédaction de « Ciel et Espace », la revue éditée par l'association Astronomique de France, d'être

---

36 Lee Smolin « Rien ne va plus en Physique » 2007 Edts Ferreira

37 Trinh Xuan Thuan « Le Cosmos et le Lotus » 2011 Albin Michel

38 Etienne Klein « En cherchant Majorana » 2013 Flammarion

lui le porte-parole des astronomes, astrophysiciens, dont la discrétion sur le sujet est bien connue.

Enfin, nous entendrons ce que nous disent des OVNIS les Sciences humaines, par la voix du sociologue des sciences Pierre Lagrange, l'observateur qui a ouvert les portes de l'Université à l'énigme.

La seule organisation à connotation scientifique qui se soit prononcée ouvertement sur la question des OVNIS, est la Zététique. Toutes les occasions lui sont bonnes pour le faire, et on peut dire que concrètement c'est la seule représentation scientifique qui se soit fait entendre. Le positionnement caricatural qu'elle affiche ne doit pas éclipser la pertinence de certaines de ses critiques qui concourent à la justification du déni de la science sur l'affaire. Ce que la science taira, la Zététique se fera un devoir de le clamer haut et fort ! Parfois avec raison. Le plus souvent avec une mauvaise fois aveugle, aggravée par une forte incompétence sur les domaines, qu'elle prétend traiter.

AINSI RAISONNE LA ZETETIQUE

Le terme exclut les cancres qui comme moi qui n'ont pas fait leurs humanités à l'ombre de l'Acropole. Mon grand dictionnaire Larousse édition 1977, annonce au mot Zététique :

Zêtêtikos : *Rechercher en grec. Se dit de la méthode employée pour découvrir la raison de la nature des choses. Méthode philosophique ou scientifique fondée sur la recherche.*

Pour ceux qui ont eu à connaitre ses interventions en matière d'OVNIS, ce sont d'autres slogans qui la définissent :

Zététique : *éloge de l'inaction. Dérives du pathos. Doute à sens unique. Le doute qui cache le vide.*

L'association et son sigle alambiqué ont un petit parfum de sectes, ces entités dont on connaît le talent à se travestir derrière le mystère des mots. Il s'agit plus sérieusement d'un laboratoire ouvert à l'Université de Nice Sophia Antipolis par le professeur de physique Henri Broch, membre de l'Académie des Sciences de New-York. Un personnage haut en couleurs, qui ne ressemble en rien au cliché que l'on se fait du scientifique. Ami du physicien Georges Charpak, il paie de sa personne dans la dénonciation des fausses sciences, astrologie, parapsychologie, médecine parallèle etc… Sur le site de la Zététique on le voit en photo, la langue percée par une longue aiguille. Une autre marchant sur un tapis de braises lisant son ouvrage « Au cœur de l'extraordinaire ». Le Point a publié en octobre 2013, un hors-série intitulé « Tintin et les forces obscures », où il signe le chapitre, « Le Paranormal – Les fakirs entrent en scène », dans lequel il fait partager sa maîtrise des gymnastiques – douloureuses – de l'illusion. Il s'attaque au suaire de Turin, dont il effectue plusieurs reproductions et affirme qu'elles sont la copie conforme de l'original. Dans ces temps médiatiques où il a toute sa place, on est surpris de ne pas le voir participer aux émissions du dimanche, de Michel Drucker.

Il a collaboré à l'ouvrage de Georges Charpak, le célèbre « Devenez sorcier – devenez savant », traduit en 14 langues, et pour mieux dénoncer les Yuri Geller, tordeurs de petites cuillères, il va jusqu'à acquérir des compétences d'illusionniste. Il a écrit 9 ouvrages, signé 130 publications et effectué 250 conférences. Georges Charpak dira de lui : *« Sa lutte contre l'obscurantisme envahissant, les fausses sciences, participe au rayonnement de la Science ».*

Le GEIPAN, ainsi que l'a mentionné Jacques Patenet, a tenté de l'associer à des réunions de concertation, ainsi qu'il le fit avec d'autres personnalités des sciences. Il n'a jamais répondu aux invitations, comme il ne répondra jamais aux courriers que je lui enverrai.

Henri Broch figure au Conseil scientifique et comité de parrainage de la revue AFIS, l'« Association Française pour l'Information Scientifique », qui a pour objectif, d'informer les citoyens des progrès technologiques et *« défendre l'esprit scientifique contre la menace d'un nouvel obscurantisme »*

« LE SEPRA : SERVICE INUTILE ! »

La revue désigne les cibles de son combat *« dénoncer sans réserve les marchands de fausses ou de pseudo sciences (astrologie, soucoupes volantes, sectes, « paranormal », médecines fantaisistes) et les charlatans malfaisants, pourvoyeurs de l'irrationnel. »*

La création du GEPAN au sein du CNES, qu'il est pourtant difficile d'associer à la promotion des fausses sciences, devient tout naturellement l'objet de toutes les condamnations de la part de la revue. Non seulement la décision ne satisfait pas Agnès Lenoire, la rédactrice en chef d'AFIS, mais constitue à ses yeux une dérive grave des missions du Centre Spatial. Dans son éditorial de mai 2003 (n° 257), commentant son activité à Kourou en Guyane, elle en profite pour décréter la mise à mort du SEPRA.

« Le CNES ne s'occupe pas que d'expédier les esprits de la forêt dans l'espace avec Ariane. Il a aussi un curieux petit service, le SEPRA. Formé à présent de son seul directeur, on l'espère proche de la fermeture, grâce notamment à des restrictions budgétaires. Il est dédié à la traque des soucoupes volantes, et se targue de science. Certainement pour calmer les esprits non pas de la forêt, mais des ufologues. »

Les 4 pages intérieures sont un pilonnage en règle du travail du GEPAN et du SEPRA.

« Un service inutile. Le SEPRA, comme le GEPAN avant lui, n'avance pas. Pour les ufologues, rien de tangible n'en est sorti. Pour la science, c'est le bide complet »

« Que fait donc le SEPRA ? » demande un peu plus loin Mme Lenoire.

« *Il ne fait rien !* se répond-elle. *Le SEPRA est un cheval de Troie au sein du CNES. Une contamination mystique au cœur de la science.* »

Ultime pilonnage de la journaliste qui devrait aboutir à ses yeux à la mise au tombeau de l'étude.

« Que de temps perdu en vain, comportements qui ne mènent à rien ! Car comme tout secteur paranormal, les études sur les OVNIS ne mènent jamais nulle part, et l'immobilisme les caractérise comme il caractérise tout ce qui ne se fonde pas sur la recherche rationnelle »

Mais comme le canard de l'histoire, le GE(I)PAN – sous son nouvel habillage – est toujours vivant. Cinq ans plus tard, nouvelle offensive de la revue. En janvier 2008, l'AFIS ne consacre pas moins de 22 pages de son n° 280 – qui en compte 80 – à un nouveau dossier. Cette fois on s'évertue à prendre un ton plus soft : *« OVNIS : est-il rationnel de croire aux visites d'extraterrestres ? »* demande ingénument le journal. C'est surtout un prétexte à faire la promotion d'un ouvrage écrit par les amis de la Zététique – où on retrouve évidemment Eric Maillot – « Les OVNIS du CNES », dont on devine vers quelles conclusions la dite étude, conduit le lecteur. Agnès Lenoire a abandonné sa plume au vitriol – et sa place de rédactrice en chef pour un ton plus civil. Enumérant les différentes formes que pourrait prendre la vie extraterrestre, elle condescend à inclure les indéboulonnables OVNIS dans sa réflexion. Du bout des lèvres…

« Non pas qu'il faille considérer les apparitions d'OVNIS, comme quantité négligeable, mais au moins que cette passion ne prenne pas la place de la connaissance dans l'esprit du plus grand nombre ! Ce n'est pas le cas pour l'instant. »

Jean Bricmont, professeur de physique théorique de l'Université de Louvain-la-Neuve, en Belgique, qui appartient également au comité de parrainage de la revue, interroge « *Est-il rationnel de croire aux visites d'extraterrestres ?* » Un des sous-titres de son article *« Il n'est jamais rationnel de croire aux miracles »* juxtapose l'incohérence des guérisons miraculeuses attribuées à Dieu, au comportement irrationnel des extraterrestres tel que nous en donne à connaître les témoignages OVNIS.

« Dans le cas des OVNIS, la situation est encore plus paradoxale : d'une part, nous devons supposer que ces extraterrestres sont super-intelligents et cherchent à ne pas être vus (pour expliquer leur absence de visibilité manifeste), y parviennent quand ils sont recherchés par des scientifiques menant des enquêtes systématiques, mais sont néanmoins suffisamment stupides pour se laisser apercevoir par certains « amateurs ». Il faut une certaine dose de bonne volonté pour trouver ce scénario plausible. »

Ici transparaît tout ce qui différencie un scientifique comme Claude Poher qui a tenté, par différentes actions, redevables de la démarche scientifique, d'approcher le cœur de l'énigme. Et celle de Jean Bricmont, qui assimile ces apparitions insolites à un phénomène de société, sans tenir compte des paramètres objectifs, recueillis par des enquêteurs officiels.

La revue donne ensuite, sous forme d'entretiens, la parole aux auteurs de l'ouvrage « Les OVNIS du CNES » sous-titré « 30 ans d'études officielles 1977-2007 », David Rossoni, Eric Maillot, Eric Deguillaume.

Un simple aperçu de la méthode d'analyse des trois enquêteurs en dit long, sur les limites de leur approche :

« Si dans certains cas, pour des raisons liées notamment à l'éloignement chronologique des faits ou au manque de données librement accessibles, il n'est plus possible d'expliquer avec certitude ces observations d'OVNIS, il nous est apparu que le CNES avait régulièrement écarté des hypothèses explicatives qui se devaient pourtant d'être considérées sérieusement. Ce simple constat est de nature à semer le doute sur la validité des conclusions « officielles » sur ces cas. »

On est en droit de s'interroger de quelles hypothèses explicatives parlent les Zététiciens, quand ils reconnaissent ne pas avoir pu entreprendre d'enquêtes sur les cas, qui leur auraient précisément permis de formuler les dites hypothèses ?

Ici on se souviendra de la manière d'agir d'un Eric Maillot, au sujet de l'observation de l'Amarante et du témoignage du couple Fartek, tout à fait inspirée du procédé. A aucun moment Eric Maillot n'a rencontré les témoins, ce qui ne l'a nullement empêché, au vu d'une documentation douteuse, d'émettre sur ces affaires des conclusions définitives !

UN SCIENTIFIQUE REPOND A LA ZETETIQUE

L'article, qui traite de 9 observations extraites de l'étude du GEPAN, s'attarde longuement sur le témoignage intitulé « Christelle », le pseudo de l'adolescente au cœur de l'affaire – le GEPAN la prénomme « Rosine ».

Les auteurs donnent cette version du témoignage au cours duquel la gamine, décrit la présence d'un personnage aperçu près de la structure qu'elle a vue se poser dans un champ proche de son habitation.

« Christelle. 27/11/1979. Cette affaire met en scène une fillette de 13 ans, Christelle, terrorisée par l'atterrissage d'une soucoupe volante et la vision d'un de ses occupants. Bien que le GEPAN soupçonne une méprise avec un voisin travaillant à l'extérieur de sa maison sous l'éclairage d'un phare de voiture, il se focalise plutôt sur une « trace d'atterrissage » découverte fortuitement par un gendarme. Pourtant son emplacement ne correspond pas aux directions données par l'enfant au cours des reconstitutions, il est vraisemblable, comme le souligne par ailleurs le psychologue du GEPAN, que Christelle ait été influencée dans son récit par les enquêteurs. »

La lecture de cette affaire, telle que la résume la note technique n°8 du GEPAN – 137pages –, correspond de très loin à celle qu'en offrent ces quelques lignes.

Un détail tout de suite : à aucun moment il n'est fait mention par le témoin, ni dans les écrits des gendarmes et du GEPAN, de la présence de plusieurs occupants, comme le rapporte l'extrait de l'ouvrage. Il n'est pas question de reprendre l'histoire, – je l'ai fait dans un ouvrage précédent –, seulement de désigner, dans le texte des Zététiciens, les énormités proférées. Cela sous le couvert d'un des enquêteurs de la cellule du CNES qui a enquêté sur place, Jean-Pierre Rospars, docteur en sciences, directeur de recherches, avec lequel je me suis longuement entretenu de cette étonnante histoire. Nous avions même un moment projeté de réentendre 30 ans plus tard le principal témoin, que malheureusement, nous ne parviendrons pas à retrouver.

Ce ne sont pas moins de 5 enquêteurs de la cellule du CNES qui vont ici intervenir, dont 3 se rendront sur le terrain quelques jours après l'observation, ce dont ne saurait se targuer le Zététicien qui, depuis son bureau, a tricoté ses commentaires avec l'état d'esprit que l'on commence à bien connaître.

Commentaires de Jean-Pierre Rospars sur le descriptif du cas tel qu'offert par les auteurs de l'ouvrage.

La Zététique : *« ... Il s'agit d'une méprise probable avec un voisin travaillant à l'extérieur de sa maison sous l'éclairage d'un phare de voiture »*

JP.Rospars – Cette explication pourrait valoir pour la 3ème et dernière vision du phénomène allégué, à partir du perron de la voisine. Elle ne vaut pas pour les 2 autres directions d'observation à partir de la cuisine (vision en vol, effectuée par Christelle) et près du portique (vision près du sol, par Christelle) comme le montre fort bien le plan fourni dans la note Technique n° 8.

La Zététique : *« Une « trace d'atterrissage » découverte fortuitement par un gendarme ».*

JP.Rospars – Pourquoi *« fortuitement » ?* Il n'y a aucun hasard là-dedans. Gendarmes et pompiers ont été examiner les lieux, près duquel le phénomène aurait stationné selon la fillette.

La Zététique : *« Pourtant son emplacement ne correspond pas aux directions données par l'enfant au cours des reconstitutions »*

JP. Rospars – C'est une affirmation fausse, comme le montrent les cartes de la Note Technique 8. La position de la trace correspond très bien avec le point de croisement des directions indiquées par Christelle à partir du portique et du perron.

On peut compléter le commentaire de Jean-Pierre Rospars, par le passage du rapport des gendarmes parlant précisément de la manière dont ils prennent connaissance de la présence de la trace :

« Lors de notre première rencontre avec la gamine à son domicile, nous lui demandons de nous montrer l'endroit où elle pense que l'engin s'est posé. Après quelques hésitations, elle accepte de nous accompagner. Elle nous désigne un certain périmètre et, à la lueur des lampes électriques, nous découvrons la trace dans l'herbe. »

La recherche effectuée alors que la nuit vient de tomber, à laquelle se prête l'enfant, et les commentaires des gendarmes, contredisent totalement l'assertion de la Zététique et renforce d'autant la cohérence du récit de la fillette.

La Zététique : *« Il est vraisemblable, comme le souligne par ailleurs le psychologue du GEPAN, que Christelle ait été influencée dans son récit par les enquêteurs ».*

JP. Rospars – Cette remarque vaut surtout pour le « personnage » qu'elle a vu au voisinage du phénomène au sol. Elle nous parle du *« bonhomme » ;* on lui demande de le dessiner, et ô surprise elle nous dessine un schéma enfantin de « bonhomme », je ne vois rien à en tirer. Elle a sans doute vu quelque chose à côté du phénomène principal, mais quoi ? Difficile à dire. »

Jean-Pierre Rospars de conclure : « Ce résumé du cas, n'est qu'un étalage d'erreurs factuelles qui révèlent les préjugés des auteurs. Ce n'est pas une discussion honnête des éléments relevés lors de l'enquête. Cependant je suis le premier à reconnaître les insuffisances de l'observation et de l'enquête, et l'impossibilité de conclure avec certitude dans un sens (leur sens) ou dans l'autre (la présence d'un OVNI).

C'est la seule conclusion scientifique raisonnable à l'heure actuelle. Il faut donc continuer les travaux pour tenter de résoudre l'énigme. »

La fin de l'article de l'AFIS faisant référence à l'ouvrage « Les OVNIS du CNES » est un bel exemple de la dialectique Zététicienne : des formules creuses qui ne débouchent sur aucune ouverture.

« ...il découle que les faits cités à l'appui des déclarations les plus hardies des « ufologues » du CNES, loin de constituer des preuves tangibles, ne peuvent nullement être considérées comme des indices positifs en faveur de visiteurs extraterrestres. Chacune de ces affaires peut entièrement s'expliquer de façon prosaïque, ce qui démontre par ailleurs la puissance du modèle explicatif psychosociologique – ou modèle composite réductionniste. »

Noter la manière des auteurs de chercher à déstabiliser le centre spatial, qu'ils accusent de se laisser mener en bateau par les ufologues maison ! Jamais, comme le laisse penser ce commentaire, il n'a été question pour les enquêteurs, lors de leurs interventions, de faire la démonstration d'un quelconque lien des témoignages avec l'existence supposée des extraterrestres. En tout cas, ce n'est pas le sentiment qui domine tel qu'apparaît le traitement du dossier. Comme on le comprendra, c'est même de tout le contraire qu'il s'agit !

L'image que renvoie du phénomène OVNI la Zététique, n'est pas celle que s'est forgée Jean-Pierre Rospars, le docteur es-science en neurobiologie qui vient d'intervenir. Le scientifique a surtout la particularité, qui l'exclut à jamais de rejoindre la savante confrérie, de ne pas craindre de s'exprimer sur la question. Aussi de l'indifférence de la science, dont il a pu prendre toute la mesure, il a fait un objet de réflexion dont il décrit le processus dans un article publié dans le tome IV du coffret paru en 2008, ou ont été réunis l'ensemble des numéros de la revue « Phénomènes Spatiaux », éditée par le GEPA.

CHAPITRE 23

Jean-Pierre Rospars : « Un échec de la science ? »

L'homme mince à lunettes se fraie un chemin dans le hall encombré de voyageurs de la gare RER de Versailles – Château. Il cherche quelqu'un. Nos regards se croisent et chacun de comprendre que l'autre, c'est lui. Non loin du château, où nous percevons les longues files de visiteurs, nous nous réfugions dans un bistrot tranquille. C'est un peu le scénario vécu un an avant à Bourg-la-Reine avec Alain Esterle, avec lequel justement mon interlocuteur, Jean-Pierre Rospars, a travaillé plusieurs années. Il a également collaboré avec Claude Poher, qui lança dans les années 70 toute l'affaire, et pour lequel il a effectué des analyses statistiques et proposé des bases de données pour l'étude des OVNIS. Il connaît les circonstances de la création du groupe d'enquête, et dans l'entretien me confirme ou dément telle rumeur. Il est bref et précis, et ses interventions ne prêtent pas aux supputations et délires soucoupistes.

RENCONTRE AVEC AIME MICHEL

Le scientifique affiche discrétion, parcimonie, dans ses commentaires. Cela ne signifie pas qu'il n'a pas de convictions et qu'il refuse l'engagement. Il montre dans l'entretien à plusieurs reprises une grande distance à l'égard des Zététiciens, et déplore leur partialité dans leur approche du phénomène. Il est mieux placé que personne pour porter un jugement sur leurs analyses, qui ne font guère de distinction entre ceux qui s'intéressent à la nature des faits, et ceux qui extrapolent sur les rumeurs. Il remarque que le phénomène OVNI est au point mort : « *Il ne se passe plus rien !* ».

En 1974, jeune scientifique, il entreprend l'analyse d'une théorie d'Aimé Michel travaillant sur l'éventualité d'alignements reliant les observations d'OVNIS, dont il démontrera qu'elle n'était statistiquement pas fondée. Loin de s'en montrer irrité, ce dernier lui répond « *Quel admirable boulot ! C'est de tels épluchages qu'on manque pour y voir plus !* » Il lui demande alors de venir le voir.

« Aimé Michel me recevra avec beaucoup de chaleur et de simplicité. C'était une personnalité d'envergure, d'une grande érudition scientifique, philosophique et historique, qui portait sur toute chose un regard original, à la fois critique et créatif. Ce « spécialiste de la non spécialité », comme il se définissait lui-même, qui écrivait sur de nombreux sujets dans des revues très différentes, les OVNIS, n'étant qu'un de ses thèmes de méditation. Je suis heureux d'avoir bien connu cet homme inclassable, profond et attachant. »

Jean-Pierre Rospars a bien connu également René et Francine Fouéré, qui éditaient « Phénomènes Spatiaux ». Quand je l'interroge sur le déni de la Science, tout naturellement il m'invite à me reporter à l'excellent papier – « *Un échec de la science ?* – qu'il a écrit à l'invitation de Francine Fouéré pour le coffret rassemblant l'ensemble des numéros du GEPA, où il traite avec rigueur et lucidité des difficultés de l'étude scientifique dans ce domaine. A ce sujet il écrit :

« Toutes les conditions sont réunies pour maintenir le sujet dans l'obscurité et justifier par l'absurde qu'il ne mérite rien d'autre. Le problème se présente de façon propre à enflammer l'imagination, frustrer la connaissance et exciter la controverse stérile. L'information vague surabonde, mais les informations fiables manquent cruellement, au point que l'existence-même d'observations objectivement intrigantes en vient à être oubliée ou niée. Le bruit de fond intense qui en résulte maintient le sujet dans le vulgaire et les banlieues marginalisées de la connaissance. La communauté restreinte des personnes travaillant sérieusement le sujet est morcelée et les opinions, souvent tranchées, prennent une place trop importante eu égard à l'état des connaissances empiriques. C'est d'ailleurs une situation courante en science : quand les faits manquent, les théories surabondent. Les chercheurs qui pourraient être intéressés par le sujet s'en trouvent écartés, à la fois par un climat décourageant et par l'absence d'informations fiables. Une rétroaction négative est ainsi mise en place qui empêche ou freine le cumul des expériences. »

Cet article et l'entretien qu'il m'accorde, permettent de reconstituer la pensée d'un scientifique confronté à l'indifférence des collègues et de l'institution.

Jean-Pierre Rospars souligne que pour toute affaire basée sur le témoignage, il est impossible d'atteindre des certitudes sur la nature de l'évènement. Que l'enquête se contente de rassembler les éléments d'un puzzle qu'on tente de reconstituer au mieux pour remonter à ce qui a pu lui donner naissance. Il constate que l'investigation sera d'autant plus riche d'enseignement, que l'on y aura consacré des efforts conséquents en moyens, en talent et surtout en volonté d'aller de l'avant. Il insiste sur l'importance de relever avec précision les directions d'observation indiquées par les témoins et de reconstituer leurs faits et gestes, sur les lieux-mêmes de leur observation. Les données ainsi recueillies, permettent d'aller bien plus loin que les simples descriptions orales dont on se contente habituellement, car les témoins les plus bavards, ne sont pas forcément ceux qui ont le mieux vu.

Il rappelle qu'il faut ici garder sang-froid et rigueur, conditions indispensables si l'on ne veut pas succomber aux chants des sirènes qui conduisent irrémédiablement à rejoindre le chœur des délirants ou des critiques dogmatiques. Sur le déni de la science il ne polémique pas, mais les propos de l'article sont sans ambiguïté sur les difficultés de l'étude scientifique du problème et de sa prise en compte par les chercheurs.

PREMIERS PROFILS STATISTIQUES

Jean-Pierre Rospars a marqué, dans les années 70, son implication dans l'étude de l'énigme par une série d'analyses statistiques dont se servira Claude Poher, pour conforter le dossier qu'il présenta en 1977 et qui devait convaincre le CNES, de créer le GEPAN. Ce travail s'appuyait sur des études de Jacques Vallée et Joséphine Clark, auteurs d'un catalogue de cas américains de rencontres rapprochées, et visait à décrire la répartition dans le temps et l'espace. Travail qui se résume, selon Jean-Pierre Rospars, spécialiste de la statistique, à constater :

« Il y a en gros une proportionnalité entre le nombre d'observations alléguées et la densité de population. Plus il y a de gens pour observer, plus il y a de rapports d'observation. Cela n'a rien de surprenant en soi. Il y avait un détail intéressant. Aux endroits très peu peuplés, il y avait plus d'observations qu'on aurait pu s'y attendre, d'après la seule population. Pour interpréter ce résultat, il faudrait l'analyser plus finement, ce que l'on n'a pas encore fait. »

Q : Vous avez également appliqué cette démarche en examinant l'éventuelle cohérence interne des descriptions fournies par les témoins de rencontres rapprochées ?

JP. Rospars : C'est la même idée que pour la statistique précédente. Au lieu de regarder simplement le cadre extérieur, j'ai examiné cette fois le contenu des rapports. J'ai rassemblé près de 70 cas et j'ai dégagé les liens qui existaient entre les descriptions faites et les conditions d'observation, telles que l'éclairement, jour ou nuit et la distance. J'ai mis en évidence que, comme on pouvait s'y attendre, plus le témoin est proche du phénomène, plus il donne de détails et meilleur est l'éclairement, plus sont précises les descriptions. Toutefois tout cela ne constitue pas une preuve de la réalité du phénomène observé, mais montre simplement que les récits présentent une bonne cohérence interne. A l'époque – j'étais jeune – je pensais que cela pourrait conduire à une preuve. Je ne le crois plus. Je pense que si on faisait ce travail sur le récit d'un romancier, sur les récits imaginaires en général, on pourrait trouver le même genre de liens.

Q : Qu'a fait le CNES de votre travail ? D'autres organismes scientifiques comme le CNRS ou un département militaire se sont-ils montrés intéressés et preneurs de vos analyses statistiques ?

JP. Rospars : Ce travail a donné lieu à des discussions au sein du Conseil Scientifique du GEPAN à l'époque. C'était en 1977 et je me souviens l'avoir exposé oralement, et cela avait intéressé les membres du Conseil qui encourageaient à poursuivre ce type de démarche. Malheureusement le Conseil n'a pas autorisé (voir chapitre Claude Poher) la publication des travaux effectués par le GEPAN en 1977 et 1978.

Q : Votre poste à l'INRA vous prédisposait à intervenir dans un processus d'analyse des traumatismes sur les végétaux, comme dans le cas de Trans –en – Provence ou celui dit de l'Amarante ?

JP. Rospars : Non, car la biologie végétale n'est pas ma spécialité. Je travaille sur les animaux. De plus je ne suis pas un expérimentateur mais un modélisateur dont les travaux reposent sur la biophysique, la statistique et l'informatique. L'examen d'effets sur les végétaux est évidemment possible au sein de l'INRA. Toutefois il faut savoir qu'il est difficile de trouver des chercheurs qui acceptent de consacrer du temps de travail à ce type d'analyses. Les laboratoires ont des programmes prioritaires, qui laissent peu de place aux recherches non programmées ou peu valorisables de ce genre.

SOLLICITE PAR CLAUDE POHER

Q : De quelle manière s'est produite votre collaboration au GEPAN au moment où il est créé en 1977 ?

R : J'ai été sollicité par Claude Poher. J'ai appris la création du GEPAN par Aimé Michel, et c'est lui qui m'a suggéré de le rejoindre. Poher m'a immédiatement proposé de collaborer avec le GEPAN dans le cadre d'une convention entre le CNES et l'INRA, pour que je puisse y consacrer une bonne part de mon temps professionnel. La convention a été signée mais je ne l'ai pas appliquée.

Q : Votre carrière aurait pu en pâtir ?

R : Oui, car l'application de la convention aurait entraîné un fort ralentissement de mes recherches en biologie, donc une diminution de ma production scientifique. Or, bien entendu, c'est sur mes publications en biologie qu'on juge de mon activité. Ma contribution au GEPAN a donc été prise entièrement sur mes loisirs. Dans ces conditions, ma carrière n'a pas eu à en pâtir

Q : Vous êtes actuellement en relation avec les responsables du GEIPAN ?

R : Oui, je fais partie de ce que l'on nomme le collège d'experts.

Q : Le CNES place à la tête du GEIPAN des responsables en fin de carrière. N'est-ce pas un frein à la dynamique du groupe, comme l'évoquent parfois ceux qui lui font le reproche d'immobilisme en la matière ?

R : Je ne le crois pas, car il est plus facile d'exercer des pressions sur un jeune responsable. C'est ce qui s'est passé avec Alain Esterle. A la suite des changements politiques de 1981, une nouvelle direction moins favorable à la poursuite des activités du GEPAN a été mise en place. Cette dernière l'a probablement engagé à poursuivre sa carrière dans des voies plus prometteuses.

Je rapporte à Jean-Pierre Rospars la découverte des lignes de couleur diffusées par un site anglais, reliant Alain Esterle à différentes personnalités de l'Etat, des ministères et du renseignement. Il ignore tout de ces schémas et s'en montre même surpris.

Q : Ces liaisons, révélées par ce site anglais sur Internet, ne vous paraissent-elles pas bizarres ?

JP. Rospars : Des conventions avaient été signées entre le CNES, la gendarmerie, les armées. Je n'ai pas suivi ça et je ne connais pas les détails.

Un bruit disait que Giscard d'Estaing s'intéressait personnellement aux OVNIS. Ainsi il n'est pas impossible que Giscard et de Marenches, responsable à l'époque des services de renseignement, se soient posé des questions sur le sujet. »

J'expose qu'Alain Esterle avait peut-être pour mission d'informer au mieux les gouvernants sur la possible réalité objective du dossier. Son comportement détaché, presque en retrait, le personnage ne se laissant pas aller à des extrapolations sur le contenu des enquêtes, milite pour l'hypothèse du chargé de mission qui, une fois celle-ci accomplie, se retire en toute discrétion, en refusant de s'en approprier les conclusions.

JP. Rospars : Non ! La mission n'était pas accomplie ! Au moment où il s'en va, elle ne faisait que commencer ! Elle était d'autant plus intéressante que se produisaient des observations avec des effets physiques allégués, ce qui n'est pas le cas aujourd'hui. Si on regarde froidement ce qu'il a réalisé, ça encourage à continuer et non pas à arrêter !

Q : Mais la poursuite de l'enquête débouchant sur le constat d'une présence active étrangère à la Terre était un constat difficile à assumer, sociologiquement parlant. D'où le réflexe du CNES de stopper la marche infernale, ô combien déstabilisatrice pour les sociétés ?

JP. Rospars : Non, je ne le crois pas et nous étions très loin de votre analyse. La poursuite de l'enquête n'aurait certainement pas été jusque-là ! Ne rien faire me paraît pire, parce que les gens se mettent à propager des rumeurs et à imaginer des choses invraisemblables. Pour moi c'est plus dangereux que d'essayer de communiquer et de comprendre honnêtement la situation en la replaçant à sa véritable dimension.

Q : Vous constatez alors que le GEPAN ne fait pas son travail et contribue ainsi à l'étouffement de l'affaire ?

JP.Rospars : N'exagérons pas ! Le GEPAN a fait ce qu'il a pu et je ne vois pas en quoi il a contribué à étouffer quoi que ce soit, au contraire !

Q : Quelle analyse faites-vous de la position très en retrait de la science en général sur la question. Qu'est-ce qui fait que la science n'est toujours pas prête à s'impliquer dans le domaine ?

PAS DE PUBLICATIONS SUR LES OVNIS !

JP. Rospars : J'ai dit tout ce que j'avais à dire sur le sujet dans mon papier pour Inforespace et le chapitre paru dans l'anthologie du GEPA, publiée par Francine Fouéré.

Fondamentalement, la recherche sur les OVNIS n'est pas une activité que l'on peut traiter dans le cadre institutionnel actuel. La raison, comme je l'explique dans cette synthèse, vient du fait que le travail des scientifiques est jugé sur leur production. Autrement dit sur leurs articles publiés dans les meilleurs journaux scientifiques possibles, dits à referee. Il est impossible de le faire sur le sujet OVNI. Une recherche peut être menée en marge des institutions. Mais même en marge, c'est difficile et peu productif, car il n'existe aucune reconnaissance à attendre. Il n'y a que des coups à prendre ! Il n'y a aucune preuve scientifique de l'existence de Visiteurs extraterrestres, par exemple. Il faut donc commencer très modestement.

Dire, j'ai étudié tel problème. Eliminer toute connotation extraterrestre ou soucoupiste. Dans ces conditions le grand public ne voit pas de réponse directe à ses questions et va trouver ces études ponctuelles profondément ennuyeuses, ce qui ne l'incitera pas à soutenir les démarches scientifiques nécessaires.

Q : La science officielle se désintéresse de la question depuis toujours ! Et s'il existait, comme ce fut le cas dans les années 60/7O, une sorte de « Collège Invisible » dans lequel communiqueraient des scientifiques ?

JP. Rospars : Jacques Vallée, Allen Hynek, Aimé Michel ont parlé d'un « Collège invisible » fondé sur les rapports amicaux entre collègues qui échangent idées et informations. Ce genre de discussions a toujours eu lieu dans tous les domaines, mais il ne s'agit pas de travaux de recherche proprement dits. Plutôt d'un à-côté ou d'une condition de la recherche.

L'amorce d'un travail scientifique pourrait se faire dans un cadre comme celui du GEIPAN, car il offre un cadre « officiel » qui oblige les gens à un travail professionnel. Si vous sortez de ce cadre-là, les gens tendent à raconter n'importe quoi, même s'ils sont scientifiques ! Les gens les plus sérieux professionnellement, une fois sortis de leur domaine de compétence et de leur cadre institutionnel, peuvent se mettre à raconter des inepties.

Q : Le CNES a bien fait savoir que la mission du GEIPAN n'était pas d'étudier le phénomène, mais de recenser les observations, qu'il tient à la disposition des laboratoires et centres de recherche. C'est ce qu'expliquent les chefs du GEIPAN en public. Cela vient en contradiction avec votre proposition ?

JP. Rospars : Bien sûr je suis d'accord sur le principe. Sauf que si les gens étaient vraiment intéressés par l'affaire, en sous-main, ils essaieraient de pousser la recherche, d'aller plus loin. Ce qu'ils ne font guère. Officiellement c'est vrai, le GEIPAN n'est pas là pour faire ça. Mais il faudrait que des chercheurs prennent le relai.

Q : Il faut tenir compte également qu'à l'intérieur du CNES, tout le monde n'est pas forcément fana de voir développer une recherche sur les OVNIS, même sous sa forme actuelle du recueil de l'info. Sur un autre plan, comment analysez-vous, l'engouement d'une certaine ufologie pour les théories du complot en vogue, Roswell, la Zone 51, etc ?

JP. Rospars : J'avoue que ça ne m'intéresse pas vraiment parce que, contrairement aux observations « ordinaires », ça échappe à la méthode scientifique. Je pense que ça ressort d'un phénomène psycho-social, intéressant de ce point de vue mais ce n'est pas ma spécialité, je ne suis pas sociologue. Pour ce que j'en sais, sur ce plan, je crois qu'il y a matière à étude et réflexion. Il existe dans les sociétés d'autres phénomènes comparables, connus des historiens, qui se sont produits dans d'autres domaines. Ce sont des sortes de modes qui prennent des dimensions un peu insoupçonnées, curieuses... Sociologiquement c'est intéressant !

Q : Sur le phénomène « Crop Circle » vous avez une idée ?

JP. Rospars : Je suis un sceptique sur cette question ! J'ai lu les théories qui fleurissent sur le thème. J'ai tendance à croire que ce sont des artistes qui interviennent ici en s'exprimant dans de joyeuses compétitions.

Q : Vos impressions sur les affaires d'observations traitées par le groupe d'enquêtes du CNES. Vous avez suivi l'affaire de l'Amarante ?

JP. Rospars : Oui, mais je ne suis pas intervenu personnellement dans l'enquête. J'ai lu les comptes-rendus des enquêteurs et je me suis entretenu avec Manuel Jiménez, le psychologue du GEPAN qui a interrogé le témoin.

R : Et alors, son sentiment ?

JP. Rospars : Il était très élogieux à son égard. *« C'est le témoin parfait ! »* m'avait-il dit, et il était très positif sur l'affaire. Bien entendu il ne pouvait pas en conclure avec certitude qu'il ne mentait pas et ne le concluait donc pas !

« UNE GAMINE PANIQUEE... »

Q : Quel est le cas lors de vos interventions sur le terrain avec le GEPAN, qui vous ait le plus impressionné ?

JP. Rospars : Il existe en fait deux observations qui m'ont très intéressé, pour lesquelles je n'ai pas d'explication. L'une n'a pas été publiée par le GEPAN, il s'agit d'une affaire qui s'est produite dans l'Yonne, à Sauvigny-le – Bois. Monsieur Monin et sa petite fille ont déclaré avoir vu un OVNI dans leur jardin. Ils ont décrit différentes manœuvres : l'approche, l'arrêt. Ils sont rentrés chez eux un instant et, au moment où il ressortait, M. Monin a vu le phénomène s'envoler et disparaître dans le ciel. C'est une enquête que j'avais effectuée avec Claude Poher. La seconde s'est déroulée dans l'Isère, et le témoin en était une adolescente de 13 ans Rosine (appelée Christelle dans d'autres textes). Elle a donné lieu à la note technique N° 8 du GEPAN.

Q : Dans la série des enquêtes du début des années 80 par le GEPAN, que dirigeait donc Esterle, c'est le témoignage dont le contenu m'a le plus impressionné. C'est vous qui représentiez sur le terrain le GEPAN avec Jean-Jacques Vélasco ?

JP. Rospars : Effectivement j'ai contribué à l'enquête et j'ai effectué une partie des analyses. Nous sommes arrivés très rapidement sur les lieux, ce qui est exceptionnel. Le cas est très intéressant, même si un certain nombre de réserves doivent être émises. Il n'y a qu'un seul témoin assuré, qui est Rosine. La voisine chez qui elle se réfugie, totalement apeurée, n'a rien vu, ou si peu. Ce qui est sûr, c'est que la gamine qui se réfugie chez cette voisine, qu'elle ne connaissait pas, est effrayée. Et puis il y a un élément objectif qui est une empreinte dans l'herbe découverte par les gendarmes le soir-même de l'observation, en bordure d'un champ.

Q : Elle a son petit frère dans les bras et, à la vue de l'engin inconnu qui se pose dans un champ près de son domicile, elle court totalement paniquée se réfugier chez la voisine et en perd un de ses chaussons !

JP. Rospars : C'est ça ! Elle a eu très peur. Mais ce n'est pas parce qu'elle est effrayée qu'il faut admettre qu'elle a bien « vu un engin inconnu ».

Néanmoins il existe la trace dans l'herbe qui vient appuyer son histoire.

Q : La gamine, si je me souviens bien ce que m'en avait dit en 1987 Jean-Jacques Vélasco, indiquait depuis les points d'observation qu'elle avait occupés, l'endroit précis de la trace dans l'herbe au moment du passage d'un gendarme lors de l'enquête ?

JP. Rospars : De cela on peut discuter… Evidemment c'est frappant ! Rosine était un assez mauvais témoin au sens habituel du terme. Elle avait du mal à s'exprimer et à décrire ce qu'elle avait vu. J'ai recueilli son témoignage par une autre approche, en lui demandant des directions et des tailles angulaires au moyen de dessins et d'autres méthodes, en chronométrant ses déplacements, des choses comme ça et là, elle était plutôt bonne. Ce sont d'ailleurs ces éléments qui se prêtent le mieux à l'analyse scientifique. J'ai pu ainsi montrer, entre autres, que la trace se trouvait à l'intersection de deux axes de vision de Rosine. Toutefois on ne peut pas complètement écarter qu'elle ait mémorisé non la position du phénomène stationnaire, mais l'endroit de la trace au moment où les gendarmes l'ont découverte. Un autre élément gênant dans cette affaire est le fait qu'un voisin avait allumé un phare d'éclairage qui se trouvait dans la direction de l'observation à partir de chez la voisine. Ce phare peut fort bien expliquer ce que la voisine dit avoir vu. L'argument est moins probant pour Rosine elle-même.

Q : Mais Rosine a tout de même rapporté un évènement ayant laissé une empreinte observable par les enquêteurs ? Elle a décrit de plus la présence d'une silhouette *« un bonhomme revêtu d'une combinaison brillante »* qu'elle a aperçu durant quelques secondes ?

JP. Rospars : Oui, mais cette vision est demeurée assez imprécise et a duré très peu de temps.

Q : Globalement, sur l'ensemble, pour vous le témoignage de Christelle est à prendre en compte ?

JP. Rospars : Je me suis rendu sur place, pour voir jusqu'à quel point on pouvait analyser un tel évènement. Je me suis livré à une reconstitution en trois dimensions de l'environnement avec ses maisons, ses haies, ses lignes électriques. J'y ai replacé les éléments angulaires relatifs à la trajectoire et à la taille du phénomène allégué. J'ai trouvé qu'il n'y avait pas de contradictions évidentes entre ces divers éléments et que, par conséquent, rien ne s'opposait formellement à ce qu'un phénomène tel que celui rapporté par Rosine ait pu avoir lieu. Hormis le phare du voisin, nous n'avons trouvé aucune source de confusion. Cela ne prouve nullement que ce phénomène ait réellement eu lieu, simplement je n'ai pas trouvé de preuve me permettant honnêtement de conclure que Rosine s'est complètement trompée. Je ne peux rien dire de plus !

Q : Evry Schatzman, l'astrophysicien en a fait une critique acerbe, refusant de prendre en compte les éléments concrets de l'observation, par exemple la présence de la trace.

JP. Rospars : J'ai rencontré Evry Schatzman lors d'une réunion du GEPAN et je me suis entretenu avec lui. Seulement, j'ignorais à ce moment-là ce qu'il avait écrit sur le témoignage de Rosine, si bien que nous n'en n'avons pas parlé. Je le regrette fort, car j'aurais aimé parler avec lui du dossier et j'aurais tenté de lui montrer que ses conclusions étaient fondées sur des données très insuffisantes et, pour dire les choses franchement, qu'elles étaient dépourvues d'objectivité.

« UNE ENIGME NON RESOLUE ! »

Q : Globalement, pour résumer votre pensée sur l'énigme des OVNIS, qu'est-ce que vous auriez envie de dire en deux mots ?

JP. Rospars : Effectivement en deux mots : c'est une énigme à résoudre !! Eclats de rire de Jean-Pierre Rospars !

Q : Plus sérieusement, c'est une question sur laquelle plane un gros point d'interrogation selon vous ? Faites-vous une synthèse sur les données de l'histoire en notre possession ?

JP. Rospars : En tant que scientifique, je pense que dire qu'il s'agit d'une énigme non résolue, résume tout et se suffit à soi-même ! Le reste, n'apportera que du bruit. N'importe quelle hypothèse explicative sera le fruit de mon imagination. La réalité n'a peut-être rien à voir avec de banales méprises ou de simples Visiteurs extraterrestres. Peut-être est-elle plus intéressante que ce que l'on imagine, plus compliquée que ce que l'on croit. Il est inutile alors de spéculer, d'autant qu'on manque terriblement de faits bien établis qui pourraient nous permettre de commencer à élaborer la moindre hypothèse un tant soit peu sérieuse. Aussi, je me refuse à aller au-delà de ce simple constat. »

Nous quitterons le scientifique impliqué en lui empruntant un extrait de la conclusion de son article, qui pourrait devenir, le mode d'emploi d'une science, demeurée jusqu'à ce jour spectatrice passive :

« Le plus urgent est de créer une atmosphère studieuse, d'enclencher une démarche des petits pas, d'encourager la description des faits et de faciliter leur discussion, en un mot de créer les conditions normales d'exercice de la méthode scientifique. Tant qu'on n'aura pas incité une petite équipe de chercheurs à exercer cet effort de manière cohérente et sur une durée suffisamment longue, on ne pourra pas répondre aux questions élémentaires qui se posent. Ces questions sont solubles au prix d'un effort relativement modique et sont un préalable indispensable à toute prise de décision mieux informée. Faute d'un tel effort, il y aura effectivement échec de la science, non par défaut de la méthode scientifique elle-même, mais par défaut d'emploi. »

Aux yeux du public, le témoignage OVNI idéal, aurait pour provenance un pilote – de chasse de préférence – ou un astronome. Ceux–ci, de par leur formation, sont les mieux placés, selon ce jugement, pour identifier les étrangetés volantes ou lumineuses qui surgissent dans nos cieux. Un cliché, il est vrai, quelque peu bousculé, ainsi qu'on l'a vu avec le pilote de chasse Jean-Pierre Fartek. Avec son épouse, c'est depuis leur fenêtre qu'ils observent un objet en stationnaire !! Quant aux astronomes, serait bien chanceux celui qui aurait entendu l'un d'eux témoigner avoir aperçu une bizarrerie céleste, au sens Ufologique du terme. Les télescopes réglés la plupart du temps sur des distances se comptant en milliers d'années-lumière, tout objet se déplaçant sur la voûte, par exemple un avion fût-il à 30000 pieds, ne donnera lieu à aucune image. C'est le même principe qui nous empêche de voir une mouche, un oiseau passant devant les jumelles. Ce qui est vrai pour l'avion, le serait pour une machine volante venue d'un autre monde empruntant nos voies aériennes. Des raisons solides qui rendent les arpenteurs du ciel, peu sensibles aux récits d'OVNIS et ne les incitent guère à démêler le vrai du faux.

Paradoxe intéressant, lorsqu'on sait aujourd'hui que ces mêmes astronomes privilégient l'idée que la petite planète bleue, émanation d'un minuscule système de huit planètes occupant un des bras spirales de la Voie lactée, ne serait qu'une parmi des milliards d'autres de l'Univers visible.

Science et Vie d'août 2012, enthousiaste, titrait à cette occasion : « *Il y a 10000 milliards de milliards de planètes habitables dans l'Univers* ». D'où la probabilité très élevée de l'existence supposée de civilisations, dont un certain nombre possèderaient, la maîtrise technologique des voyages spatiaux.

Voyages spatiaux, OVNIS... Raccourci tentant, mais dont il reste tout à démontrer, pour inciter les astronomes à y accorder quelque crédit.

Leur discrétion en la matière, n'a pas échappé à la revue « Ciel et Espace », éditée par l'Association Française d'Astronomie, qui en 2012 a consacré un papier aux OVNIS identifiables, épaulant ainsi le GEIPAN dans sa mission d'éducation du public. Le groupe d'investigation du CNES a fait l'objet de plusieurs reportages de la revue, au moment où la structure mettait en place le site Internet assurant l'accès du public à ses archives.

Comment est perçue l'énigme chez les astronomes, les astrophysiciens ? La considèrent-ils seulement comme relevant de la Science ? Quelques expériences malheureuses, au cours d'émissions télé ou radio, m'ont convaincu de la difficulté des échanges sur ce thème avec les professionnels de l'observation. Je me souviens notamment d'une rencontre sur le plateau de télévision de la Une, lors de l'émission « J'y crois ! J'y crois pas ! » avec feu Jean Heidmann. Il considérait que le budget alloué aux enquêtes du GEPAN était une partie qui revenait en moins au SETI, dont en Europe il était le correspondant. Ce qui le mettait littéralement en colère, comme l'avait également noté le général Letty, lors de notre entretien.

Alain Cirou, le rédacteur en chef de « Ciel et Espace », était l'interlocuteur indiqué pour tenter d'expliciter la discrétion affichée en la matière par la corporation des astronomes. Comme va nous en faire toucher du doigt ce spécialiste du spatial, elle a quelques raisons d'être et conditionne à n'en pas douter la distance observée sur le sujet, par la corporation.

CHAPITRE 24

Alain Cirou : « Pas d'accroche pour la science ! »

A l'issue de notre rencontre, Alain Cirou, le directeur de la rédaction de « Ciel et Espace », m'offre le hors-série de la revue tout juste sorti, intitulé « Les Mystères de l'Astronomie (et de la physique) ». Exemplaire que je dévore le lendemain matin lors de mon « French Breakfast », place St-Michel, aux pieds de Notre-Dame. La synthèse recense les grandes interrogations sur lesquelles bute la science d'aujourd'hui. La matière noire, l'énergie sombre, la « Théorie du Tout ». L'existence probable de civilisations extraterrestres y est également abordée, dont l'assourdissant silence s'inscrirait, selon la revue, dans l'incontournable « Paradoxe de Fermi ». A aucun moment n'est fait mention à l'agaçante question des OVNIS, susceptible de contredire le raisonnement du célèbre physicien.

Dans cette bâtisse gérée par l'Union Astronomique, posée dans l'écrin du parc de la Cité Universitaire de la banlieue nord de Paris, Alain Cirou va compléter mon information sur ces chapitres qui font l'actualité de sa revue.

Je constate avec surprise que le responsable de la dite rédaction connaît très bien le sujet sous les formes qu'il revêt, observations, théories, rumeurs, études. Il a été pour lui un objet de réflexion, ainsi que l'entretien de plus d'une heure qu'il m'accorde le prouve. Il reconnaît posséder depuis une trentaine d'années une somme importante de témoignages, analyses de particuliers, qu'il se promet un jour de confier au sociologue Pierre Lagrange, le plus indiqué à ses yeux pour explorer cette mine. Il note que ces correspondances ne proviennent jamais de professionnels ou amateurs de l'astronomie, et marque son étonnement devant la constatation.

« Ils sont 5000 amateurs inscrits à l'association, ils sont des centaines toutes les nuits à guetter le ciel, jamais l'un d'eux n'a transmis une observation en rapport avec le phénomène OVNI ! »

Il y a quelques années, précise-t-il, il a songé développer au sein de la revue, une rubrique sur l'étude du GEIPAN. *« C'est regrettable, mais il n'y a rien à étudier. Les scientifiques ont besoin d'éléments à soumettre à leurs instruments pour travailler, à décortiquer dans leurs labos ! »*

Petit refrain que nous commençons à bien connaître, Alain Esterle, Patrick Baudry, Jean-Pierre Rospars…

Lors de notre entretien, il va démonter la mécanique qui actionne la machine science et conduit au processus de mise en route de l'institution sur un thème ou un questionnement. *« Sans matière pour actionner le système, la machine demeure muette ! »*

Le phénomène OVNI, hormis sa forte connotation psycho-sociale, selon Alain Cirou, ne produit pas les stimuli qui activent l'attention et l'intérêt des chercheurs. C'est, selon lui, l'essentiel de la cause qui fait que l'affaire demeure en marge des débats scientifiques. Il ne s'agit pas d'ostracisme, mais de l'incapacité pour l'institution de rassembler des éléments concrets, concordants, sur lesquels développer un fond d'étude. *« Quoi étudier ? »* interroge-t-il, sans chercher à dénigrer en quoi que ce soit les observateurs.

« J'ai dans mes placards des dizaines d'observations de gens qui semblent très sérieux, mais ce qu'ils rapportent n'est nullement exploitable. On sent dans ces récits un énorme déficit de termes descriptifs, d'autant que ces derniers sont, la plupart du temps, exempts de toutes données chiffrées, sur lesquelles on pourrait ouvrir un embryon d'analyse. »

Quelques semaines avant ma visite à « Ciel et Espace », se produisait un évènement majeur dans la petite communauté des chercheurs guettant les orbites mystérieuses des neutrinos dans les accélérateurs. La phrase *« On a dépassé la vitesse de la lumière !! »* va faire le tour du monde via Internet, et toute la planète de se sentir concernée par le formidable évènement, même si la plupart des habitants auraient été bien incapables de dire en quoi les choses allaient changer. Les plus avertis d'annoncer que la théorie de la Relativité devenait caduque. *« Albert Einstein s'est planté ! »,* de prétendre les moins respectueux. Les plus curieux de s'interroger sur les conséquences du pied de nez imputable, disait-on, à une poignée de neutrinos ayant décidé de parcourir plus de distance que la théorie ne le leur autorise. Je ne pouvais pas m'entretenir avec le directeur de « Ciel et Espace » sans l'interroger sur ce qu'allait advenir la fameuse formule E=MC2, le symbole depuis 1917 d'une science débouchant sur le Big-Bang, les Trous noirs et autres singularités spatio-temporelles.

Avec un certain enthousiasme dans la voix, le journaliste scientifique développe analyses et commentaires sur les bouleversements en gestation si l'affaire venait à être confirmée. Les tentatives de reproduire l'expérience ont échoué et la communauté scientifique considère comme sans valeur les conclusions produites au Grand SASSO en 2010, ainsi que le pressentait le journaliste scientifique.

« Pour l'instant, 90% des scientifiques concernés pensent qu'il s'agit probablement d'un artéfact produit par l'appareillage, sinon la capacité des neutrinos à initier dans des conditions encore inconnues d'autres formes de particules produisant l'illusion d'un dépassement de la lumière. »

Avec un regard lourd de promesses sur ce futur inconnu qui se profilait, Alain Cirou de citer pêle-mêle quelques prodigieuses perspectives qu'auraient pu signifier cet inexplicable dépassement de la lumière.

« Remise en question de la causalité, sur laquelle repose toute notre physique, notre réalité. On pourra aller tuer le père de Hitler, refaçonner le passé pour mieux gérer le présent... » Le tout dit avec un sourire de délectation, en imaginant la bonne blague que la physique jouerait alors à la condition humaine.

Le sujet nous emporte sur des considérations sur lesquelles la science n'a plus prise, les mêmes d'ailleurs qui se profilent avec les OVNIS.

Pour Alain Cirou, hormis cette interrogation naissante sur les débouchés que suggérait à ce moment-là le dépassement de la vitesse de la lumière avec les neutrinos, c'est l'occasion de souligner que les scientifiques savent se montrer ouverts à toutes les hypothèses, voire au merveilleux. Et le journaliste de rebondir sur le processus qui entraîne l'intervention de la science :

« Une question se pose soudain avec acuité, qui nécessite une réponse de la communaé scientifique, adaptée et circonstanciée. La nécessité fait loi, mais l'évènement est lui-même une conséquence d'une réflexion, d'une observation, c'est-à-dire appuyée sur du concret analysable, interprétable. Tout cela n'existe pas ou si peu dans le domaine des OVNIS ! » se désole Alain Cirou. Lorsque je note que le groupe du CNES engrange tout de même des données sur la question, Alain Cirou de rappeler qu'elles sont fragmentaires, dispersées. Que tout reste à faire dans le domaine et que pour le moment ce sont les sciences humaines qui semblent le mieux à même de creuser la question. *« Qui sait alors si, de leurs analyses et constatations, ne surgiront pas des pistes susceptibles de faire entrer le sujet de plain-pied dans les préoccupations des sciences dures. »* conclut Alain Cirou.

LES ASTRONOMES, EN DEHORS DU DEBAT !

Q : Les OVNIS sont-ils un sujet d'interrogation pour la communauté des astronomes ? Quelle image véhicule pour elle la question ?

A. Cirou : Je pense qu'on s'est toujours trompé lorsqu'on imagine le rapport entre la question OVNI et la question des sciences. On a toujours lié ça aux astronomes. Cette association, ciel et OVNI, l'amalgame astronomie – OVNI que l'on fait, n'est plus en relation avec les faits. Aucun astronome amateur ne m'a jamais fait parvenir une image crédible d'observation d'objet volant non identifié. Aucun professionnel de l'astronomie n'a jamais eu à faire état d'une observation de ce type. La partie professionnelle est certes moins importante que l'assemblée des amateurs, car la plupart sont surtout des théoriciens, des astrophysiciens, des cosmologistes ayant peu accès au ciel. Par contre, les amateurs que je suis depuis plus de trois décennies depuis ce point de rencontre qu'est l'Association française d'Astronomie, je le répète, tout le monde voit des OVNIS, sauf eux !

Ça me pose un problème. Je reçois des lettres, je reçois des photos bizarres, mais jamais en provenance des astronomes amateurs. Ces correspondants, observateurs d'OVNIS, ne donnent jamais d'information sur la magnitude, sur la vitesse, sur la direction, sur des paramètres que l'on peut mesurer. Et pourtant, avec la pratique des réseaux d'observateurs, ils sont mieux placés que personne pour témoigner si éventualité.

Q : Avez-vous rencontré des astrophysiciens, des cosmologistes se disant interpelés par l'énigme ou un témoignage particulier ?

A. Cirou : Non, mais j'ai quelque chose qui m'avait beaucoup amusé. Il y a quelques années, j'ai été en visite à l'observatoire de Haute-Provence. Je me trouvais près d'une coupole où était installé, sur un pilier, un appareil photo à demeure. L'astronome qui me faisait visiter le site, de préciser en désignant l'appareil : *« C'est le point OVNI. Nous l'avons installé ici au cas où se produirait un phénomène étrange, qu'on puisse photographier !! »*

L'appareil se trouvait là depuis quelques années. Il n'avait jamais pris une photo, il n'y avait jamais eu aucune alerte ! L'objet était là en attente, montrant que les gens ne sont pas opposés à l'idée des OVNIS. Il s'agissait ici d'astronomes professionnels partant de l'idée que si quelque chose d'insolite se produisait, il pouvait être utile d'enregistrer le phénomène.

Aussi je n'ai jamais senti une animosité quelconque des professionnels de la Science à destination d'un quelconque évènement dans le ciel. La curiosité demeure le réflexe de l'ensemble des hommes scientifiques et pourquoi refuseraient-ils a priori tout évènement insolite surgissant sous leurs yeux ? Ce qui irrite beaucoup les scientifiques, c'est finalement : OVNIS=Extraterrestres ! Cette association, poussée par quelques individus qui veulent absolument démontrer qu'on est visités, qu'il y a un complot, etc., irrite tout le monde car, depuis toujours, les théories du complot et la Science ne font pas bon ménage.

« ETUDIER LES OVNIS REND FOU ! »

Q : Est-ce que des scientifiques ont planché sur les travaux du GEIPAN ? On a l'impression que l'initiative du CNES ne semble pas concerner la science !

A. Cirou : On pourrait résumer par cette phrase la position de ceux qui s'impliquent dans l'affaire : s'intéresser au phénomène OVNI rend fou ! Rire. Moi, ce qui m'a toujours beaucoup amusé, c'est la tentative du CNES de se séparer de cette patate chaude, et qui avait créé le GEPAN en disant *« On va confier ça à un ingénieur »*. Paf ! d'un coup, l'ingénieur se met à croire aux OVNIS, à un complot ! Ou celui qui est chargé de traiter les dossiers se met à écrire un bouquin pour dire, *« Ils existent ! »* etc. Donc la patate chaude est devenue puante. Je pense qu'ils ont fait ce qu'il fallait faire, ouvrir les archives au public. C'était vraiment quelque chose d'obligatoire, qu'enfin ces archives soient disponibles ! Il est alors tout à fait logique, lorsqu'il y a enquête de gendarmerie, que le CNES soit l'expert qui intervienne dans ces dossiers. Ce qui apparaît quand on regarde aujourd'hui la libération des archives du GEIPAN, c'est qu'il n'est pas sûr que des scientifiques travaillent dessus. Cela signifie que ça ne les intéresse pas et Pierre Lagrange, je pense, ne me démentira pas, et du côté des sciences humaines, personne ne s'est non plus investi dans la question !

Avec les scientifiques, lorsqu'on parle de ce phénomène, on arrive très vite à invoquer le Paradoxe de Fermi. Ce qui intéresse les scientifiques est la discussion autour de la logique invoquée par Enrico Fermi, pour justifier la non-existence des visites extraterrestres. *« S'ils existaient, ils seraient déjà venus ! »* Les scientifiques, associant les OVNIS aux thèmes des visites extraterrestres popularisées dans le public, ne cherchent nullement à investiguer autour d'une observation pour tenter d'en tirer les éléments.

Q : Les témoins ne sont pas des professionnels de l'observation, mais ne pas tenir compte de ce qu'ils décrivent peut s'avérer grave pour tout le monde ?

A. Cirou : L'intéressant est qu'on puisse observer et je suis absolument persuadé que la plupart des observateurs d'évènements sont tout à fait crédibles. Ils ont réellement vu ce qu'ils rapportent. D'ailleurs il ne me paraît pas du tout aberrant que le monde qui nous entoure soit plein de choses qu'on ne comprend pas, ne sait pas expliquer. Ensuite interviennent les circonstances, certaines qu'on ne sait pas comprendre pour des raisons astronomiques, qui demeurent des mystères. Mais le lien « Intelligence Extraterrestre – Phénomène OVNI » n'est, pour moi, pas probant aujourd'hui ! C'est-à-dire que ça fait partie des hypothèses, mais n'est pas nécessairement lié.

Q : Il pourrait être intéressant justement de dire ce qui incite la science à investiguer sur une question particulière ou à l'ignorer ? Comment se déroule le processus de prise en compte d'un questionnement sur un thème par l'institution ?

A. Cirou : On peut dire qu'existent concrètement deux approches. La première est intellectuelle : on décide de s'intéresser à un sujet parce qu'il y a une question à résoudre. Prenons un exemple que vous connaissez, celui du CERN, où on décide de fabriquer une grande machine qui est un accélérateur pour essayer de trouver une particule manquante dans un modèle théorique qui tient bien la route aujourd'hui, appelé modèle standard, qui décrit les briques, la colle, les clous, qui fabriquent l'Univers.

Sauf qu'il manque une clé de voûte. On se dit que cette clé de voûte doit exister et on construit une machine en se persuadant qu'on va la trouver. Le problème est que si on ne découvre pas cette clé de voûte, ça veut dire que tout le modèle qu'on a imaginé va tomber par terre.

C'est une réflexion qui est le fruit d'un processus, d'un résultat, d'une série de raisonnements qui ont permis en la matière d'avancer, et qui incite à aller plus loin. Ainsi que nous en parlions hier avec Michel Spiro, qui est le directeur scientifique du CERN, on doit se souvenir qu'au début du 20ème siècle on avait l'impression qu'on avait découvert pratiquement tout.

Hubble avait observé la fuite des galaxies, on mesurait la densité de la matière de l'univers et ainsi de suite. Un siècle plus tard, 96% du bilan énergétique de l'univers est inconnu, avec une énergie noire à 70%, avec une matière sombre représentant 26%. Ce qu'on connaît, ce qu'on mesure est chiffré à... moins de 4% aujourd'hui ! On a construit des machines, on a découvert de nouveaux éléments et en même temps nous nous trouvons confrontés à des énigmes extraordinaires. Aussi on a l'impression et c'est ça qui est génial, plus on avance dans la connaissance, plus on constate qu'elle est une façon de définir la limite de notre savoir et c'est surtout une manière de mesurer ce qu'on ne connaît pas. C'est la première raison d'intervention de l'institution.

La deuxième action, c'est ce qu'on voit dans la nature. C'est ce qu'on a comme énigme qui s'offre à notre regard, à nos instruments. On voit une étoile qui explose dans le ciel, on va s'intéresser à elle parce qu'elle apparaît comme un « ange » si je puis dire. C'est un signal, il faut s'en occuper de suite. C'est quelque chose qui se passe et là il faut comprendre. Donc appareils de mesure, observations, puis théories et on reprend le processus. Le tout repose sur quelque chose de concret.

Pour ramener à la question des OVNIS, ce qui m'a toujours intrigué, c'est que les observations ne semblent pas suffisantes. On a l'impression, pour prendre une image, que la masse critique n'est jamais là. Il y a de nombreuses années on avait publié un papier intitulé « Les OVNIS ont disparu ». C'était dans la logique de cette période, où on avait parlé des OVNIS belges, de vagues d'observations et ensuite il y a eu plusieurs années où il ne s'est pratiquement plus rien passé. On avait donc fait un papier dans « Ciel et Espace », en se demandant pourquoi les OVNIS avaient disparu. A la suite de la parution de ce papier, on a pris une volée de bois vert par ceux qui expliquaient qu'on entendait plus parler d'OVNIS parce qu'on...n'en parlait plus ! Non, plus simplement, il n'y avait pas d'affaire saillante !

LES MOTS MANQUENT AUX TEMOINS

Q : Qu'est-ce qu'il faudrait pour que la Science se sente motivée à mettre des des moyens, des budgets sur cette question ? Il existe des éléments d'enquête concrets, ne donnant lieu à aucune exploitation. Pour quelle raison ?

A. Cirou : Simplement parce qu'il ne se passe rien ! Si la science n'est pas motivée, cela tient essentiellement à ce que, dans cette histoire, il n'y a rien à ramener au labo ! Je regorge de lettres de gens qui m'envoient des observations. Depuis des années, je ne reçois rien sur ce sujet. Il ne se passe rien ! Quand se produit un évènement dans le ciel, on a une photo. On a une rentrée de météorite, le passage d'un météore, la dernière comète annoncée. On l'a dans l'heure qui suit parfois l'information, on connaît la magnitude, la vitesse, la direction. On a plusieurs observateurs. Sur le phénomène OVNI, nous n'avons rien ! Et rien en 30 ans sur des centaines d'observateurs que je dirais qualifiés, au sens où ils peuvent décrire un évènement. J'ai effectivement des lettres de gens qui ont vu des trucs extraordinaires et tout... Mais ils ne sont pas capables de dire autre chose qu'ils ont vu quelque chose d'extraordinaire. Ils n'ont pas les mots appropriés pour le dire. Il est indispensable de qualifier les choses. Vous ne pouvez pas appeler les pompiers en disant qu'il y a un accident et on vous demande si c'est un avion, un bus et un vélo. Vous répondez *« je n'en sais rien ! »* On ne fait pas les même secours si c'est un 747 qui s'est crashé, qu'un accident entre un vélo et un chien. Pour l'instant on en est là : on annonce un accident sans être capable d'en dire plus. Ça ne peut pas marcher !

Q : Vous avez participé à une émission sur Europe 1 sur le thème des OVNIS, où intervenait le pilote Krine. Quel sentiment vous a donné son témoignage ?

A. Cirou : Je lui fais totalement confiance. C'est un personnage tout à fait sympathique, hautement crédible, qui n'a pas du tout eu peur d'affronter les moqueries généralement attachées à ce domaine. Il ne fait pas commerce de son aventure. C'est sérieux et impressionnant et, je le regrette encore, ça ne me dit rien sur le sujet. Il me semble assez normal que dans un monde où 96% des choses nous demeurent inaccessibles, sur Terre il y ait des évènements qui nous échappent. Le problème, c'est que je ne sais pas ce qui nous échappe !! Je ne sais pas si ce qu'a vu ce pilote, est de la même nature, que d'autres cas qui sont tout aussi intrigants, comme celui que vous décriviez en parlant de l'autre pilote, le capitaine Fartek. Ou de toute autre personne. Est-ce qu'il y a des liens entre ces témoignages, est-ce que les faits dont il est fait état sont de même nature ? Je n'en sais strictement rien !

Q : C'est à ce moment-là que la science devrait se faire entendre, intervenir et mettre à jour les éventuels liens entre toutes ces histoires. On peut dire qu'à ce niveau il existe un manque ?

A. Cirou : Oui il y a effectivement un manque ! Mais il faut savoir comment fonctionne la science. Le scientifique ne s'empare pas d'un sujet sur un coup de tête, en fonction de son humeur. Il est dans un labo, il doit publier, il est en compétition. Il a besoin d'argent, donc de ressources, il doit montrer que sa recherche est utile, etc. L'énigme devant la modicité des éléments qu'elle offre à voir, justifie le peu de motivation de la science à la prendre en compte. On peut se poser la question si les sciences humaines pourraient étudier, non pas le phénomène, mais le sujet OVNI. Et c'est effectivement où on peut regretter qu'il n'y ait pas eu des études qui permettent d'essayer de dégager des pistes de recherche. Donc les scientifiques sont dans un cadre borné, au sens strict du terme. Avec des bornes, c'est-à-dire ils doivent rendre des comptes, investiguer sur des thèmes définis et reconnus. Ensuite je dirais que dans la liste des priorités d'aujourd'hui, les OVNIS n'en sont pas une du tout !

De nouvelles énergies, comprendre le monde, étudier la biodiversité, savoir d'où vient la vie, etc. Ici on aborde des sujets absolument fondamentaux. La science est extrêmement pragmatique, et elle a besoin de se débarrasser de tout ce qui relève de l'extrapolation gratuite, sans devenir.

Son action repose sur l'objectivité et une exploration des paramètres chiffrables, c'est-à-dire qu'elle s'appuie sur la mesure. En matière d'OVNIS, vous êtes sur des témoignages, vous êtes sur des comptes-rendus imprécis et, surtout, un phénomène non reproductible. Or on a besoin de reproduire un phénomène, de posséder sur l'expérience des informations, de les mesurer, de les qualifier, de les quantifier. La masse critique n'est pas atteinte du tout en ce domaine.

Q : Votre rédaction a consacré des papiers sur le sujet. Parmi vos lecteurs êtes-vous interrogés sur la question ?

A. Cirou : On en a consacré beaucoup, car le sujet nous a intéressé par les différents aspects que soulevait en science le problème. On a tenté de définir l'éclairage sociologique du sujet en nous demandant qui étaient les gens qui faisaient les observations, et éventuellement pourquoi. Ensuite, ça nous a permis de faire œuvre de vulgarisation en publiant des images de lune écrasée dans la basse atmosphère, de levers de soleil bizarres. D'expliquer que Vénus et Jupiter, dans le ciel, pouvaient donner lieu à des observations débouchant sur des questionnements de non identification. On a tout tenté et nous avons laissé tomber la question, car, il faut bien le reconnaître, depuis quelques années, nous n'avons rien à nous mettre sous la dent !

LE MYTHE CONFONDU AVEC LA REALITE !

Q : Vous connaissez les positions de la Zététique sur le phénomène OVNI, l'association scientifique qui s'est donné pour mission « l'éradication des fausses sciences », qu'elle associe précisément à ces fausses sciences. Le travail de cette association aide à dénoncer avec opportunité bon nombre de fausses énigmes, ce qui contribue ainsi à son crédit. On note toutefois, un parti pris sans nuance dans l'affaire des OVNIS ?

A. Cirou : Je trouve qu'ils font un très bon travail, mais j'ai les mêmes problèmes avec eux, que j'avais à l'époque avec l'Union Rationaliste, par rapport à l'astrologie. Des scientifiques comme Evry Schatzman et Claude Becker ont reconnu que lutter contre les fausses sciences, c'était boxer contre un oreiller. Cela veut dire que nous avons bien sûr besoin des arguments rationnels, mais ils ne sont pas efficaces contre les croyances. Pierre Lagrange, avec lequel je suis en accord, défend cette idée fausse qui est que les gens sont facilement abusables. Il s'oppose à l'idée des scientifiques, qui veut que les gens soient crédules, manipulables. Cette crédulité, selon cette logique, les rendrait perméables à l'émergence des fausses sciences, la divulgation des rumeurs. En fait c'est beaucoup plus compliqué que ça. On a besoin de rêver, on a besoin de croire, d'espérer et je souligne, ne l'oublions pas, que des scientifiques purs et durs ont basculé aujourd'hui encore dans le camp de l'intégrisme, c'est-à-dire dans l'irrationnel. Quand on travaille dans la Mécanique Quantique, on peut aussi croire aux fantômes. Donc je me méfierais d'un camp qui soit rationnel et qui détiendrait la raison, contre un camp qui serait totalement irrationnel, à côté de la plaque. Le monde en réalité est beaucoup plus subtil que ça, et ne se laisse pas enfermer dans ces schémas simplistes.

Q : Quelles réflexions vous inspirent les révélations du type Roswell, la Base 51, qui sont devenus les chevaux de bataille d'une certaine Ufologie ?

A. Cirou : Roswell ne m'est pas inconnu. Je suis allé un jour dans le secteur de Roswell interviewer Clyde Tombaugh, l'astronome qui a découvert Pluton. Il est décédé maintenant et à une certaine époque, on avait retenu de lui qu'il disait avoir vu un OVNI. Il n'habitait pas très loin de Roswell. Après avoir découvert Pluton, il a participé aux Etats-Unis à la mise au point des lanceurs et c'est lui en particulier qui a peint les tabliers sur la fameuse fusée V2 qui avait été récupérée par les Américains avec Verner von Braun, et qu'ils testaient dans le désert de White Sand. En allant le voir, je suis passé près de Roswell et, sur la route, j'ai aperçu un moment, un engin dans le ciel qui était un des premiers furtifs en vol, le F117A. J'ai alors pensé que c'était tout à fait normal qu'on ait des visions à cet endroit. C'est un site tout à fait extraordinaire, avec une histoire. Le désert est impressionnant. Il est blanc immaculé, c'est White Sand. Il y a une base secrète. Des engins avec des tronches tout à fait invraisemblables. Un ciel parfaitement dégagé, bleu, avec des couleurs indéfinissables. Tout est là ! On a un concentré du feuilleton de Scully et Mulder… On a les militaires américains, par essence secrets, même si on n'a rien à cacher, le fait de ne rien dire, laisse supposer ça ! C'est là qu'ont été testées les premières bombes atomiques, Alamagordo n'est pas loin. De chaque épisode de cet endroit surgissent des images et des fantasmes. Pour ma part, il me paraît assez logique que se développe autour du site, plus qu'ailleurs, une culture du secret qui fait les choux gras des thèses du complot.

Q : SETI est considéré comme le programme scientifique le plus crédible, d'une tentative de contact avec d'autres civilisations. Avec de bien piètres résultats il est vrai. Pourquoi la composante OVNI n'a pas réussi à fédérer comme pour SETI des chercheurs dûment mandatés ?

A. Cirou : Ce qui est intéressant dans cette affaire-là, c'est qu'à une époque on pensait qu'il existait deux voies. Celle de l'écoute : on disait on écoute et on verra bien si on entend quelque chose. Et puis la voie de la recherche classique astronomique : trouvons des étoiles comme le soleil, anthropocentrique également. Mais logique : on cherche ce que l'on connaît ! Trouvons des planètes. Cherchons des planètes véritables et observons leurs atmosphères pour savoir si quelque chose respire à leur surface. Voyons si nous sommes capables de détecter une activité biologique et ensuite écoutons. Aujourd'hui, nous en sommes au quatrième point. C'est-à-dire on a découvert des planètes gravitant autour des étoiles. On a surpris et vu ces planètes par transit et aujourd'hui on est prêts de détecter des terres. On a des atmosphères planétaires extrasolaires. Pour certaines on est capables d'analyser ce qui les compose et on est en train de construire des télescopes spatiaux qui vont dire demain s'il existe des indices de la vie. Ça va donc extrêmement vite, au point que SETI, nouvelle formule, va écouter les exo-planètes qui ont été détectées par les satellites à leur recherche. Cela signifie que SETI rejoint cette voie, plus prometteuse que ces premières tentatives d'écoute à l'aveugle.

Moi, ce qui me paraît très excitant, c'est que la vie telle qu'on la connaît sur Terre, liée donc à notre propre sort, risque d'être extrêmement variée dans l'univers, si elle existe, simplement parce que les conditions sont extrêmement favorables. On est en train de découvrir que des planètes très proches de leur étoile[39], si ces dernières sont petites, peuvent avoir des capacités où la vie peut être hébergée, dans des conditions qui ne nécessitent pas comme pour nous, d'être à 150 millions de kms. Qu'il pourrait y avoir des éléments de vie sous des croûtes glacées, qui pourraient héberger des formes vivantes. Là aussi, je dirai que la vision qu'on avait il y 30/40 ans à l'époque de Drake et du projet OZMA, a volé en éclats. Pour moi il y a deux pistes sur lesquelles les choses vont avancer. Sur Terre, celle d'une meilleure définition de la question, « Qu'est-ce que la vie ? » Comment elle a émergé ? Comment elle a surgi dans le système solaire ? Comment elle s'est hyper structurée, organisée ? Comment elle s'est tissée, comment elle a disparu et est revenue ? C'est la première voie.

La seconde, celle des exo-planètes.

Aujourd'hui les spécialistes affirment que partout les planètes accompagnent systématiquement les étoiles. C'est fantastique et tout à fait prometteur de rencontres avec d'autres formes de vie, primitives, complexes ou très élaborées, comme celles que recherche le programme SETI.

« JE NE DIRAI RIEN… »

Q : Si vous étiez témoin d'un évènement hors norme comme ceux rapportés par les pilotes Krine, Fartek, Giraud, en feriez-vous état dans votre revue ? C'est ma petite question piège… Rire d'Alain Cirou.

---

[39] Juillet 2015, la NASA annonçait la présence à 1400 années-lumière du soleil, d'une « planète sœur » Képler-452b. Son effet de serre équivalent selon les spécialistes, à celui de la terre qui rêgnera dans un milliard d'années, exclut à priori l'existence de toute vie à sa surface.

A. Cirou : Si j'étais personnellement témoin de quelque chose d'énorme, j'essaierais autour de moi de savoir si des gens ont vu ça ! J'essaierais de ne pas être seul ! Ensuite je pense que je m'appliquerais à qualifier le plus précisément possible ce que j'ai vu. Après ça dépend de ce qui est vu !

Q : Ce serait l'évènement énorme qui vous forcerait à conclure *« Ça y est, je suis témoin de quelques chose d'inexplicable. »* Un inexplicable qu'on relierait à une présence en provenance de l'univers[40]. Est-ce que vous en parleriez ?

Je m'adresse là au rédacteur en chef de « Ciel et Espace » et en tant que tel, que feriez-vous ? Lorsqu'on a une responsabilité sociale, professionnelle ou autre, peut-on témoigner sur un phénomène OVNI ?

A. Cirou : Je vous avoue que dans un tel cas de figure, j'hésiterais. En tout cas je n'en ferais pas part dans « Ciel et Espace ». Il me faudrait quelque chose de tangible, de solide... je pense que j'en parlerais à des proches, à des personnes qui connaissent le ciel, en des personnes en qui j'ai confiance. Etant extrêmement pragmatique, j'essaierais de qualifier les phases de l'observation et de trouver des gens proches de moi qui auraient vu les mêmes choses. J'essaierais de ne pas rester seul pour essayer de parler, d'expliquer. Mais en aucun cas je ne me tournerais vers les médias pour le faire !

Surtout pas, les connaissant particulièrement bien, je pense que j'éviterais de dire quoi que ce soit, tant que je n'ai pas compris moi-même et n'ai pas trouvé une explication qui me satisfasse !

Q : C'est paradoxal ce que vous dites, car vous êtes en train de justifier les raisons pour lesquelles les gens refusent de parler et permettre ainsi d'en savoir plus par leur témoignage. Ce qui empêche assurément d'aller plus loin dans la connaissance du phénomène !

A. Cirou : Peut-être, mais aujourd'hui les dossiers d'analyses scientifiques nécessitent qu'on amène le cadavre sous le microscope. Et dans cette affaire-là, nous n'en avons pas ! »

Rire désolé d'Alain Cirou.

Les rares qui ont tenté d'aller plus loin dans le domaine, sont contraints d'adhérer au constat d'Alain Cirou : il n'y a rien ici ou si peu, susceptible de fournir une accroche aux sciences physiques. Et finissent par solliciter les psycho-sociaux qui leur semblent les mieux armés, sinon pour répondre, au moins proposer des pistes.

Le sociologue des Sciences Pierre Lagrange, impliqué depuis longtemps dans l'affaire, est effectivement instruit pour dire en quoi la psychologie, la

---

[40] En octobre 2015, l'étoile KIC 8462852, a 1480 années-lumière de la terre, découverte par l'Université de Yale, polarise l'attention des astronomes. *« A intervalles réguliers son scintillement se réduit de manière brutale... comme si une mégastructure d'origine artificielle tournait autour »*. Durant 15 jours l'Institut SETI, ausculte les séquences radio de l'étoile, sans détecter de signal particulier. KIC 8462852, est depuis l'objet de toutes les attentions.

sociologie, sont à même d'éclairer le débat. Alain Cirou en tout cas le considère comme la référence en la matière, prêt à lui confier le matériau de témoignages dont la revue « Ciel et Espace » est la dépositaire.

Pierre Lagrange, ne s'est pas contenté d'appliquer la grille de lecture sociologique au problème posé. Il a étudié l'ensemble des facettes de l'énigme. Discours des témoins, contenu du témoignage, actions des associations ufologiques, historique du phénomène, analyse des mythes, des théories et hypothèses qui s'y raccrochent. Il est devenu l'observateur incontournable des médias. Mieux que quiconque, il saura nous dire ce qui appartient en propre aux deux lectures du dossier. Celle recouvrant la composante physique. Celle qui ressort des sciences humaines et sociales.

CHAPITRE 25

Pierre Lagrange : « Une pensée inaccessible ? »

Le sociologue, professeur à Avignon, réside dans un appartement d'une barre HLM à Paris, qui n'a rien du faste que suggère le nom de sa rue, « Château des Rentiers ». Son minuscule deux-pièces est un labyrinthe de livres – plusieurs milliers – qui s'alignent sur la totalité des murs, donnant l'illusion de pénétrer dans une bibliothèque. Les livres épousent les formes du mobilier et on s'assoit en découvrant au dernier moment le siège enfermé dans une coque de bouquins. Pierre Lagrange s'excuse de l'exiguïté du lieu et confie qu'il souffre parfois de cette immersion livresque qu'il ne contient plus.

Il prend place dans ce qui ressemble à un fauteuil, avec en arrière-fond une montagne d'ouvrages. A peine installé surgit un chat fébrile et curieux, animé d'une volonté obstinée de se réfugier près du maître des lieux. Un second, plus discret, parcourt les arcanes de la bibliothèque d'Alexandrie, comme je viens de nommer cet endroit magique et insolite.

LA NOUVELLE SOCIOLOGIE

Q : Que vous inspire la situation actuelle en ufologie ?

P. Lagrange : Aujourd'hui existe une espèce de sensibilisation permanente, qui se développe, c'est très marqué, sur Internet où il est si facile de se faire entendre. N'importe qui peut ouvrir un site de discussion sur la toile. Cela entraîne de facto une sorte de démocratisation extrême du débat. Mais en même temps il se retrouve à un niveau pas toujours très heureux. Reprise de la moindre rumeur, les plus modestes images donnent lieu à discussions, le tout amplifié. Parallèlement, les médias ont évolué, mais paradoxalement pas avec l'ampleur que la révolution Internet a produite. Globalement on a l'impression que le sujet est un peu plus pris au sérieux. C'est l'impression que j'en perçois. Je n'ai jamais eu droit aux moqueries des ufologues en raison du fait, je crois, que j'ai fait des études universitaires et de la recherche. Aussi les gens m'abordent différemment. Le fait d'avoir un titre, ça stoppe les critiques. J'appartiens à une tradition sociologique qui est toute nouvelle, différente, intitulée, la « Sociologie des Sciences ». Dans cette optique on n'étudie pas les aborigènes en Australie ou les Bonobos en Amérique du Sud, on prend comme objet d'étude les scientifiques. On essaie de comprendre comment ils travaillent. Du coup, cela a entraîné toute une révolution conceptuelle dans la façon d'opérer en sociologie sur la manière d'aborder les problèmes classiques, notamment les croyances. On ne peut plus les étudier de manière habituelle en partant du principe que c'est faux. Personnellement je me suis intéressé à cette question parce que justement la Sociologie des Sciences permettait d'aborder un sujet comme les OVNIS, différemment de ce qu'on avait vu avant jusque-là, notamment à travers les clichés de Monnerie ou autres.

SOUDAIN LES « SOUCOUPES » !

Q : Pourquoi ce silence de la Science devant le phénomène ? Pourquoi cette absence, cette neutralité pour ne pas parler de rejet ?

P.Lagrange : La science du 19ème était une société savante où les Flammarion, les Arago discutaient de tous les domaines, exprimant une curiosité savante sur la nature et ses mystères. Flammarion s'est aussi intéressé à tous les phénomènes bizarres du ciel, aux météores lents changeant parfois de direction qu'on classerait aujourd'hui dans la catégorie des OVNIS. Au début du 20ème siècle, la science s'est centrée autour de la figure du physicien. Elle est devenue pragmatique en se rapprochant des intérêts, des Etats. La science s'est alors coupée des amateurs, les sociétés savantes n'en continuant pas moins à jouer leur rôle. Les institutions scientifiques ont imposé le cadre dans lequel évoluera la science et les deux guerres mondiales ont défini leurs buts et fonctions, et grâce à ça, la science a avancé à grands pas sous la pression des percées technologiques qui devenaient un enjeu durant les périodes de conflit. En 1945, la science est ainsi symbolisée par le portrait du physicien, celui du scientifique qui œuvre dans le domaine atomique dont il contribue au développement. C'est-à-dire une espèce de démiurge censé comprendre la nature comme jamais auparavant et même de la détruire, comme le fait Faust. C'est à ce moment qu'en 1947 surgit l'histoire des « soucoupes volantes », deux ans après la bombe. Avec cette image centrée sur le physicien, la science se trouve réduite à une toute petite partie. C'est une autre image de savant qui observe la nature et la comprend. C'est l'astronome, le physicien, des gens hautement diplômés et compétents dont les avis sont difficilement attaquables. Qu'est-ce qu'il se passe lorsqu'en 1947 les « soucoupes volantes » surgissent, lorsque le témoin Kenneth Arnold, et il n'est pas le seul à ce moment-là, déclare *« J'ai vu 9 disques évoluer dans le ciel près, au-dessus du Mt Rainier » ?* La réaction unanime des scientifiques est de dire : *« Ce sont des conneries !! Ça n'a aucun intérêt ! Ces gens-là se trompent ou hallucinent !! »*

Donc il y a une espèce de rejet quasi unanime. Du point de vue du public, cette attitude de la science, précisément censée incarner la curiosité vis-à-vis des choses nouvelles et des phénomènes de la nature, est incompréhensible !

Paradoxalement, ce sont les militaires qui vont prendre la chose au sérieux et les documents qu'ils constituent ne sont pas accessibles au public à l'époque, d'où son impossibilité de se faire une idée sur le crédit à accorder au sujet. Ici on parle toujours de la partie américaine du dossier. On a alors conclu que la vague 1947 était liée à un phénomène de la guerre froide, la science-fiction populaire. Ce n'est pas ce que j'observe, c'est même faux. Ce qu'il se passe en 47, débouche sur un phénomène de scepticisme général de la presse. La presse, depuis les premiers articles, s'interroge sur la provenance des OVNIS, voire leur origine russe. Elle se demande si ce que disent avoir vu les témoins est bien exact ou vrai.

UNE SCIENCE SELECTIVE

P. Lagrange : Peu à peu se produit aux Etats Unis un contre-courant incarné par Donald Keyhoe. En France par Marc Thiroin, Aimé Michel, Jimmy Guieu, les premières personnes qui dans l'hexagone commencent à enquêter fin des années 40, début 50. Eux soulignent la persistance du phénomène, les militaires l'étudient, il s'agit donc d'une affaire sérieuse. Mais alors pourquoi les scientifiques ne s'y intéressent pas ? Pourquoi cette attitude obstinément fermée ?

Ma réponse est que l'image du savant que se crée le public, celle du type à la Jules Verne qui explore la nature, et celle que renvoie la réalité, n'est pas du tout la même. Le scientifique n'est pas forcément curieux de tout ! C'est un homme qui entre la fin du 19ème et les années 50 a évolué entre quelqu'un payé souvent par l'Etat pour effectuer des recherches qui doivent avoir un intérêt social, par exemple dans le domaine militaire, celui de la santé et participe alors à la construction de la Société. Le scientifique n'est pas une personne qui examine la nature, mais un homme, une femme désormais, qui opère en labo, qui regarde des instruments. Ces instruments sont calibrés sur certains paramètres, ce qui fait que le chercheur explore un domaine particulier et pas un autre. Un peu comme les radars qui sont aujourd'hui extrêmement sélectifs. Il pourrait y avoir une armada d'OVNIS, ils ne la verraient pas forcément. Concrètement, l'OVNI n'est pas un évènement disséqué sur une paillasse de labo. C'est d'abord un produit issu des rédactions, « analysé » par les journalistes… Pour un scientifique, cela débouche d'emblée sur une image de pas sérieux ! Simplement il y a une ambiguïté entre le cliché du savant et de ce qu'il est, réellement. Cette ambiguïté va se maintenir pendant des décennies. En fait le scientifique, naturellement, tel qu'il a été formé dans la première moitié du siècle, ne peut pas s'intéresser par réflexe à quelque chose que quelqu'un signale. Cela n'a pas d'intérêt car ça n'entre pas dans les schémas et les comportements des scientifiques. Ce ne sont pas des collègues qui rapportent de telles choses. Les témoins ne sont pas formés à observer, etc… Donc le scientifique bon teint envoie ça aux orties !

L'UNION RATIONALISTE : « SUPERSTITION IMPERIALISTE ! »

En France, totale réaction de rejet ! En 1947 les savants français sont issus des milieux de la résistance et du parti communiste, et le CNRS comptera dans ses rangs des physiciens issus ou proches du PC. Langevin, figure emblématique de cette période avait créé l'Union Rationaliste en 1930, qui s'était donné pour mission d'éclairer le monde !! Toute la génération qui suivra dans les années 50 s'inspirera de cette philosophie. Evry Schatzman qui appartenait à l'Union Rationaliste, avec d'autres du PC, vont assimiler le dossier américain à de la Science-Fiction – c'est américain donc lié à l'impérialisme qu'inspire alors ce pays. Ce groupe l'associe à l'obscurantisme, à la superstition populaire et rejette d'emblée le dossier !

En France le front uni de l'idéologie va bloquer toute la prise en compte de la question. Il s'agit de fables comme l'analyse dans deux articles d'Evry Schatzman dans « L'éducation Nationale » et « La pensée », la revue de l'Union Rationaliste et la revue du PC.

En 1954 Pierre Guérin, l'astrophysicien, va voir sa carrière compromise pour sa prise de position sur la question lorsqu'il entreprend de présenter sa thèse à l'époque. Il a Schatzman dans son jury. La rumeur sur son intérêt a circulé et l'astronome Coudet, totalement imprégné des idées les plus dures de l'Union Rationaliste – il écrira un livre dénonçant l'Astrologie –, va bloquer Guérin à l'accession à l'Union Astronomique Internationale. Sa candidature sera rejetée parce qu'il a entendu dire qu'il s'intéressait aux soucoupes volantes !

Les scientifiques ont divisé le monde en deux. Les experts d'un côté. Le public de l'autre. Les scientifiques ont décrété dès le départ que ces histoires d'OVNIS étaient des fables. La question était entendue et rayée des dossiers de la science !! Il va falloir alors des années pour que quelques types sortant du rang s'impliquent dans la chose, comme Pierre Guérin, Rémi Chauvin. Mais pendant des années ils ne pourront le dire publiquement ! Pierre Guérin attendra 1972 et vivra une vraie clandestinité entre 1954 et 1972 dans sa participation toute personnelle qu'il apporte à la résolution de l'énigme.

PAS D'OVNIS DANS LES UNIVERSITES !

Q : Aujourd'hui il existe un non-dit de la science qui correspond à quoi ? Comment expliquer l'indifférence de la science ? On est toujours dans le même processus mental de rejet ?

P.Lagrange : Un type qui veut faire carrière en tant que physicien est passé par l'Université. C'est-à-dire qu'il est totalement cadré. A l'Université on ne parle jamais d'OVNIS. Il lui faut alors des circonstances très particulières pour qu'il s'intéresse au problème. Etre confronté à quelqu'un de sa famille ou de proches qui a vu quelque chose. Les scientifiques qui admettent s'intéresser au phénomène racontent souvent que c'est une circonstance particulière qui les a conduits sur cette route nullement empruntée par les scientifiques. Sinon c'est l'indifférence qui domine.

Auprès des jeunes scientifiques que je côtoie, il n'y a plus ce discours rationaliste, sauf chez quelques rares. Mais la majorité déclare : *« Qu'est-ce que j'ai affaire avec ça ? »*

Q : N'est-ce pas lié également à l'image déplorable du phénomène véhiculée dans le public par le biais des médias ?

P.Lagrange : L'information, faute d'observations, est produite par les supports télé à travers des documentaires. Le moins qu'on peut dire, c'est qu'ils sont loin de représenter les critères scientifiques. Imaginez ce que peut ressentir un chercheur qui tombe sur ces productions ! Si vous ne connaissez pas l'Ufologie de l'intérieur, regarder ce qu'en donne à voir les émissions de télé vous plonge dans le médiocre et le navrant. On montre un zozo qui rencontre des Extraterrestres tous les soirs ! La tendance des médias est de proposer les gens les plus bizarres. Un scientifique ne peut pas s'intéresser à ça, et son réflexe sera alors de s'en remettre à l'avis du sociologue.

Q : Justement, vous le sociologue qui étudiez les OVNIS, mais aussi les scientifiques qui, eux, ne les étudient pas, quelle attitude ont-ils ? Sont-ils curieux ? Vous posent-ils parfois des questions sur le sujet lors de vos conférences ?

P.Lagrange : A priori les scientifiques sont des gens curieux par nature. Quand ils croisent quelqu'un dont ils savent qu'il s'intéresse au sujet de manière approfondie, je suis effectivement sollicité par certains. J'ai aussi été invité à l'Institut d'Astrophysique à prendre la parole en 2003 dans le cadre d'un séminaire, c'est-à-dire en privé. Au départ il y avait, à ma prise de parole, trois personnes. Quelques minutes plus tard la salle était pleine. Certains auditeurs sont restés debout pendant une heure trente !!

Apparemment tout l'Institut d'Astrophysique s'était déplacé. L'après-midi j'ai même poursuivi le débat dans les couloirs après le déjeuner. Donc il existe une curiosité effective.

En vérité le scientifique n'a pas non plus le moyen de s'informer sur la question. Dans les kiosques pas de journaux ou de revues traitant de l'affaire. En librairie, difficile de s'y retrouver, la plupart du temps les bouquins sérieux sont écrasés par la masse des divagations sur le sujet. Et surtout écrits par des personnes qui ne sont pas du sérail scientifique, donc méfiance a priori sur le contenu. Pour ma part depuis 1990, j'ai rencontré bon nombre de scientifiques avec qui le dialogue s'est bien déroulé. Cela tient à la manière de le dire. Guérin, l'astrophysicien était du genre grande gueule, offensif. A son époque où le rationalisme triomphait, ça devait produire des clashs plus que des discussions avec échanges. Moi je suis de tendance plus souple, donc je n'ai pas de conflit avec les gens. A part quelques exceptions, avec des types de forums où il est inutile de discuter, la plupart des jeunes chercheurs sont des gens curieux. Au début ça les amuse, mais plus on avance dans le cœur du sujet, plus ils se prennent au jeu. Pour moi, le symposium de Florence sur l'Astronomie, ma rencontre avec les gens de l'IAP et la conférence publique que j'y ai donnée en 2003, démontrent qu'a priori il n'y a pas d'hostilité de fond. Ils ont juste une longue tradition de désintérêt pour le sujet. Il faut être la bonne personne au bon moment, qui va provoquer l'étincelle qui ouvre les esprits. Le problème ensuite c'est de faire perdurer l'intérêt. Ils ont leurs programmes de recherche et ils ne vont pas interrompre ce qu'ils font, c'est l'élément complexe.

LUEURS SUR LES SOUCOUPES VOLANTES

Q : Comment analysez-vous la propension des Ufologues à investir sur les théories du secret, de la conspiration qui font le succès des sites Internet et d'une certaine littérature ?

P.Lagrange : Cette affaire de secret autour des OVNIS est liée à une histoire toute bête. On se remet dans le contexte de l'époque, 47/50, le phénomène a 3 ans. Certains pronostiquent que tôt ou tard on connaîtra l'origine ou la cause des dits UFO/OVNIS. Ces analystes vivent dans l'idée qu'un jour ou l'autre la solution va tomber. En France, Aimé Michel adopte ce raisonnement. Mais la solution ne vient pas et le phénomène se complexifie. En 1954, des histoires d'atterrissages submergent les brigades de Gendarmerie. Ici apparaissent deux tendances qui vont se séparer. Une partie pense que les militaires détiennent la solution et le diront un jour. L'autre imagine qu'on finira par trouver un engin qui tombera ou se posera au sol et provoquera l'évidence. Mais de toute manière il va se passer quelque chose, déclarent les deux camps.

Aimé Michel et ses supporters tiennent un autre discours. En 1958 dans son livre « Mystérieux objets célestes », il a adopté un raisonnement complètement différent. Il se convainc qu'il faut prendre le problème d'une tout autre manière. Si nous sommes confrontés à une pensée qui est de l'ordre extraterrestre, on est en face d'une manifestation que l'on est incapable d'imaginer. Ils ne viennent pas de Mars, Vénus !

Ils viennent de plus loin !

Aimé Michel avait fait des études de philo, sans pour autant avoir passé de diplômes, mais toute sa vie avait été consacrée à cette discipline. Pour vivre, il avait passé un diplôme d'ingénieur à la RTF. Il est rompu à un niveau de réflexion que Keyhoe, et les personnes qui découvrent alors les OVNIS, n'ont pas. Aux Etats-Unis, avec Keyhoe, le militaire, on tape sur la soucoupe et on voit ce qu'il se passe. Avec Aimé Michel, le Français, on tient une logique qui sera celle d'Enrico Fermi dans les années 50 et qu'on découvrira en 60 : *« Si les extraterrestres existaient ailleurs, ils seraient déjà là ! »* Cela implique quelque chose que beaucoup de scientifiques ne perçoivent pas alors. Nous devons être confrontés à des civilisations qui n'ont pas quelques centaines d'années d'existence comme la nôtre, mais des millions d'années ! Il faut se représenter ce que signifie ce décalage entre d'éventuels Visiteurs et notre civilisation. Quelques milliers d'années, c'est la période des australopithèques. On n'a pas de discussion avec les australopithèques. L'invention de l'écriture, c'est 6000 ans. L'invention de la science date du 17ème siècle. Donc notre civilisation n'est pas à la fin de son histoire, mais à son début ! Dans l'univers existent probablement des mondes vieux de plusieurs milliards d'années ! Quel dialogue pourrait-on avoir avec les E.T. qui ont une civilisation de 1 million, 2 millions ou plus d'années que la nôtre ? Aimé Michel dit que le problème n'est pas seulement technique, mais essentiellement intellectuel. Pierre Guérin, fera le même raisonnement dans sa conférence en 196O à l'Union Rationaliste. Il existe selon lui tellement de différence au titre de situations accumulées que nous sommes, pour faire bref et imagé, l'équivalent des babouins !

Ce raisonnement va marquer deux courants de pensée en ufologie. Le premier qui dit que la solution va tomber parce qu'on va savoir ce que c'est. En gros, l'idée d'une science équipée pour découvrir la vérité. L'autre qui prétend insoluble l'histoire, en se référant à une pensée inaccessible derrière les OVNIS.

« LES MILITAIRES NE RIENT PLUS... »

On a sur les bras une vraie question, probablement insoluble parce que nous ne sommes pas équipés pour comprendre leurs motivations. Et peut-être que les nôtres leur sont très, très compliquées à comprendre. Ça entraîne une tout autre réflexion. Le dilemme est non seulement scientifique mais également métaphysique. Aimé Michel va faire aboutir totalement son raisonnement quand il va écrire en 1973 « Le principe de banalité » dans le livre collectif « Mystérieuses soucoupes volantes »[41].

En quelques pages, tout est dit. Ce qui me désole, c'est que plein d'ufologues n'ont pas lu Aimé Michel, ou ne l'ont pas compris, ou ne possèdent pas ce niveau de connaissance. Pour eux alors la théorie du complot se justifie, car ils concluent que l'affaire ne peut pas durer autant de décennies sans qu'on sache le fin mot de l'histoire. Ils en déduisent que quelqu'un sait et le cache. Pour ma part, cette idée de dissimulation ne tient pas, tout simplement parce que les militaires américains ont abouti à la même impasse que les Ufologues. Ils ne possédaient pas d'informations particulières par rapport à celles rassemblées par les enquêteurs sur le terrain. Ceci dit l'histoire du complot n'est pas arrivée comme ça !

[41] « Mystérieuses Soucoupes Volantes » Fernand Lagarde Edts Albatros 1973

Quand on fait le bilan depuis 47, le Project SIGN aux USA, qui commence à travailler début juillet 1947 jusqu'aux années 1960, c'est-à-dire la clôture du Project Blue Book, les militaires américains ont été très ambigus et ont caché des choses par réflexe, comme le confirment les documents qui sont sortis depuis. Il y a eu des secrets mais ce ne sont pas les secrets qu'on imagine ! Il y a quelque chose de très intéressant dans cette histoire militaire. Ce sont eux les premiers qui prennent l'hypothèse extraterrestre très au sérieux en 48, alors que, pour le public, l'idée est débile. Si vous dites publiquement en 48 que les soucoupes volantes viennent d'un autre monde, les gens rigolent. Les militaires, eux, ne rient pas ! On est dans une logique où on n'avait pas vraiment conscience qu'il se produisait des évènements vraiment bizarres, qu'on ne parvenait pas à faire cadrer avec les schémas d'alors. Situation intéressante et cohérente, car les militaires commencent à demander leur avis aux scientifiques. Ils vont consulter l'astronome Hynek, qui va être rattaché aux investigations officielles de l'US Air Force et au bureau scientifique de l'Armée de l'Air, avec un spécialiste du mur du son, Théodore Carman. Je possède de ce bureau, des rapports inconnus des ufologues français. Ils vont également travailler avec Langnuir, un chimiste Prix Nobel et Menzel en 52. Une partie de ces scientifiques va leur dire que ça ne tient pas debout, conclusion tout à fait dans l'idéologie publique du temps. Les militaires étaient agacés par ces scientifiques arrogants qui venaient leur donner des leçons. Il s'est produit une tension de même type qu'entre les ufologues et les scientifiques. Les militaires disaient *« Nos pilotes voient des choses et ce ne sont pas des cinglés ! »*. Les scientifiques répondaient *« Pourquoi pas, ils peuvent tout aussi bien dérailler ! »*.

SCIENTIFIQUES, UFOLOGUES, L'IMPOSSIBLE DIALOGUE !

Q : Ce silence qui a envahi la sphère ufologique, comment l'expliquer ? Ce n'est pas spécifique à la France. Par exemple les anglais ont fermé le service chargé de recenser les observations. Pourquoi cette chute de l'intérêt par rapport à ce qu'il se passait il y a 40 ans ?

P.Lagrange : Il y a plusieurs raisons qui interviennent. D'abord tout ce qui a été fait n'a jamais rien donné concrètement ! Il y a une espèce de lassitude qui tient de la logique *« Puisqu'on a rien su faire jusqu'ici, on ne saura pas faire mieux après »*. Mon opinion est que le problème ici, est que depuis le début on a oublié de faire 2 ou 3 petites choses à produire en priorité. On a été voir des scientifiques qui n'avaient rien à dire sur cette question. Des types en labo qui n'étaient pas en contact avec des témoins. Depuis plus de 60 ans tous ces gens s'invectivent, sont incapables de se comprendre !

Quand un scientifique est face à un témoin, pour lui, celui-ci parle d'évènements sans consistance, *« j'ai vu une espèce de casserole dodelinant »*. Il a manqué pendant cette période un outil qui aurait permis de traduire la parole du public en termes scientifique et vice-versa. Et aux gens de comprendre ce que font les scientifiques. Quand on discute avec les ufologues, on découvre qu'ils ignorent comment travaille la science. Il y a ainsi une incompréhension mutuelle !

Un exemple très simple prête à réfléchir sur l'impasse qui est la nôtre.

On sait très bien que quand on observe quelque chose, si on nous demande de la décrire, on en est pratiquement incapable car mentalement nous ne sommes pas formatés pour le faire. Notre mémoire n'a pas le vocabulaire approprié pour décrire ce qu'elle a enregistré. Depuis 1947 à chaque fois que quelqu'un déclare avoir vu un évènement bizarre on lui dit *« Racontez-nous ! »*. Les gens n'ayant pas le vocabulaire pour décrire, il faut alors construire un outil qui leur permette de reconnaître ce qu'ils ont vu et pas de le raconter. Il faut faire jouer la fonction reconnaissance et pas la partie description. C'est-à-dire reconstituer bout à bout ce qu'il a vu !

C'est quelque chose qui se pratique dans la police avec les portraits robots. Sur les OVNIS, ce serait encore plus simple, parce qu'il est plus facile de reproduire un phénomène de ce genre qu'un visage humain qui est très compliqué, d'où les erreurs judiciaires. C'est une analyse qu'avait faite Shepard, un excellent psychologue américain en 1968 devant le Congrès américain. Il avait ensuite publié un texte sur le sujet, qu'avait repris Richard Heit, appartenant à la NASA.

Aujourd'hui, avec la micro-informatique, on peut imaginer toutes les variantes sur ce thème. Quand quelqu'un voit quelque chose, il faut commencer par lui faire reconnaître le type de ciel, de jour, de nuit, de nuages, etc... On sait représenter les ciels. Ensuite on redessine le phénomène, petit bout, par petit bout. La forme générale, est-ce que les contours étaient nets ou pas ? Et là une personne donnerait les indications qu'avec sa parole et sa mémoire elle ne saurait pas reproduire. Ce qui fait que depuis des décennies on ne peut rien tirer des témoignages parce qu'il n'y a pas de bonnes données dedans ! Et faire que ce matériau passe entre les mains des scientifiques et qui vont en tirer des infos exploitables. Les scientifiques entre eux peuvent échanger. Si un astronome voit une anomalie, il en parle à un autre astronome, ils ont un langage commun. Il va dire c'est à tant de degrés au-dessus de l'horizon, c'était dans la constellation une telle, etc. Pour les témoignages OVNIS on n'a pas construit de structures autour pour les recueillir. Ce problème de traduction entre science et sens commun est un véritable problème qui se pose depuis 1947 et qui n'a toujours pas avancé. Personne ne fait d'effort dans un sens ou dans l'autre. Les ufologues accusant les scientifiques de mauvaise volonté ! Les scientifiques accusant les ufologues d'être des fous !

PAS DE CONTRAT POUR LES OVNIS !

Q : D'autres confrères en sociologie se sont-ils intéressés à l'affaire ?

P.Lagrange : Aux Etats-Unis existe une école qui a inspiré mes recherches. La plupart des sociologues ont peur des sciences, donc ils n'osent pas s'orienter sur de telles voies. L'OVNI, pour la plupart, appartient au domaine de la croyance et ils en demeurent aux schémas classiques.

Il faut savoir qu'en science ce n'est pas parce qu'il existe des données que ça fera venir les scientifiques. La science fonctionne par contrat. Appel d'offres, etc… Si le CNES voulait vraiment faire ce qu'il dit vouloir faire, il proposerait des appels d'offres pour inciter les chercheurs à s'investir dans des projets et étudier les données accumulées. Le CNES dit *« On a les données, on attend qu'ils viennent !! »* Mais au nom de quoi un scientifique va-t-il abandonner son programme de recherches pour étudier un secteur où il est sûr de finir au placard ?

Q : Avez-vous connaissance d'un cas qui a forgé en vous, une certitude ?

P.Lagrange : Pas spécialement. Bon, je suis persuadé qu'il y a des phénomènes inexpliqués dans le lot ! Mais il y a certainement une partie de ces phénomènes, comme la foudre en boule qui sont d'origine naturelle, mal connus, voire inconnus. La foudre en boule on ne sait toujours pas ce que c'est ! Et ça se comporte de façon bizarre aussi. Cela m'amène à souligner l'absence de communication qui existe entre les différentes disciplines scientifiques. Par exemple les gens qui étudient SETI, le programme d'écoutes radio d'éventuelles civilisations extraterrestres, sont complètement rejetés par les Ufologues. Les gens du SETI, eux-mêmes ne voulant pas entendre parler des Ufologues.

Si vous étudiez en parallèle les deux, il est fascinant de constater que la démarche est identique. Les deux groupes, ceux du SETI, ceux des OVNIS, ont les mêmes problèmes. Comme pour les OVNIS, dans le programme SETI, existent les deux filières. Il y a ceux qui disent : *« On va avoir un message et on aura la solution. »* Puis les autres qui affirment *« Non, nous sommes confrontés à une énigme qui relève de la métaphysique. On n'y arrivera pas !! »* On est bloqué par une distance identitaire avec le mystère. En Ufologie, c'est Aimé Michel, comme on l'a vu, qui pose le paradoxe de cette conscience inaccessible, et dans le domaine SETI, c'est Enrico Fermi. Les deux ont exactement le même souci, comme je le démontre dans ma thèse. J'ai comparé les ufologues aux gens du SETI dans une réflexion scientifique. Les gens du SETI ne parviennent pas à progresser depuis des années, malgré leurs affirmations ou convictions. Il ne se passera jamais rien parce qu'ils n'arrivent pas à se mettre d'accord entre eux[42]. Ils ont des

[42] Stephen Hawking en est convaincu. Le 20 juillet 2015, il rejoignait un programme consacré à la recherche d'une vie intelligente dans l'Univers, un projet étalé sur 10 ans, baptisé « Breakthrough Listen » doté de 100 millions de dollars, financé par l'entrepreneur et milliardaire russe Youri Milner.

difficultés de même nature que celles des ufologues ! Mais personnellement l'opposition entre SETI et les ufologues me stupéfie et s'explique je pense parce que les derniers, les ufologues n'ont pas de représentativité scientifique. Ils sont l'expression d'une culture populaire sans assises scientifiques !

Q : Votre opinion a évolué sur la nature profonde du phénomène ?

P.Lagrange : Il existe effectivement des pilotes qui décrivent des évènements, soit qu'ils ont complètement dérapés mentalement, soit qu'ils ont vu quelque chose qui ressemble à ce qu'ils ont décrit et ici on a un problème ! On possède un certain nombre de témoignages qui sont très bizarres, tel le témoignage de Jacques Krine que j'ai rencontré, et qui est tout de même bluffant !

Q : Dans vos cours à l'Université, vous faites mention aux OVNI ?

P.Lagrange : Bien sûr ! Dans la partie où j'enseigne en sociologie, j'utilise le support. Les étudiants sont au début étonnés, et ensuite ils se rendent compte que c'est sérieux et qu'ils peuvent travailler utilement sur le sujet dans le cadre de leurs recherches sociologiques. Je leur donne des travaux à faire, sur lesquels ils font des investigations. Tous ne se polarisent pas sur cette énigme, d'autres choisissent des thèmes comme Big Foot, le monstre du Loch Ness ou le développement des énigmes scientifiques.

La meilleure attitude scientifique envers les OVNIS revient pour ma part à Carl Sagan, dans les années 60. Il disait *« Il faut aller voir et en même temps il ne faut pas attendre grand-chose de ce côté-là. »* Sagan, a organisé un colloque sur le sujet et a publié un livre sur les OVNIS, et plusieurs fois est intervenu sur le thème. Aux Etats-Unis le problème du scientifique qui souhaite s'impliquer est confronté à tout ce passé sur Roswell, les histoires d'enlèvements, la base 51, des épisodes hautement douteux qui ressurgissent et le dissuadent de mêler son nom au sujet.

« Je ne veux rien avoir affaire à tous ces faux !! » peut-on résumer la position du scientifique américain. Les médias ont enregistré cette image de délires, ce qui fait qu'ils sont dissuadés pour longtemps de s'y fourvoyer. En France un peu moins. Mais lorsqu'on voit les programmes que nous proposent les chaînes de télé, un scientifique normal n'a pas envie de se mouiller là-dedans. Le vrai problème se résume à créer des passerelles entre les catégories de personnes.

Personnellement je n'ai pas regretté le choix que j'ai fait en m'investissant dans cette histoire. Je me suis dit, je vais étudier la façon dont travaille la Science, pour comprendre le processus qui intervient quand elle bloque.

Nous sommes au pied du mur. Tant qu'on n'arrivera pas à traduire le phénomène en langage commun, on ne parviendra pas à avancer ! »

LA SCIENCE : UNE SI LONGUE ATTENTE !

On peut considérer que les quatre modèles de positionnement – Zététique, Jean-Pierre Rospars, Alain Cirou, Pierre Lagrange – dont on vient de faire état, offrent une représentation assez fidèle de ce qui se dit, de ce qui se pense depuis que le phénomène OVNI, s'est incrusté dans les sociétés.

Le rejet aveugle de la Zététique porte certains à lui refuser toute autorité à intervenir dans le débat. Xavier Passot, le chef du GEIPAN, a créé, semble-t-il, les conditions du dialogue. Lorsque je le rencontre fin 2012 au CNES, il me confie avoir reçu Eric Maillot. Dans un mail quelques temps après il précise sa position :

« Je considère la frange « sceptique » des ufologues comme un bon aiguillon pour nous inciter à faire des enquêtes de qualité. Et j'ai appris près d'eux quelques bons réflexes. »

L'ouverture de la Zététique au GEIPAN signifie-t-elle la fin de l'attitude de rejet que cette dernière professe envers l'étude ? A plus ou moins long terme, ne se traduira-t-elle pas par une prise en main du dossier par la « frange sceptique », qui classe « les soucoupes volantes » dans *« les entreprises de charlatanisme »* comme l'écrit la revue AFIS ? Le temps dira lequel des deux partenaires imprimera sa conception de l'énigme à l'autre. Une politique de la main tendue, qui ne manquera pas d'alimenter, les débats futurs, ainsi qu'on l'a vu lors de la session de l'atelier CAIPAN.

Xavier Passot me confirma par ailleurs qu'il avait ouvert un dialogue avec le MUFON. L'info est également de première importance, constituant à son tour une surprenante première, quand on connaît vers quoi tend l'association ufologique américaine. Celle-ci milite en faveur de la « Divulgation », qui a pour objectif l'accession au public des documents, dit-on, retenus par les Etats – sont principalement désignés les USA.

Xavier Passot commente alors en ces termes la collaboration entrevue.

« C'est John Tomlinson, un membre très actif du MUFON-France, qui a pris contact avec moi au sujet d'une observation. L'objet de notre collaboration concerne le traitement des cas relatés au MUFON (par des témoins étrangers) sur le sol français. Nous avons convenu d'une procédure pour que le GEIPAN traite ces cas. Le MUFON fait une première analyse pour éliminer les méprises grossières (photos sans observation, étoiles et planètes...) Ensuite le témoin est informé par le MUFON que le GEIPAN peut traiter son cas, et il remplira alors un formulaire d'observation GEIPAN (en anglais) qu'il pourra nous envoyer. Son cas sera traité comme une procédure ordinaire. »

Dans le domaine des sciences physiques, hormis l'intervention sur le terrain en Norvège avec l'étude des lumières d'Hessdalen en 2010/2011, aucun autre projet n'est en préparation, me confirme dans son entretien Xavier Passot. Une moisson peu convaincante, ainsi que le déplore Alain Cirou le rédacteur en Chef de « Ciel et Espace », qui note l'absence de débouchés, depuis le temps que les OVNIS défraient la chronique, sur ce qui demeure pour beaucoup dans le public, une rumeur parmi d'autres. Jean-Pierre Rospars, on l'a vu regrette, que les instances scientifiques n'aient jamais saisi les quelques opportunités qui se sont présentées lors des travaux de l'équipe d'Alain Esterle dans les années 1980, pour mettre sur pieds une authentique recherche.

Elément positif d'un bilan en demi-teinte : l'atelier CAIPAN du CNES de juillet 2014, au cours duquel interviennent des membres de la communauté scientifique internationale, qui ne se satisfont pas de clichés réducteurs sur le phénomène, et proposent des approches constructives de la question.

D'un côté un phénomène développant des manifestations aléatoires, dont on parvient à saisir quelques bribes. De l'autre une institution vénérable qui refuse de s'engager sur un terrain incertain où la charge émotionnelle prépondérante rend illisibles le peu d'indices accumulés.

L'exemple pourtant n'est pas unique en science, où faute d'investir le cœur du problème on se reporte sur les données environnementales accessibles. Il en est ainsi des Trous Noirs, ces « puits de gravité infinie », ainsi que les désignent les astrophysiciens, desquels aucune information directe ne nous parvient. Ceux-ci s'emploient alors à observer l'évolution de la matière gravitant autour, marqueur objectif de leur présence et de leur influence.

C'est une démarche assez semblable que pratiquent les enquêteurs qui analysent le contenu des témoignages OVNIS, s'appuyant sur les informations indirectes que leur apportent l'analyse des discours, le recueil des informations sur l'environnement, la lecture des enregistreurs météo, radar et autres.

De la synthèse de ces données rassemblées par des enquêteurs compétents et rigoureux, la science pourrait déboucher sur des modélisations. Rien de tout cela – ou si peu – n'existe, comme nous le savons. Nous en sommes toujours à la « cueillette » des infos, à l'étape prélèvement des données et leur conservation pour on ignore quel usage. Un peu comme si vous vous contentiez d'entasser votre courrier, sans jamais l'ouvrir !

CONCLUSION

Après avoir sillonné durant plus de cinq années la France, à rassembler entretiens et commentaires de personnalités marquantes – chefs du GEIPAN, astronautes, témoins, enquêteurs, chercheurs indépendants, scientifiques – il est temps de tirer les enseignements de cette enquête.

Le premier est relatif à l'avenir qui attend sur le plan scientifique l'énigme.

Il ne faut pas se leurrer, elle n'a aucune place dans les préoccupations des hommes de Science ! Si ce n'est à titre individuel pour quelques rares, qui se gardent bien de donner une publicité à ce que leurs confrères considèrent comme une marotte. Par ailleurs les publications consacrant des articles aux analyses sur la vie extraterrestre, aux exo planètes[43], à l'évidence zappent sur tout ce qui touche cette encombrante question.

En 2013 le magazine « Science et Vie » commémore les 100 ans de sa parution – avril 1913 – et dresse une prospective des découvertes à venir pour les cent prochaines années. Pas un mot de l'énigme des OVNIS, dont les interrogations sur les causes, la nature, ont alimenté sporadiquement certaines de ses rubriques durant ces décennies. Le numéro spécial, en une cinquantaine de lignes, interroge : *« Que faire lorsqu'on aura détecté de la vie extraterrestre ? »*. Aucune place n'est accordée à l'idée que nous soyons nous-même « détectés » et moins encore à celle que nous soyons « visités ». C'est une notion étrangère à la science, qui se garde bien ainsi d'aborder les problèmes, philosophiques, culturels, technologiques, que poseraient ces intéressantes et angoissantes éventualités.

Pour la plupart des membres de la communauté des chercheurs, le chapitre n'est nullement sujet à débats quand il ne se décline pas sur le ton de la condescendance. Aleksandra Kroh, membre de l'INSERM, qui publie

---

[43] Exo-planètes. En 2015 on en a dénombré près de 2000. *« Elles seraient aussi nombreuses que les gouttes contenues dans les océans de la terre »* S. et V/ août 2012. L'astrophysicien Stephen Hawking a déclaré à en adhérant en 2015 au projet Breakthough Listen, qui va accélérer la recherche de la vie dans l'Univers : *« Dans un Univers infini, il doit y avoir une autre vie. Il n'y a pas de plus grande question. Il est temps de s'employer à trouver la réponse »*. Une prise de conscience qui crédibilise d'autant, la reprise des études sur le phénomène OVNI.

en 2009 chez Belin « Petit traité de l'imposture scientifique », affirme : *« Soixante ans après leur première apparition, les Objets Volants Non Identifiés, sont passés de mode. »* Cette dernière place au même niveau : les recherches génétiques développées en URSS au cours des années 1930, le Créationnisme, les théories sur la « Hiérarchie raciale », « les Extra- - terrestres » et leur cortège d'OVNIS. Des entreprises qu'Aleksandra Kroh désigne parmi *« Les quatre plus grandes impostures du XXème siècle ».* L'éclairage qu'elle donne de la position des confrères – *« ...à de rares exceptions près, les scientifiques n'ont pas cru aux OVNIS »,* confirme à ses yeux que le phénomène relève de la croyance, aucunement de la science ! Sa démonstration évite bien entendu les témoignages demeurés sans réponse, la physicienne privilégiant, pour justifier *« l'imposture »*, l'incorrigible propension de l'espèce humaine à donner libre cours *« à sa soif de rêve et d'insolite ».*

Dans un tel contexte, tout chef du GEIPAN, fût-il dynamique et entreprenant, se contentera de gérer la boutique des « Etrangetés », avec d'autant plus de retenue qu'il ne saurait ignorer que son employeur n'est pas particulièrement enthousiaste à développer le chantier. Prendre en compte les bizarreries volantes, venues d'ici ou d'ailleurs, est une chose. La position a le mérite de satisfaire les éventuelles interrogations du public à la faveur d'une médiatisation – de plus en plus rare – d'évènements de ce type. Allouer un budget, mandater des chercheurs sur un projet d'étude, en est une autre, dont à l'évidence le CNES ne veut pas prendre la responsabilité. Tout au plus, comme lors de l'atelier du CAIPAN de 2014, il lui suffira d'encourager les initiatives privées ou individuelles pour considérer remplir sa mission. Avec l'excuse de ne pas posséder les structures et les compétences – ce qui est vrai – lui autorisant le traitement de l'affaire. Et éviter ainsi de se mettre à dos la communauté scientifique et l'autorité étatique, qu'une telle initiative pourrait indisposer.

Effectivement, plusieurs éléments mis en lumière lors de cette enquête convergent à faire penser qu'au sein du Centre Spatial, prévaut une politique de temporisation, pour ne pas dire, de gel du dossier. On l'a vu, différents intervenants au sein du Conseil Scientifique du GEPAN et du Comité de Pilotage, ont cherché à élargir les attributions des équipes d'intervention du GE(I)PAN, dans l'espoir d'approfondir certaines particularités du phénomène. De telles initiatives se sont heurtées à une fin de non-recevoir !

Paradoxe intéressant. D'un côté un phénomène sur lequel les hypothèses s'étoffent, se complexifient. De l'autre une enquête qui accumule les observations mais dont on ignore pour quelle finalité. De la sorte, le flou, qui caractérise la position officielle, entretient dans l'opinion le sentiment d'une rétention de l'information au sein de l'Etat. Lorsque je demande à Xavier Passot, lors de notre entretien, ce qui intéresse le plus ses interlocuteurs lors de ses conférences publiques, sans attendre la fin de la question celui-ci déclare en riant, « *...que le CNES rende public ses dossiers secrets !!* ».

Même réflexe constaté lors de la prestation d'Yvon Blanc aux Repas ufologiques de Toulouse, quand le public interpelle, presque avec violence, le chef du GEIPAN sur ce thème. Pour une large opinion, les OVNIS ressortissent toujours et peut-être plus que jamais du secret d'état ! C'est l'opinion, on l'a vu, qu'a entretenue SIGMA 1 par le biais de son représentant Jean-Gabriel Greslé.

Le silence qui s'est établi autour du phénomène, essentiellement imputable à l'absence d'observations et au désintérêt de la presse généraliste, se transforme en un argument pour la presse spécialisée. En décembre 2012 le magazine « Top Secret » titre sa jaquette de couverture : « OVNI-Conspiration » et annonce *« La preuve, par l'absence de Preuve ».* En petits caractères la revue explique : *« Il existe une organisation secrète dont le travail consiste à effacer les preuves ».* Et de citer les déclarations d'un policier de la Bac qui révèle à l'enquêteur de « Top Secret » : « *Je pense qu'en haut lieu il y a un service de Police peut-être lié à un autre service de renseignement qui s'occupe du Phénomène OVNI, mais qui n'est pas connu du public ».* Service qui aurait retiré de la main courante sa déposition, effacé le cliché de l'OVNI pris par lui-même avec l'appareil photo du service. Quant aux deux autres policiers présents, impossible de les entendre, le policier témoin ignorant tout de leur adresse depuis qu'il a quitté la Police… C'est sur ce type de révélation que « Top Secret » en déduit « les preuves d'un Cover-Up » à la française ! *« Certains indices tendent à faire penser qu'il y a peut-être au sein de l'appareil d'Etat un service parallèle au GEIPAN, qui se penche également sur le dossier OVNI. »*

De manière simpliste certains cherchent à se convaincre – nous convaincre – que les gouvernants possèdent les tenants et aboutissants de l'énigme. L'analyse que m'inspire la situation est à l'exact opposé de la théorie du complot, qui affirme que les gouvernants savent tout, des OVNIS.

S'il y a complot, c'est celui de l'indifférence, dont chacun peut constater les catastrophiques effets. Des enquêtes sans prolongement, aucune étude, aucune recherche de fond sur une question laissée en suspens depuis des décennies ! Le non-traitement des deux observations majeures, l'Amarante et celle du pilote de chasse Jean-Pierre Fartek et de son épouse, illustre tout à fait le constat.

Pour les convaincus de la dissimulation impliquant des organismes d'Etat, oeuvrant à la résolution discrète de l'énigme, ma logique, mes conclusions, ne font pas le poids. Sur ce thème inépuisable du Cover-Up, où passions et fantasmes activent les imaginations, le tout et son contraire cohabitent dans la plus totale déraison. « Science et Espace », magnifique revue sur papier glacé aux attirantes enjolivures numériques, dans son numéro 1 de mars 2013, intitulé *« Sommes-nous seuls dans l'Univers ? »*, illustre un chapitre consacré aux OVNIS par un bocal dans lequel baigne le corps d'un E.T., mi-créature, mi-embryon.

Sous l'image-choc, la légende : « *Selon plusieurs témoignages d'officiels, des bases de l'US Air Force abriteraient du matériel exotique provenant d'OVNIS, mais aussi des corps d'entités extraterrestres...* »

Quelques lignes plus bas, les déclarations de feu Edgar Mitchell, l'astronaute que nous connaissons bien :

« *Oui, il y a eu des visites d'E.T. Il y a eu des engins qui se sont écrasés. Il y a eu du matériel et des corps qui ont été retrouvés.* » *Etc...*

Les signataires du dossier auraient pu se demander pour quelle raison la NASA, qui nécessairement n'ignorerait rien de la découverte de cadavres de visiteurs de l'espace, s'évertue à rechercher des traces de vie dans notre environnement planétaire depuis plus de 40 ans. La dite revue consacre elle – même 4 pages au Rover Curiosity expédié sur la planète rouge en août 2012, qui devrait nous indiquer si Mars a recelé les éléments concourant à l'apparition de la vie[44]. Mission qui, comme on s'en souvient, sous l'impulsion de Carl Sagan, fut précédée par des fouilles du sol martien dès 1975 avec les deux rover Viking. Trente-sept ans plus tard en 2012, la NASA, investit à nouveau des milliards de dollars dans la même expédition – 2,5 milliard pour Curiosity – alors qu'il lui suffirait d'ouvrir le bocal contenant la copie miniature de l'Alien dont parle « Science et espace » et annoncer haut et fort « *Nous ne sommes pas seuls dans l'Univers !!!* ». De telles incohérences n'entament en rien l'enthousiasme des dénonciateurs des cachoteries gouvernementales. L'association « Rencontres des Sciences et de l'inexpliqué » s'est fait une spécialité de ces sujets du contact, de la « Divulgation », et c'est en ces termes que son responsable présente au public, en mars 2013, une conférence sur « Les OVNIS de l'Hudson River. »

« *Je rappelle que la vague d'OVNIS de l'Hudson River est l'une des plus extraordinaires affaires ufologique du XXème siècle. Plus de 7000 témoins directs des évènements, la centrale nucléaire d'Indian-Point survolée au moins deux fois pendant plusieurs dizaines de minutes. Survol qui a été intégralement filmé par les caméras de surveillance. Cette affaire, d'une ampleur inégalée, comporte toutes les facettes du phénomène OVNI, avec des enlèvements, des contacts psychiques entre les témoins et les OVNIS observés. Si vous souhaitez en savoir plus, rendez-vous sur Dailymotion.* »

Pendant ce temps le GEIPAN se penche sur d'innocentes lueurs, de primesautiers globes de foudre, étudie une photo d'OVNI en réalité un vol de pigeon, alors qu'il lui suffit de s'entretenir avec le spécialiste de l'Hudson River qui lui apportera toute la lumière – et les documents !! – sur le contenu et l'origine des PANS ! Je ne doute pas un instant que le CNES diligentera son responsable d'enquêtes pour visionner les films des caméras de surveillance et entendre les personnes victimes d'enlèvement ou ayant vécu

---

[44] C'est le même objectif que cherchait à atteindre en novembre 2014, le petit robot Philea posé sur la comète Choury à 511 millions de km de la terre, en recueillant in-situ des éléments datant des premiers instants de l'univers. Malheureusement, la mission fut une demie-réussite.

un « contact psychique » – 9 sur 10 ! – comme le rapporte le conférencier. De la sorte, le Centre spatial pourra boucler ce dossier et être le premier au monde à produire les documents de la « Divulgation » !

Je me suis rendu sur le site Dailymotion, avec – je le reconnais – un a priori. A priori malheureusement fondé, quand on retient les arguments développés au cours de la conférence. Les mêmes depuis des décennies : un enrobage de rumeurs invérifiables, de témoins exprimant des états d'âme, de documents filmés inaccessibles ! Le chercheur qui consentirait à se saisir des OVNIS de l'Hudson River tels que décrits et illustrés – en fait des croquis – aurait bien du mal à rassembler quelques informations débouchant sur une approche scientifique digne de ce nom !

Les revues spécialisées, les sites ufologiques, les ufologues qui surfent sur ces thèmes de contact, n'ont pas pris la mesure des conséquences qu'engendrerait sur le plan planétaire l'intervention d'une civilisation de l'espace s'immisçant dans les sociétés, seraient-elles capables de se fondre dans le décor, voire collaborant avec les gouvernants, comme le laissent entendre certaines rumeurs.

Ces raisonnements – sont essentiellement visés les Etats-Unis – s'appuient sur l'idée que découvertes et technologies mises en application ces dernières décennies l'ont été avec l'aide de visiteurs d'outre-espace. Ce que démentent bien entendu les fins tragiques des navettes Challenger (1986 – rupture d'un joint) et Colombia (2003 – perte d'une des 27 000 tuiles de protection thermique). Mais aussi les extraordinaires missions martiennes, qui ne doivent qu'au talent des techniciens de la NASA de nous en apprendre un peu plus chaque jour sur la planète rouge. Si les Etats-Unis bénéficiaient de l'aide de technologies exotiques dont font état certains analystes du phénomène, ce pays détiendrait les solutions à bon nombre de problèmes, qui lui feraient étendre sa suprématie à la totalité du globe. Les navettes n'auraient pas continué à voler avec les risques que l'on connaît.

Les programmes d'exploration de Mars et autres planètes du système solaire utiliseraient d'autres moyens, qui laisseraient loin derrière eux le sympathique rover Curiosity.

On peut étendre l'analyse à la prétendue récupération de corps de Visiteurs après le crash de l'indéboulonnable Roswell. Outre l'extraordinaire acquis technologique qu'aurait entraîné la récupération d'un engin, fût-il réduit en morceaux, la découverte de ses occupants, morts ou vivants, auraient été l'équivalent d'un Tsunami, se répercutant à l'ensemble des sociétés et dont, en 2016, on continuerait à parler chaque jour ! On imagine ce qu'aurait signifié ce choc sur le plan médical, technologique, culturel, philosophique. Il concernerait chacun de nous, par les implications qu'il aurait nécessairement, sur nos vies et l'évolution des sociétés !

C'est ce bouleversement, sans équivalent dans l'histoire de l'Humanité, qui aurait débouché sur ces détails technologiques que sont la furtivité, le bombardier B2 et autres gadgets contenus dans les hangars de la zone 51 !

Un peu court pour ce que nous donnent à voir, dans de trop brèves mais magistrales apparitions, les Visiteurs. Si ceux-ci, on ne sait pour quelle raison d'ailleurs, s'étaient mis à favoriser la nation américaine, cette dernière exercerait sur l'ensemble du globe une hégémonie sans limite, indiscutable, qui serait parvenue à stabiliser les crises dans lesquelles nous nous débattons. Et par voie de ricochet imposerait aux autres nations un progrès qu'elle aurait l'obligation de propager, ne fût-ce que pour consolider sa suprématie et la stabilité économique et technologique de la planète.

A l'évidence, nous n'observons aucun scénario de ce type, fût-il le plus discret, se dessiner. Ainsi, les Etats-Unis n'ont pas vu venir les attentats du 11 septembre 2001. Ils n'ont pas gagné les guerres d'Irak et d'Afghanistan. Ils n'ont pas anticipé la crise économique, et pas plus que les Etats d'Europe, n'ont pressenti la montée de Daesh et la terrible campagne de terreur orchestrée par l'état Islamiste en 2015 – en France la tuerie de Charly du 11 janvier, les 130 morts du 13 novembre ! Les USA n'ont pas plus anticipé l'explosion thermonucléaire du 6 janvier 2016, pied de nez magistral de la Corée du nord, à l'ensemble de la planète.

Si les Extraterrestres s'impliquent dans la marche du monde comme le soutiennent certains, nous n'en ressentons aucune conséquence, aucun des effets ! Si une intelligence extérieure intervient directement dans la gestion des sociétés, on ne note pas d'évolution particulière de celles-ci depuis la prise en compte en 1947 de la singularité OVNI. Les mêmes réflexes utilisés depuis l'aube des temps répondent de la même manière à la compétition qu'elles se livrent, avec un acharnement décuplé, avec la mondialisation.

L'émergence des revendications religieuses illustre au contraire une régression en opposition à l'image d'un futur maitrisé, que notre rencontre avec une civilisation de l'espace peut laisser espérer. Depuis 2000 ans, aucune solution magique n'est venue rompre l'enchaînement chaotique des évènements. Cela se saurait ! Cela se verrait !!

La question n'est plus de savoir s'il existe des services spécialisés qui recueillent discrètement des informations parallèlement au GEIPAN, mais pour quelle raison, au vu des conclusions qu'impliquent des enquêtes comme l'Amarante, l'observation du pilote Fartek et de son épouse – et bien d'autres : Trans-en-Provence, Valensole, celle des pilotes Girault, Krine[45] – ces surprenants témoignages laissent sans réaction ces services, n'interpellent nullement les hommes politiques et laissent aphone l'institution scientifique.

L'explication, selon moi, tient essentiellement à la nature profonde du phénomène. Evanescent, aléatoire, furtif, transparent aux technologies d'identification. C'est-à-dire se traduisant sous forme de séquences fugitives, sans interaction apparente avec le témoin, dont la brièveté et la localisation dans son proche environnement en font une expérience personnelle,

[45] Pour ne citer que le dossier français.

indémontrable. Si personnelle qu'elle le pousse bien souvent à ne pas communiquer son témoignage aux services officiels – l'exemple du banquier de l'Ile de Ré – et fausse, de la sorte, les courbes statistiques des rapports d'observations. Et plus que tout, ce qui frappe l'enquêteur qui pendant plus de 40 ans s'est entretenu avec des témoins civils et militaires, est le sentiment d'indifférence, que dégagent ces manifestations vis-à-vis de l'observateur. Un constat que je sais être en contradiction avec les récits de contactés, d'abductés qui font l'attraction des sites Internet. Je confirme que, depuis tout ce temps que j'écoute, enregistre les témoignages, dont certains hautement étranges comme mes deux précédents ouvrages en font état, jamais l'un des rapporteurs ne m'a fait part d'un sentiment d'interaction, encore moins d'échange entre la manifestation et lui-même.

Celle-ci dégage – apparemment – un profond sentiment de neutralité, d'indifférence pour l'environnement et les éventuels observateurs présents.

Ni la NASA, ni le CNES, ou tout autre organisme scientifique d'Etat de n'importe quelle nation, n'ont intérêt à développer des investigations sur le phénomène OVNI. Elles finiraient par démontrer leur incapacité à apporter des conclusions, sinon à confirmer l'existence d'une question insoluble. A savoir la présence d'une anomalie – d'une « singularité » comme on dit en sciences – qui se manifeste sous l'apparence de machines volantes dont les caractéristiques sont autant de mystère que l'est pour l'astronomie la Matière Noire, l'Energie sombre. A la différence qu'ici on reconnaît que la science se trouve en butte à une question qu'elle ne peut résoudre. Les OVNIS, eux, ont été exclus de toute mobilisation de sa part.

Rien n'est plus proche de l'incompréhensible énigme des OVNIS, que le monolithe noir semant la terreur chez les hominiens d'« Odyssée de l'espace » du visionnaire Arthur C. Clarke, mis en images par le génial Stanley Kubrick. Un parallélépipède noir, tel un Univers sans étoile, impénétrable comme une pyramide. La structure, un condensé d'énergie, insondable mystère qui déclenche la fureur aveugle des primates – nos ancêtres – enseigne à ne rien attendre du surgissement de machines venues d'ailleurs. L'incommunicabilité est totale et nous sauve probablement des conséquences ingérables d'une rencontre dont nous n'aurions pas la maîtrise.

Je crois que les organismes qui se sont penchés sur le phénomène lors d'une tentative d'identification – les USA au cours des décennies 1950 à 1970, la France au cours de celles de 1970/1990 – ont compris qu'il n'était pas réductible, et représentera, à un moment donné, une impasse pour peu que l'on se donne les moyens d'explorer les éléments objectifs qu'il recèle. Cela signifierait la mise en chantier d'une étude d'ampleur, à laquelle participerait une communauté de chercheurs multidisciplinaire. Une telle affaire aurait pour conséquence une gigantesque médiatisation, à l'écoute de laquelle se prêterait fébrilement, l'ensemble des sociétés. Une effervescence scientifique, technologique, intellectuelle, qui se traduirait obligatoirement par de folles attentes, l'émergence de traumatismes et l'instabilité des dites sociétés[46].

Pour aboutir probablement au constat d'un problème non soluble, non décidable, confirmant son implacable mais insaisissable réalité. C'est-à-dire la présence effective de machines volantes non humaines, produites par une organisation étrangère à la Terre.

Parvenus à ce stade, la prise de conscience, la sagesse, recommandent la neutralisation de la question. Opération d'autant plus facile à entreprendre que sont en place les contre-feux qui, depuis des décennies, détournent l'attention des opinions, des éléments concrets du problème. A l'image des vaccins participant à l'immunisation contre un virus. Ici Internet, en inoculant rumeurs et informations fondées, participe au rôle de désensibilisation qui aboutit à la neutralisation souhaitée. C'est le dernier enseignement auquel je suis parvenu après ces années d'investigation et de réflexion sur le phénomène. Nous ne sommes pas éloignés, ici de l'attitude du chimpanzé trouvant une montre au cœur de la forêt tropicale, s'interrogeant sur le tic-tac et le mouvement de la petite aiguille. Trésor inutile qui, hormis l'insoluble interrogation qu'il génère auprès de ce lointain parent, n'apportera rien de plus à la condition qui est sienne au sein du vivant.

Notre obstination à nous trouver des liens avec le phénomène OVNI est nécessairement tributaire des schémas technologiques, culturels et religieux, qui structurent nos sociétés. Le chimpanzé ne possède aucun moyen pour l'aider à saisir le mystère qui donne « vie » à la montre, au tic-tac, au mouvement de l'aiguille. Il utilise les instruments de sa lignée génétique, qui, depuis des millénaires, conditionnent son existence.

L'odorat, l'ouïe, la force. La force qui en fracassant l'objet lui apportera la solution de l'énigme, et atteindre, pense-t-il le cœur du mystère. Et effacer pour toujours cette « anomalie » à laquelle, même de manière pacifique, il n'aurait jamais eu accès. Mais dont la présence enrichissait quelque part sa vie et ce, sans qu'à aucun instant il n'ait conscience de ce que pouvait signifier pour lui l'extraordinaire circonstance que constituait sa rencontre avec la complexité. Confronté qu'il a été durant le peu de temps que lui en a laissé son réflexe de sauvegarde, à un réel qui le transcende.

Pour nous, spectateurs de cet émoi, l'effet miroir de la séquence nous enseigne les limites dans lesquelles nous évoluons. Que le plus difficile est d'admettre que le phénomène OVNI relève très probablement de cette part d'indéchiffrable de la prodigieuse machine Univers, qui risque fort de demeurer, à jamais, inaccessible à notre entendement.

---

[46] Instabilité des sociétés : En mai 2015 « The Télegraph » rapportait que Scotland Yard craignait que les fans de l'émission X-Files succombent à l'ambiance du passage à l'an 2000, que la fascination pour les OVNIS, les extraterrestres ne les conduisent à l'anarchie. La police avait produit en 1997 un rapport, mettant en garde les autorités contre les dérives que pouvait provoquer la série télévisée « Roswell-« l'impossible vérité » et le film « Le cobaye ».

René Fouéré, créateur du GEPA, qui devait inspirer la création de la cellule du CNES, a été un des premiers à le suggérer en 1968 :

« Il nous faut accepter de penser que peut-être nous ne parviendrons jamais à atteindre le cœur et la raison ultime qui anime cette énigme. »

Ce qui ne veut pas dire, comme l'a prouvé l'infatigable action de cet homme humble et savant, que nous devrions abandonner toute idée de poursuivre cette formidable aventure. A la recherche, à l'écoute des messagers des étoiles, leur existence demeurerait-elle un insondable mystère, nous nous enrichissons ! Nous nous élevons !

REMERCIEMENTS

Un grand merci à tous ceux qui m'ont accordé leur temps lors de cette vingtaine d'entretiens. Ce fut l'occasion pour moi de les côtoyer, pour certains dans leur cercle familial où ils m'accueillirent avec chaleur et simplicité.

Ma relation avec l'Académie Ufologique m'a permis de faire état d'informations planétaires transmises par l'infatigable Jacky Kozan.

Le Groupe de Sciences Ouvertes – GSO –, parallèlement, m'a donné accès à des débats nourris par l'insatiable curiosité de Jacques Costagliola.

Je tiens à souligner l'excellent accueil reçu auprès de l'ensemble des chefs du GE(I)PAN. Avec une mention particulière pour Yves Sillard, du Comité de Pilotage, Jacques Patenet, Yvan Blanc, Xavier Passot, maintes fois sollicités. Claude Poher et Alain Esterle, qui manifestèrent intérêt et sympathie pour ma démarche. J'associe à cet hommage rendu à mes intervenants, les présidents de la Commission SIGMA 1 et 2 de la 3AF, Alain Boudier, Luc Dini qui ont su répondre à mes attentes et le général Denis Letty du COMETA, qui m'ouvrit ses dossiers.

Une enquête de cinq années se nourrit de l'empathie de ceux qui se sont intéressés à son développement et donne à l'auteur la force de la porter à son terme. Ici je citerai Francine Fouéré-Pierre Lagrange – Patrick Baudry et Stéphanie – Jean-François Clervoy – Jean Lou Chrétien, Michel Tognini, Bernard Norlain – Joëlle Hazard – Jacqueline Madrelle – Xavier Houzel – Cyril Crebesac.

Sont associés à l'hommage mes plus proches amis dont certains s'appliquèrent à me fournir en informations. Hubert Gossot – Annie Delmont – Jean-Paul Comte, – Daniel Martinez – Marcel Tescles – Jacky Milares – Colonel Véronique Soubelet – Commandant Bonjour – les documentalistes, Catherine Julien, Séverine Dupouy – Nathalie Pinard – Dora Puymirat – Christian Dupin – Marie Guerra – Lionel et Annie Labeyrie – Yannick de Solminihac – Jean-Claude Lacoste-Philippe Juan – Maxime Gautier – Loup Eder-Noel, Philippe Roy. Ma gratitude à Annie et François Louange, qui ont effectué la lecture et les corrections du manuscrit. A Jean-Pierre Rospars pour ses précieux conseils. A Benjamin Vacher, efficace arpenteur de sites qui signe avec Lionel Labeyrie la maquette de couverture. A Rémi Grillot le magicien du montage, qui a m'a épaulé dans la présentation de mes conférences.

BIBLIOGRAPHIE

« A la Recherche d'une vie E.T. » François Raulin le Pommier 2006
« Comment je vois le monde » Albert Einstein Flammarion 1989
« Destin cosmique » Joël R. Primack Edts. Ellen Abrams 2008
« Epistémologie du Phénomène OVNIEN » J. Costagliola L'Harmattan 1998
« Extraterrestres : la vérité sur Roswell » Richard Norlane Plein Sud 1995
« Face aux Soucoupes Volantes » Edward Ruppelt France Empire 1958
« Fatima, un OVNI pas comme les autres » Gilles Pinon Edts Osmonde
« Gravitation : les Universons » Claude Poher Edits du Rocher 2003
« Histoire des drones » Océane Zulbeldia Edts Perrin 2012
« Illuminations » Jean-Pierre Luminet Odile Jacob 2011
« 42/47 La genèse d'un secret d'Etat » Jean-Gabriel Greslé Dervy 2013
« Le chat de Schrödinger » John R. Gribbin Edts Alphée 2008
« Le Cosmos et le Lotus » Trinh Xuan Thuan Albin Michel 2011
« Le facteur temps ne sonne jamais deux fois » E. Klein Flammarion 2007 »
« La Science avance » J. C. Bourret – J. J. Vélasco Robert Laffont 1993
« La fin du Hasard » Igor et Grichka Bogdanov Grasset 2013
« La Réalité cachée » Brian Greene Robert Laffont 2012
« Le mystère des Soucoupes Volantes » F. Scully Del Duca 1951
« Le réel voilé » Bernard d'Espagnat Fayard 1994
« Lueurs sur les Soucoupes Volantes » Aimé Michel Edts Mame 1954
« Les OVNIS et la Défense – Le rapport COMETA » Edts du Rocher 2003
« Mystérieuses Soucoupes Volantes » F. Lagarde Albatros 1973
« OVNIS l'Evidence » Jean-Jacques Vélasco Carnot 2004
« OVNIS 1999 le Contact ? » Jean-Claude Bourret Michel Lafon 1997
« OVNIS ce qu'ils ne veulent pas que vous sachiez » Lagrange Chatelet 2007
« Petit traité de l'imposture scientifique » Aleksandra Kroh Belin 2009
« Rien ne va plus en physique » Lee Smolin Dunod 2007
« Roswell l'ultime enquête » Karl Pflock Edits Terre de Brume 2007
« Vague d'OVNIS sur la Belgique » SOBEPS 1991
« Voyages dans le futur » Nicolas Prantzos Le Pommier 2009
« Voyager dans le temps » Marc Lachieze-Rey Seuil 2013
« Théorie des évènements extraterrestres » Arnaud Esquerre Fayard 2016
Notes Technique CNES /GEPAN 1 à 18 1980/1983
Phénomènes Spatiaux Coffret 4 tomes 1963/1972
Lumières dans la nuit
Phénoména – UFOmania

SCIENCES
AUX ÉDITIONS L'HARMATTAN

Dernières parutions

BAROMÈTRES, MACHINES PNEUMATIQUES ET THERMOMÈTRES
Chez et autour de Pascal, d'Amontons et de Réaumur
Locqueneux Robert
Cet ouvrage présente à la fois une histoire et une anthologie des travaux de quelques physiciens qui ont conçu et fabriqué des baromètres, des machines à vide et des thermomètres, instruments qui, en leur temps (XVIe et XVIIIe siècles), furent des inventions nouvelles. Les travaux de trois auteurs sont privilégiés : Pascal, Amontons et Réaumur avec une remise en contexte de leurs ouvrages, des événements qui les motivent, des travaux qui les inspirent, des questions qu'ils se posent et des phénomènes qu'ils veulent interpréter.
(Coll. Acteurs de la Science, 21.00 euros, 204 p.)
ISBN : 978-2-343-04995-3, ISBN EBOOK : 978-2-336-37182-5

MILLE ANS D'ASTRONOMIE ET DE GÉOPHYSIQUE
D'Aristote au haut Moyen Âge
De Felice Pierre
Le ciel et la terre sont observés depuis la plus haute antiquité. Ne disposant pas d'instruments de mesure appropriés, les hommes proposent des explications incluant l'action divine ou s'en affranchissant. D'Aristote (IVe siècle avant J.-C.) jusqu'à Isidore de Séville (VIe-VIIe siècles après J.-C.), les auteurs grec, latin, médiéval ont compilé et décrit les connaissances de leur temps sur les astres, les phénomènes atmosphériques et géophysiques en tentant de démythifier le monde qui les entoure. Ce livre illustre aussi le difficile processus de naissance de la connaissance.
(Coll. Acteurs de la Science, 14.00 euros, 128 p., Illustré en noir et blanc)
ISBN : 978-2-343-03816-2, ISBN EBOOK : 978-2-336-36544-2

CE MONDE QUI VIENT
Sciences, matérialisme et posthumanisme au XXIe siècle
Basquiat Jean-Paul - Préface de Paul Basquiat
Le monde qui vient sera ce que nous en ferons. Encore faut-il avoir le courage de regarder l'avenir en face. C'est à cet effort salutaire que cet opuscule invite le lecteur. Appuyé sur les recherches les plus pointues, il propose de décrypter sous tous ses aspects le monde nouveau porté par l'évolution des sciences et des techniques.
(Coll. Questions contemporaines, 10.00 euros, 66 p.)
ISBN : 978-2-343-05055-3, ISBN EBOOK : 978-2-336-36475-9

MANUEL DES PROBABILITÉS OU MATHÉMATIQUES DE L'INCERTAIN
Laloire Jean-Claude - Préface de Michel Delecroix
Ce manuel présente les aspects pratiques de l'analyse des données et les aspects théoriques des probabilités. Cela permet à la fois de comprendre les phénomènes observés, d'en déduire une prévision et ainsi de se projeter vers l'avenir avec un maximum de sécurité. Les méthodes proposées s'appliquent aussi bien aux sciences humaines qu'aux sciences biologiques et médicales et sont mises en pratique à l'aide de nombreux exercices corrigés.
(48.00 euros, 504 p.)
ISBN : 978-2-343-04627-3, ISBN EBOOK : 978-2-336-36043-0

VALEUR (LA) DE L'ESPÈCE
La biodiversité en questions
Lherminier Philippe
Philippe Lherminier est généticien; il propose de s'interroger sans faux-semblant sur la valeur de l'espèce. Que perd-on lorsqu'une espèce s'éteint ? Quelle valeur disparaît ? Il y a de multiples réponses : l'espèce vaut parce qu'elle est utile ou inutile, abondante ou rare, connue ou inconnue, ancienne ou récente, proche ou lointaine, ressemblante ou différente de l'homme, comprise ou mystérieuse.
(Coll. Acteurs de la Science, 13.50 euros, 128 p.)
ISBN : 978-2-343-04141-4, ISBN EBOOK : 978-2-336-35913-7

QUESTIONNEMENTS D'UN OCÉANOGRAPHE
Une immersion dans le monde de la recherche et les questions éthiques qu'elle soulève
Pichevin Thierry
Ce livre décrit de l'intérieur le travail de recherche en océanographie physique de Thierry Pichevin, son contexte, ses méthodes et ses enjeux procurant ainsi au lecteur une immersion dans le quotidien d'un chercheur. D'autre part, il procède à l'analyse éthique rigoureuse des questionnements rencontrés, tout en montrant que tout chercheur peut être confronté à des questionnements comparables.
(22.00 euros, 226 p.)
ISBN : 978-2-343-03444-7, ISBN EBOOK : 978-2-336-35786-7

À L'OMBRE DES FORÊTS
Usages, images et imaginaires de la forêt
Sous la direction de Philippe Billet, Claire Harpet et Jean-Philippe Pierron
Qu'est-ce qu'une forêt ? De quoi sont faites les forêts ? Nous construisons tous une image de la forêt empreinte de vécus et d'imaginaires, procédant d'une accumulation de souvenirs, de connaissances et de représentations médiatiques et institutionnelles. A l'aune d'une prise de conscience de la finitude des ressources naturelles et du changement climatique, il est fondamental de savoir ce que la «forêt» veut dire.
(Coll. Éthique, droit et développement durable, 26.00 euros, 248 p.)
ISBN : 978-2-343-02807-1, ISBN EBOOK : 978-2-336-35819-2

UN BOTANISTE AUTOUR DU MONDE
Afrique, Amérique, Australie
Delange Yves
L'auteur, botaniste, nous invite à la découverte des différents milieux naturels peu connus des Européens, notamment ceux encore peu altérés par la civilisation et caractéristiques de formations extrêmement riches sur le plan de la diversité biologique, tels que les mattorales ou hauts plateaux mexicains, le bush, le veld et le fynbos en Afrique australe, ou encore le mulga, le mallee et la jarrah forest australiens.
(Coll. Biologie, écologie, agronomie, 25.00 euros, 256 p.)
ISBN : 978-2-343-03492-8, ISBN EBOOK : 978-2-336-35415-6

CHERCHEURS, ÉTHIQUES ET SOCIÉTÉS
L'avenir de l'avenir
Patrice Thierry
Peu appréhendée par les décideurs, la biologie conditionnera nos sociétés, les rapports entre les hommes, entre eux et l'environnement. Le monde de la recherche est mal connu, parfois mal aimé ou craint. Il semble donc utile d'instituer un débat pour préciser les objectifs, les moyens, l'information et la vulgarisation, la propriété des résultats et l'appréhension des conséquences de la recherche en biologie.
(Coll. Ethique et pratique médicale, 31.00 euros, 298 p.)
ISBN : 978-2-296-57790-9, ISBN EBOOK : 978-2-296-50418-9

CAMILLE ARAMBOURG. UN PALÉONTOLOGUE, DE L'ALGÉRIE À L'AFRIQUE PROFONDE

Hadjouis Djillali - Préface de Yves Coppens

Depuis les plaines sahéliennes d'Oran à la Vallée de l'Omo en Éthiopie, en passant par les côtes du littoral atlantique, jusqu'au Moyen-Orient, Camille Arambourg aura fait connaître, au cours de ses recherches, non seulement les fossiles de l'Afrique mais également ceux des autres régions du monde. Ce livre retrace le parcours de cet homme qui identifia plus de 230 taxons (familles, genres, espèces) de mammifères et de poissons.

(Coll. Acteurs de la Science, 25.00 euros, 242 p.)

ISBN : 978-2-296-96391-7

POUR UN RENOUVEAU DANS L'ENVIRONNEMENT

De l'antiscience à l'Intelligence Artificielle des systèmes complexes

Bouché Marcel B. - Préface de Richard Moreau

Nos institutions écartent toute évaluation environnementale sérieuse par la promotion d'une démarche antiscientifique. Ce livre décrit au contraire les démarches sérieuses des sciences et techniques et la problématique environnementale. La rigueur, qui fait habituellement défaut à ce secteur d'étude, est indispensable pour permettre l'Intelligence Artificielle appliquée rationnellement à nos évaluations environnementales et à la méthode scientifique dans les systèmes complexes.

(Coll. Biologie, écologie, agronomie, 38.00 euros, 384 p.)

ISBN : 978-2-296-96826-4

VOYAGES D'UN BOTANISTE EN EURASIE

France, Scandinavie, Italie, Grèce, Japon, Inde, Cambodge

Delange Yves

L'auteur, botaniste, nous présente ici nombre d'espèces végétales, à travers ses récits de voyages, des pays du nord de l'Europe jusque dans la lointaine Asie, avec des séjours dans différents espaces méditerranéens. Il livre également de nombreuses informations recueillies au cours de rencontres avec différentes cultures, concernant les productions agricoles, l'alimentation, les traditions culinaires, mais aussi diverses spiritualités vouées aux cultes de la nature, en Inde et en Extrême-Orient.

(Coll. Biologie, écologie, agronomie, 21.50 euros, 224 p.)

ISBN : 978-2-343-03491-1, ISBN EBOOK : 978-2-336-35416-3

COELACANTHE (LE), UNE ESPÈCE ANIMALE À L'ÉPREUVE DES MÉDIAS

Barrère Florent

Le coelacanthe est l'objet de bien des fantasmes : affaire commerciale dans les îles Comores ; course au «spécimen» naturalisé dans les muséums ; étude anatomique dans le seul but de conforter l'hypothèse du «grand-père de l'Homme»... Devenu à ses dépens vedette médiatique, le coelacanthe s'extraira de ce marasme par un retour à son objet scientifique initial : dans les années quatre-vingt, le coelacanthe est enfin filmé dans son milieu naturel.

(Coll. Champs visuels, 20.00 euros, 192 p.)

ISBN : 978-2-296-99785-1, ISBN EBOOK : 978-2-296-53096-6

RÉSEAUX (LES) DE NEURONES DE LA CONSCIENCE

Approche multidisciplinaire du phénomène

Rollet Guy

Cet ouvrage vise à la compréhension de la conscience. Il apparaît que les neurosciences computationnelles apportent incontestablement des éléments décisifs. Un réseau de neurones original est conçu pour coder une conscience *stricto sensu*, capable de raisonnement et de prise de décision. Celle-ci peut être orientée par les émotions. La capacité d'agir, la composition du Soi et la verbalisation de la pensée peuvent alors être envisagées.

(Coll. Biologie, écologie, agronomie, 25.00 euros, 240 p.)

ISBN : 978-2-336-00597-3, ISBN EBOOK : 978-2-296-51375-4

SCIENCE (LA), SYMPTÔME DE L'OCCIDENT
Le «comment» des impasses de la recherche scientifique occidentale
Thiebert Lawrence
Et si les scientifiques avaient trop compliqué leur processus de démonstration ? Et si la démonstration, peu concluante, s'embourbait simplement parce qu'elle relève en vrai d'un raisonnement paralogique psychiatrique tel que celui que l'on rencontre dans le discours du paranoïaque, discours logique certes mais qui part d'un postulat faux ? Nous sous-entendons ici que cette hypothèse est fort probable.
(Coll. Pensée Africaine, 13.00 euros, 116 p.)
ISBN : 978-2-296-97025-0, ISBN EBOOK : 978-2-296-50278-9

UNIVERS (L') FASCINANT DES INSECTES
Nos amis, nos ennemis
Mariau Dominique
Cet ouvrage aborde tous les aspects de la vie des insectes et les rôles essentiels qu'ils jouent dans la vie sur terre. Comment définit-on un insecte ? Depuis quand existent-ils ? Que connaît-on sur leurs organes des sens, leurs migrations, leur rôle, qu'il soit positif ou négatif ?
(Coll. Biologie, écologie, agronomie, 22.00 euros, 182 p.) *ISBN : 978-2-296-96144-9*

SCIENCE (LA), CREUSET DE L'INHUMANITÉ
Décoloniser l'imaginaire occidental
Royer Jean-Marc
En 1610, Galilée promeut un mode de connaissance qui se veut une lecture mathématique de l'Univers. Face à lui, l'Église. Un long combat s'engage alors, lois contre lois. Un siècle et demi plus tard, tandis que naît la fabrique industrielle basée sur le charbon, les philosophes optent pour ces «lumières». Ce savoir qui voulait mettre la subjectivité à distance aura réussi au-delà de toute espérance : c'est l'être humain que la rationalité calculatrice a rendu obsolète.
(Coll. Questions contemporaines, 23.00 euros, 218 p.)
ISBN : 978-2-296-96233-0

NATURE, TECHNOSCIENCES ET RATIONALITÉ
Le tryptique du bon sens
Makanga Blanchard
La résolution des problèmes écologiques qui touchent notre planète ne peut être l'exclusivité des technosciences et de l'écologie en tant que discipline scientifique. D'autres disciplines sont capables d'apporter des savoirs aussi sûrs et surtout moins risqués que ceux des sciences expérimentales. La philosophie se propose donc de le faire à travers, notamment, la réflexion éthique basée sur la morale stoïcienne, en faisant de l'environnement un nouvel objet d'étude.
(Coll. Sciences et Société, 23.50 euros, 236 p.)
ISBN : 978-2-296-96960-5

UNDO THE MATH !
How semiotic gaps warp thinking
Idelson Marc
In a study inspired by author's observation of the spiraling out of control use of mathematics by bankers, financiers and economists, the Western world's reliance on arithmetic and geometry is traced back, with support from the works of Medieval historian Alfred Crosby and of Anthropologist of Knowledge Paul Jorion, to its Medieval and Antiquity roots. The author bases on different areas such as philosophy with François Jullien's Chinese thought and Michel Bitbol with his epistemological reflections.
(Coll. Recherches en Gestion, 20.00 euros, 190 p.)
ISBN : 978-2-296-96993-3

L'HARMATTAN ITALIA
Via Degli Artisti 15; 10124 Torino
harmattan.italia@gmail.com

L'HARMATTAN HONGRIE
Könyvesbolt ; Kossuth L. u. 14-16
1053 Budapest

L'HARMATTAN KINSHASA
185, avenue Nyangwe
Commune de Lingwala
Kinshasa, R.D. Congo
(00243) 998697603 ou (00243) 999229662

L'HARMATTAN CONGO
67, av. E. P. Lumumba
Bât. – Congo Pharmacie (Bib. Nat.)
BP2874 Brazzaville
harmattan.congo@yahoo.fr

L'HARMATTAN GUINÉE
Almamya Rue KA 028, en face
du restaurant Le Cèdre
OKB agency BP 3470 Conakry
(00224) 657 20 85 08 / 664 28 91 96
harmattanguinee@yahoo.fr

L'HARMATTAN MALI
Rue 73, Porte 536, Niamakoro,
Cité Unicef, Bamako
Tél. 00 (223) 20205724 / +(223) 76378082
poudiougopaul@yahoo.fr
pp.harmattan@gmail.com

L'HARMATTAN CAMEROUN
BP 11486
Face à la SNI, immeuble Don Bosco
Yaoundé
(00237) 99 76 61 66
harmattancam@yahoo.fr

L'HARMATTAN CÔTE D'IVOIRE
Résidence Karl / cité des arts
Abidjan-Cocody 03 BP 1588 Abidjan 03
(00225) 05 77 87 31
etien_nda@yahoo.fr

L'HARMATTAN BURKINA
Penou Achille Some
Ouagadougou
(+226) 70 26 88 27

L'HARMATTAN SÉNÉGAL
10 VDN en face Mermoz, après le pont de Fann
BP 45034 Dakar Fann
33 825 98 58 / 33 860 9858
senharmattan@gmail.com / senlibraire@gmail.com
www.harmattansenegal.com

L'HARMATTAN BÉNIN
ISOR-BENIN
01 BP 359 COTONOU-RP
Quartier Gbèdjromèdé,
Rue Agbélenco, Lot 1247 I
Tél : 00 229 21 32 53 79
christian_dablaka123@yahoo.fr

654624 - Mai 2016
Achevé d'imprimer par

1livre.com
du rêve à la réalité !

www.ingramcontent.com/pod-product-compliance
Lightning Source LLC
LaVergne TN
LVHW011438061026
849535LV00004BA/851
* 9 7 8 2 3 4 3 0 8 7 5 9 7 *